Othmar G. Koch

# *Analytische Chemie des Mangans*

Springer-Verlag
Berlin Heidelberg New York Tokyo

*Autor:*

Dr. techn. Dipl. Ing. Othmar G. Koch
Peter-Dörfler-Straße 7
D-8905 Mering

*Herausgeber:*

Prof. Dr. W. Fresenius
Institut-Fresenius
D-6204 Taunusstein

CIP-Kurztitelaufnahme der Deutschen Bibliothek

Koch, Othmar G.:
Analytische Chemie des Mangans/Othmar G. Koch.
[Hrsg.]: W. Fresenius
Berlin; Heidelberg; New York; Tokyo: Springer 1985

ISBN-13: 978-3-642-69854-5     e-ISBN-13: 978-3-642-69853-8
DOI: 10.1007/978-3-642-69853-8

Dem Gedenken an meinen Bruder
Prof. Dr. Albert Koch
in Dankbarkeit gewidmet

# Vorwort

In diesem Buch ist der Stand der Analytischen Chemie des Mangans für die Zeitspanne von 1940 bis Anfang 1984 unter Berücksichtigung von mehr als 2100 Literaturstellen dargestellt. Vereinzelt sind, wo dies für den Stoffüberblick nützlich erschien, einige ältere Literaturstellen einbezogen worden.
Die Stoffbearbeitung ist praxisbezogen und setzt die Kenntnis der Grundlagen der behandelten Analysenmethoden voraus. Demnach wird auf eine eingehende Darstellung theoretischer und apparativer Grundlagen sowie auf die Beschreibung von Geräten der einzelnen Analysenmethoden verzichtet, um den begrenzten Rahmen dieses Buches nicht zu sprengen. Allgemeine Hinweise werden nur soweit gegeben, als sie für die praktische Anwendung der einzelnen Analysenmethoden zweckmäßig erscheinen. Abweichend davon wird lediglich bei der Plasmaspektrometrie auf allgemeine Grundlagen sowie wesentliche apparative und praktische Details der Methode in kurzgefaßter Form näher eingegangen, da über diese noch relativ junge Analysenmethode zusammenfassende Darstellungen bis jetzt noch nicht in ausreichendem Maße zur Verfügung stehen. Bei den Analysenvorschriften der Multielement-Methoden sind neben den für Mangan spezifischen Angaben auch die notwendigen Daten der mitbestimmten anderen Elemente mitangeführt, da dies für das Verständnis und die Anwendung der Analysenverfahren zweckmäßig erscheint.
Den Fachkollegen danke ich für die Unterstützung in Form von Sonderdrucken, Dokumentationen und Analysenvorschriften. Dem Herausgeber, Herrn Prof. Dr. W. Fresenius, und dem Verlag sei für die sehr verständnisvolle, stets gute Zusammenarbeit gedankt. Zuletzt möchte ich noch meiner lieben Frau für ihre wertvolle und selbstlose Mitarbeit bei der Aufarbeitung der Fülle an Literatur und bei der Niederschrift des Manuskriptes sehr herzlich danken.
Der Autor hofft, daß dieses Buch — trotz des allgemeinen Trends zur Rationalisierung und instrumentellen Automatisierung der Analytik — zum Bestand und zur weiteren Entwicklung der Analytischen Chemie beitragen möge.

Mering, März 1984.                                      Othmar G. Koch

# Inhaltsverzeichnis

# Allgemeine Hinweise

## Abkürzungen

| | |
|---|---|
| A | Ampere |
| AAS | Atomabsorptionsspektrometrie |
| APCD | Ammoniumpyrrolidincarbodithioat[1] |
| B | Bestimmungsbereich |
| DADDTC | Diethylammoniumdiethyldithiocarbamat |
| DDBDTC | Dibenzylammoniumdibenzyldithiocarbamat |
| Dest | Destillation |
| Dz | Dithizon |
| E | Extinktion |
| EDTA | Ethylendinitrilotetraessigsäure (Ethylendiamintetraessigsäure, Dinatriumsalz) |
| $E_{1/2}$ | polarographisches Halbstufenpotential |
| E% | Extraktionsausbeute |
| Ex | Extraktion |
| Flg | Fällung |
| $F_r$ | relativer Fehler |
| ICP | Plasmaspektrometrie mit induktiv gekoppeltem Plasma |
| IoA | Ionenaustausch |
| Isol | Isolierung |
| Kp | Siedepunkt (Kochpunkt) |
| $L_D$ | Nachweisgrenze |
| $L_Q$ | Bestimmungsgrenze |
| MIBK | Methylisobutylketon (4-Methyl-2-pentanon) |
| min | Minute |
| NAA | Neutronenaktivierungsanalyse |
| NaDBDTC | Natriumdibenzyldithiocarbamat |

---

[1] In der Literatur werden für dieses Reagens auch andere Bezeichnungen verwendet: Ammoniumtetramethylendithiocarbamidat (oder -carbamat) sowie häufig der nicht korrekte Name Ammoniumpyrrolidindithiocarbamidat (oder -carbamat) mit der entsprechenden Abkürzung APDTC oder APDC.

| | |
|---|---|
| NaDDTC | Natriumdiethyldithiocarbamat |
| OES | optische Emissionsspektralanalyse |
| Oxin | 8-Hydroxychinolin |
| PAN | 1-(2-Pyridylazo)-2-naphthol |
| ppm | part per million (1 ppm = 1 $\mu$g/ml, 1 $\mu$g/g, 0,0001%) |
| PVC | Polyvinylchlorid |
| RFA | Röntgenfluoreszenzanalyse |
| s | Standardabweichung |
| sec | Sekunde |
| S.E. | Selten Erden |
| $S_M$ | Empfindlichkeit |
| $s_r$ | relative Standardabweichung |
| SRM | Standardreferenzmaterial |
| Std | Stunde |
| TBP | Tri-n-butylphosphat |
| TOPO | Tri-n-octylphosphinoxid |
| TTA | 2-Thenoyltrifluoraceton |
| V | Volt |

**Reagentien**

Bei flüssigen, konzentrierten Reagentien ist die Konzentration jeweils in Klammern als Dichte oder Prozentgehalt angegeben. Für verdünnte Lösungen und Lösungsmittelgemische sind die zu mischenden Volumteile ebenfalls in Klammern angeführt. Beispielsweise HCl(1 + 3) bedeutet: 1 Volumteil HCl(1,19), d. h. konzentrierte HCl, mit 3 Volumteilen Wasser verdünnen; Butanol/CHCl$_3$(1:3) bedeutet: 1 Volumteil Butanol mit 3 Volumteilen CHCl$_3$ mischen. Für die Herstellung verdünnter Säuren oder Ammoniaklösung ist dabei stets das unverdünnte, konzentrierte Reagens als Ausgangslösung heranzuziehen, wofür die üblichen Konzentrationen (Dichte, Prozent) zugrunde gelegt sind: HCl(1,19), HNO$_3$(1,40), H$_2$SO$_4$(1,84), HClO$_4$(70%), H$_3$PO$_4$(1,70), HF(40%), Ammoniak(0,91). Für die Ammoniaklösung wird der Einfachheit halber die Formel NH$_3$ verwendet. Die Konzentration der Reagenslösungen ist meist in Prozent angegeben: z. B. 10%ige Ammoniumtartrat-Lösung bedeutet 10 g Ammoniumtartrat in 100 ml aufgefüllter wäßriger Lösung; 0,1%ige Oxin-Lösung (in CHCl$_3$) bedeutet 0,1 g Oxin in 100 ml aufgefüllter CHCl$_3$-Lösung.

# Mn, Mangan

Atommasse: 54,9380
Ordnungszahl: 25
Wertigkeit: $+2$, $+3$, $+4$, $+5$, $+6$, $+7$
Oxide: $MnO$, $Mn_2O_3$, $Mn_3O_4$, $MnO_2$, $MnO_3$, $Mn_2O_7$

# 1 Allgemeiner Teil

## 1.1 Einleitung

Die Entwicklung der Analytischen Chemie während der vergangenen vier Jahrzehnte weist tiefgreifende Veränderungen auf, die sich sowohl auf die angewandten Analysemethoden als auch auf die damit verbundene Arbeitstechnik erstrecken. Besonders stürmisch verlief dieser Wandel in den letzten 25 Jahren. Entscheidend beeinflußt wurde er durch verschiedene Faktoren, von denen zwei besonders hervorzuheben sind: die Forderung nach Analysen größerer Schnelligkeit, Genauigkeit und Wirtschaftlichkeit und die Berücksichtigung des technischen Fortschrittes beim Gerätebau sowie von Nachbardisziplinen, wie z. B. Elektronik, Computer und Mikroprozessor. Die auf dieser Grundlage erfolgenden notwendigen Rationalisierungsmaßnahmen führten und führen in zunehmendem Maße zur Automatisierung von Analysenmethoden und -abläufen (s. S. 254).
Der Autor konnte diese Entwicklung während seiner industriellen Tätigkeit selbst mitverfolgen und teilweise mitgestalten. In analoger Weise spiegelt sich diese Entwicklung auch in der für dieses Buch bearbeiteten Literaturzeitspanne wider. Geprägt war und ist sie durch den zunehmenden Ersatz der chemischen Analytik durch die physikalische oder instrumentelle Analytik. Wenn in den fünfziger Jahren die klassische Gravimetrie und Titrimetrie in den Laboratorien noch in beträchtlichem Umfang im Einsatz waren, so wurden diese Verfahren im Laufe der weiteren Jahre durch andere Analysenmethoden — je nach Einsatzbereich in unterschiedlichem Umfang und Zeitablauf — teilweise oder ganz verdrängt, vornehmlich durch die Methoden Molekülabsorptionsphotometrie, Flammenphotometrie, Atomabsorptionsspektrometrie, Funken-/Bogen-Emissionsspektrographie/-metrie, Röntgenfluoreszenzanalyse und Plasmaspektrometrie. Von den klassischen Methoden hat sich aber die Titrimetrie, zum Teil in neuem „elektrometrischen" Gewand, bis heute als sehr genaue Methode behaupten können. Aber auch unter den „neuen Methoden" traten im Zuge der weiteren Entwicklung relative Verschiebungen ein, indem sich einzelne Methoden im Laufe der Zeit in verschiedenen Anwendungsbereichen gegenseitig teilweise oder auch vollständig wieder ersetzten. Schließlich ist dieser Entwicklungsverlauf gekennzeichnet durch den zunehmenden Bedarf an Spurenanalysen sowie an Aussagen über die Verteilung und Bindungsform der Elemente im Probematerial sowohl für den Makro- als auch für den Spurengehaltsbereich [1, 2].
Die skizzierte Entwicklung bestimmt Art und Umfang des bearbeiteten Stoffes der

folgenden Buchabschnitte. Arbeiten über Gravimetrie und Titrimetrie haben beispielsweise in den letzten Jahren zunehmenden Seltenheitswert. Dabei ist allerdings zu berücksichtigen, daß Methodenwahl und -häufigkeit der Forschungsarbeiten und Fachpublikationen sowohl vom Entwicklungs- und Ausrüstungsstand der einzelnen Laboratorien bzw. Länder als auch von den Problemstellungen selbst entscheidend mitbestimmt werden. Abschließend muß hier aber hervorgehoben werden, daß die erwähnten instrumentellen Methoden mit mehr oder weniger großem Automationsgrad nicht problemfrei sind, was u. a. insbesondere die Richtigkeit der mit diesen erhaltenen Analysen betrifft (s. S. 8). In diesem Zusammenhang wird man daher nie ganz auf die klassisch-chemischen Absolutmethoden verzichten können.

## 1.2 Reagentien und destilliertes Wasser

Grundsätzlich ist darauf zu achten, daß die für die Analyse verwendeten Reagentien einen dem jeweils zu bestimmenden Elementsgehaltsbereich entsprechend ausreichenden Reinheitsgrad aufweisen. Dies gilt besonders für die Bestimmung niedriger Gehalte und Spurengehalte [2] (s. a. S. 3)
Besonderes Augenmerk ist der Herstellung und Reinheit des destillierten bzw. deionisierten Wassers zu widmen, dessen Qualität vor allem bei der Bestimmung von kleinen Elementmengen und Elementspuren von großer Bedeutung ist. Ganz oder teilweise aus Metall hergestellte Apparaturen sollte man für die Herstellung des destillierten/deionisierten Wassers möglichst vermeiden. Ein besonders reines Wasser erhält man mit einer Quarzglasdoppeldestillationsapparatur oder einer Ionenaustauscher-Kunststoffapparatur [2, 3]. Weitere Hinweise dazu findet man in der Literatur [2, 3]. Für die Herstellung von reinem und reinstem Wasser geeignete Apparaturen sind im Handel in verschiedenen, dem jeweiligen Bedarf entsprechenden Ausführungen erhältlich[1].
Bei der Wahl und Anwendung eines Herstellungsverfahrens ist zu berücksichtigen, daß mittels Ionenaustauscher nur die in Ionenform im Wasser vorhandenen Verunreinigungen entfernt werden und nichtionogen gelöste und suspendierte Stoffe im Wasser verbleiben [2, 3]. Darüber hinaus ist noch zu beachten, daß von den Ionenaustauschern Spuren organischer Substanz in das gereinigte Wasser gelangen können, die bei manchen analytischen Bestimmungen stören [2]. Weiterhin kann auch das Versorgungswasser (Leitungswasser) störende organische Stoffe enthalten, die infolge ihrer Flüchtigkeit durch eine normale Destillation nicht entfernt werden können.
Organische Verunreinigungen lassen sich aus dem Wasser durch pyrokatalytische Destillation [4] oder durch Photooxidation [5] entfernen.
Bei der Reinheitskontrolle von hergestelltem Reinstwasser ist zu beachten, daß die vielfach übliche Leitfähigkeitsmessung dafür — je nach den gestellten Anforderungen — wenig oder gar nicht geeignet ist, da sie nur die ionogen gelösten Stoffe erfaßt, nicht aber die nichtionogenen und suspendierten Stoffe.

---

[1] z. B. Quarzglasbidestillierapparat von Heraeus, Quarzschmelze Hanau, D-6450 Hanau

## 1.3 Spurenanalyse

Bei der Bestimmung von Mn-Spurengehalten sind die allgemeinen Regeln und die Fehlerquellen der Spurenanalyse zu berücksichtigen. Für eine eingehendere Information über dieses Arbeitsgebiet sei auf die mehr oder weniger umfassenden Darstellungen der Quellenliteratur [2, 6–10] verwiesen. Daneben erscheinen auch Beiträge in den Fachzeitschriften, in denen Fragen, Probleme und Teilgebiete der Spurenanalyse behandelt werden:

Herstellung und Qualität von ultrareinem Wasser [3]; Reinigung von Reagentien [11–15], Entfernung von Spurenelementverunreinigungen von Polyäthylenoberflächen (-gefäßen) mit 8 N $HNO_3$ (3 Tage dauernde Auslaugung) [16], Dosierung von Reinstsäurendestillat direkt in das Probengefäß [17]; Spurenelementeinschleppungen (Kontamination) bei der Spurenanalyse im allgemeinen [18, 19], bei der Neutronenaktivierungsanalyse [20], bei der Spurenanalyse von Meerwasser [21] und biologischem Material [22]; Spurenverluste infolge Adsorption an den Gefäßwänden während der Aufbewahrung flüssiger Proben [23–25] (s. a. S. 14 und 15); Methoden und Probleme der Spurenanalyse [26] im ng/ml- bis pg/ml- bzw. ng-bis pg-Bereich [27, 28] von organischem Material [29] und von Reinststoffen [30].

## 1.4 Standardreferenzmaterial

Standardreferenzmaterialien (SRM) mit amtlich zertifiziertem Elementgehalt und Standardproben finden neben verschiedenartigen, selbst hergestellten Eich- und Kalibrierproben regelmäßige Verwendung zur Kontrolle und Eichung der benützten Analysenmethoden und -geräte. Für den Gehaltsbereich der Haupt- und Nebenbestandteile steht eine ausreichend große Zahl an SRM's der verschiedenen Materialien bei den offiziellen Bezugsquellen zur Verfügung [31] (z. B.: BAM, Bundesanstalt für Materialprüfung, Unter den Eichen 87, D-1 Berlin-Dahlem 45, BRD; BAS, Bureau of Analysed Samples Ltd., Newham Hall, Newby, Middlesbrough, Cleveland, UK; IRSID, Institute des Recherches de la Sidérurgie Française, 185 Rue Président Roosevelt, F-78104 St. Germain en Laye, France; Community Bureau of Reference — BCR, Commission of the European Communities, 200 Rue de la Loi, B-1049 Brussels, Belgium; NBS, Office of Standard Reference Materials, Room B 311, Chemistry Building, National Bureau of Standards, Washington, D.C. 20234, USA).
Die Qualität der SRM's hinsichtlich der Materialbeschaffenheit und der Richtigkeit der zertifizierten Analysenwerte verbessert sich laufend. Trotzdem ist es ratsam, attestierte Soll-Werte nicht kritiklos zu übernehmen, da fallweise auch attestierte Analysenwerte systematische Fehler aufweisen können (s. S. 8).
Angesichts der Problematik mancher zertifizierter Analysenwerte der SRM's und der schwierigen Eichung mit SRM's wurden für die RFA von Mineralstoffen synthetische Eichproben mit definierter Richtigkeit hergestellt und verwendet, die auf der Grundlage der Analyse realer Proben aus Reinstsubstanzen vollständig rekonstituiert wurden [32].
In den letzten Jahren wurden auch SRM's mit zertifizierten Spurengehalten in begrenzter Zahl ausgegeben [33-36]. Trotzdem wird der bei Spurenanalysen zunehmende Bedarf an Spurenelementstandardproben derzeit durch die im Handel erhält-

lichen SRM's mit zertifizierten Spurengehalten nur teilweise oder in unbefriedigender Weise gedeckt [31, 37]. Mehrere Arbeiten befaßten sich mit der Verfügbarkeit von SRM's und mit der Problematik veröffentlichter Spurengehalte. In einer umfangreichen Arbeit wurden die global für Spurenanalysen verfügbaren SRM's (mit Gehalten < 0,01%) mit ihren zertifizierten Analysen zusammengestellt [31]. Eine nützliche Datensammlung der Elementgehalte, insbesondere von Spurenelementen, von 16 NBS-SRM's von biologischem Material und Umweltmaterial enthält eine andere Arbeit [33]. Darin sind neben den zertifizierten Werten von NBS die Ergebnisse von 325 Veröffentlichungen zusammengestellt, die sich mit der Bestimmung der Gehalte von Haupt-, Neben- und Spurenelementen in diesen SRM's befassen. Eine weitere Arbeit [38] bringt eine Zusammenstellung und kritische Bewertung der Normalgehalte von Mn und 17 anderen Spurenelementen in Blutplasma und Serum, die in den letzten drei Jahrzehnten gefunden und veröffentlicht worden sind. Die mitgeteilten Werte des jeweiligen Elementes weisen teilweise erhebliche Unterschiede von 1-3 Zehnerpotenzen auf, was auf systematische Fehler bei der Probenahme, Probenaufbereitung und Analyse zurückzuführen ist.

Wegen des bestehenden Mangels an SRM's mit Spurengehalten verwenden die meisten Laboratorien für Eichung und Kontrolle selbst hergestellte Eichstammlösungen mit höherer Elementkonzentration, mit denen durch sukzessive Verdünnung die Lösungen mit der gewünschten Endkonzentration, z. B. 0,01–1 µg/ml, erhalten werden [37]. Diese stark verdünnten Eichlösungen sind aber nicht lange haltbar und daher stets unmittelbar vor ihrer Verwendung frisch herzustellen [2].

### 1.4.1 Herstellung von Spurenelementstandardproben für verdünnte Lösungen

#### 1.4.1.1 Spurenelement-Filterpapierstandards

Zur Vermeidung der in den verdünnten Eichlösungen nach längerer Standzeit auftretenden Konzentrationsänderungen durch Spurenverluste (infolge Adsorption an den Gefäßwänden oder Zwischenreaktionen bei Multielementlösungen) wird die Verwendung von Einzelelement- bzw. Multielement-Filterpapierstandards empfohlen [39]. Aus den Filterpapierstandards (s. Arbeitsvorschrift) können die Spurenelemente weitgehend quantitativ eluiert werden. Nach der Elution waren von den untersuchten Elementen (jeweils 1 µg Mn bzw. Cu und 10 µg Zn auf das Filter aufgebracht) auf dem Filter verblieben (in %): Mn 0,5, Cu 6, Zn 0. Die Filterpapierstandards sind mehrere Wochen haltbar ohne wesentliche Änderung der Elutionsausbeute. Diese war nach 69 Tagen Standzeit für Cu und Zn unverändert, während von Mn 1,5% auf dem Filter blieben. Die Reproduzierbarkeit der Herstellung der Filterpapierstandards betrug s = ± 5%rel.

**Arbeitsvorschrift [39]**

Papierrundfilter (4,25 cm ∅, Whatman No. 1 oder Schleicher u. Schüll 589 Schwarz-, Weiß- oder Blauband) werden in Viertel geschnitten, 1 Std in 100 ml 0,1 N HNO$_3$ gelegt, luftgetrocknet, dann mit Wasser gewaschen, 1 Std in 100 ml Wasser gelegt und erneut luftgetrocknet. Auf das so vorbehandelte Filterstück gibt man mittels Mikroliterpipette oder -spritze je nach Bedarf 1,0 µg oder 10,0 µl Element-Stammlösung (1000 µg/ml = 0,1%ige Lösung), läßt dann an der Luft 2 Std trocknen und bewahrt im Exsikkator auf. Aus den Filtern werden die Elemente mit 100 ml 0,1 N HNO$_3$ eluiert, mit einer Elutionsdauer von 60 min für Mn bzw. 30 min für Cu und Zn, und die erhaltene Lösung für die Analyse verwendet.

## 1.4.2  Herstellung von Spurenelementstandardproben mit organischer Matrix

### 1.4.2.1  Harnstoff-Matrix

Für den Bedarf an festen Standardproben mit Spurengehalten von $\leq 100$ ppm für die flammenlose AAS und andere Methoden wurde die Herstellung von organischen Proben — analog zu wäßrigen Eichlösungen — durch Auflösen von Elementsalzen in geschmolzenem Harnstoff vorgeschlagen [40]. Gegenüber den wäßrigen Lösungen haben die so hergestellten „festen Harnstofflösungen" den Vorteil, daß keine Spurenverluste durch Adsorption an Gefäßwänden eintreten.

**Arbeitsvorschrift [40]**

Eine größere Menge Stammstandardprobe (20–100 ppm Element) stellt man her, indem man eine abgemessene Menge Elementsalz in der entsprechenden Menge bei 140°C geschmolzenem Harnstoff auflöst. Die Mischung wird mechanisch nicht gerührt und 30 min auf der Schmelztemperatur gehalten, wobei eine Durchmischung durch die langsam frei werdenden Zersetzungsprodukte des Harnstoffs $NH_3$ und $CO_2$ erfolgt. Die tatsächliche Elementkonzentration ermittelt man nach dem Abkühlen durch Auswiegen der erkalteten Schmelze. Der Schmelzkuchen wird zu einem feinen Pulver gemahlen und letzteres in einem verschlossenen Gefäß aufbewahrt. Standardproben mit niedrigerer Elementkonzentration stellt man in analoger Weise durch Verdünnen her, indem man eine abgewogene Menge Stammstandardprobe in geschmolzenem Harnstoff auflöst.

### 1.4.2.2  Gelatine-Matrix

Für den Bereich des organischen Materials wurde Gelatine-Referenzmaterial mit definiertem Spurenelementgehalt (0,01–50 ppm) nach der folgenden Arbeitsvorschrift hergestellt und verwendet [41, 42].

**Arbeitsvorschrift [41, 42]**

400,0 g Gelatine (Einwaage auf den Wassergehalt korrigiert) werden in einem 5 l-Zweihalsrundkolben (mit Rührer) in 2 l Wasser mehrere Std bei Raumtemperatur eingeweicht, dann unter Rühren auf 60°C bis zum vollständigen Lösen der Gelatine erhitzt, unter Rühren 500,0 ml Spurenelementlösung (mineralsaure Lösung der Elemente in Chlorid- oder Nitratform) langsam hinzugefügt, 1 Std bei 60°C weiter gerührt, die Lösung in Kunststoffschalen (z. B. $40 \times 40 \times 6$ cm) gegossen, bei 70°C mehrere Tage getrocknet und die so erhaltene Gelatine pulverisiert. Eine mögliche Verflüchtigung von Elementen kann verhindert werden, indem man der Gelatinelösung vor dem Zusatz der Elementlösung 10 g Thioacetamid (auf 2 kg Gelatine) zufügt.

### 1.4.2.3  Cellulose-Matrix

Für den Bereich der RFA von in Tabletten verpreßtem Pflanzenmaterial wurde die Herstellung und Verwendung synthetischer Standardproben mit Cellulosematrix beschrieben [43], die mit der natürlichen Pflanzenzusammensetzung vergleichbar sind. Diese Eichproben haben den Vorteil, daß sie leicht und mit den gewünschten Konzentrationsabstufungen herstellbar sind und damit alle in der Natur vorkommenden Pflanzen weitgehend erfaßt werden können.

**Arbeitsvorschrift [43]**

*Eichsubstanzen:* für Na wahlweise NaCl, $Na_2HPO_4 \cdot 2\ H_2O$ oder $NaHCO_3$; $MgSO_4 \cdot 7H_2O$; $SiO_2$; für P wahlweise $KH_2PO_4 \cdot 3\ H_2O$ oder $NH_4H_2PO_4$; für S wahlweise $MgSO_4 \cdot 7\ H_2O$ oder Schwefelblüte (sublimiert); für Cl wahlweise NaCl, KCl oder $FeCl_2 \cdot 4\ H_2O$; für K wahlweise

KCl, $KH_2PO_4 \cdot 3H_2O$ oder $KHCO_3$; für Ca $Ca(NO_3)_2 \cdot 4\,H_2O$ oder $CaCO_3$; $Cr(NO_3)_3 \cdot 9\,H_2O$; $Mn(CH_3COO)_2 \cdot 4\,H_2O$; $FeCl_2 \cdot 4\,H_2O$; $CoSO_4 \cdot 7\,H_2O$; $Ni(CH_3COO)_2 \cdot 4\,H_2O$; $Cu(CH_3COO)_2 \cdot H_2O$; $Zn(CH_3COO)_2 \cdot 2\,H_2O$; $Pb(CH_3COO)_2 \cdot 3\,H_2O$; $Cd(CH_3COO)_2 \cdot 2H_2O$. Von den löslichen Verbindungen werden Eichlösungen mit den benötigten Konzentrationen hergestellt.

*Konzentrationsbereiche:*  0–1,5% Na, 0–2,0% Mg, 0–2,5% Si, 0–3,5% P, 0–3,0% S, 0–3,0% Cl, 0–7,0% K, 0–3,5% Ca, 0–1000 ppm Cr, 0–1000 ppm Mn, 0–2000 ppm Fe, 0–400 ppm Ni, 0–450 ppm Cu, 0–1500 ppm Zn und 0–200 ppm Pb.

*Herstellung der Eichtabletten:* Zu je 10,0 g Baumwollcellulose (Schleicher u. Schüll Linterspulver 124, Best.Nr. 352005) werden alle interessierenden Elemente als Lösung ($SiO_2$ bzw. Schwefelblüte als Pulver) in entsprechender Menge zugegeben, gemischt, getrocknet, homogenisiert und zu einer Tablette von 10 g ($\sim 35$ mm $\varnothing$) mit einem Druck von 255 MPa (2,6 t/cm²) verpreßt. Die Tabletten werden in Plastiktüten mit Clipsverschluß oder Plastikdosen, zweckmäßig im Exsikkator, aufbewahrt.
Aus dem zu analysierenden Pflanzenmaterial werden Tabletten in analoger Weise hergestellt.

### 1.4.2.4 Metallorganische Verbindungen

Für die Überprüfung und Eichung von Analysenverfahren können auch metallorganische Verbindungen verwendet werden, die im Handel verfügbar sind und von denen eine begrenzte Zahl homogener und stabiler Verbindungen (z. B. Mn-cyclohexanbutyrat, Triphenyl-Pb-imidazol usw.) vom NBS und BCR (s. S. 3) ausgegeben werden [31, 44, 45]. Daneben finden die im Handel erhältlichen Lösungen metallorganischer Verbindungen in Mineralöl (z. B. Conostan standards, Conostan Div., Continental Oil Co., USA) [31] vielfach Anwendung, beispielsweise allgemein bei der Ölanalyse und bei der AAS.

## 1.4.3 Herstellung von Spurenelementstandardproben mit Metallmatrix

Für den Bedarf an festen Standardproben mit Spurenelementgehalten von $\leq 100$ ppm für die flammenlose AAS und andere Methoden wurde die Herstellung von Metallproben mittels Ionenimplantation auf dünne Metallfolien vorgeschlagen [40].

## 1.4.4 Herstellung von Spurenelementstandardproben mit Mineralstoffmatrix

### 1.4.4.1 $CaCO_3$-Matrix

Multielement-Standardproben mit $CaCO_3$-Matrix wurden für die Bestimmung von Spurenelementen in Wässern mittels Neutronenaktivierungsanalyse hergestellt [46], die 22 Elemente im Gehaltsbereich von 1-20 000 ppm (K und Na 10 000–20 000 ppm, Cu und Fe 1700–5700 ppm, Zn 1100–1700 ppm, Cd 580–910 ppm, As, Au, Br, Co, Cr, Eu, Hg, La, Mn, Mo, Ni, Pb, Sb, Sc, Se und U 1-210 ppm) enthalten. $CaCO_3$ wurde als Matrix gewählt, da dieses der Hauptbestandteil von Eindampfrückständen natürlicher Wässer (Meerwasser ausgenommen) ist.

**Arbeitsvorschrift [46]**

Von den Stammlösungen der einzelnen Elemente gibt man die entsprechenden Mengen in ein Gefäß und fügt zu der alle interessierenden Elemente enthaltenden Lösung eine definierte Menge, z. B. 50,0 oder 80,0 g, $CaCO_3$ unter Rühren hinzu. Die Suspension wird gefroren und gefriergetrocknet, der Rückstand durch Mahlen homogenisiert und getrocknet.

### 1.4.4.2 Kieselgel-Matrix

Auf Kieselgelbasis hergestellte Multielement-Standardproben eignen sich für die Bestimmung von Spurenelementen in Silicatmaterial mittels RFA nach der Pulverschüttmethode (s. S. 217) [47, 48]. Die Standardproben enthielten 9 Spurenelemente (Co, Cr, Cu, Ni, Pb, Rb, Sr, Zn und Zr) im Gehaltsbereich 1-1000 ppm, sowie als Nebenbestandteile 1–4% Fe, 2–4% K, 0,5–2% Ca und 0,05–0,4% Ti. Eine gegenseitige Beeinflussung der Fluoreszenzintensität durch die Spurenelemente in den Standardproben besteht nicht. Die Nebenbestandteile hingegen verursachen eine vom Massenabsorptionskoeffizienten der jeweiligen Matrix abhängige Schwächung der Fluoreszenzintensität, weshalb eine Matrixkorrektur [49, 50] notwendig ist. Der Präparierfehler der Standardproben für die Spurenelemente beträgt ± 5%.

**Arbeitsvorschrift** [48]

*Eichsubstanzen:* $CoCl_2 \cdot 6\ H_2O$, $K_2CrO_4$, $CuCl_2 \cdot 2\ H_2O$, $NiCl_2 \cdot 6\ H_2O$, $Pb(NO_3)_2$, $RbCl$, $SrCl_2 \cdot 6\ H_2O$, $ZnCl_2$, $ZrOCl_2 \cdot 8\ H_2O$, $FeCl_3 \cdot 6\ H_2O$, $KCl$, $CaCl_2$, $TiCl_4$.
*Herstellung:* 3,0 g Kieselgel (reinst, Körnung 0,063-0,20 mm) mischt man mit den entsprechenden Mengen der Element-Eichlösungen, entfernt das Wasser am Rotationsverdampfer (der Rundkolben hat Einbuchtungen für die bessere Durchmischung der Proben) bei $\sim$ 8000 Pa ($\sim$ 60 Torr) und 70°C. Anschließend wird die Probe im Vakuumtrockenschrank 8 Std bei 1,3 Pa (0,01 Torr) und 50°C getrocknet, das so erhaltene Pulver in Spectro-Cups (s. S. 217) gefüllt und im Exsiccator aufbewahrt.

Für die emissionsspektrometrische Analyse geologischer Materialien haben sich synthetische Standardproben auf Kieselgelbasis (30–80% $SiO_2$) mit befriedigender Homogenität, Genauigkeit und Reinheit bewährt, die nach der folgenden Arbeitsvorschrift aus Reinststoffen hergestellt wurden [51]. Die Standardproben enthalten bis über 30 Elemente und umfassen den Gehaltsbereich von Haupt- und Nebenbestandteilen (Al, Ca, Fe, K, Mg, Mn, Na, Si, Ti) sowie Spurenelementen.

**Arbeitsvorschrift** [51]

*1. Reagentien*

*a) Haupt- und Nebenbestandteile.* Für $SiO_2$ als Matrix wird Tetraethylorthosilicat (Monsanto Chemicals Ltd.) verwendet, das man mit Ethanol im (1 + 1)-Verhältnis verdünnt. Zu dessen Gehaltsbestimmung wird aus 3 aliquoten Teilen der verdünnten Lösung das $SiO_2$ ausgefällt, geglüht und gewogen.
Al, Ca, Fe, K, Mg, Na: Al-Pulver, $CaCO_3$, Fe-Schwamm, $K_2CO_3$, MgO und $Na_2CO_3$ werden in verd. $HNO_3$ gelöst.
Mn: $MnO_2$ wird mit verd. $HNO_3$ und wenig $H_2O_2$(30%) gelöst. Ti: Ammoniumtitanyloxalat wird mit Wasser unter Zusatz von wenig Oxalsäure gelöst. Zur Gehaltsbestimmung verglüht man die Verbindung zu $TiO_2$ und wiegt aus.

*b) Spurenelement-Stammlösungen*

*b.1) Wasserlösliche Verbindungen.* Ag, Cr, Rb, Th, U: $AgNO_3$, $(NH_4)_2Cr_2O_7$, $RbNO_3$, $Th(NO_3)_4 \cdot 6\ H_2O$ und $UO_2(NO_3)_2 \cdot 6\ H_2O$.

*b.2) In verd. $HNO_3$ lösliche Elemente und Verbindungen.* Ba, Bi, Cd, Ce, Co, Cu, Cs, In, La, Li, Ni, Pb, Pd, Sr, Y und Zn: $BaCO_3$, Bi-Pulver, Cd-Pulver, $CeO_2$, Co-Schwamm, CuO, $Cs_2CO_3$, In-Pulver, $La_2O_3$, $Li_2CO_3$, Ni-Schwamm, PbO, Pd-Schwamm, $SrCO_3$, $Y_2O_3$ und ZnO.

*b.3) In $HNO_3(1,40)$ lösliche Verbindungen.* Ga: $Ga_2O_3$.

*b.4) In Königswasser lösliche Elemente.* Au: Au-Schwamm, der $Cl^-$-Gehalt wird durch mehrmaliges Eindampfen mit $HNO_3$ vermindert.

*b.5) In NaOH-Lösung lösliche Elemente und Verbindungen.* Ge, Mo, Sn, V und W: Ge-Pulver, $MoO_3$, Sn-Pulver, $V_2O_5$ und $WO_3$ werden in NaOH-Lösung gelöst (bei Ge und Sn unter tropfenweisem Zusatz von $H_2O_2$).

*b.6) Zr-Stammlösung.* ZrO(NO$_3$)$_2$-Lösung (5% Zr enthaltend) wird bei höheren Zr-Gehalten direkt in den SRM-Ansatz eingewogen, bei kleineren Zr-Gehalten durch Verdünnen einer gewogenen Menge Zr-Stammlösung. Zur Gehaltsbestimmung wird ein aliquoter Teil Zr-Stammlösung eingedampft, zu ZrO$_2$ geglüht (1 Std bei 1000°C) und ausgewogen.

*b.7) Nb-Stammlösung.* Nb$_2$O$_5$ löst man in einer Teflonbombe bei 120°C mit einem HF/HNO$_3$-Gemisch über Nacht, führt die Lösung in eine Platinschale über, dampft auf ein kleines Volumen ein und führt in ein Polyäthylen-Zentrifugengefäß über. Nach Zusatz von 1 g NH$_4$NO$_3$ wird Nb mit NH$_3$ als Oxidhydrat ausgefällt (gegen Thymolblau-Indikator), der Niederschlag 3mal mit ammoniakalischer NH$_4$NO$_3$-Lösung mit jeweiligem Zentrifugieren gewaschen, zuletzt mit Oxalsäurelösung gelöst und auf ein definiertes Volumen aufgefüllt. Zur Gehaltsbestimmung wird ein aliquoter Teil der Nb-Lösung zur Trockene eingedampft und zu Nb$_2$O$_5$ geglüht (1 Std bei 1000°C).

*2. Ausführung*

Die nachfolgenden Angaben beziehen sich auf die Herstellung von 50 g Standardprobe, doch können danach auch größere Mengen (z. B. 500 g) hergestellt werden.

In einen 1 l- oder 500 ml-Teflonbecher wiegt man die Verbindungen der Haupt- und Nebenbestandteile (ausgenommen Mn, Si und Ti) direkt ein, fügt 200 ml Wasser sowie sorgfältig in 5 ml-Anteilen die berechnete Menge mit einem Überschuß von 10% an HNO$_3$(1,40) hinzu und erhitzt nach dem Lösen bis zum Verschwinden der braunen Dämpfe. Zum vollständigen Lösen von Al und Fe läßt man den bedeckten Becher am zweckmäßigsten über Nacht bei mäßiger Hitze stehen. Zu diesem Zeitpunkt kann Mn als Lösung zugefügt werden. Nun entfernt man das Uhrglas, dampft die Lösung bis zur Hautbildung ein, fügt 20 ml Wasser hinzu und wiederholt das Eindampfen in dieser Weise mehrmals, um die Säurekonzentration ohne Verminderung des Lösungsvolumens (damit keine Fe$^{3+}$-Salze ausfallen) zu reduzieren.

Die Lösung wird abgekühlt, die entsprechende Menge der Elemente als Lösungen zugefügt in der Reihenfolge Nitrat-Lösungen, NaOH-Lösungen, Oxalat-Lösungen, Tetraethylorthosilicat-Lösung mit Ethanolwaschlösung, schließlich genügend Ethanol für eine vollständige Mischbarkeit der wäßrigen und ethanolischen Lösungen. Ist ein großes Volumen an Elementlösungen zuzusetzen, so kann man nach dem Zusatz der Nitrat-Lösungen zunächst eindampfen und anschließend die übrigen Lösungen hinzufügen. Zur Förderung einer raschen Gelbildung fügt man nun unter Rühren mit einem Teflonstab 20–50 ml NH$_3$(0,88) hinzu, wobei das Tetraethylorthosilicat in wenigen Sekunden hydrolysiert. Die benötigte Menge NH$_3$(0,88) hängt vom Säuregehalt der Lösung ab, der vorher so weit wie möglich reduziert werden muß, um einen Überschuß an Flüssigkeit zu vermeiden, da sonst kein festes Kieselgel entsteht. Man entfernt den Rührstab, läßt den bedeckten Becher über Nacht stehen, um eine vollständige Gelbildung zu gewährleisten, entfernt dann das Uhrglas, trocknet das Gel im Trockenschrank bei 80°C bis keine Gefahr mehr für Spritzverluste besteht, wonach man das Trocknen bei 120°C fortsetzt. Das getrocknete Gel wird in eine Platinschale übergeführt, zur Zerstörung der Nitrate über dem Brenner oder im Muffelofen mäßig erhitzt und nach dem Erkalten in einer Achatmühle 5 min gemahlen. Man gibt das Pulver in die Platinschale zurück, glüht zum leicht gesinterten Produkt (die Glühtemperatur hängt von der Gelzusammensetzung ab), so daß die hygroskopische Natur des Gels weitgehend zerstört ist, mahlt das erkaltete Material erneut in der Achatmühle 10 min und bewahrt in einer Flasche auf.


## 1.5 Richtigkeit der Analysen

Die instrumentellen Methoden sind im Gegensatz zu den „handgemachten" klassischen chemischen Methoden keine Absolutmethoden. Sie bedürfen deshalb der regelmäßigen, ein- bis mehrfachen täglichen Eichung (Kalibrierung) und Kontrolle durch Standardreferenzproben (s. S. 3) und/oder eigene Standardproben sowie der regelmäßigen, in größeren Zeitabständen stattfindenden Kontrolle durch klassisch-chemische Methoden. Bewährt hat sich hier auch, vor allem wegen der einfacheren Durchführbarkeit, die gegenseitige Kontrolle durch unterschiedliche instrumentelle

Methoden. Zweckmäßig ist es, diese regelmäßigen Kontrollen mit eigenen Standardproben und offiziellen SRM's nach einem definierten System in die Analysenabläufe (Kontrolle nicht nur der Methode sondern der Gesamtorganisation) einzu-
bauen und laufend statistisch auszuwerten [52].
Die Qualität bzw. Richtigkeit der instrumentellen Analyse ist demnach primär abhängig von der Güte der Eichung und Eichkontrolle. Trotz des Einsatzes von SRM's
sind aber Fehlanalysen nicht auszuschließen, was u. a. fallweise auf systematische
Fehler einzelner zertifizierter Sollwerte der SRM's zurückzuführen ist (s. S. 3) [53].
Deshalb sollten attestierte Sollwerte der SRM's nicht kritiklos als Basiswerte der
eigenen Maßnahmen übernommen, sondern im Rahmen eigener Meßreihen statistisch bewertet werden. Im Bedarfsfall wird es notwendig sein, einzelne zertifizierte
Sollwerte der SRM's mit geeigneten chemischen Methoden und Reinstsubstanzen zu
überprüfen [53, 54].
In Anbetracht der Nachteile klassisch-chemischer Methoden (großer Zeit- und Arbeitsaufwand, zunehmender Mangel qualifizierter und erfahrener Analytiker) wurden Eichproben auf der Grundlage der Analyse realer Proben aus Reinstsubstanzen
vollständig rekonstituiert und mit deren Hilfe Sekundärstandards aus realen Materialien hergestellt [32]. Mit dieser Arbeitsweise werden Matrixeffekte bei der
Eichung ausgeschaltet und zertifizierte SRM's mit definierter Richtigkeit erhalten.
Mit den Problemen der Richtigkeit der Analysen haben sich mehrfach Arbeiten
befaßt [32, 55]

## 1.6 Empfindlichkeit, Nachweisgrenze und Bestimmungsgrenze der Analysenmethoden

Für die Kennzeichnung der Leistungsfähigkeit oder des Nachweisvermögens einer
Analysenmethode werden allgemein die Kennzahlen für Empfindlichkeit, Nach-
weisgrenze und Bestimmungsgrenze angegeben und verwendet.
Die *Empfindlichkeit* gibt nach Gl.(1)

$$\operatorname{tg} \alpha = \frac{dx}{dc} \tag{1}$$

die Steigung der Eichgeraden bzw. den der Mengen- oder Konzentrationseinheit
eines Elementes entsprechenden Meßwert an. In der Regel verwendet man aber den
Kehrwert von Gl.(1) als Maßzahl der Empfindlichkeit $S_M$ gemäß Gl.(2), d. h. die der
kleinsten, noch sinnvoll erscheinenden Meßwerteinheit entsprechende Menge oder
Konzentration eines Elementes [2].

$$S_M = \frac{\Delta\, g,c}{\Delta\, M} \tag{2}$$

$(S_M$ = Empfindlichkeit der Analysenmethode,
$\Delta\, g, c$ = der Meßwerteinheit $\Delta\, M$ entsprechende Elementmenge
oder -konzentration,
$\Delta\, M$ = Meßwerteinheit).

In der Photometrie dient die Extinktion E = 0,001 als Meßwerteinheit für $S_M$. In der
Atomabsorptionsspektrometrie ist dagegen vorwiegend 1% Absorption (= 0,0044
Extinktion) als Meßwerteinheit der Empfindlichkeit S in Verwendung.
In der Literatur erscheinen in regelmäßigen Zeitabständen Zusammenstellungen der

Nachweisgrenzen der instrumentellen Analysenmethoden, bei denen die *Nachweisgrenze* $L_D$ meist nach Gl.(3) definiert ist.

$$L_D = 2\,s_U \tag{3}$$

($s_U$ = Standardabweichung des Untergrundsignals).

Diese Werte werden mit reinen, matrixfreien Lösungen unter optimalsten Gerätebedingungen erzielt, weshalb sie zwar theoretisch interessant sind, jedoch für den Praktiker keinen wesentlichen Anwendungswert besitzen.

Von größerer praktischer Bedeutung dagegen ist die *Bestimmungsgrenze* $L_Q$, die nach Gl.(4)

$$L_Q = 10\,s_{Bl} \tag{4}$$

($s_{Bl}$ = Standardabweichung des Blindwertes oder Untergrundsignals)

**Tabelle 1.** Bestimmungsgrenzen $L_Q$ einiger Analysenmethoden für Mn [57]

| Analysenmethode | $L_Q$ | |
|---|---|---|
| | µg/ml | ng |
| Molekülabsorptionsspektrophotometrie[3] | $0,2^{[1]}$ | |
| | $0,002^{[2]}$ | |
| Atomabsorptionsspektrometrie | | |
| a) Flamme[4] | 0,1 | |
| b) flammenlos[5] | 0,0008 | 0,04 |
| Atomfluoreszenzspektrometrie[6] | 0,03 | |
| Emissionsspektroskopie | | |
| a) Flamme[6] | 0,02 | |
| b) Gleichstrombogen[7] | 0,3 | |
| c) Kupferfunken[7] | 0,03 | |
| d) Graphitfunken[7] | 0,003 | |
| e) Plasmaspektrometrie mit induktiv gekoppeltem Plasma (ICP)[6] | 0,002 | |
| Röntgenfluoreszenzspektrometrie[6] | 0,3 | |
| Massenspektrometrie[7, 8] | 0,005 | |
| Neutronenaktivierungsanalyse[7, 9] | $0,0001^{[10]}$ | |
| | $0,0002^{[11]}$ | |
| Gleichstrompolarographie[12] | 0,2 | |
| Pulspolarographie[12] | 0,01 | |

[1] Formaldoxim

[2] Leukomalachitgrün

[3] für eine Extinktion von E = 0,025 und 1 cm-Küvette

[4] für eine Extinktion von E = 0,005 und Luft/$C_2H_2$-Flamme mit 10 cm-Brenner sowie einen Probenverbrauch von 1 ml

[5] für eine Extinktion von E = 0,025 und einen Probenverbrauch von 50 µl

[6] für einen Probenverbrauch von 1 ml

[7] für einen Probenverbrauch von 0,1 ml

[8] berechnet auf der Grundlage, daß $\sim 5 \times 10^{11}$ einfach geladene Ionen für $L_D$ notwendig sind

[9] für einen Neutronenfluß von $10^{12}$ n cm$^{-2}$ s$^{-1}$ und eine Bestrahlungszeit von 10 Std.

[10] ohne chemische Isolierung

[11] mit chemischer Isolierung

[12] für einen Probenverbrauch von 10 ml

definiert ist [2, 56]. Die $L_Q$-Werte geben angenähert jene Mindestmenge oder -konzentration eines Elementes an, die mit einem relativen Fehler von etwa $\pm 10\%$ bestimmt werden kann. Diese Werte stellen nur aus mehreren Einzeldaten gemittelte Richtwerte dar, da sie mit matrixfreien Lösungen erhalten wurden und weiterhin von mehreren Faktoren beeinflußt werden. Trotzdem sind sie ein nützliches Hilfsmittel für einen orientierenden Vergleich einzelner Analysenmethoden. In Tabelle 1 sind die Bestimmungsgrenzen der wichtigsten instrumentellen Analysenmethoden für Mn zusammengestellt. Wegen weiterer Einzelheiten zu diesen Daten sei auf die Literatur [2, 57] verwiesen.

## Literatur


1. Tölg G, Nachr Chem Tech Lab 27 (1979) 250
2. Koch OG, Koch-Dedic GA, Handbuch der Spurenanalyse. Springer, Berlin Heidelberg New York (1974)
3. Hughes RC, Mürau PC, Gundersen G, Anal Chem 43 (1971) 691
4. Conway BE, Angerstein-Kozlowska H, Sharp WBA, Anal Chem 45 (1973) 1331
5. Frischkorn CGB, Schlimper H, Fresenius Z Anal Chem 312 (1982) 541
6. Sandell EB, Onishi H, Photometric determination of traces of metals. General aspects. Wiley, New York (1978)
7. Morrison GH, Trace analysis — physical methods. Interscience, New York (1965)
8. Pinta M, Recherche et dosage des éléments traces. Dunod, Paris (1962)
9. Sandell EB, Colorimetric determination of traces of metals. Interscience, New York (1959)
10. Winefordner JD, Trace analysis. Spectroscopic methods for elements. Wiley, New York (1976)
11. Koch OG, IUPAC Inform Bull No 42/43 (July 1972) 23
12. Mitchell JW, Talanta 29 (1982) 993
13. Moody JR, Beary ES, Talanta 29 (1982) 1003
14. Little K, Brooks JD, Anal Chem 46 (1974) 1343
15. Maas RP, Dressing SA, Anal Chem 55 (1983) 808
16. Karin RW, Buono JA, Fasching JL, Anal Chem 47 (1975) 2296
17. Kunze H, Fresenius Z Anal Chem 316 (1983) 52
18. Kosta L, Talanta 29 (1982) 985
19. Mizuike A, Pinta M, Pure Appl Chem 50 (1978) 1519
20. Heydorn K, Damsgaard E, Talanta 29 (1982) 1019
21. Robertson DE, Anal Chem 40 (1968) 1067
22. Versieck J, Barbier F, Cornelis R, Hoste J, Talanta 29 (1982) 973
23. Shendrikar AD, Dharmarajan V, Walker-Merrick H, West PW, Anal Chim Acta 84 (1976) 409
24. Smith AE, Analyst 98 (1973) 65
25. Smith AE, Analyst 98 (1973) 209
26. Tölg G, Naturwissenschaften 63 (1976) 99
27. Tölg G, Talanta 19 (1972) 1489
28. Tschöpel P, Kotz L, Schulz W, Veber M, Tölg G, Fresenius Z Anal Chem 302 (1980) 1
29. Tölg G, Fresenius Z Anal Chem 283 (1977) 257
30. Tölg G, Fresenius Z Anal Chem 294 (1979) 1
31. Koch OG, Pure Appl Chem 50 (1978) 1551
32. Staats G, Fresenius Z Anal Chem 315 (1983) 1
33. Gladney ES, Anal Chim Acta 118 (1980) 385
34. Griepink B, Colinet E, Guzzi G, Haemers L, Muntau H, Fresenius Z Anal Chem 315 (1983) 20
35. Griepink B, Muntau H, Colinet E, Fresenius Z Anal Chem 315 (1983) 193

36. Serrini G, Muntau H, Colinet E, Griepink B, Fresenius Z Anal Chem 315 (1983) 691
37. Koch OG, Pure Appl Chem 50 (1978) 1531
38. Versieck J, Cornelis R, Anal Chim Acta 116 (1980) 217
39. Ryan DE, Holzbecher J, Anal Chim Acta 98 (1978) 269
40. Gries WH, Norval E, Anal Chim Acta 75 (1975) 289
41. Anderson DH, Murphy JJ, White WW, Anal Chem 44 (1972) 2099
42. Anderson DH, Murphy JJ, White WW, Anal Chem 48 (1976) 116
43. Rethfeld H, Fresenius Z Anal Chem 292 (1978) 296
44. Buis WJ, Griepink B, Haemers L, LeDuigou Y, Sels F, Mikrochim Acta (1981 I) 39
45. Griepink B, Fresenius Z Anal Chem 313 (1982) 563
46. Neitzert V, Lieser KH, Fresenius Z Anal Chem 294 (1979) 28
47. Spatz R, Lieser KH, Fresenius Z Anal Chem 280 (1976) 193
48. Breitwieser E, Lieser KH, Fresenius Z Anal Chem 292 (1978) 126
49. Müller R, Spectrochim Acta 20 (1964) 143
50. Spatz R, Lieser KH, Fresenius Z Anal Chem 280 (1976) 197
51. Date AR, Analyst 103 (1978) 84
52. Stetter A, Arch Eisenhüttenwes 49 (1978) 347
53. Staats G, Fresenius Z Anal Chem 312 (1982) 444
54. Staats G, Fresenius Z Anal Chem 295 (1979) 260
55. Ohls K, Sommer D, Fresenius Z Anal Chem 312 (1982) 195
56. Currie LA, Anal Chem 40 (1968) 586
57. Koch OG, LaFleur PD, Morrison GH, Jackwerth E, Townshend A, Tölg G, Pure
    Appl Chem 54 (1982) 1565

# 2 Probenahme, Probenaufbereitung, Probenvorbereitung

Für den Aufschluß bzw. das Auflösen des Probematerials sind im vorliegenden Abschnitt allgemeine Richtlinien zu den einzelnen Materialbereichen zusammengestellt. Darüber hinaus enthalten die Arbeitsvorschriften in den folgenden Abschnitten der einzelnen Analysenmethoden die notwendigen, stoffspezifischen Angaben. Weitere Informationen zu diesem Thema kann man der Literatur [1, 2] entnehmen.

## 2.1 Wasser

### 2.1.1 Bindungsform der Elemente in Wässern

Nach den bisherigen Erkenntnissen und Computer-Berechnungen liegt das Mn in Meer- und Süßwasser hauptsächlich als freies hydratisiertes, zweiwertiges Ion vor, obwohl man $MnO_2$ als die stabile Bindungsform erwartet [3]. Es dürften bis etwa pH 6,3 herauf $Mn(H_2O)_6^{2+}$ als dominierende Spezies vorliegen und oberhalb pH 8,0 einige unlösliche Mn(III)-Spezies gebildet sein [4].

In natürlichen Wässern und Abwässern liegen die Metalle in ungelöster und gelöster Form vor. Nach der zur Zeit bestehenden Konvention erfolgt die Abgrenzung dieser beiden Anteile durch Filtration über ein Membranfilter mit einer Porenweite von 0,45 μm, wonach die abfiltrierten Stoffe den „ungelösten" Anteil darstellen und der durch das Filter in das Filtrat gehende Anteil als „gelöste" Metalle bzw. Stoffe definiert ist. Die „gelösten" Metalle liegen in unterschiedlichen Bildungsformen (Spezies) vor, die in zwei, probenabhängig unterschiedlich große, Anteile an freien (oder labilen) und gebundenen (oder nicht-labilen) zusammengefaßt werden. Mangels einer ausreichenden Anzahl geeigneter Untersuchungsmethoden ist derzeit eine präzise Aufteilung der Spezies in freie und gebundene Metalle nicht möglich, doch läßt sich eine angenäherte Zuordnung [3, 5, 6] vornehmen. Der freie Anteil besteht hauptsächlich aus (einige Beispiele in Klammer) einfachen hydratisierten Metallionen $[Cu(H_2O)_6^{2+}, Mn(H_2O)_6^{2+}]$, einfachen anorganischen Komplexen $[Pb(H_2O)_4Cl_2]$ und einfachen organischen Komplexen (Cu-glycinat). Zu den gebundenen Metallen gehören stabile anorganische Komplexe (CuS, PbS, $ZnCO_3$), stabile organische Komplexe (Cu-fulvat, Zn-cysteinat; Fulvinsäure = in verd. NaOH und in 0,1 N HCl lösliche Huminsäurefraktion [7, 8]), an anorganischen Kolloiden adsorbierte Metalle $(Cu^{2+}$-$Fe_2O_3$, $Pb^{2+}$-$MnO_2)$, an organischen Kolloiden adsorbierte Metalle ($Cu^{2+}$-Huminsäuren), an gemischten organisch/anorganischen Kolloiden adsorbierte Metalle ($Cu^{2+}$-Huminsäure/$Fe_2O_3$). Die mit Huminsäure bedeckten $Fe_2O_3$-Partikel oder Ton-Partikel sind ein sehr stabiles Mischkolloid, das Metallionen stark adsorbiert. In Süßwasser dürfte in der Regel der größere Teil der gebundenen Metalle an diesen organisch/anorganischen Mischkolloiden sowie an Huminsäure adsorbiert sein.

Im Rahmen der Untersuchungen von Wässern im Zusammenhang mit Fragen des Umweltschutzes, der Toxizität und biologischen Bedeutung von Elementen gewinnt neben der Bestimmung des Gesamtgehaltes an Elementen die Differenzierung und quantitative Erfassung ihrer Bindungsformen (Speziation) zunehmendes Interesse [3, 6], zumal die chemische Bindungsform eines Elementes von ausschlaggebender Bedeutung für dessen spezifische Wirksamkeit ist. Ist schon die Bestimmung von Metallen in natürlichen Wässern im Gehaltsbereich von $\leq 1$ µg/l und manchmal von $\leq 0{,}1$ µg/l keine leichte Spurenanalyse, so ist die Speziation der Spurenelemente, d. h. die Aufteilung der sehr niedrigen Gesamtmetallkonzentration in deren einzelne Spezies, eine deutlich schwierigere Aufgabe. Neben den allgemeinen spurenanalytischen Problemen kommt hier erschwerend hinzu, daß für die Speziation befriedigende Analysenmethoden bis jetzt noch nicht in ausreichendem Maße zur Verfügung stehen und deshalb alle Spezies noch nicht quantitativ bestimmt werden können. Eine Übersicht über Probleme und Methoden der Speziation findet man in der Literatur [3, 6].

Die mögliche Existenz gebundener Schwermetalle in Wasserproben muß wegen ihrer gegenüber freien Metallionen unterschiedlichen chemischen Eigenschaften entsprechend berücksichtigt werden, um analytische Minderbefunde bzw. Störungen bei der Analyse sowie eine Fehlinterpretation von Analysenergebnissen zu vermeiden. Dies bezieht sich sowohl auf Transport und Aufbewahrung als auch auf die eigentliche Analyse der Wasserproben.

Während man durch Modellversuche mit aus destilliertem Wasser und Elementstammlösungen hergestellten synthetischen Lösungen erhebliche Elementverluste bei längerer Standzeit infolge Adsorption an den Gefäßwänden feststellt, treten bei natürlichen Wässern mit gebundenen Metallen auch nach wochenlanger Aufbewahrung bei 4°C solche Verluste nicht auf [3]. Dieser Sachverhalt ist leicht verständlich, wenn man die relativ kleine Oberfläche und das niedrige Adsorptionsvermögen einer Polyäthylenflaschenwand mit den dagegen hohen Werten von Oberfläche und Adsorptionsvermögen der in natürlichen Wässern enthaltenen Kolloide vergleicht.

Häufig werden Analysenmethoden durch Zusatz bekannter Elementmengen zu einer Wasserprobe getestet. Auch wenn dieser Test eine Ausbeute von beispielsweise 99,5% ergibt, kann dies eine Fehlanzeige sein wenn gebundene Metalle in der Wasserprobe vorliegen, da sich diese der quantitativen Erfassung trotz des positiven Testergebnisses entziehen können. So wurde festgestellt, daß der gebundene Anteil an Metallen aus nicht vorbehandelten Meerwasserproben weder mittels Ionenaustauscher Chelex-100 bei pH 8,1 noch mittels Extraktion mit APCD/MIBK erfaßt wird [5]. Das häufig angewandte Verfahren der Anreicherung der Spurenelemente mittels Ionenaustauscher Chelex-100 aus unvorbehandelten Wasserproben beim natürlichen pH-Wert (pH 8,1) [9] ergibt daher Minderbefunde.

Aus den oben angeführten Gründen sind die gebundenen Metalle oft die Ursache für viele widersprüchliche Angaben über Spurenelementgehalte von Wässern.

## 2.1.2 Probenahme, Probentransport und -aufbewahrung

Die Probenahme von Wässern erfolgt nach den einschlägigen Richtlinien. Vor allem bei der Bestimmung von Spurengehalten sollte darauf geachtet werden, daß die Proben während der Probenahme aus der Umgebung her nicht verunreinigt werden [10]. In einer Arbeit wurden die verschiedenen, angewandten Methoden der Probenahme, Probenaufbewahrung und -konservierung zusammengestellt [11].

Im allgemeinen werden die Wasserproben nach erfolgter Probenahme in geeigneten Transportflaschen (in der Regel Polyäthylenflaschen) für die Analyse in das Laboratorium transportiert, wo sie möglichst ohne Zeitverzug analysiert werden sollen. Oft aber verstreicht eine längere Zeitspanne zwischen der Probenahme und der eigentlichen Analyse. Während dieser längeren Standzeit können erhebliche Spurenelementverluste infolge Adsorption an den Gefäßwänden der Transportflaschen eintreten, falls die Spurenelemente nicht durch geeignete Maßnahmen stabilisiert (konserviert) worden sind. Zur Vermeidung dieser Verluste hat es sich bewährt, die Wasserproben mit 5 ml $HNO_3$ (1,40) auf 1 l Probe anzusäuern [12]. Für das Stabilisieren bzw. Konservieren der Wasserproben ist auch das Ansäuern mit HCl auf pH < 2 üblich [13]. Eine andere Arbeit empfiehlt, die Wasserprobe mit $HNO_3$ auf pH < 1,5 einzustellen [14].

Nach den Ergebnissen einer Untersuchung ist das Stabilisieren der Wasserproben mit 0,5 Vol.% $HNO_3$ eine befriedigende Maßnahme [15].

Nach einer anderen Untersuchung [16, 17] mit Modellösungen in Borosilicatglas-Meßkolben mit jeweils 0,5-10 ppm an Al, Au, Ba, Bi, Ca, Cd, Co, Cr, Cu, Fe, In, Li, Mg, Mn, Mo, Ni, Pb, Pd, Pt, Rh, Ru, Sb, Sn, Sr, Ti, Tl, V und Zn traten bei pH 1,5 während einer Standzeit von 24 Std keine Adsorptionsverluste auf, bei höheren pH-Werten aber bei den einzelnen Elementen unterschiedliche Verluste.

Für den Transport und die Aufbewahrung von Meerwasserproben hat es sich bewährt, neue Polyäthylenflaschen mit 2 N HCl [5] oder 1,5 N $HNO_3$ [3] 1–2 Wochen lang auszulaugen, vor der Probenahme zu entleeren und mit Probenwasser 4–6mal auszuspülen [3]. In so vorbehandelten Flaschen wurde auch bei zwei- und mehrwöchiger Aufbewahrung bei 4°C keine Konzentrationsänderung der Spurenelemente beobachtet.

Die Frage der Zweckmäßigkeit des Ansäuerns der Wasserproben zur Konservierung (s. oben) ist in jedem Einzelfall zu prüfen, wobei das gegenüber reinen Ionenlösungen unterschiedliche Verhalten von natürlichen Wässern im Hinblick auf mögliche Adsorptionsverluste (s. S. 14) mitberücksichtigt werden sollte. Weiterhin kann das Ansäuern bei Süßwässern zu einer Ausfällung der Huminsäuren und einer Mitfällung von Spurenelementen führen [3].

## 2.1.3 Probenvorbereitung

Für eine Speziation (s. S. 13) der Spurenelemente vorgesehene Wasserproben dürfen weder durch Ansäuern konserviert (s. oben) noch einer Vorbehandlung (s. unten) unterzogen werden. Zur Erfassung des Gesamtmetallgehaltes natürlicher Wässer ist es wegen des Gehaltes an gebundenen Metallen notwendig, vor der Anreicherung mittels Ionenaustauscher oder eines anderen Anreicherungsverfahrens durch eine entsprechende Vorbehandlung die organischen Stoffe zu zerstören und vorhandene

Kolloide aufzulösen [18, 19]. Dazu wird die folgende Arbeitsweise empfohlen, wodurch die gebundenen Metalle vollständig freigesetzt und erfaßt werden.

**Arbeitsvorschrift** [18, 19]

100 ml Wasserprobe, durch ein Membranfilter (Porenweite 0,45 µm) filtriert, versetzt man in einem Quarzglasgefäß mit 0,70 ml $HNO_3$(1,40) sowie 0,05 ml $H_2O_2$(30%), bedeckt mit einem Uhrglas und bestrahlt dann die Lösung 4 Std mit einer UV-Lampe (550 W-Quecksilberdampflampe).
Zur Freisetzung und vollständigen Erfassung des gebundenen Anteiles an Metallen hat sich auch die nachfolgende Probenvorbehandlung bewährt [5].

**Arbeitsvorschrift** [5]

100 ml Wasserprobe stellt man durch Zusatz von 8,0 ml 2 N $HNO_3$ auf pH 0,7 ein und kocht anschließend gelinde 10–15 min in einem bedeckten Becherglas.

### 2.1.3.1 Stabilisierung

Mit dem Stabilisieren bzw. Konservieren der Wasserproben durch Ansäuern (s. a. S. 15) bezweckt man auch eine möglichst weitgehende Hydrolyse des gebundenen Anteiles der Metalle [13], doch erscheint die Behandlung nach den oben angegebenen Arbeitsvorschriften [5, 18, 19] zuverlässiger.

### 2.1.3.2 Gefriertrocknung

Fallweise findet das Eindampfen von flüssigen Proben bei geringem Salz- bzw. Matrixgehalt zur Anreicherung der Spurenelemente Anwendung. Eine Variante des Eindampfens ist das Gefriertrocknen unterhalb 0°C, bei dem die Gefahr von Verlusten flüchtiger Elemente vermindert ist. Die Gefriertrocknung wurde z. B. zur Bestimmung von Mn und anderen Elementen in Flußwasser mittels AAS eingesetzt [20].

## 2.2  Organisches Material

### 2.2.1  Probenahme und Probentransport

Die Art und Ausführung der Probenahme von organischem Material hängen vom Objekt und der Problemstellung ab und sind deshalb dem jeweiligen Einzelfall anzupassen. Ganz allgemein sind dabei die möglichen Gefahrenquellen von Verunreinigungen zu beachten, was besonders für Pflanzenmaterial zutrifft [21]. Diese Gesichtspunkte gelten auch für den Probentransport. Als Transportmaterial (Verpackungsmaterial) und -behälter werden Folien und Behälter aus Polyäthylen verwendet. Bei Pflanzenmaterial sollen die verschiedenen Pflanzenteile getrennt verpackt werden [21].

### 2.2.2  Probenaufbereitung

Das Probematerial muß meist vor der weiteren Bearbeitung noch zerkleinert werden. Grundsätzlich ist jeder Zerkleinerungsvorgang die Ursache für Verunreinigungen, weshalb diesem besondere Sorgfalt zu widmen ist. Zur Erzielung möglichst geringer

Verunreinigungen sollte die Zerkleinerung auf den unbedingt notwendigen Umfang beschränkt sein. Weiterhin sollten die Zerkleinerungswerkzeuge aus einem einfach zusammengesetzten, homogenen Material bestehen, um die Zahl an verunreinigenden Elementen niedrig und überschaubar zu halten. Dafür bewährt haben sich Reibschalen mit Pistill aus Achat und Borcarbid [21]. Eine Reibschale aus Glaskohlenstoff verursacht im Vergleich zu solchen aus Korund und Borcarbid geringere Verunreinigungen [22]. Eine Verminderung der Verunreinigungen und eine Erleichterung des Zerkleinerungsvorganges erreicht man auch durch Verspröden (Einfrieren), indem man das Probematerial in flüssigen Stickstoff eintaucht, dann — gegebenenfalls unter Zusatz von Trockeneis — in einen Polyäthylensack gibt, diesen wiederum in einen oder mehrere (ineinander gesteckte) Polyäthylensäcke und zuletzt in einen Segeltuchsack steckt und mit einem Hammer rasch zertrümmert [23]. Auf analoge Weise kann das tiefgefrorene Material auch in einer Mixermühle zerkleinert werden [23]. Weitere Informationen hierzu findet man in der Literatur [21].

Fallweise sind oberflächliche Verunreinigungen zu entfernen, wobei die Reinigung zu einer Verfälschung des Analysenergebnisses führen kann. Dies konnte am Beispiel der vergleichenden Untersuchung von 4 Reinigungsmethoden für Haarproben gezeigt werden [24].

### 2.2.3 Probenvorbereitung — Veraschung

In der Regel ist es erforderlich, das organische Material zu veraschen. Die Veraschung läßt sich ohne Mn-Verluste sowohl auf trockenem Wege bei 450°C bis maximal 500–550°C als auch auf nassem Wege durchführen.

Trotz dieses im allgemeinen gültigen Sachverhaltes sollte man auf mögliche flüchtige Bindungsformen im Probematerial achten. Beispielsweise wurden bereits beim Trocknen (110°C) von Molluskenmaterial Verluste an akkumulierten Radioisotopen von 9–14% an Mn und anderen Elementen beobachtet [25]. Dies ist aber für das Mn als Sonderfall zu betrachten, denn in einer anderen Arbeit traten unter ähnlichen Bedingungen (110°C) keine Verluste an Co, Cr, Fe, Mn und Zn, hingegen Verluste an Cd (−9%), Se (−8%) und Pb (−20%) auf, wobei auch die Gefriertrocknung zu annähernd gleich hohen Verlusten führte [26, 27].

Bei der trockenen Veraschung von Pflanzenblättern mit hohem Chloridgehalt bei 450–500°C wurden Mn-Verluste von 25–40% beobachtet [28], die bei der nassen Veraschung nicht auftraten. Ein kombiniertes Verfahren wurde für die rasche Veraschung von Pflanzenblättern vorgeschlagen [28]: 10 min dauernde trockene Veraschung bei 490°C, die erkaltete Asche mit 4 M HCl ausziehen. Mn (und auch Ca, Fe, K, Mg, Zn) wird quantitativ erfaßt. Nur bei Material mit hohem Chloridgehalt (Reisblätter) traten auch hier Mn-Verluste von 25–40% auf.

In der Regel erhält man aber mit der trockenen Veraschung bei den meisten Materialien befriedigende Ergebnisse [21, 45], wenn man das Material unter Luftzufuhr zunächst langsam auf 420°C erhitzt, dann bei 500–550°C über Nacht verascht und die Asche bei Bedarf mehrmals mit wenig $HNO_3$ (1+2), Wasser, HCl (1+2) und zuletzt HCl (1+9) bzw. $HNO_3$ (1+9) behandelt. Bei schwer verbrennlichem Material setzt man vor dem Verkohlen eine Veraschungshilfe zu, z. B. $H_2SO_4$ (1+3), $Mg(NO_3)_2 \cdot 6\,H_2O$-Lösung oder $K_2SO_4$ [48].

Für die Veraschung von $\leq$ 1 g verschiedenem organischen Material mit Spurenelementgehalten im Bereich von $\mu g/g$ bis $ng/g$ wurde eine teilmechanisierte Apparatur (Trace-O-Mat[1]) aus Quarzglas entwickelt [29–31], mit der bei einfacher Handhabung Spurenelementverluste und -einschleppungen vermieden werden. Die Veraschung erfolgt in $O_2$-Atmosphäre (Zündung mit IR-Strahler) im geschlossenen System in einer kleinen Verbrennungskammer ($\sim$ 75 ml), wobei flüchtige Elemente und Verbindungen an einem Kühlfinger (flüssiger Stickstoff) kondensiert werden. Nach der Veraschung werden Asche und Kondensat in der Quarzapparatur mit 2 ml Mineralsäure unter Rückfluß ($\sim$ 30 min) gelöst (Gesamtzeitbedarf 30–60 min). Die Apparatur fand u. a. auch zur Veraschung von Ölen und Fetten Anwendung [32].

Bei der trockenen Tieftemperatur-Veraschung im Sauerstoffplasma bei 100–150°C und 133–665 Pa (1–5 Torr) ist die Gefahr von Spurenelementverlusten infolge Verflüchtigung oder Reaktion mit dem Gefäßmaterial im Vergleich zur üblichen trockenen Veraschung deutlich vermindert [33–35], doch ist die Anwendung dieser Veraschungsmethode im Falle der Mn-Bestimmung nicht zwingend erforderlich. Geeignete Plasmaveraschungsgeräte sind im Handel erhältlich, doch findet man in der Literatur auch Anlagen für den Eigenbau beschrieben [33, 35], bei denen nach der Veraschung der Veraschungsrückstand im Veraschungsgefäß gelöst wird. Für die Veraschung von 0,1–1 g organischem Material mit Spurengehalten von 0,5–250 ng mit aktiviertem Sauerstoff wurde eine eigene Apparatur verwendet [36]. Mit einer zum Trace-O-Mat (s. oben) analogen Arbeitsweise kann im Kalt-Plasma-Verascher CPA-1[1] > 1 g organisches Material verascht werden [37]: Veraschung in angeregtem Sauerstoff, Kondensieren der flüchtigen Elemente auf einem Quarzkühlfinger, Lösen der Elemente im Veraschungsgefäß mit 1–2 ml Mineralsäure unter Rückfluß.

Die nasse Veraschung von verschiedenem organischen Material läßt sich mit befriedigendem Erfolg mit $HNO_3(1,42)$ allein in einer Rückflußapparatur (mit Soxhletextraktor als Zwischenreservoir der kondensierenden $HNO_3$) durchführen, die ausführlich beschrieben wurde [38]. Gegenüber anderen Verfahren bietet diese Veraschungsmethode insofern Vorteile, als die Veraschung in der Rückflußapparatur unbeaufsichtigt automatisch abläuft und $HNO_3$ leichter als die anderen Mineralsäuren nachgereinigt werden kann. Mit befriedigenden Ergebnissen ist die nasse Veraschung verschiedener organischer Materialien mit $H_2O_2(50\%)/H_2SO_4(1,84)$ in einer Rückflußapparatur durchführbar [39, 40]. Allgemein bewährt hat sich weiterhin die nasse Veraschung mit $HNO_3/H_2SO_4$ allein [42] bzw. mit oder ohne Zusatz von $HClO_4$ oder $H_2O_2$ [45] (s. dazu auch [21]).

Zahlreiche weitere Arbeiten befassen sich mit Fragen, Fehlerquellen und Methoden der trockenen und nassen Veraschung, von denen hier nur einige beispielhaft genannt seien [41–46] und für weitere Informationen auf die einschlägige Literatur verwiesen wird [21, 47].

Die nasse Veraschung wird in der Regel manuell ausgeführt, wenn man von der Veraschung in einer Rückflußapparatur als teilautomatischem Vorgang absieht. Für die automatische bzw. kontinuierliche Naßveraschung wurde eine Apparatur (Naßveraschungsautomat VAO[1]) für die gleichzeitige Veraschung mehrerer Proben (Veraschungsgefäße: 10–150 ml-Glas- oder Quarzglasampullen oder -kolben; Probenein-

---

[1] Im Handel erhältlich von: A. Paar, P.O. Box 58, A-8054 Graz, Österreich; H. Kürner, Herderstraße 2, D-8200 Rosenheim, BRD.

waage 0,1–2 g, Veraschungsdauer einstellbar von 10 bis 300 min) entwickelt, bei der unter individuell eingestellter Aufschlußtemperatur und -dauer einzelne Sätze von 3–5 Veraschungsgefäßen nacheinander schrittweise mit einstellbaren Schrittintervallen nach einem Zeitprogramm über eine Heizplatte (Heizplattentemperatur 20–300° C) geführt werden [49]. Die automatische Naßveraschung läßt sich mit verschiedenen Veraschungsreagentien durchführen, wie z. B. $H_2SO_4/HNO_3/HClO_4$ [49], $HClO_3/HNO_3$ [50] und $H_2SO_4/H_2O_2$ [51] und ermöglicht kurze Veraschungszeiten sowie einen kontinuierlichen, hohen Probendurchsatz (z. B. 30 Proben/Std bei einer Veraschungsdauer von 40 min).

Die nasse Veraschung läßt sich neben der üblichen Arbeitsweise in offenen Gefäßen auch mit gutem Erfolg in einem Druckgefäß vornehmen. Gegenüber der trockenen und der drucklosen nassen Veraschung hat die Naßveraschung im Druckgefäß einige Vorteile: kurze Veraschungszeit, geringer Reagentienverbrauch und damit niedriger Blindwert, Vermeidung von Spurenelementverlusten und -einschleppungen, einfachere und sicherere Durchführung der Veraschung. Allerdings sind die Probemengen bei der Naßveraschung unter Druck auf $\leq$ 1 g begrenzt. Als Druckgefäß verwendet man in der Regel eine Teflonbombe, d. h. ein Innengefäß mit Dekkel aus Teflon, das in ein verschraubbares Druckgefäß — meist aus Edelstahl — eingesetzt ist. Die Veraschung in der Teflonbombe wird bei etwa 130–170° C durchgeführt. Geeignete Teflonbomben sind in verschiedenen Ausführungen im Handel erhältlich[1], doch wurden auch selbst hergestellte Teflonbomben mehrfach verwendet [52–55]. Die Veraschung in einer der beschriebenen Teflonbomben [54] wurde auch mit 10fach verkleinerten Mengen an Probematerial und Reagentien durchgeführt [60].

Eine verkleinerte Teflonbombe (Inhalt 10 ml) fand für die Naßveraschung (mit $HNO_3$ bei 170° C) von begrenzten Einwaagen ($\leq$ 500 mg) biologischen Materials mit Spurenelementmengen von 1–100 ng Anwendung [52]. Eine experimentelle Belastungsprüfung dieser Teflonbombe ergab eine ausreichende Festigkeit und Sicherheit im Bereich bis 300 mg Trockensubstanz [56].

In einer Arbeit wurde eine von der üblichen Ausführung abweichende Teflonbombe eigener Entwicklung für die Naßveraschung unter Druck verwendet [53]: der eigentliche Aufschluß erfolgt in einem Quarzreagenzglas, das in das Teflongefäß eingesetzt ist; das Teflongefäß ist mit einem konischen Teflonstopfen mittels Spannverschluß druckdicht verschlossen. Der Aufschluß wird bei 160° C und 1–1,2 MPa (10–12 bar) durchgeführt: in der kleineren Bombenausführung $\leq$ 150 mg Probematerial mit 1 ml $HNO_3$, in der größeren Bombe $\leq$ 500 mg Probe mit 3 ml $HNO_3$ (Veraschungsdauer 3–6 Std).

Für die rasche Naßveraschung (10–30 min) von bis zu 10 g organischem Material (Kohlehydrate, Eiweiß und Fette) mit $H_2O_2$ bei 370–450° C wurde ein Druckgefäß aus V4A-Stahl (ohne Teflonauskleidung) beschrieben und verwendet [57, 58], das sich allerdings nur für die Bestimmung jener Elemente eignet, die nicht im Druckgefäßmaterial enthalten sind.

Weiterhin löste man landwirtschaftliche Feldfrüchte mit 6 M HCl bei 80° C unter

---

[1] z. B. von: Parr Instrument Co., 211 Fifty-Third-St., Moline, Ill. 61265, USA; Universal Decomposition Vessels Ltd., P.O. Box 9463, 31094 Haifa, Israel; Berghof GmbH, Postfach 1523, D-7400 Tübingen; H. Kürner, Herderstraße 2, D-8200 Rosenheim, BRD.

schwachem Druck in verschlossenen Polyäthylenflaschen [59]. Die so erhaltenen Probelösungen wurden mittels ICP analysiert, wobei eine Eichung mit analog behandelten Realproben erforderlich war.

## 2.3 Metalle und Legierungen

### 2.3.1 Probenahme und Probenaufbereitung

Die Probenahme von Metallen erfolgt entweder während des Produktionsprozesses aus dem flüssigen Metallbad mit Hilfe von Löffeln, Kokillen bzw. Tauchsonden oder mit geeigneten Hilfsmitteln vom Halbzeug und Fertigmaterial. Eine eingehende Darstellung der Methoden von Probenahme und Probenaufbereitung bzw. -zerkleinerung würde den gesetzten Rahmen dieses Buches überschreiten, weshalb auf die einschlägige Literatur [61–64] verwiesen sei.

Die Probenahme, Zerkleinerung und Aufbewahrung hochreiner Stoffe, z. B. der Elektronik- und Halbleiterindustrie, verursachen erhebliche Probleme vor allem in Form von Spurenverunreinigungen [21, 65]. Selbst die für Transport und Aufbewahrung verwendeten Kunststoffolien und -behälter verursachen Verunreinigungen, wobei sich jene aus Polyäthylen oder Polypropylen noch am besten bewährt haben [65].

### 2.3.2 Probenvorbereitung

Bei der Emissionsspektrographie bzw. -spektrometrie und RFA von Roheisen, Stahl u. a. Metallen werden die durch entsprechende Probenahme in verschiedener Form (Scheiben, Stifte) erhaltenen kompakten Probenstücke direkt im Analysengerät eingesetzt. Dazu wird eine geeignete Oberfläche der Probenstücke durch Fräsen, Drehen oder Schleifen entsprechend vorbereitet, um vorhandenen Zunder und Verunreinigungen zu entfernen und die für die Analyse notwendige, metallisch blanke Fläche zu erhalten. Hinsichtlich der Einzelheiten dieser Arbeitsgänge sei auf die entsprechende Literatur [61, 66, 67] und auf die Abschnitte 11 und 13 (s. S. 157 und 216) hingewiesen.

Für die Emissions- und RF-Spektrometeranalyse von Ferrolegierungen ist es erforderlich, das analysenfein zerkleinerte Material umzuschmelzen oder aufzuschließen (s. S. 157 und 216). Weniger häufig wird die Feinstmahlung mit anschließender Herstellung eines Preßlings angewandt (s. S. 216).

Von den oben erwähnten Spektrometeranalysen abgesehen ist es aber in der Regel notwendig, das zerkleinerte Probematerial aufzulösen.

Ein *kontinuierlich-automatisches Lösen* von Stahlproben läßt sich mit Hilfe des für die Naßveraschung organischen Materials entwickelten Naßveraschungsautomaten VAO (s. S. 18) durchführen. Diese Arbeitsweise wird für die Herstellung von Stahllösungen im Routinebetrieb für die Plasmaspektrometrie angewandt [68]. Bei einer Auflösungszeit von 15 min erreicht man einen Probendurchsatz von 80 Proben/Std (s. S. 204).

### 2.3.3 Bestimmung der Bindungsform

Besondere Arbeitstechniken wurden für die quantitative Bestimmung von Bindungsformen der Elemente bzw. von Metallphasen (Gefügebestandteile) — vor allem in
Stahl — entwickelt, die unter dem Begriff *metallkundliche Analyse* zusammengefaßt
werden. Bei dieser Arbeitsweise werden die Grundmatrix oder bestimmte Phasen
des Metalls auf chemischem oder elektrochemischem Wege selektiv herausgelöst,
um bestimmte Verbindungen (Oxide, Carbide, Sulfide, Nitride usw.) oder Metallphasen zu isolieren. Das erhaltene Isolat wird dann mit chemischen oder physikoche-
mischen Methoden in weitere Fraktionen (Mengen im mg- und µg-Bereich) aufgeteilt, die dann mit geeigneten Methoden analysiert werden. Mit diesem Arbeitsgebiet haben sich zahlreiche Arbeiten befaßt, zu dem auf die Literatur [67, 69–71] verwiesen sei. Die auf diesem Gebiet angewandten chemischen und physikalisch-chemischen Verfahren werden zunehmend durch physikalische Methoden (Licht-, Elektro-
nen-, Rasterelektronenmikroskop, Mikrosonde) ersetzt.

## 2.4 Mineralstoffe

### 2.4.1 Probenahme und Probenaufbereitung

Die Methoden der Probenahme zur Erzielung einer repräsentativen Durch-
schnittsprobe sowie der Probenaufbereitung für die Herstellung der Analysenprobe
können im gesetzten Rahmen dieses Buches hier im einzelnen nicht beschrieben
werden, weshalb auf die einschlägige Literatur für Erze, andere Mineralstoffe
[61–63] und Böden [72] verwiesen sei.
Im Falle der Bestimmung von Mn-Spurengehalten sind die Gefahren der Verunrei-
nigung des Probematerials während der Probenaufbereitung bzw. -zerkleinerung zu
berücksichtigen (s. S. 16) [21].

### 2.4.2 Probenvorbereitung

Mit einigen Analysenmethoden läßt sich das analysenfeine Probematerial ohne weitere Probenvorbereitung direkt ohne (z. B. mit der RFA) oder mit einigen Zusätzen
(Bindemittel, spektrographische Puffer u. a. m., z. B. mit der RFA oder Emissionsspektralanalyse) analysieren. Für die meisten Analysenmethoden ist es aber in der
Regel erforderlich, das Probematerial in Lösung zu bringen. Sieht man von den säu-
relöslichen Mineralstoffen ab, so werden für das Lösen von Silicatmaterial neben anderen vor allem die nachfolgenden Methoden verwendet.
1. Aufschluß mit $Na_2B_4O_7$ [73–75], $Na_2B_4O_7/Na_2CO_3$ oder $Na_2B_4O_7/Na_2CO_3/K_2CO_3$
[76–83], $LiBO_2$ [84–90] (s. a. S. 138) oder $B_2O_3/Li_2CO_3$ [91-95] und Lösen der
Schmelze in verdünnter Mineralsäure,
2. Aufschluß mit HF in einer mit Teflon oder Platin ausgekleideten Bombe [96–99]
oder in Kunststoffflaschen [100],
3. Kombination der Methoden 1. und 2.
$LiBO_2$ ist ein sehr wirksames Aufschlußmittel jedoch im Handel nur schwer in ausreichender Reinheit erhältlich, weshalb die Eigenherstellung empfohlen wird [90]:
Eine Mischung aus 1 Mol $Li_2CO_3$ + 2 Mol $H_3BO_3$ erhitzt man langsam auf

250–300°C, zerkleinert dann den Kuchen und erhitzt erneut ~ 1 Std auf 625°C.
500 g des so erhaltenen zerkleinerten $LiBO_2$ werden in 3000 ml heißem Wasser
(70–80°C) unter Rühren gelöst, auf 90°C erwärmt, durch Abkühlen auskristallisiert,
abfiltriert und getrocknet. Anstelle von $LiBO_2$ kann man für die Aufschlüsse mit
gleich gutem Ergebnis auch ein $B_2O_3/Li_2CO_3$-Gemisch verwenden.

Weiterhin wurde für Erze und Gesteine der Aufschluß mit $K_2O/KOH(1+3)$ im
Verhältnis Probe : Flux = 1 + 3 im Zirconiumtiegel empfohlen [101]. Die Vorteile
dieses Aufschlußgemisches sind: eine Abtrennung des Na entfällt, K kann auf einfache Weise als $KClO_4$ ausgefällt und abgetrennt werden.

Neben den Arbeitsvorschriften zum Lösen und Aufschließen des Probematerials in
den Abschnitten der einzelnen Analysenmethoden (s. S. 148 ff.) findet man weitere
Informationen dazu in der Literatur [1, 67, 102].

Im Gegensatz zum Aufschluß für die naßchemische Analyse wird die Aufschluß-
schmelze in eine definierte Form gegossen und der so erhaltene Schmelzling (Glasscheibe) für die RFA verwendet. Diese Arbeitsweise ist im Abschnitt 13 (s. S. 218) beschrieben.

Schwer aufschließbare Mineralstoffe können bei erhöhter Temperatur unter Druck
in Bomben zersetzt werden, die mit Platin (Arbeitstemperatur $\leq$ 550°C) [103] oder
Teflon (Arbeitstemperatur $\leq$ 250°C) [99, 104–109] ausgekleidet sind. Der äußere
Druckkörper der Bombe besteht aus Stahl [99, 103–105], Aluminium [106-108] oder
Aluminiumlegierung [109]. Geeignete Teflonbomben sind im Handel erhältlich[1]. Der
Druckaufschluß hat vor allem den Vorteil, daß einerseits die Aufschlußzeit erheblich
auf etwa $^1/_2$–$1^1/_2$ Std herabgesetzt wird und andererseits ein praktisch verlust- und
kontaminationsfreies Arbeiten möglich ist (s. auch Abschnitt 9.2.3., S. 128).

*Bestimmung der Bindungsform.* Analog zur Analyse von Wässern interessiert auch
bei der Untersuchung der ungelösten, grobdispersen Stoffe in Wässern und der Ge-
wässeredimente neben der chemischen Zusammensetzung die chemische Bindungsform (Spezies) der Spurenelemente. Ähnlich wie bei der Speziation der Elemente in
Wässern (s. S. 13) wurden für die Speziation der Elemente in diesen Stoffen spezielle
Untersuchungsverfahren ausgearbeitet und eingesetzt [110, 111], bei denen die einzelnen Elementfraktionen nacheinander durch verschiedene Lösungsmittel sequen-
tiell selektiv herausgelöst werden.


## 2.5 Luft


Bei Emissions- und Immissionsmessungen bzw. -analysen im Rahmen der Umwelt-
schutzuntersuchungen steht in der Regel die Bestimmung des Mn-Gehaltes von Luftstaubproben nicht im Vordergrund. Vielmehr erfolgt dessen Bestimmung lediglich
im Zuge einer Gesamtanalyse. Die Luftprobenahme bzw. die Entnahme von Staubproben ist nicht problemfrei [112, 113]. Art und Ort der Probenahme sowie eine
Reihe von Umweltfaktoren spielen eine entscheidende Rolle, von deren Beachtung
es abhängt, ob ein Analysenergebnis eine repräsentative Aussage zu einer bestimmten Fragestellung gibt. Für die Probenahme von Luftstaub saugt man in der Regel

---

[1] s. Fußnote auf S. 19

eine definierte Luftmenge mit einer Strömungsgeschwindigkeit von $\geq$ 1 l/min/cm$^2$ mit Hilfe einer Absaugeinrichtung durch ein Papier- oder Membranfilter mit bestimmter Porenweite und z. B. 50 mm $\varnothing$, das in einen dafür geeigneten Filterhalter (z. B. Sartorius-Membranfilter GmbH, D-3400 Göttingen, BRD) eingespannt ist [21]. Über die Luftprobenahme liegen einschlägige Werke vor, auf die hier verwiesen sei [114–119].

## Literatur


1. Bock R, Aufschlußmethoden der anorganischen und organischen Chemie. Verlag Chemie, Weinheim (1972)
2. Bock R Marr IL, A handbook of decomposition methods in analytical chemistry. International Textbook, Glasgow London (1979)
3. Florence TM, Talanta 29 (1982) 345
4. Angino EE, Hathaway LR, Worman T, Adv Chem Ser 106 (1971) 299
5. Florence TM, Batley GE, Talanta 23 (1976) 179
6. Florence TM, Batley GE, Talanta 24 (1977) 151
7. Malcolm RL, J Res US Geol Surv 4 (1976) 37
8. Aiken GR, Thurman EM, Malcolm RL, Walton HF, Anal Chem 51 (1979) 1799
9. Riley JP, Taylor D, Anal Chim Acta 40 (1968) 479
10. Mart L, Fresenius Z Anal Chem 299 (1979) 97
11. Wagner R, Fresenius Z Anal Chem 282 (1976) 315
12. Environmental Protection Agency, Methods for chemical analysis of water and wastes. National Environmental Research Center, Analytical Quality Control Laboratory, Cincinnati (1971)
13. Knöchel A, Prange A, Mikrochim Acta (1980 II) 395
14. Subramanian KS, Chakrabarti CL, Sueiras JE, Maines IS, Anal Chem 50 (1978) 444
15. Shendrikar AD, Dharmarajan V, Walker-Merrick H, West PW, Anal Chim Acta 84 (1976) 409
16. Smith AE, Analyst 98 (1973) 65
17. Smith AE, Analyst 98 (1973) 209
18. Batley GE, Farrar YJ, Anal Chim Acta 99 (1978) 283
19. Pakalns P, Batley GE, Cameron AJ, Anal Chim Acta 99 (1978) 333
20. Hall A, Godinho MC, Anal Chim Acta 113 (1980) 369
21. Koch OG, Koch-Dedic GA, Handbuch der Spurenanalyse. Springer, Berlin Heidelberg New York (1974)
22. Findeisen B, Schuffenhauer W, Neue Hütte 16 (1971) 47
23. Nichols JA, Hageman LR, Anal Chem 51 (1979) 1591
24. Salmela S, Vuori E, Kilpiö JO, Anal Chim Acta 125 (1981) 131
25. Strohal P, Lulić S, Jelisavčić O, Analyst 94 (1969) 678
26. Fourie HO, Peisach M, Analyst 102 (1977) 193
27. Fourie HO, Peisach M, S Afr J Sci 72 (1976) 349
28. Basson WD, Böhmer RG, Analyst 97 (1972) 482
29. Morsches B, Tölg G, Fresenius Z Anal Chem 219 (1966) 61
30. Tölg G, Fresenius Z Anal Chem 283 (1977) 257
31. Knapp G, Raptis SE, Kaiser G, Tölg G, Schramel P, Schreiber P, Fresenius Z Anal Chem 308 (1981) 97
32. Raptis SE, Kaiser G, Tölg G, Anal Chim Acta 138 (1982) 93
33. Gleit CE, Holland WD, Anal Chem 34 (1962) 1454
34. Dittel F, Fresenius Z Anal Chem 228 (1967) 432
35. Patterson JE, Anal Chem 51 (1979) 1087
36. Kaiser G, Tschöpel P, Tölg G, Fresenius Z Anal Chem 253 (1971) 177
37. Raptis SE, Knapp G, Schalk AP, Fresenius Z Anal Chem 316 (1983) 482
38. Schachter MM, Boyer KW, Anal Chem 52 (1980) 360
39. Down JL, Gorsuch TT, Analyst 92 (1967) 398

40. Analytical Methods Committee, Analyst 92 (1967) 403
41. Middleton G, Stuckey RE, Analyst 78 (1953) 532
42. Middleton G, Stuckey RE, Analyst 79 (1954) 138
43. Guidoboni RJ, Anal Chem 45 (1973) 1275
44. Gorsuch TT, Analyst 84 (1959) 135
45. Analytical Methods Committee, Analyst 85 (1960) 643
46. Taubinger RP, Wilson JR, Analyst 90 (1965) 429
47. Gorsuch TT, The destruction of organic matter. Pergamon, Oxford (1970)
48. Menden EE, Brockman D, Choudhury H, Petering HG, Anal Chem 49 (1977) 1644
49. Knapp G, Fresenius Z Anal Chem 274 (1975) 271
50. Knapp G, Sadjadi B, Spitzy H, Fresenius Z Anal Chem 274 (1975) 275
51. Budna KW, Knapp G, Fresenius Z Anal Chem 294 (1979) 122
52. Kotz L, Kaiser G, Tschöpel P, Tölg G, Fresenius Z Anal Chem 260 (1972) 207
53. Schramel P, Wolf A, Seif R, Klose BJ, Fresenius Z Anal Chem 302 (1980) 62
54. Iida C, Uchida T, Kojima I, Anal Chim Acta 113 (1980) 365
55. Breder R, Fresenius Z Anal Chem 313 (1982) 395
56. Eustermann K, Seifert D, Fresenius Z Anal Chem 285 (1977) 253
57. Denbsky G, Fresenius Z Anal Chem 267 (1973) 350
58. Denbsky G, Fresenius Z Anal Chem 277 (1975) 375
59. Kuennen RW, Wolnik KA, Fricke FL, Caruso JA, Anal Chem 54 (1982) 2146
60. Uchida T, Iida C, Kojima I, Anal Chim Acta 113 (1980) 361
61. Chemikerausschuß der GDMB Gesellschaft Deutscher Metallhütten- und Bergleute, Analyse der Metalle 3.Bd. Probenahme. Springer, Berlin Heidelberg New York (1975). Verlag Stahleisen, Düsseldorf (1975)
62. Chemikerausschuß des Vereins Deutscher Eisenhüttenleute, Handbuch für das Eisen-hüttenlaboratorium Bd. 5, 1.–5. Lfg. Verlag Stahleisen, Düsseldorf (1971–1982)
63. Book of ASTM standards — part 32, Chemical analysis of metals; sampling and ana-lysis of metal bearing ores. American Society for Testing and Materials, Philadelphia (1982)
64. BS Handbook No. 19, Methods for the sampling and analysis of iron, steel and other ferrous metals. British Standards Institution, London (1980)
65. Martin JA, Haas E, Fischer G, Fresenius Z Anal Chem 265 (1973) 122
66. Slickers K, Die automatische Emissions-Spektralanalyse. Brühlsche Universitätsdrucke-rei, Lahn-Gießen (1977)
67. Chemikerausschuß des Vereins Deutscher Eisenhüttenleute, Handbuch für das Eisen-hüttenlaboratorium Bd. 1, 2. Verlag Stahleisen, Düsseldorf (1960, 1966)
68. Wagner A, Petin J, Hein J, Bentz F, in: Koch KH, Massmann H, 13. Spektrometerta-gung. de Gruyter, Berlin New York (1981)
69. Klinger P, Koch W, Beiträge zur metallkundlichen Analyse. Verlag Stahleisen, Düssel-dorf (1949)
70. Lukaschewitsch-Duwanowa JT, Schlackeneinschlüsse in Eisen und Stahl. VEB Verlag Technik, Berlin (1955)
71. Koch W, Metallkundliche Analyse. Verlag Stahleisen, Düsseldorf, und Verlag Chemie, Weinheim (1965)
72. Ebing W, Hoffmann G, Fresenius Z Anal Chem 275 (1975) 11
73. Jeffery PG, Analyst 82 (1957) 66
74. Hartleif G, Kornfeld H, Arch Eisenhüttenwes 23 (1952) 107
75. Neuberger A, Schöffmann E, Herkenhoff K, Arch Eisenhüttenwes 29 (1958) 547
76. Hazel WM, Highfill JP, Stevens RE, Anal Chem 24 (1952) 196
77. Collins PF, Diehl H, Smith GF, Anal Chem 31 (1959) 1862
78. Bowman JA, Willis JB, Anal Chem 39 (1967) 1210
79. Richards CS, Boyman EC, Anal Chem 36 (1964) 1790
80. Cuttita F, Daniels GJ, Anal Chim Acta 20 (1959) 430
81. Meyer S, Koch OG, Mikrochim Acta (1959) 720
82. Meyer S, Koch OG, Sepctrochim Acta 15 (1959) 549
83. Meyer S, Koch OG, Arch Eisenhüttenwes 31 (1960) 268
84. Ingamells CO, Talanta 11 (1964) 665

85. Suhr NH, Ingamells CO, Anal Chem 38 (1966) 730
86. Ingamells CO, Anal Chem 38 (1966) 1228
87. Shapiro L, US Geol Surv Prof Pap 575 B (1967) 187
88. Van Loon JC, Parissis CM, Analyst 94 (1969) 1057
89. Medlin JH, Suhr NH, Bodkin JB, At Absorpt Newslett 8 (1969) 25
90. Ingamells CO, Anal Chim Acta 52 (1970) 323
91. Omang SH, Anal Chim Acta 46 (1969) 225
92. Ohlweiler OA, Meditsch JO, da Silveira CLP, Silva S, Anal Chim Acta 61 (1972) 57
93. Ohlweiler OA, Meditsch JO, Piatnicki CMS, Anal Chim Acta 67 (1973) 283
94. Ohlweiler OA, Meditsch JO, Silva S, Oderich JA, Anal Chim Acta 69 (1974) 224
95. Ohlweiler OA, Meditsch JO, Piatnicki CMS, Anal Chim Acta 84 (1976) 431
96. Langmyhr FJ, Sveen S, Anal Chim Acta 32 (1965) 1
97. Langmyhr FJ, Paus PE, Anal Chim Acta 43 (1968) 397
98. Buckley DE, Cranston RE, Chem Geol 7 (1971) 273
99. Bernas B, Anal Chem 40 (1968) 1682
100. French WJ, Adams SJ, Anal Chim Acta 66 (1973) 324
101. Westland AD, Kantipuly CJ, Anal Chim Acta 154 (1983) 355
102. Chemikerausschuß der Gesellschaft Deutscher Metallhütten- und Bergleute, Analyse
     der Metalle 2. Bd. Betriebsanalysen. Springer, Berlin Göttingen Heidelberg (1961)
103. May I, Rowe JJ, Anal Chim Acta 33 (1965) 648
104. Lounamaa K, Fresenius Z Anal Chem 146 (1955) 422
105. Riley JP, Williams HP, Mikrochim Acta (1959) 516
106. Wahler W, Aluminium 39 (1963) 323
107. Wahler W, N Jb Miner Abh 101 (1964) 109
108. Langmyhr FJ, Sveen S, Anal Chim Acta 32 (1965) 1
109. Langmyhr FJ, Paus PE, Anal Chim Acta 49 (1970) 358
110. Tessier A, Campbell PGC, Bisson M, Anal Chem 51 (1979) 844
111. Förstner U, Fresenius Z Anal Chem 316 (1983) 604
112. Klockow D, Fresenius Z Anal Chem 282 (1976) 269
113. van Ham J, Fresenius Z Anal Chem 282 (1976) 273
114. Stern AC, Air polution. Academic Press, New York (1968)
115. Lahmann E, Untersuchung und Beurteilung der Luft. In: Schormüller J, Handbuch
     der Lebensmittelchemie, Bd. VIII/2, S. 1319 ff. Springer, Berlin Heidelberg New York
     (1969)
116. Leithe W, Die Analyse der Luft und ihrer Verunreinigungen. Wissenschaftliche Ver-
     lagsgesellschaft, Stuttgart (1974)
117. Hanson NW, Reilly DA, Stagg HE, The determination of toxic substances in air. Hef-
     fer, Cambridge (1965)
118. Gage JC, Strafford N, Truhaut R, Methods for the determination of toxic substances
     in air. Butterworths, London (1962)
119. Henschler D, Analytische Methoden zur Prüfung gesundheitsschädlicher Arbeitsstoffe,
     Bd 1 Luftanalysen. Verlag Chemie, Weinheim (1976/1980)

# 3 Qualitativer Nachweis

Chemische und physikalische Nachweisvorgänge (Nachweisreaktionen) lassen sich in der Regel so gestalten, daß sie sowohl für den qualitativen Nachweis als auch für die quantitative Bestimmung eines Elementes geeignet sind. Grundsätzlich läßt sich daher jede quantitative Bestimmungsmethode auch für den qualitativen Nachweis eines Elementes verwenden. Hierfür sind insbesondere die Multielementmethoden, z. B. Emissionsspektroskopie und Röntgenfluoreszenzanalyse, von Bedeutung, da sie eine Übersichtsanalyse mit relativ geringem Arbeits- und Zeitaufwand ermöglichen. Im vorliegenden Abschnitt kann demnach auf ihre nähere Beschreibung weitgehend verzichtet und auf die nachfolgenden Abschnitte der einzelnen Bestimmungsmethoden verwiesen werden.

In diesem Zusammenhang ist zu erwähnen, daß Industrielaboratorien es häufig vorziehen, eine unbekannte Probe ohne Voruntersuchung mittels qualitativer Nachweismethoden gleich mit quantitativen Analysenmethoden zu analysieren, indem die Probe in die bestehenden Analysenabläufe eingeschleust wird. Dies setzt allerdings Multielementanalysensysteme mit einer ausreichend großen Elementzahl voraus. Man erreicht auf diese Weise neben der Aussage der qualitativen Zusammensetzung gleichzeitig eine angenäherte quantitative Analyse, wobei ein probenbedingter Analysenfehler bewußt in Kauf genommen wird. Diese Vorgehensweise ist bei gegebenen Rahmenbedingungen oft einfacher und ökonomischer als der konventionelle zweistufige Arbeitsgang, nämlich als erste Stufe eine qualitative Analyse und danach als zweite Stufe die quantitative Analyse durchzuführen.

Trotzdem haben sich verschiedene Methoden speziell für den qualitativen Nachweis bewährt, die bei vielen Problemstellungen sehr nützlich sind. Diese sind vor allem für jene Laboratorien von Bedeutung, die über keine kostspieligen Apparaturen (Spektrometer usw.) verfügen, sowie für Feldmethoden, wo mit einfachen und leistungsfähigen Methoden, wie z. B. mittels Ringofentechnik, qualitative und halbquantitative Analysen durchgeführt werden müssen. Die Kombination der einzelnen günstigsten Nachweismethoden (Farb- und Fällungsreaktionen) [1] ermöglicht eine rasche Ermittlung der qualitativen Zusammensetzung unbekannter Proben ohne großen Arbeits- und Zeitaufwand. Nachfolgend sind jene wesentlichen qualitativen Nachweismethoden angeführt, die in den späteren Abschnitten als quantitative Methoden nicht behandelt werden.

## 3.1 Nachweis durch Fällung

Im Rahmen von qualitativen Trennungsgängen sowie nach der elektrolytischen Auflösung von Stählen oder Nichteisenlegierungen fand die Fällbarkeit des Mn als Sulfid oder/und Hydroxid als Nachweis vielfache Anwendung, wobei meistens der

Mn-Nachweis selbst nach nochmaligem Lösen des Niederschlages dann durch spezifischere Reaktionen erhärtet wurde [2–10].

Auf relativ einfache Weise läßt sich Mn halbquantitativ bestimmen durch Fällung als $MnO_2$ in alkalischer Lösung und anschließenden Vergleich der Farbintensität des braun gefärbten Niederschlages mit einer analog hergestellten Testreihe [11] (s. Arbeitsvorschrift). Man kann diesen Nachweis als Makro-Tüpfeltest betrachten. Gegenüber der etwas störanfälligeren Ausfällung des Mn als $MnO_2$ nach der Volhard-Reaktion [12] ist die Fällung in alkalischer Lösung weniger störanfällig und rascher durchführbar, wobei die Reaktion wahrscheinlich über die Mn(III)-Zwischenstufe nach Gl.(1) verläuft.

$$Mn(OH)_2 \xrightarrow[O_2]{OH^-} MnO(OH) \xrightarrow{O_2} MnO_2 \qquad (1)$$

weiß   braun   braun

Das ausgefällte $MnO_2$ ist beim anschließenden Ansäuern in $HNO_3$ unlöslich, während sich die Hydroxide von Co, Cr(III), Fe(III) und Ni wieder auflösen, so daß der Nachweis bzw. die halbquantitative Bestimmung von 5 µg Mn durch 100–400 µg dieser Elemente nicht gestört wird. Die Bestimmung von 0,4–0,9% Mn in Stahl ergab einen Fehler von ± 0,01–0,03% Mn bzw. ± 2,5–6% rel. [11].

**Arbeitsvorschrift [11]**

10-15 ml annähernd neutrale Probelösung [1–50 µg Mn(II) enthaltend] versetzt man in einem 50 ml-Becherglas mit 3 ml 10 N NaOH, fügt einen kleinen Kristall $K_2S_2O_8$ hinzu und rührt die Lösung etwa 5 min. Sie wird in einem Eisbad auf ~ 5°C abgekühlt, mit kalter (~ 5°C) $HNO_3(1,40)$ sorgfältig — ohne Erhitzen der Lösung — angesäuert, 5 ml kaltes (~ 5°C) Wasser hinzugefügt und über ein in einem Filterhalter plan eingespanntes Membranfilter (Millipore AAWP, 25 mm ∅, Porenweite 0,45 µm) abfiltriert. Den Niederschlag wäscht man der Reihe nach mit Wasser, 5 ml 0,1 N NaOH und wieder mit Wasser und vergleicht den lufttrockenen Niederschlag mit der Vergleichsstandardreihe.

*Vergleichsstandardreihe.* Zwei Standardreihen für den Bereich 0–10 µg Mn (in 1 µg-Stufen) und 0–50 µg Mn (in 10 µg-Stufen) werden nach der Arbeitsvorschrift hergestellt und im lufttrockenen Zustand auf einer Kartenunterlage im Kühlschrank (unter Einwirkung von Wärme schrumpfen die Niederschläge!) aufbewahrt. Unter diesen Bedingungen sind die Standards mehrere Monate haltbar.

In analoger Weise erfolgte der halbquantitative Nachweis von 1–50 µg Mn mit Hilfe einer Testreihe durch Fällung als $MnO_2$ nach der Volhard-Reaktion [12], indem $Mn^{2+}$ zuerst in neutraler Lösung mit $K_2S_2O_8/AgNO_3$ zu $Mn^{7+}$ oxidiert, mit einem $Mn^{2+}$-Überschuß in $MnO_2$ übergeführt und über Membranfilter abfiltriert wurde.

Die Membranfilter-Methode eignet sich zur einfachen und raschen (Zeitaufwand ~ 5 min) Abschätzung bzw. halbquantitativen Bestimmung des Gehalts von ungelöstem Fe- und Mn-oxidhydrat in Wässern, indem man 1 l Wasserprobe mit Hilfe eines Glas-Vakuumfiltrationsgerätes (SM 16307, Sartorius GmbH, D-3400 Göttingen) durch ein Membranfilter (Porenweite 0,45 µm, 50 mm ∅, SM 11306-050 N) abfiltriert und die Farbe des Membranfilterrückstandes mit einer Farbskala vergleicht [13–15]. Die Ergebnisse weisen bei einem Gehalt von 0,1 mg/l einen relativen Fehler von ± 10% auf. Die getrennte Bestimmung beider Oxidhydrate nebeneinander ist möglich, indem man vor der Filtration $Fe^{3+}$ mit Triäthanolamin maskiert bzw. Mn mit $NH_2OH \cdot HCl$ reduziert [14].

## 3.2 Tüpfeltest

Als eine bereits klassische, jedoch einfache und vielseitige Methode mit beachtlicher Leistungsfähigkeit ist die Tüpfelanalyse (Tüpfelkolorimetrie, spot test), auch Tüpfeltest genannt, zu erwähnen [16–21]. Bekanntlich werden unter dem Begriff „Tüpfeltest" die bekannten Farb- und Fällungsreaktionen im kleinen Maßstab angewandt, die sowohl auf Filterpapier als auch auf Tüpfelplatten aus Porzellan oder Glas durchgeführt werden und für die neben Literaturangaben nachfolgend einige Vorschriften angeführt sind.

Noch 0,3 µg $KMnO_4$ neben 20 000 µg $K_2CrO_4$ kann in Abwesenheit anderer gefärbter Ionen im Filterpapier-Tüpfeltest nachgewiesen werden, indem die Cellulose durch das in schwach saurer oder neutraler Lösung vorliegende $KMnO_4$ oxidiert und dadurch sofort $MnO_2$ im Filterpapier — konzentrationsabhängig als mehr oder weniger dunkler Fleck — gefällt wird [22]. Die Oxidation der Cellulose durch $K_2CrO_4$ verläuft so langsam, daß das wandernde Chromat einen gelben Ring um den $MnO_2$-Niederschlag bildet, der sich ohne Einfluß auf den Niederschlag mit wenig Wasser weitgehend auswaschen läßt.

Eine rosaviolette Kristallfällung ($L_D$ = 1 µg) gibt $MnO_4^-$ beim Versetzen mit festem Rb-Salz (als Nitrat oder Chlorid) und $KClO_4$ unter leichtem Erwärmen durch Bildung eines Kristallgemisches von $RbClO_4$ und $RbMnO_4$. Im Verhältnis 1:1000 stören nicht: Al, Be, Ce, Co, Cr, Cu, Fe, K, Mg, Na, Ni, S.E., Ti, Tl, U, Y, Zn, Zr, $As^{5+}$, $Cr^{6+}$, $Mo^{6+}$, $Re^{7+}$, $Se^{4+}$, $V^{5+}$ und $W^{6+}$ [23]. Durch Einwirken einer ammoniakalischen $AgNO_3$-Lösung (unter Erwärmen) läßt sich Mn auf Filterpapier in Form eines dunklen Niederschlages aus $MnO_2$ und fein gefälltem metallischen Ag empfindlich nachweisen (0,2 µg Mn in maximal 5 ml Probelösung) [24, 25]. Die Reaktion wird nicht gestört durch Al, Co, Cr, Fe, Ni, Ti, Tl und Zn, so daß damit der qualitative Nachweis von Mn in Nichteisenlegierungen [24] oder auch organischem Material [25] (nach dessen Veraschung mit $H_2SO_4$ und anschließenden Trennungen durch Fällung) möglich ist.

Von den zahlreichen mit $K_4Fe(CN)_6$ reagierenden Elementen geben in Anwesenheit von EDTA als Komplexbildner neben $Mn^{2+}$ bei pH 1–3 nur noch $Ag^+$, $Fe^{2+}$, $Zn^{2+}$ und $Zr^{4+}$ eine Fällungsreaktion, $Cu^{2+}$, $Fe^{3+}$, $Pd^{2+}$ und $Ru^{3+}$ eine Farbreaktion ohne Fällung. Von diesen können Ag und Cu mit Thiosulfat sowie Zr mit $F^-$ maskiert werden. Als Grenzkonzentration für den Nachweis von 1 µg Mn wird 1 : 1 000 000 angegeben [26].

### 3.2.1 Nachweis als Permanganat

#### 3.2.1.1 Reaktion in saurer Lösung

$Mn^{2+}$ wird mit $S_2O_8^{2-}$ und $Ag^+$ als Katalysator zu $MnO_4^-$ oxidiert (s. S. 101) [27]. $L_D$: 0,1 µg Mn. $Cl^-$ und $Cr^{6+}$ stören; $Cr^{3+}$ und $Ce^{4+}$ im Verhältnis 1:300 vermindern die Nachweisempfindlichkeit. Es stören nicht: Ag, Al, Ba, Be, Bi, Ca, $Ce^{3+}$, Cu, Fe, Hg, K, Li, Mg, Mo, Na, Ni, Pb, Re, S.E., Sr, Te, Th, Ti, Tl, U, V, W, Zn und Zr.

Das Verfahren diente zur Schnellerkennung des Mn-Gehaltes von legierten Stählen, indem entweder in einer durch Säureeinwirkung auf die feste Probe gewonnenen Tüpfellösung Störelemente vor dem Mn-Nachweis durch Fällen mit ZnO-Aufschlämmung beseitigt wurden [28] oder nach vorangehender anodischer Auflösung auf der Stahlprobe mit den Reagentien auf Mn getüpfelt wurde [29].

**Arbeitsvorschrift [27]**

1 Tropfen Probelösung (neutral oder schwach schwefel- oder salpetersauer) wird mit 1 Tropfen 0,1%iger AgNO$_3$-Lösung sowie wenigen Milligramm (NH$_4$)$_2$S$_2$O$_8$ versetzt und schwach erwärmt. Es bildet sich bei niedriger Mn-Konzentration die rotviolette Permanganatfarbe. Höhere Mn-Gehalte führen daneben zur Ausfällung von MnO$_2$.

Neben (NH$_4$)$_2$ S$_2$O$_8$ wurde nach NaBiO$_3$ für die Oxidation in 2-4 M HNO$_3$ verwendet (Cl$^-$ stört). Die entstandene MnO$_4^-$-Färbung diente — durch Tüpfeln auf der Probe — zum schnellen Nachweis von Mn ($\geq$ 0,9%) in Stählen [30], Al- und Mg-Legierungen [31] (bei letzteren Tüpfeln auf der Porzellanplatte wegen Abscheidung von metallischem Bi) sowie Cu-Legierungen [32] und auch im Rahmen eines qualitativen Trennausganges nach der Mn-Fällung mit (NH$_4$)$_2$S (neben Fe) und/oder mit NH$_3$ [33].

### 3.2.1.2 Reaktion in alkalischer Lösung

Zur Oxidation des Mn$^{2+}$ mit S$_2$O$_8^{2-}$ in alkalischer Lösung eignen sich als Katalysatoren Metalle, deren höherwertige Oxide instabil sind, vor allem Cu$^{2+}$. Die gebildete MnO$_4^-$-Färbung ist sehr stabil. L$_D$: 0,1 µg Mn. Cr$^{6+}$ stört. Es stören nicht: Al, Be, Ca, Ce, Co, Cu, Fe, Ga, In, K, Mg, Na, Ni, Sn, Sr, Th, Ti, U und insbesondere Cl$^-$.

**Arbeitsvorschrift [34]**

Zu 1 Tropfen Probelösung werden nacheinander 1 Tropfen 0,1 M CuSO$_4$-Lösung, 1 Kristall Na$_2$S$_2$O$_8$ und 2 Tropfen 2 M NaOH zugegeben. Man kocht die Lösung auf, wobei sich die Lösung bei Anwesenheit von Mn violett färbt über einem dunklen Niederschlag von MnO$_2$.

## 3.2.2 Nachweis mit 4,4'-Bis(dimethylamino)-diphenylmethan

Auch mit IO$_4^-$ kann Mn in essigsaurer Lösung unter Erwärmen oxidiert und als violettes MnO$_4^-$ nachgewiesen werden. Wesentlich geringere Mengen sind indirekt nachweisbar, indem sich bei pH 3-4 zum MnO$_4^-$ zugesetztes 4,4'-Bis(dimethylamino)-diphenylmethan (4,4'-Tetramethyldiaminodiphenylmethan) über eine durch das Mn katalysierte Redoxreaktion zu dessen blaugefärbter Alkoholverbindung oxidiert. Es stören: Au, Ce$^{4+}$, Cr, Ir, Rh, V sowie gefärbte Verbindungen. Ag$^+$ und Hg$^+$ vermindern die Nachweisempfindlichkeit deutlich. Es stören nicht bis zum Verhältnis 1 : 100 000: Al, As, Ba, Be, Bi, Ca, Cd, Ce$^{3+}$, Co, Cu, Fe, Hg$^{2+}$, K, Li, Mg, Mo, Na, Ni, Pb, Pd, Pt, Rb, Re, Sb, Se, S.E., Sn, Sr, Te, Th, Ti, Tl, U, V, W, Y, Zn und Zr. L$_D$: 0,001 µg Mn.

**Arbeitsvorschrift [35]**

1 ml Probelösung (neutral oder schwach essigsauer) wird nacheinander versetzt mit 4 Tropfen KIO$_4$-Lösung (gesättigt), 1 Tropfen 2 M Essigsäure und 2 Tropfen 2%ige Reagenslösung (in 2 M Essigsäure).

Der Mn-Nachweis kann in analoger Weise auch als Tüpfelreaktion auf Filterpapier erfolgen [36]. Mit dem Verfahren wurde Mn (neben Cu, Fe und Zn) halbquantitativ in Milch nach nasser Veraschung und nach Trennungsoperationen mit der Ringofentechnik im Bereich von $\leq$ 0,2 µg Mn/ml bestimmt [36].

### 3.2.3 Andere Nachweisreaktionen

An weiteren Nachweisreaktionen für den Tüpfeltest sind zu erwähnen: Benzidin ($L_D$ = 0,075 µg Mn), das in Verbindung mit der Ringofentechnik für den Nachweis von Mn in Lösungen [24] und Luftstaubproben [37, 38] verwendet wurde; o-Tolidin; Formaldoxim [27, 39, 40] (s. S. 95), das bei der Spurenanalyse von Nahrungsmitteln nach papierchromatographischer Isolierung der Elemente Anwendung fand [41]; Oxin ($L_D$ = 10–100 µg Mn) für den Nachweis von Mn in Erzen und Silicaten [42]; Dithiol für den Nachweis von Mn in Manganerzen [43]; p-Aminophenylthioglykolsäure ($L_D$ = 1,4–2 µg Mn) [44].

## 3.3 Chromatographie-Methoden

Zu den qualitativen und halbquantitativen Nachweismethoden oder auch quantitativen Bestimmungsmethoden gehören noch die *Papierchromatographie* (s. a. S. 53) in ihren verschiedenen Ausführungsformen [45–53] sowie die *Dünnschichtchromatographie* [45, 46, 54–56]. Sie stellen eine Kombination von Trennverfahren (s. S. 53) und weiterentwickelter Tüpfelanalyse dar. Beispielsweise wurde Mn (10–100 ppm) zusammen mit Co, Cu und Ni in Nahrungsmitteln nach deren trockener Veraschung mit anschließendem Ausfällen der Kieselsäure aus einem 10 µl-Anteil Probelösung [HCl(1 + 1)] papierchromatographisch mit dem Ethylmethylketon/HCl(1,19)/Wassergemisch(15 + 3 + 2) in aufsteigender Arbeitsweise getrennt und dann im Chromatogramm mit Formaldoxim nachgewiesen [41]. Zur raschen Identifizierung einer Manganbronzelegierung diente ein Kombinationsverfahren, indem die verschiedenen Elemente auf Ionenaustauscherpapier (Amberlite SA-2, $H^+$-Form) mit dem Lösungsmittelsystem 0,05 M TTA (in Aceton)/6 M HCl(9 + 1) in aufsteigender Arbeitsweise getrennt und dann mit spezifischen Farbreaktionen nachgewiesen wurden, Mn als hellblauer Fleck nach Einwirkung von $NH_3$ und Besprühen mit $Na_3[Fe(CN)_5NH_2]$ und Rubeanwasserstoffsäure [57].
In analoger Weise wird die auf Filterpapier durchgeführte *Elektrophorese* verwendet [58, 59]. Mit ihrer Hilfe lassen sich die Elementflecke auf den Papierchromatogrammen konzentrieren und damit die Nachweisempfindlichkeit steigern [60]. Außer durch visuellen Vergleich oder photometrische Messung des Farbfleckes auf dem Trägermaterial (Chromatographiepapier oder Dünnschichtchromatographieplatte) kann der Farbfleck auch vom Träger herausgelöst und anschließend das Element in der Lösung in geeigneter Weise bestimmt werden. Bei einem Trennungsgang mit 15 Elementen im µg-Bereich (13 µg Mn) wurden Mn und Ag aus einer ammoniakalischen Nitrilotriessigsäure als Basislösung elektrochromatographisch getrennt und die Mn-Zone durch Ausfällen von $MnO_2$ mit ammoniakalischer $AgNO_3$-Lösung auf dem Papierchromatogramm identifiziert [61].
Ein recht einfaches, dabei leistungsfähiges und allgemein anwendbares Verfahren für die Trennung von Elementen (s. S. 53) sowie den qualitativen Nachweis und die halbquantitative Bestimmung von Mn (u. a. Elementen bzw. Verbindungen) stellt die *Ringofen-Technik* dar [8, 20, 21, 24, 38, 62–71]. Der qualitative Nachweis und die halbquantitative Bestimmung erfolgen mit Hilfe der Farbe und Farbintensität des auf dem Papierfilter gebildeten Farbringes oder in Verbindung mit anderen Nach-

weismethoden, wie Tüpfelanalyse oder eine der in den späteren Abschnitten behandelten Analysenmethoden. Diese Kombinationsmöglichkeiten erklären auch ihren häufigeren Einsatz in der Mikro- [70, 71] und Spurenanalyse [25, 36–38] der verschiedensten Probematerialien. Weiterhin wird die Ansicht vertreten, daß die Ringofen-Technik durch die zunehmende methodische Vervollkommnung auch quantitative Bestimmungen im Mikromaßstab ermöglicht [70, 71], was aus zahlreichen Arbeiten hervorgeht. Arbeitsweise und Leistungsfähigkeit der Ringofen-Technik veranschaulicht unter anderem ein beschriebener Trennungsgang für Mn und 19 weitere Elemente [62, 69].

## 3.4  Emissionsspektralanalyse

Für die orientierende qualitative Multielementanalyse unbekannter Materialien findet die Emissionsspektralanalyse häufig Anwendung, da mit ihr — die entsprechende apparative Ausrüstung im Labor vorausgesetzt — mit relativ geringem Aufwand an Zeit, Arbeit und Kosten eine weitgehend vollständige Übersichtsanalyse erhalten werden kann. Die Emissionsspektralanalyse erfolgt vielfach mit photographischer Aufnahme der Spektren, wobei deren Auswertung seltener für eine qualitative sondern in der Regel für eine halbquantitative Analysenaussage durchgeführt wird. Die Analysenergebnisse werden durch eine Reihe von Faktoren (Störlinien, Abfunkvorgänge, Matrixeffekte usw.) stark beeinflußt, weshalb sich die Arbeiten u. a. mit der Frage einer für den Verdampfungsvorgang günstigen Probenmatrix befaßten [72, 73]. Bei Studien über die Wirksamkeit der spektrographischen Puffer wurde u. a. beobachtet, daß Li ein ausgesprochen wirksames und gegenüber Ca besseres Pufferkation ist und die Probleme der Graphitmatrix (starker Untergrund durch Cyanbanden, teilweise fraktionierte Destillation) vermindert [74]. Für die halbquantitative Bestimmung von Mn und 29 weiteren Elementen in Mineralstoffen wurde das Probematerial im $(1+9)$- und $(1+99)$-Verhältnis mit $Li_2CO_3$/Graphit $(1-1)$-Matrix gemischt und die Mischung im Gleichstrombogen (20 A) angeregt ($F_r = \leqq \pm 20\%$) [75].

**Tabelle 2.** Synthetische Standardproben

| Standard Nr. | Spex-Mix g | Graphit-LiF-Matrix[a] g | Elementkonzentration % |
|---|---|---|---|
| 1 | 0,030 | 0,354 | 0,100 |
| 2 | 0,100[b] | 0,100 | 0,050 |
| 3 | 0,040[b] | 0,160 | 0,020 |
| 4 | 0,040[b] | 0,360 | 0,010 |
| 5 | 0,100[c] | 0,100 | 0,005 |
| 6 | 0,040[c] | 0,160 | 0,002 |
| 7 | 0,020[c] | 0,180 | 0,001 |

[a]  Graphit-LiF-Matrix: 7480 mg Graphit + 2500 mg LiF + 20 mg $(NH_4)_2PtCl_6$ (als innerer Standard)
[b]  Von Standard Nr. 1
[c]  Von Standard Nr. 4

Ein Vergleich der Matrizes Graphit/Luft-Atmosphäre, Graphit/Ar-$O_2$, $Li_2CO_3$/ Luft, $Li_2CO_3$/Ar-$O_2$, Graphit-LiF/Luft, Graphit-LiF/Ar-$O_2$ für die Analyse oxidischer Materialien zeigte, daß mit der Matrix Graphit-LiF (s. Tabelle 2) in Luft- oder Ar-$O_2$-Atmosphäre die besten Ergebnisse erzielt werden [81]. Mit dieser Matrix nach der Arbeitsvorschrift durchgeführte halbquantitative Spektralanalysen unbekannter oxidischer, pulverförmiger Probematerialien wiesen einen mittleren Fehler von $s_r = \pm 15\%$ auf.

**Arbeitsvorschrift** [81]

*Spektrographische Arbeitsbedingungen*

Elektroden: Graphit (National Carbon); obere: L 4236; untere: L 4205 (Anode); Atmosphäre: Ar/$O_2$(70/30%), 4 l/min
Elektrodenabstand: 4 mm
Anregung: Gleichstrombogen, 10 A
Spektrograph: Jarrell-Ash 3,4 m Ebert, 15 000 Strich/Zoll-Gitter, 220,0–430,0 nm 1. Ordnung, Spaltbreite/-höhe 10 μm/6 mm, 4-Stufenfilter (28/17/11,7%)
Belichtungszeit: 30 sec
Photographische Emulsion: Kodak S.A. 1
Entwickler: Kodak D-19, 20°C, 3 min; Unterbrecher: 2%ige Essigsäure; Fixier: Kodak Schnellfixier, 20°C, 2 min
Innerer Standard (mögliche Störelemente der Standard-Linien in Klammer): Pd 244,8 (Ag, Bi, Fe), 247,6 (Pb, Co, Ni), 276,3 (Fe, Cr, Mo), 292,3 (Fe), 302,8 (Mo)
Analysenlinien: Al 308,2, 256,8, 257,5, Ca 317,9, Fe 302,1, 259,96, Mg 285,2, 279,6, 277,7, Mn 279,5, 257,6, 259,4, Na 330,2, Pb 283,3, Si 288,2, weitere Linien siehe Wellenlängentabellen [76-80]

*Ausführung*. Die Aufstellung der Eichkurven erfolgte mit synthetischen Eichproben, die unter Verwendung der im Handel erhältlichen Standardmischungen mit 49 Elementen (Spex-Mix, Spex Industries, Metuchen, New Jersey, USA) nach Tabelle 2 hergestellt wurden. Das fein gemahlene Probematerial wird mit Graphit-LiF-Matrix (s. Tabelle 2) in einer Mischmühle gemischt im Mischungsverhältnis: 90 mg Matrix + 10 mg Probe [wahlweise unverdünnt oder mit Matrix (1+9) oder (1+99) verdünnt]. Von der Probe-Matrix-Mischung werden 5 mg in die Elektrode gestopft und abgefunkt. Die Linienintensitäten werden mit Hilfe eines Densitometers gemessen.

# Literatur


  1. Köster-Pflugmacher A, Qualitative Schnellanalyse der Kationen und Anionen. de Gruyter, Berlin (1976)
  2. El-Badry H, McDonnell FRM, Wilson CL, Anal Chim Acta 4 (1950) 440
  3. Holness H, Lawrence KR, Analyst 78 (1953) 356
  4. Taimni IK, Agarwal RP, Anal Chim Acta 9 (1953) 208
  5. Taimni IK, Agarwal RP, Anal Chim Acta 9 (1953) 216
  6. Taimni IK, Agarwal RP, Salaria GBS, Anal Chim Acta 13 (1955) 205
  7. Salaria GBS, Anal Chim Acta 13 (1955) 513
  8. West PW, Mukherji AK, Anal Chem 31 (1959) 947
  9. Austin GJ, Analyst 72 (1947) 443
 10. Taimni IK, Manvhar Lal, Anal Chim Acta 17 (1957) 372
 11. Feldman FJ, Bosshart RE, Anal Chim Acta 37 (1967) 122
 12. Feldman FJ, Christian GD, Anal Chem 38 (1966) 789
 13. Heitmann HG, Mitt Vereinig Großkesselbesitzer 48 (1968) 25
 14. Wilhelms A, Wasser u Abwasser-Forschung Nr 1 (1971)
 15. Sartorius Sales Mitt Nr. 21, März (1981), Sartorius GmbH, D-3400 Göttingen

16. Feigl F, Anger V, Spot tests in inorganic analysis. Elsevier, Amsterdam (1972)
17. Feigl F, Anger V, Spot tests in organic analysis. Elsevier, Amsterdam (1966)
18. Benedetti-Pichler AA, Monographien aus dem Gebiete der qualitativen Mikroanalyse, Bd 1: Malissa H, Benedetti-Pichler AA, Anorganische qualitative Mikroanalyse. Springer, Wien (1958)
19. West PW, Anal Chem 32 (1960) 72R
20. West PW, Anal Chem 34 (1962) 107R
21. West PW, Anal Chem 36 (1964) 144R
22. Feigl F, Suter HA, Chemist-Analyst 32 (1943) 4
23. Malissa H, Mikrochim Acta 35 (1950) 266
24. Weisz H, Mikrochim Acta (1954) 376
25. Weisz H, Tellgmann C, Fresenius Z Anal Chem 220 (1966) 161
26. Cheng KL, Anal Chem 27 (1955) 1594
27. Koch OG, Koch-Dedic GA, Handbuch der Spurenanalyse. Springer, Berlin Heidelberg New York (1974)
28. Claeys A, Gillis J, Anal Chim Acta 1 (1947) 364
29. Fitzer E, Arch Eisenhüttenwes 25 (1954) 321
30. Evans BS, Higgs DG, Analyst 70 (1945) 75
31. Evans BS, Higgs DG, Analyst 71 (1946) 464
32. Evans BS, Higgs DG, Analyst 75 (1950) 191
33. El-Badry H, McDonnell FRM, Wilson CL, Anal Chim Acta 4 (1950) 440
34. Grosdenis O, Anal Chim Acta 3 (1949) 632
35. Prodinger W, Mikrochim Acta 36/37 (1951) 580
36. Handa AC, Johri KN, Anal Chim Acta 59 (1972) 156
37. McDaniel M, West PW, Anal Chim Acta 70 (1974) 482
38. West PW, Weisz H, Gaeke Jr GC, Lyles G, Anal Chem 32 (1960) 943
39. Sideris CP, Anal Chem 12 (1940) 307
40. Gottlieb A, Hecht F, Mikrochim Acta 35 (1950) 337
41. Connolly JF, Maguire MF, Analyst 88 (1963) 125
42. De Sousa A, Anal Chim Acta 7 (1952) 393
43. Clark RED, Tamale-Ssali E, Analyst 84 (1959) 16
44. Bermejo-Martinez F, Mendez-Doménech E, Fresenius Z Anal Chem 247 (1969) 53
45. Schwedt G, Chromatographische Methoden in der anorganischen Analytik. Hüthig, Heidelberg (1980)
46. Gasparič J, Chůráček J, Laboratory handbook of paper and thin-layer chromatography. Horwood, Chichester; Wiley, New York (1978)
47. Cramer F, Papierchromatographie. Verlag Chemie, Weinheim (1958)
48. Heftmann E, Chromatography. Reinhold, New York (1961)
49. Fernando Q, de Silva M, Analyst 79 (1954) 711
50. Rutter L, Nature (London) 161 (1948) 435
51. Rutter L, Analyst 75 (1950) 37
52. Miss A, Segal F, Fresenius Z Anal Chem 165 (1959) 1
53. Blasius E, Göttling W, Fresenius Z Anal Chem 162 (1958) 423
54. Stahl E, Dünnschicht-Chromatographie; Thin-layer chromatography. Springer, Berlin Heidelberg New York (1967; 1969)
55. Kirchner JG, Thin-layer chromatography. Wiley, New York (1978). Vol 14 of: Weissberger A, Perry ES, Techniques of chemistry.
56. Touchstone JC, Dobbins MF, Practice of thin layer chromatography. Wiley, New York (1978)
57. De AK, Bhattacharyya SC, Anal Chem 44 (1972) 1686
58. Brown CL, Kirk PL, Mikrochim Acta (1956) 1593
59. Mukerjee HG, Fresenius Z Anal Chem 163 (1958) 408
60. de Vries G, van Dalen E, Anal Chim Acta 13 (1955) 554
61. Sherma J, Evans H, Frame Jr HD, Strain HH, Anal Chem 35 (1963) 224
52. Weisz H, Mikrochim Acta (1954) 140
63. Weisz H, Mikrochim Acta (1954) 460, 785
64. Weisz H, Ćelap MB, Almažan VV, Mikrochim Acta (1959) 36

65. Weisz H, Microanalysis by the ring oven technique. Pergamon, Oxford (1970)
66. Weisz H, Talanta 11 (1964) 1041
67. West PW, Anal Chem 32 (1960) 72R
68. Weisz H, Tellgmann C, Fresenius Z Anal Chem 220 (1966) 161
69. Ghose AK, Dey AK, Analyst 95 (1970) 698
70. West PW, Anal Chem 40 (1968) 143R
71. Weisz H, Analyst 101 (1976) 152
72. Standen GW, Anal Chem 16 (1944) 675
73. Mosier EL, Appl Spectrosc 26 (1972) 636
74. Maritz FR, Strasheim A, Appl Spectrosc 18 (1964) 97
75. De Villiers DB, van Wamelen D, Strasheim A, Appl Spectrosc 20 (1966) 298
76. Harrison GR, Massachusetts Institute of Technology Wavelength Tables. Wiley, New York (1960); MIT Press, Cambridge (1969)
77. Meggers WF, Corliss CH, Scribner BF, Tables of spectral line intensities. NBS Monograph No 145. US Dept. of Commerce, Washington (1975)
78. Saidel AN, Prokofjew WK, Raiski SM, Spektraltabellen. VEB Verl Technik, Berlin (1955)
79. Zaidel AN, Prokof'ev VK, Raiskii SM, Slavnyi VA, Shreider EY, Tables of spectral lines. Plenum, New York (1970)
80. Kuba J, Kučera L, Plzák F, Dvořák M, Mráz J, Koinzidenztabellen der Atomspektroskopie. Verlag der Tschechoslowakischen Akademie der Wissenschaften, Prag (1964)
81. Long TS, Appl Spectrosc 25 (1971) 37

# 4 Trennungs- und Anreicherungverfahren

Jede Trennoperation bedeutet einen Mehraufwand an Arbeit und Zeit, weshalb man Maßnahmen zur Trennung bzw. Isolierung des Mn nach Möglichkeit vermeidet. Der größere Teil der verfügbaren Analysenmethoden ermöglicht erfreulicherweise die störungsfreie, direkte Bestimmung des Mn in vielen Materialien oder weist relativ geringe Störungen durch andere Elemente auf. Durch Wahl der entsprechenden Bestimmungsmethode sowie geeigneter Reaktionsbedingungen lassen sich Störungen oft vermeiden, so daß die Anwendung von Trennoperationen zur Abtrennung von Störelementen bzw. Isolierung des Mn nicht häufig erforderlich ist. Soweit Trennungsverfahren für die Isolierung des Mn angewandt werden, erfolgt dann diese in der Regel im Rahmen der Abtrennung einer Elementgruppe, seltener wird dagegen das Mn als Einzelelement isoliert.

Im Makrogehaltsbereich sind alle drei Trennungshauptarten — nämlich Fällung, Extraktion und Chromatographie — anwendbar. Für den Spurengehaltsbereich eignen sich primär Extraktion und Chromatographie, während bei der Fällung die Regeln der Spurenanalyse [1] zu beachten sind, wonach die Fällung nur zur Anreicherung des Mn mit Hilfe eines Spurenfängers nicht aber zur Abtrennung großer Störelementmengen von Mn-Spuren einsetzbar ist. Weitere Informationen zum letztgenannten Gesichtspunkt sind der Literatur [1] zu entnehmen.

In der Literatur findet man weitere und eingehendere Informationen allgemein über Trennungen [2–11], über Fällung [1, 12], über Extraktion und Anreicherung [1, 13–19] und über Ionenaustauscher bzw. Chromatographie [1, 12, 17, 20–28].

## 4.1 Fällung

### 4.1.1 Fällung im Milligrammbereich

Im Makrogehaltsbereich des Mn (Mn als Haupt- oder Nebenbestandteil) sind die bekannten, klassischen Fällungsmethoden zur Abtrennung von Störelementen ohne besondere Schwierigkeiten einsetzbar. Hier sind zu erwähnen:

a) die Sulfidfällung in stark salzsaurer Lösung zur Abtrennung der Sulfidgruppe, in $0{,}01$ N $H_2SO_4$/2% $(NH_4)_2SO_4$-Lösung zur Abtrennung von Zn als Sulfid, sowie in essigsaurer, ammoniumsalzhaltiger Lösung (pH 4,5–6) zur Abtrennung des Co und Ni als Sulfide von Mn,

b) die Abtrennung von Al, Fe und Cr als Hydroxide aus schwach ammoniakalischer, ammoniumsalzhaltiger Lösung,

c) die Fällung des Mn als $MnO_2$ (s. unten).

Fällt man Fe und Mn gemeinsam als Hydroxide mit $NH_3$ aus, so ist die Mn-Fällung nur vollständig, wenn die Lösung pH $> 9,5$ aufweist und nicht mehr als 2% $NH_4Cl$ enthält [29].

Ein häufig, wenn nicht am häufigsten angewandtes Trennverfahren ist die Ausfällung des Mn als $MnO_2$ ($MnO_2 \cdot H_2O$) in salpetersaurer Lösung mit Hilfe eines Oxidationsmittels, wie z. B. Alkalichlorat, -bromat, -perchlorat, -perjodat oder -persulfat (s. S. 59). Einige Elemente werden mitgefällt, z. B. Nb, Ta, Si und W, oder vom $MnO_2$-Niederschlag (bei großer Niederschlagsmenge) okkludiert, z. B. Co, Fe, Ni, Sb, V. Die Fällung läßt sich auch aus ammoniakalischer Lösung mit $Cl_2$, $Br_2$, $H_2O_2$, $(NH_4)_2S_2O_8$ u. a. m. durchführen, doch ist die quantitative Fällung mit $NH_3/Br_2$ offensichtlich etwas schwieriger zu erreichen.

Bei Silicatanalysen erwies sich die $MnO_2$-Fällung als bestes Verfahren zur Isolierung des Mn, wobei mit der $NH_3/(NH_4)_2S_2O_8$-Fällung bessere Ergebnisse als mit der $NH_3/Br_2$-Fällung erzielt wurden [30].

Mit Hilfe der Acetat-Methode läßt sich Mn zusammen mit Co, Ni und Zn von Fe, Al, Ti, V und Zr abtrennen (s. S. 59). Die Acetate von Fe, Al, Ti, V und Zr werden dabei durch Erhitzen zersetzt und die Elemente fallen als basische Acetate [$Fe(OH)_2 \cdot C_2H_3O_2$ usw.] aus, während die Acetate von Mn, Co, Ni und Zn bei kurzer Kochzeit stabil in Lösung bleiben.

$Fe^{3+}$ kann durch Fällung mit Harnstoff aus homogener Lösung als basisches Formiat [$Fe(OH)_2 \cdot COO$] von Mn, Ba, Ca, Cd, Co, Cu, Mg, Ni und Zn abgetrennt werden [31]. Im Vergleich zu anderen hydrolytischen Fällungen weist der Niederschlag einige Vorteile auf: er ist dichter, leicht zu filtrieren und zu waschen, und adsorbiert andere Elemente in geringerem Umfang. Bei der Trennung von $0,1$–$1,0$ g $Fe^{3+}$ von $0,1$–1 g $Mn^{2+}$ nach der Arbeitsvorschrift gehen $0,2$–$0,6$ mg $Mn^{2+}$ (in Anwesenheit von $H_2O_2$) in den Niederschlag. Ohne Zusatz von $H_2O_2$ ist die Fällung des Fe nicht vollständig und es verbleiben $\sim 0,6$ mg Fe im Filtrat. Der $H_2O_2$-Zusatz verdoppelt annähernd die mitgefällte Mn-Menge.

**Arbeitsvorschrift** [31]

Zu 350–400 ml Probelösung ($0,1$–1 g $Mn^{2+}$ und $0,1$–$0,7$ g $Fe^{3+}$ enthaltend) fügt man 2 ml HCOOH (98–100%) und 40–75 ml 10%ige Harnstofflösung (frisch hergestellt), stellt mit verd. HCl oder verd. $NH_3$ auf pH 2 ein und kocht dann 60–90 min mit aufgesetztem Uhrglas. Am Ende der Koch-/Fällungszeit soll die Lösung pH $3,0$–$3,2$ aufweisen. Etwa 10 min vor dem Kochende werden 5 ml $H_2O_2$(3%) zugesetzt, um das Fe vollständig zu oxidieren. Anschließend filtriert man den Niederschlag ab und wäscht diesen 10-15mal mit 1%iger $NH_4NO_3$-Lösung.

Durch Fällung mit Pyridin bei pH $5,2$ können große Mengen Fe, sowie durch Mitfällung Ce, Co, Cr und V, von Mn abgetrennt werden [32] (s. S. 86, 87).

In stark saurer HCl- oder $H_2SO_4$-Lösung können bei den nachfolgenden Säurekonzentrationen Fe, Mo, Nb, Ta, Ti, V, W und Zr mit Cupferron ausgefällt werden, wobei das nur in neutraler Lösung reagierende Mn in Lösung bleibt [1]: $0,1$–1 M HCL V, 1 M HCl Mo und Ti, 2 M HCl Fe, Nb und Ta, $0,15$ M $H_2SO_4$ V, $1,8$ M $H_2SO_4$ Nb und Ta, $1,8$–3 M $H_2SO_4$ Fe und W, $0,5$–$3,5$ M $H_2SO_4$ Mo und Zr.

Auf Fällungen aufgebaute Trennungsgänge wurden beschrieben, die sich besonders für die qualitative Analyse von Phosphaten eignen [33, 34].

### 4.1.2 Fällung im Mikrogrammbereich

Die Fällungen im Mikrogrammbereich — die Spurenfällungen — bedürfen, wie schon eingangs erwähnt, besonderer Sorgfalt und der Beachtung der spurenanalytischen Regeln [1]. Im Vergleich zur Spurenfällung einfacher und rascher ist die Sorption der in der Lösung gebildeten Metallkomplexe an Aktivkohle, indem man die mit einem Gruppenreagens versetzte Probelösung durch eine Kohleschicht filtriert (s. S. 51).

Durch Sorption ihrer hydrolisierten Verbindungen (meist Hydroxide) bei pH 7–8 an Aktivkohle (s. a. S. 51) können 1–100 µg (Gesamtmenge) Mn und andere Elemente nach der folgenden Arbeitsvorschrift aus Wasser oder wäßriger Lösung angereichert werden (Ausbeute in %) [35]: Ag (92), Au (32), Bi (92), Cd (96), Co (70), Cu (96), $Fe^{3+}$ (70), In (98), Mg (98), $Mn^{2+}$ (98), Ni (88), Pb (92), Pd (20), $Tl^+$ (22), Zn (85).

**Arbeitsvorschrift [35]**

Man stellt die Wasserprobe mit Pufferlösung (pH 8; 26 g $H_3BO_3$ + 30 g KCl + 3,2 g NaOH auf 1 l, mit Aktivkohle analog gereinigt) auf pH 7,5–8 ein und filtriert durch ein mit 50 mg Aktivkohle (Merck Nr. 2186) bedecktes Membranfilter (Millipore, 25 mm ∅, Porenweite 8 µm). Die Aktivkohle wird als 10 ml-Aliquot einer Suspension (5 g Aktivkohle in 1 l Wasser) auf das Filter gegeben. Das Filter mit Aktivkohle + Niederschlag wird anschließend in einem Becherglas mit 3,5 ml $HNO_3$(1,40) unter Erwärmen behandelt, anschließend mit Wasser auf 10 ml verdünnt und die Lösung für die Analyse weiterverwendet. 50 mg Aktivkohle reichen aus für die Sorption von 100 µg Spurenelementen.

Kleine Mengen $Mn^{2+}$ werden durch $Al(OH)_3$ bei pH ~ ≥ 9 (25–50 µg Mn/ml, Ausbeute ~ 95%) [36] sowie durch $Fe(OH)_3$ bei pH 7–11 (trägerfreie Radioisotoplösung, Ausbeute ~ 98%) [37] weitgehend vollständig mitgefällt.

1–50 µg/l von Cd, Co, $Cr^{3+}$, $Cu^{2+}$, $Fe^{3+}$, $Mn^{2+}$, Ni, Pb und Zn wurden durch Spurenfällung bei pH 9,5 mit $Al(OH)_3$ als Spurenfänger aus Wasser und Meerwasser mit Ausbeuten von 95–100% (Cd-Ausbeute aus Meerwasser nur 21–48%) isoliert, wobei man den Niederschlag mittels Flotation vom Filtrat abtrennte [38]. Die Anreicherung wird nicht gestört durch (mg/l): Mg (50), Na (15), Ca (1), K (1) und Sr (0,1). Gegenüber der üblichen Filtration ermöglicht die Flotationstechnik [11] eine wesentlich raschere Abtrennung des Niederschlages. Die Flotation erfolgt in einem Glasrohr (~ 6,5 cm ∅, ~ 55 cm lang), in dessen trichterförmig verjüngtem unteren Ende eine Glasfritte eingesetzt ist [38]: die Lösung mit Niederschlag wird nach Zusatz von 2 mg Na-oleat/l in das Flotationsrohr übergeführt, von unten Stickstoff eingeleitet (Gasblasen sollen 0,1–0,5 mm ∅ aufweisen), wodurch sich der Niederschlag an der Lösungsoberfläche ansammelt, die untenstehende Lösung abgesaugt und schließlich der Niederschlag von der Glasfritte abgelöst. Der Zeitbedarf der Anreicherung beträgt ~ 50 min.

$Mn^{2+}$ kann mit NaDDTC bei pH 2–9 und mit APCD bei pH 2–14 ausgefällt werden, doch ist das Fällungsreagens wenig selektiv [1]. NaDDTC und APCD eignen sich daher vorwiegend für die Gruppenfällung von Spurenelementen, beispielsweise zur Abtrennung von Alkali- und Erdalkalisalzen (s. S. 221). Nach einer anderen Arbeit ist die Fällung von $Mn^{3+}$ mit NaDDTC bei pH 5 unvollständig und erst bei pH > 6 vollständig [39]. Mit anderen Carbamatderivaten läßt sich $Mn^{2+}$ in analoger Weise ausfällen [1] (s. S. 222). Das Gleiche gilt auch für die Fällung von $Mn^{2+}$ mit Oxin, die bei pH 5,9–9,5 stattfindet [1]. Im Vergleich zu Oxin erhält man mit Poly-5-vinyl-8-hydroxychinolin (PVO) eine raschere Fällung in der Kälte (innerhalb 0,5–2 min), wobei 1–10 ppm Mn, Al, Co, Cu, Fe, Ni, Pb, V und Zn in 0,05 M PVO-Lösung bei pH 7,0–9,0 bzw. in 0,01 M PVO-Lösung bei pH 8,0–9,0 quantitativ ausgefällt werden [40].

Die Fällung mit PAN ermöglicht die Trennung des Mn von anderen Elementen [41]: bei pH 4 werden Co, Fe und V ausgefällt, während Mn, Pb, Ti und Zn in Lösung bleiben. Vollständig ausgefällt werden die Elemente bei folgenden pH-Werten: Co 2–10, Cu 9–10, Fe 3,5–10, Mn 9–10, Ni 7–10, V 5, Zn 6,5–10. Die Fällung bei pH 10 läßt sich durch Zusatz von 2% Maskierungsmittel selektiver gestalten [41]: mit Nitrilotriessigsäure werden Mn und Zn maskiert, Co und Fe jedoch nicht; mit Tiron wird Mn maskiert, Co, Fe und Ni werden nicht maskiert. Durch KCN werden maskiert: Co, Cu, Mn, Ni und Zn, nur teilweise dagegen Fe. PAN als Gruppenfällungsmitttel eignet sich vor allem zur Spurenanreicherung für die RFA (s. S. 220), wobei der Reagensüberschuß als Spurenfänger dient [1].

Mit Sr-phosphat als Spurenfänger werden Mn, Cr, Fe und Zn bei pH 4–11, sowie Ru bei pH 6–11 quantitativ ausgefällt [Konzentrationen in der Fällungslösung waren 0,1 M $K_3PO_4$ und 0,15 M $Sr(NO_3)_2$] [42]. Mit Al-phosphat ist die Fällung bei pH 4–10 vollständig, Ru wird aber nur zu 80–90% ausgefällt. Dieser Sachverhalt ist bei der Spurenanalyse von biologischem oder anderem phosphathaltigem Material zu berücksichtigen, da auftretende Phosphatfällungen zu mehr oder weniger großen Spurenverlusten führen (s. a. S. 40).

Im mµl-Maßstab wurden Mn und Ru durch Fällung mit NaOH von $MoO_4^-$, $ReO_4^-$ und $TcO_4^-$ abgetrennt (im Filtrat werden Mo, Re und Tc weiter aufgetrennt und nachgewiesen), die Fällung mit 4 N HCl gelöst, aus der Lösung Ru mit $(NH_4)_2S$ ausgefällt und im Filtrat Mn mit $K_2S_2O_8$/$AgNO_3$ als $MnO_4^-$ nachgewiesen [43].

## 4.2 Extraktion

µg- bis mg-Mengen Fe können aus HCl-saurer Lösung mit Diethylether, Diisopropylether, Amylacetat oder MIBK extrahiert und so von Mn abgetrennt werden [1]. Mit Diisopropylether werden aus 7,7 M HCl extrahiert (E%) [1]: $As^{3+}$ (67), $Au^{3+}$ (99), $Fe^{3+}$ (99,9), Ga (99,9), $Mo^{6+}$ (21), $Sb^{3+}$ ($\sim$ 2), $Sb^{5+}$ (99,9), $Tl^{3+}$ (99), $V^{5+}$ (22); nicht oder wenig (< 1%) extrahiert werden Ag, Al, B, Be, Bi, Ca, Cd, Co, $Cr^{3+}$, $Cu^{2+}$, $Fe^{2+}$, In, Mg, $Mn^{2+}$, Nb, Ni, Os, Pb, $Pd^{2+}$, $Pt^{4+}$, Rh, Ru, Sc, Se, S.E., Th, $Ti^{4+}$, $Tl^+$, U, $V^{4+}$, W, Zn und Zr. Aus 7 M HCl werden mit MIBK/Amylacetat (2:1) extrahiert (E%) [1]: $As^{3+}$ (80), $As^{5+}$ (18), $Au^{3+}$ (> 99), Cd (4,2), $Fe^{3+}$ (> 99,9), Ga (99), Ge (94), $Hg^{2+}$ (6), In (48), $Mo^{6+}$ (92), P (als $H_3PO_4$) (0,5–4), $Sb^{3+}$ (59), $Sb^{5+}$ (>99), $Se^{4+}$ (6), $Se^{6+}$ (2,5), $Sn^{4+}$ (78), $Te^{4+}$ (97), $Te^{6+}$ (4), $Tl^{3+}$ (> 99), $V^{5+}$ (21), $W^{6+}$ (20), Zn (4); nicht oder nur wenig (< 1%) extrahiert werden Ag, Al, B (als $H_3BO_3$), Ba, Be, Bi, Ca, Co, $Cr^{3+}$, $Cu^{2+}$, K, Li, Mg, $Mn^{2+}$, Na, Ni, Pb, Pd, $Pt^{4+}$, S.E., Sr, Th, $Ti^{4+}$, $Tl^+$, $U^{6+}$, Y und Zr.

Die analogen Extraktionen der Bromide [44], Jodide und Fluoride sind für die Isolierung des Mn von geringerer Bedeutung [1].

Zur komplexometrischen Bestimmung von Mn in Stahl wurde das Mn als Thiocyanat aus neutraler, fluoridhaltiger Lösung mit Butylphosphat/Diethylether (3:2) extrahiert und aus dem organischen Extrakt mit HCl(1,19) rückgeschüttelt [45].

Aus 0,02 M $HNO_3$/1M KSCN-Lösung wird $Mn^{2+}$ als Thiocyanat mit 0,1 M Aliquat 336[1] (Methyltri-n-alkylammoniumthiocyanat-Gemisch mit $C_8$-$C_{10}$-Alkylen)/Toluol quantitativ extrahiert [46]. Mn wurde weiterhin aus 0,25 M KSCN-Lösung bei pH 2,5–7 mit 5% Trioctylmethylammoniumchlorid (Aliquat 336-S[1])/Benzol extrahiert, aus dem organischen Extrakt mit $NH_3$-Lösung [12,5 ml $NH_3$(1 – 1) + 12,5 ml 10%ige Triethanolaminlösung + 0,5 g $NH_2OH \cdot HCl$] rückgeschüttelt und anschließend komplexometrisch bestimmt [47]. Das Verfahren fand zur komplexometrischen Bestimmung von Mn in kalkigem Manganerz Anwendung.

Im Rahmen der Analyse von Chromerz und Chrommagnesit wurde $Cr^{6+}$ durch Extraktion mit dem flüssigen Anionenaustauscher Amberlite LA-2 (langkettiges sekundäres Amin) unter den folgenden Bedingungen von Al, Ca, Fe, Mg, Mn und Ti abgetrennt, wonach Cr aus der organischen Phase mit 1 M KOH rückgeschüttelt werden kann [48, 49]: Extraktion aus 0,1–0,2 M $H_2SO_4$ bzw. aus $H_2SO_4$-Lösung bei pH 1,3–2,4 mit 10 Vol.-% Amberlite LA-2/$CHCl_3$ [48] sowie Extraktion aus 0,5–0,7 M $H_2SO_4$ (E% = 99,7) bzw. aus 0,8–1,1 M $H_2SO_4$ (E% = 99,5) mit 20 Vol.-% Amberlite LA-2/$CHCl_3$ [49].

U, Tc und I werden aus 0,1–0,5 M $(NH_4)_2SO_4$-Lösung mit 10% Trioctylmonomethylammoniumchlorid/Toluol vollständig extrahiert, während Mn, $Am^{3+}$, Co, Cs und Sr in der wäßrigen Phase bleiben [50].

Mit 0,005 M α-(2-carboxyanilino)benzylphosphonsäure-monooctylester/MIBK können mit einer Ausbeute von ~ 99% extrahiert werden (pH-Bereich in Klammer) [51]: $Co^{2+}$ (5,0–8,0), $Cr^{3+}$ (3,2–6,3), $Cu^{2+}$ (4,7–8,0) $Fe^{3+}$ (2,3–6,0), $Mn^{2+}$ (5,0–8,0), $Ni^{2+}$ (4,8–8,0), $Zn^{2+}$ (4,4–8,2). $Cr^{6+}$ wird nicht extrahiert, $Mn^{7+}$ bei der Extraktion zu $Mn^{2+}$ reduziert. Aus der organischen Phase ist $Mn^{2+}$ mit saurer Lösung (pH < 3) rückschüttelbar. Der organische Extrakt wurde zur Bestimmung der Elemente mittels AAS direkt in die Flamme eingesprüht.

$^{54}Mn^{2+}$ läßt sich aus 1 l Meerwasser bzw. Reaktorwasser bei pH 3,8 vollständig mit 40% Di(2-Ethylhexyl)phosphorsäure/n-Heptan (100 ml, einmal 2 min schütteln) extrahieren und anschließend mit 1 N HCl (50 ml) aus der organischen Phase rückschütteln (E% = 97–100) [52].

≤ 500 mg Cu, Fe und U können bei pH 4–5 durch Extraktion mit 1 M Phenylessigsäure (in $CHCl_3$) von ≤ 100 µg Mn abgetrennt werden [53]. Weitere Informationen über die Anwendung flüssiger Ionenaustauscher, einerseits langkettige aliphatische Amine als flüssige Anionenaustauscher und andererseits hauptsächlich Alkylphosphorsäuren, Alkylsulfonsäuren sowie Carboxylsäuren als flüssige Kationenaustauscher, zur Extraktion des Mn u. a. Elemente enthalten einige Übersichtsberichte [54-58].

Die unter den Fällungsbedingungen (s. S. 37) gebildeten Komplexe des Mn mit NaDDTC, anderen Carbamatderivaten und Oxin sind in $CHCl_3$ und anderen organischen Lösungsmitteln leicht löslich und lassen sich daher mit diesen gut extrahieren. Mn wird vollständig extrahiert mit NaDDTC/$CHCl_3$ bei pH 2–9, mit Oxin/$CHCl_3$ bei pH 6,5–11 [1]. Wegen ihrer geringen Selektivität eignen sich diese Extraktionen primär für Gruppenanreicherungen. Mn wurde durch Extraktion mit DADDTC/$CHCl_3$ aus citrathaltiger Lösung bei pH 7,5–8,0 von Ce abgetrennt und

---

[1] Bezugsquelle: General Mills Chemical Inc., Kankakee, Ill., USA.

nach Veraschung des organischen Extraktes mit $H_2SO_4/HNO_3$ anschließend als Permanganat photometrisch bestimmt [59].

Die Bestimmung von Mn in Proben mit hohem Gehalt an Ca-phosphat, z. B. Probelösungen von Knochen, Zähnen und Milch, bereitet analytische Schwierigkeiten, da in den meisten Fällen Ca-phosphat ausfällt und das Mn mitreißt. Diese Schwierigkeit, d. h. die Ausfällung von Ca-phosphat, läßt sich vermeiden, indem man das Mn (1–20 ng) bei pH 5,3 aus citronensäurehaltiger Lösung (2 g Citronensäure/g Probenasche) mit $NaDDTC/CHCl_3$ extrahiert [60]. Die Extraktion von 0,001–0,02 µg Mn aus $\sim$ 175 ml Lösung war unter diesen Bedingungen mit 2 Ausschüttelungen mit je 25 ml $CHCl_3$ (jeweils 0,4 g NaDDTC zugesetzt) vollständig (mit 1 Ausschüttelung bereits 99% des Mn extrahiert).

Aus 0,1 M KNa-tartratlösung wurden bei pH 6 mit $NaDDTC/CHCl_3$ Mn, Co, Pb und Zn extrahiert und anschließend nacheinander mit 0,1 M KNa-tartratlösungen mit unterschiedlichem pH-Wert der Reihe nach rückgeschüttelt [61]: pH 13 Mn, pH 14 Zn, pH 8,5/$Hg^{2+}$ (160 µg $Hg^{2+}$/ml) Pb, pH 8,5/1% KCN Hg (von der vorangegangenen Rückschüttelung), wobei Co in der organischen Phase verbleibt.

Für die Multielement-Spurenanalyse (Mn und andere Elemente) von organischem Material wurde ein auf Extraktionen aufgebauter, umfangreicher Trennungsgang angewandt [62], bei dem u. a. das Mn durch Extraktion mit $DADDTC/CCl_4$ bei pH 6,0 isoliert wird.

Vor der Bestimmung in Natriumhydroxid wurde das Mn durch Ausschütteln mit $Oxin/CHCl_3$ bei pH 9 von anderen Elementen abgetrennt [63].

Das vor allem als Gruppenfällungsmittel eingesetzte PAN eignet sich auch zur Extraktion des Mn mit $CHCl_3$ bei pH 9–10,5 [64], doch ist dabei die geringe Selektivität des Reagenses zu beachten [1]. Mit $Cupferron/CHCl_3$ können einige Elemente aus saurer Lösung bei den nachfolgenden pH-Werten bzw. Säurekonzentrationen extrahiert und so von dem bei pH 5,5–9 extrahierbaren Mn abgetrennt werden [1]: Fe (pH 0–5, 3,5 M $H_2SO_4$), Mo (pH 0–2, 2 M HCl, 3 M $H_2SO_4$), Nb (pH 0–5), Ta (pH 5,5), Ti (pH 2,5–5, 2 M HCl), V (0,1–1 M HCl, 3,5 M $H_2SO_4$), W (pH 0–1, 3 M $H_2SO_4$) und Zr (pH 0–2,5). Bei der Mn-Bestimmung mit $PAN/CHCl_3$ in Molybdän-

Daten können beispielsweise durch Extraktion bei pH 2,0 Cr, Cu und Mo (in der organischen Phase) von Au, Bi, Cd, Co, Ga, $Hg^{2+}$, Mn, Ni, Pb, $Sn^{2+}$, W und Zn sowie den vorerwähnten, nicht extrahierbaren Elementen abgetrennt werden [67].

Mit 1-Phenyl-3-methyl-4-benzoylpyrazol-5-thion/$CHCl_3$(I) bzw. 1-Phenyl-3-methyl-4-thiobenzoylpyrazol-5-on/$CHCl_3$(II) lassen sich extrahieren und von Mn abtrennen [68]: mit (I) bei pH 1–5 Cu, bei pH 2–5 Pb, bei pH 3–5 $Fe^{3+}$ und Zn, bei pH 4–5 Cd und $Fe^{2+}$, bei pH 5 Co und Ni; mit (II) bei pH 2–4 Cu, bei pH 3,5–5 Co, $Fe^{3+}$, Pb und Zn, bei pH 5 Cd, $Fe^{2+}$ und Ni. Die Extraktion von Mn beginnt bzw. ist vollständig mit (I) bei pH 5,7 bzw. 7,5 und mit (II) bei pH 5,2 bzw. 7,5.

Aus 10 M HF-Lösung wurden Nb und Ta als Matrixelemente (80–150 mg) mit 0,1 M Diantipyrylmethan/Dichlorethan extrahiert und so von den Spurenelementen Ag, Be, Cd, Co, Cr, Cu, Fe, Hf, Ir, K, La, Mn, Mo, Na, Ni, Pa, Sc, Se, Sn, V, W, Y, Zn und Zr abgetrennt [69]. Die Elemente As, Au, Pd, Pt, Re, Sb und Tc werden in erheblichem Maße mitextrahiert.

Mit Tetraphenylarsoniumchlorid/$CHCl_3$ werden folgende Ionen vollständig ausgeschüttelt [70]: bei pH 1,5-12 $ClO_3^-$, $ClO_4^-$, $I^-$, $MnO_4^-$, $NO_3^-$, $ReO_4^-$ und $SCN^-$, bei pH 1,2–2,9 $CrO_4^{2-}$. Nicht extrahiert werden $AsO_3^{3-}$, $AsO_4^{3-}$, $BO_3^{3-}$, $IO_3^-$, $IO_4^-$, $MoO_4^{2-}$, $F^-$, $PO_4^{3-}$, $P_2O_7^{4-}$, $SO_3^{2-}$, $S_2O_3^{2-}$, $SO_4^{2-}$, $VO_4^{3-}$ und $WO_4^{2-}$. Weiterhin kann $MnO_4^-$ aus $H_2SO_4$-Lösung als Triphenylsulfoniumverbindung mit $CHCl_3$ von einer Reihe von Anionen extraktiv abgetrennt werden [71].

Bei pH 7 werden aus 0,1 M $NaClO_4$/0,1 M Ammoniumacetat-Lösung als Phenanthrolin/Perchlorat-Komplexe folgende Elemente mit Nitrobenzol extrahiert (E%) [72]: Ag (95), Cd (100), $Co^{2+}$ (99), $Cr^{3+}$ (5), Cu (100), $Fe^{2+}$ (100), $Mn^{2+}$ (96), $Mo^{6+}$ (6), Ni (78), Pb (100), $Tl^+$ (46), $Tl^{3+}$ (10), $V^{4+}$ (1), Zn (100); nicht extrahiert werden Bi, Li, Mg, $Sn^{2+}$ und Ti.

Eine große Zahl von Elementen läßt sich mit TTA/Benzol aus meist schwach saurer Lösung (im Bereich von pH 3–7) extrahieren [1]. Mn wird mit TTA/Xylol aus 0,5 M $H_2SO_4$/0,2 M $NaBrO_3$-Lösung bei pH 4–5 als $Mn(TTA)_2$ extrahiert [73] Die Extraktion des Mn erfolgte weiterhin mit 0,1 M TTA/MIBK bei pH 9,5 [74]. Mit 0,1 M TTA/MIBK lassen sich bei pH 1,6–2,4 Th und bei pH 2,2–2,4 Sc extrahieren und so von Mn abtrennen (Trennfaktor $\geq$ 1000) [75].

Mn wurde mit anderen Elementen aus biologischem Material nach nasser Veraschung bei pH 4,5–5,0 mit 0,5% Trifluoracetylaceton/Xylol extrahiert (Lösungsgemisch 45 min bei 60°C in einem Ultraschallbad gemischt) und der organische Extrakt direkt in das Plasma eines ICP-Spektrometers eingesprüht [76].

Weitere Arbeiten befaßten sich mit Untersuchungen und Anwendungen der folgenden Extraktionssysteme: Extraktion von Mn und 10 Elementen mit 1 M Phenylessigsäure/$CHCl_3$ aus wäßriger Lösung [77], Extraktion von Mn und 33 Elementen mit 1 M N,N-Di-n-octylacetamid/$CHCl_3$ aus HCl-Lösung [78], Extraktion von Mn und 32 Elementen mit 0,1 M Di-n-butylcarbamoylphosphonat/$CHCl_3$ aus HCl-Lösung [79].

## 4.3  Ionen- und Chelataustauscher

Die „klassischen" Ionenaustauscherharze weisen eine relativ geringe Selektivität auf, weshalb sich eine große Zahl von Arbeiten mit den Möglichkeiten der Änderung der Selektivität bzw. ihrer Anpassung an das jeweilige Analysenproblem befaßte.

Zielsetzung dieser Arbeiten war in der Regel eine Erhöhung der Selektivität, doch wurde in einigen Arbeiten deren Verminderung angestrebt. Für die Änderung der Selektivität wurden zahlreiche Lösungsmöglichkeiten untersucht: Anwendung verschiedener Lösungsmittelsysteme, Koppelung des Ionenaustausches mit Parallelreaktionen auf der Austauschersäule, Entwicklung und Anwendung von Chelataustauschern in vielfachen Ausführungen.

### 4.3.1 Ionenaustauscher

In zahlreichen Arbeiten werden die handelsüblichen „klassischen" Ionenaustauscherharze verwendet, von denen einige der häufig eingesetzten Typen genannt seien: die stark sauren (I) (z. B. Dowex 50, AG-50 W, Amberlite IR-120, Zeo-Karb 225) und schwach sauren (II) (z. B. Amberlite IRC-50) Kationenaustauscher mit den funktionellen Gruppen

$R(s)–SO_3H$    und    $R(a)–COOH$
  (I)                              (II)
$R(s)$ = Polystyrol,    $R(a)$ = Polyacrylsäure

sowie die stark basischen (III) (z. B. Dowex 1, AG 1, Amberlite IRA-400, De-Acidite FF), (IV) (z. B. Dowex 2, AG 2, Amberlite IRA-410) und schwach basischen (V) (z. B. Dowex 3, Amberlite IR-45) mit den funktionellen Gruppen

$R–CH_2N(CH_3)_3OH$        $R–CH_2N(CH_3)_2OH$        $R–CH_2N(CH_3)_2$
    (III)                                          |
                                      $CH_2–CH_2OH$        $R–CH_2NHCH_3$
                                          (IV)            $R–CH_2NH_2$
                                                              (V)

$R$ = Polystyrol.

Diese Ionenaustauscher sind nicht sehr selektiv und reagieren auch mit den Alkali- und Erdalkaliionen. Sie sind deshalb beispielsweise für die Anreicherung von Spurenelementen nur auf Wässer oder Probelösungen mit relativ niedrigem Alkali-/Erdalkali-Gehalt anwendbar, da mit diesen eine selektive Abtrennung von Alkali- und Erdalkaliionen nicht möglich ist. Wenn die Bestimmung der Alkaliionen nicht erforderlich ist, können dafür Chelat-Austauscherharze, z. B. Dowex A1 oder Chelex 100 (s. S. 46) mit Erfolg eingesetzt werden, bei denen höhere Alkali-/Erdalkali-Gehalte nicht stören.
Neben den gekörnten Austauschern in der batch- und Säulen-Technik werden auch Austauscherfilter sowohl als Kationen- und Anionenaustauscher- [80] als auch als Chelataustauscherfilter [81] verwendet, die sich vor allem für die Anreicherung von Spurenelementen aus Wässern und weiterhin für den unmittelbaren Einsatz als Meßprobe bei der RFA (s. S. 226) eignen.
Co, Cu, Fe, Mn, Mo, Pb und Zn wurden aus Asche von biologischem Material mit Hilfe des Kationenaustauschers Amberlite XE-100 angereichert und mit verschiedenen selektiven Elutionsmitteln in Gruppen aufgeteilt [82].
Aus 4% Essigsäure-Lösung werden vom Kationenaustauscher Amberlite CG-120 (Typ 3, H$^+$-Form, 400–600 mesh, 8 mm $\varnothing$ × 200 mm) festgehalten: Al, Be, Bi, Cd,

Co, $Cr^{3+}$, Cu, $Fe^{3+}$, Ni, Ti und Zn [83]. Von der Säule werden mit 1 M $NH_4Cl$/1 M $NH_4SCN$(1 + 1) Zn, Cu, Co, Ni und Mn in der genannten Reihenfolge eluiert, wobei Mn zuletzt im Durchlauf (40–60 ml-Fraktion) austritt.

1–30 µg Mn wurden von 1 g U mit dem Anionenaustauscher Dowex 1X8 aus 9 M HCl abgetrennt, wobei U auf der Säule bleibt und Mn in den Durchlauf geht [84] (s. S. 89).

Aus essigsaurer Lösung werden die Elemente mit dem stark basischen Anionenaustauscher Dowex 1X8 (Acetatform) wie folgt angereichert [85]: aus 2–17,4 M Essigsäure nicht sorbiert werden ($K_d$ < 1) Al, Ba, Ca, Cs, K, Li, Mg, Na, Rb, Sr und Ti; sorbiert werden und eluierbar sind (aus 2 M Essigsäure $K_d$ < 10, aus > 2 M Essigsäure $K_d$ ≫ 10) $As^{3+}$, Cd, Co, $Cr^{3+}$, Cu, $Fe^{3+}$, Ga, Ge, In, $Mn^{2+}$, Ni, $Np^{6+}$, Pb, $Sb^{3+}$, Sc, Se, S.E., $Sn^{4+}$, $V^{3+,4+}$, Y und Zn; stark sorbiert werden aus 2-17,4 M Essigsäure ($K_d$ ≫ 10) Ag, $As^{5+}$, Au, Bi, $Br^-$, $Cl^-$, $Cr^{6+}$, $F^-$, Hf, $Hg^{2+}$, $I^-$, $Mo^{6+}$, Os, $PO_4^{3-}$, Pd, Po, Pt, Re, Rh, Ru, $Sb^{5+}$, Ta, $Tc^{6+}$, Te, Th, Tl, $U^{6+}$, W und Zr.

Für die Bestimmung möglichst vieler Spurenelemente in reinstem NaCl, KCl, $BaCl_2$ und $SrCl_2$ wurde die Selektivität durch Anwendung des Fällungsionenaustausches herabgesetzt [86]: nach Sorption von Matrix- und Spurenelementen auf Dowex 50-X8 wurden durch Elution mit 12,2 M HCl das Matrixelement (Na, K, Ba, Sr) auf dem Austauscher ausgefällt und die Spurenelemente eluiert (30 Elemente in NaCl und KCl, 40 Elemente in $BaCl_2$ und $SrCl_2$, jeweils mit Mn, mit einer Ausbeute von > 90%). Durch Verwendung von Dowex 50W-X2 und 70% Dioxan/30% HCl(1,19) als Elutionsmittel wurde diese Arbeitstechnik auf die Matrixelemente Li, Na, K, Rb, Mg, Ca, Sr, Ba, Sc, Y und La erweitert, aus deren Verbindungen auf diese Weise 40 Elemente (einschließlich Mn; Ausbeute > 90%) angereichert werden können [87].

Mit $Fe^{2+}$ vorbehandelter Kationenaustauscher Dowex 50W wurde als reaktiver Redox-Ionenaustauscher für die Anreicherung und Trennung von $MnO_4^-$, $CrO_4^{2-}$ und $VO_3^-$ verwendet [88].

Die Trennung von Mg und Mn erfolgte mit Amberlite CG 400 ($S^{2-}$-Form) [89], die Isolierung von Mn neben Al, Ca, Fe, Mg und Na aus Kohle, Kohlenasche, Wasser und Kesselablagerungen mit Hilfe von Amberlite IR-120 ($H^+$-Form) und Amberlite IRA-400 ($Cl^-$-Form) [90].

### 4.3.1.1 Trennung der Haupt- und Nebenbestandteile von Silicatgestein

*Arbeitsbereich:* Al, Ca, Fe, K, Mg, Mn, Na, Ti, V und Zr.

Für die genaue Bestimmung von 10 Haupt- und Nebenbestandteilen in Silicatgestein (s. Arbeitsvorschrift 9.5.4.1., S. 137) wurde ein Trennverfahren beschrieben, das den Vorteil hat, daß alle Trennungen auf einer Säule erfolgen und die verwendeten Elutionslösungen keine organischen Komplexbildner, z. B. Tartrat, enthalten, die nachher schwer zu entfernen sind [91]. Die Ausbeute beträgt bei höheren Gehalten für Al, Ca, Fe, Mg, Mn und V 100,0 ± 0,2%. Die Ausbeute des Zr liegt bei ~ 98%, da Hf nicht zusammen mit Zr eluiert wird.

**Arbeitsvorschrift [91]**

*Austauschersäule.* Kationenaustauscher AG 50W-X8 (200–400 mesh, $H^+$-Form), Säule 2,5 cm Ø × 19 cm, Füllung 90 ml (30 g) Austauscherharz. Die Säule wird nacheinander mit 5 M HCl, Wasser und 0,1 M $HClO_4$/0,15% $H_2O_2$ gespült.

*Kolonnentrennung.* ~ 100 ml 0,1 M $HClO_4$-saure Probelösung (maximal 80 mg Al, 70 mg Ca,

70 mg Fe, 60 mg Mg, 15 mg Mn, 11 mg V, 40 mg K, 22 mg Na, 12 mg Ti und 3,7 mg Zr enthaltend) versetzt man unmittelbar vor Beginn der Kolonnentrennung mit 1 ml $H_2O_2$ (3%), gibt die Lösung auf die Austauschersäule und eluiert nun die Elemente nacheinander mit einer Durchlaufgeschwindigkeit von 3 ml/min mit der folgenden Elutionssequenz.

Eine Probelösung mit anderer Säureart und -konzentration versetzt man mit 5 ml $HClO_4$ (60%), raucht ab, engt auf ~ 1 ml $HClO_4$ ein, verdünnt mit Wasser auf 100 ml, fügt 1 ml $H_2O_2$ (3%) hinzu und fährt mit der Kolonnentrennung nach der Vorschrift fort.

| Element | Elutionslösung | |
|---|---|---|
| $V^{5+}$ | 300 ml | 0,01 M $HNO_3$/0,15% $H_2O_2$ |
| Na | 500 ml[1] | 0,50 M $HNO_3$/0,05% $H_2O_2$ |
| K | 450 ml | 0,50 M $HNO_3$/0,05% $H_2O_2$ |
| $Ti^{4+}$+Zr | 300 ml | 0,50 M $H_2SO_4$/0,05% $H_2O_2$ |
| $Fe^{3+}$ | 350 ml | 0,20 M HCl in Aceton (85%) |
| $Mn^{2+}$ | 300 ml | 0,75 M HCl in Aceton (90%) |
| Mg | 400 ml | 1,25 M $HClO_4$ |
| Ca | 450 ml | 1,25 M $HNO_3$ |
| Al | 250 ml | 3,0 M HCl |

[1]  davon können die ersten 250 ml Eluat verworfen werden und die Na-Bestimmung in den zweiten 250 ml Eluat erfolgen.

Die Elutionsvolumina sind so bemessen, daß vor und nach dem Elementpeak 50 ml elementfreies Eluat vorliegen.

*Abtrennung des V von Verunreinigungen.* Aus dem das V enthaltenden Eluat entfernt man das $H_2O_2$ durch Kochen und reduziert $V^{5+}$ zu $V^{4+}$ durch Einleiten von $SO_2$-Gas. Dann wird $V^{4+}$ auf einer Austauschersäule (30 ml Kationenaustauscher AG 50W-X8, 2,1 cm Ø × 9,5 cm) adsorbiert und Phosphat und andere Störelemente eluiert mit 50 ml 0,1 M $HClO_4$/1,5% Weinsäure sowie anschließend 50 ml 0,1 M $HClO_4$. V kann man dann in reiner Form als $V^{5+}$ mit 200 ml 0,01 M $HNO_3$/0,15% $H_2O_2$ eluieren.

*Abtrennung des Zr vom $H_2SO_4$-Überschuß.* Falls eine Abtrennung von Zr-Spuren vom Überschuß an $H_2SO_4$ im Eluat notwendig ist, so stellt man einen Teil des Ti + Zr enthaltenden Eluates durch Verdünnen mit Wasser und $H_2O_2$-Zusatz auf 0,25 M $H_2SO_4$/0,05% $H_2O_2$ ein und schickt die Lösung durch eine Austauschersäule [17 ml (7,5 g) AG1-X8 (mit 50 ml 0,25 M $H_2SO_4$/0,05% $H_2O_2$ vorbehandelt), 1,5 cm Ø × 10 cm]. $Ti^{4+}$ wird mit 50 ml 0,25 M $H_2SO_4$/0,05% $H_2O_2$ eluiert und mit 50 ml 0,05 M $H_2SO_4$ nachgespült zur Verminderung der $H_2SO_4$-Menge auf der Säule. Dann eluiert man Zr mit 200 ml 4 M HCl, entfernt den Überschuß an HCl und restliche $H_2SO_4$ durch Eindampfen des Eluates und löst den Eindampfrückstand in der benötigten Menge $H_2SO_4$.

Die Gesamtdurchlaufmenge (einschließlich Probelösung) beträgt rund 3400 ml, was bei einer Durchlaufgeschwindigkeit von 3 ml/min eine Gesamtlaufzeit von rund 19 Std ergibt. Die Elution der Elemente führt man daher zweckmäßig in folgenden Teilabschnitten durch. Am ersten Tag eluiert man V, Na, K, Ti + Zr und unterbricht hier, indem man mit 50 ml 0,01 M HCl die Säule füllt, um die Elemente in ihrer Position zu fixieren. Am zweiten Tag eluiert man Fe, Mn, Mg und Ca und bricht hier ab. Wahlweise läßt man die Elution von Al über Nacht laufen oder eluiert das Al schließlich am dritten Tag.

Die Eluate wurden in 25 ml-Fraktionen mit Hilfe eines automatischen Fraktionssammlers gesammelt. In den einzelnen Eluatlösungen werden dann die Elemente bestimmt. Die Bestimmung des Mn erfolgt komplexometrisch nach Arbeitsvorschrift 6.7.1.4 (s. S. 78) oder mittels AAS nach Arbeitsvorschrift 9.5.4.1. (s. S. 137).

### 4.3.1.2 Trennungsgang für 27 Elemente

*Arbeitsbereich:* Al, Ba, Bi, Ca, Cd, Co, Cr, Cu, Fe, Ga, Hf, Mg, Mn, Mo, Ni, Pb, Sb, Sc, S.E., Sn, Sr, Th, Ti, U, V, Zn, Zr.

Ein aus einer Kombination von 5 Trennsystemen mit verschiedenen Elutionsmitteln, Kationenaustauscher und Verteilungschromatographie bestehender Trennungsgang wurde für die Trennung von 27 Elementen in Makro- und Spurengehalten beschrieben, dessen Leistungsfähigkeit an Hand der Analyse von SRM's von Sn-, Cu-, Ti-legierungen, Stählen und Kalkstein gezeigt wurde [92]. In den Eluaten erfolgte die Bestimmung der Elemente auf komplexometrischem Wege oder mittels AAS.

Das Schema des Trennungsganges ist nachfolgend angeführt. Eine vom Schema abweichende Alternative für die Isolierung des $Cr^{3+}$ besteht darin, den Eindampfrückstand von Säule 4 mit $H_2SO_4$ abzurauchen, auf 0,1–0,25 M $H_2SO_4$ einzustellen, die Lösung durch Säule 5 (mit 0,1 M $H_2SO_4$ konditioniert) zu schicken und $Cr^{3+}$ mit 0,1 M $H_2SO_4$ zu eluieren.

Wenn die Probe nicht alle Elemente enthält, können einzelne Trennstufen übersprungen und so der Trennungsgang beschleunigt werden: beispielsweise lassen sich die verbliebenen Elemente von Säule 3 mit Wasser oder verdünnter Säure, von Säule 4 mit 0,5 M HCl und von Säule 5 mit 3–4 M HCl eluieren.

**Arbeitsvorschrift [92]**

*Herstellung der Verteilungschromatographiekolonnen.* Amberlyst XAD-2 (100–200 mesh, inertes vernetztes Polystyrol, Rohm u. Haas) wird nacheinander mit 6 M HCl und Methanol gewaschen, als Suspension in Methanol in übliches Kolonnenrohr (10–12 mm $\emptyset$) gefüllt, mit 3–5 Säulenvolumina des jeweiligen Extraktionsmittels imprägniert, der Überschuß des organischen Lösungsmittels mit gesättigter (mit dem jeweiligen organischen Lösungsmittel) 8 M HCl herausgespült (10–20 ml/min, Anwendung von Preßluft). Nach Elution des jeweiligen Elementes mit 0,1 M HCl [in Methanol (98%)] muß die Säule mit dem jeweiligen Extraktionsmittel neu belegt werden. Die TOPO-Säule hingegen kann nach Elution mit den wäßrigen Lösungen mehrmals verwendet werden bis zur nächsten Belegung.

*Ausführung.* In dem Trennschema sind in Klammern die empfohlenen Austauschervolumina für Spuren(S)- und Makro(M)-Gehalte angegeben. Durchlauf- und Elutionsgeschwindigkeit beträgt bei Flüssigkeitsvolumina von $\leqq$ 20 ml 1 ml/min, bei > 20 ml etwa 2 ml/min. Die Probelösung ist 8 M HCl und die nicht festgehaltenen Elemente werden bei den Kolonnen 1–4 mit 10–20 ml 8 M HCl herausgespült. Der Durchlauf der jeweiligen Kolonne wird einschließlich der Spüllösung auf die nächste Kolonne gegeben. Die Trennung erfolgt in der angegebenen Reihenfolge, indem man die 8 M HCl-Probelösung auf die erste Kolonne gibt und nach dem Trennschema weiter arbeitet.

1. Diisopropylether auf XAD-2 (S: 5 ml; M: 6 ml + 1 ml/zusätzliches 0,1 mmol). Man spült die Säule mit Diisopropylether-gesättigter 8 M HCl. $Sb^{5+}$, $Ga^{3+}$, $Fe^{3+}$ werden mit 10–20 ml 0,1 M HCl [in Methanol(98%)] eluiert.

2. MIBK auf XAD-2 (S: 5–10 ml; M: 15 ml + 2 ml/zusätzliches 0,1 mmol). Man eluiert nacheinander $Mo^{6+}$ mit 10–20 ml 1 M HCl/3 M $H_2SO_4$ und $Sn^{4+}$ mit 30 ml 0,1 M HCl [in Methanol(98%)].

3. Amberlyst A-26 (100–200 mesh, Anionenaustauscher, Rohm u. Haas; gewaschen nacheinander mit 2 M $HClO_4$, 1 M HCl und Wasser) (S: 4–5 ml; M: 6 ml + 1 ml/zusätzliches 0,1 mmol). Zur vollständigen Erfassung von Mn und Pb ist eine Spülung mit 8 Säulenvolumina 8 M HCl erforderlich. Man eluiert nacheinander $Co^{2+}$ mit 20–30 ml 0,5 M HCl [in Ethanol(65%)], $Cu^{2+}$ mit 20–30 ml 2,5 M HCl (Cu wird von der Säule nicht stark festgehalten, weshalb bei großen Cu-Mengen auf eine ausreichende Dimensionierung des Säulenvolumens geachtet werden muß), $U^{6+}$ mit $\sim$ 30–50 ml 1,0 M HCl, $Zn^{2+}$ mit 50–100 ml 0,05 M HBr, $Cd^{2-}$ mit 100 ml 1,0 M $HNO_3$/0,01 M HBr und $Bi^{3+}$ mit $\sim$ 30–50 ml 2,0 M $HClO_4$.

Wenn von den üblichen Volumina abweichend ein größeres Volumen der Säulen Nr. 1 und 2 verwendet wird, muß der Durchlauf der Säule Nr. 3 einige min erhitzt werden, um gelöstes organisches Lösungsmittel zu entfernen. Dadurch vermeidet man eine mögliche Entfernung von TOPO durch gelösten Diisopropylether oder MIBK.

4. 0,5 M TOPO/Cyclohexan auf XAD-2 (S: 5–10 ml; M: 15 ml + 2 ml/zusätzliches 0,1 mmol). Man eluiert nacheinander $Ti^{4+}$ + $Sc^{3+}$ mit 50 ml 5,0 M $HNO_3$, $Th^{4+}$ mit 50 ml 12 M HCl, $Zr^{4+}$ + $Hf^{4+}$ mit 125 ml 1,0 M HCl.

Der Durchlauf wird zur Trockene eingedampft, mit $HNO_3$ abgeraucht und der Rückstand mit 20 ml Wasser gelöst. In Anwesenheit von Cr fügt man Citratlösung (pH 4) hinzu, kocht, kühlt ab und stellt auf pH 2 ein. Bei Abwesenheit von Cr entfällt der Citratzusatz. Im Eindampfrückstand vorliegendes V löst man mit einigen Tropfen $H_2O_2$.

5. Dowex 50W-X8 (100–200 mesh, Kationenaustauscher, gewaschen nacheinander mit 10%iger Ammoniumcitratlösung, 3 M HCl und Wasser, Säule mit 12 mm $\varnothing$) (S: 4 ml; M: 6 ml + 1 ml/zusätzliches 0,1 mmol). Man eluiert nacheinander $V^{4+}$ mit 20 ml 1% $H_2O_2$/0,01 M $HClO_4$, $Pb^{2+}$ mit 30 ml 0,6 M HBr, $Mn^{2+}$ mit 30–50 ml 1,0 M HCl [in Aceton(92%)], $Al^{3+}$ mit 60 ml 0,3 M HF (hier muß ein Säulenrohr aus Kunststoff verwendet werden), $Ni^{2+}$ + $Mg^{2+}$ mit 100 ml 3,0 M HCl [in Ethanol(60%)], $Ca^{2+}$ + $Ba^{2+}$ + $Sr^{2+}$ + S.E. mit 40 ml 4,0 m $HNO_3$.

### 4.3.2 Chelataustauscher

Die klassischen Ionenaustauscher (s. S. 42) haben den Nachteil, daß sie auch Alkali-und Erdalkaliionen aufnehmen, was bei vielen Probematerialien mit hohem Alkali-und Erdalkaligehalt — so auch bei Wässern — die Anreicherung der Schwermetalle verhindert. In diesem Fall ist die Anwendung von Chelataustauschern zweckmäßig, die eine geringe Affinität für Alkali- und Erdalkaliionen aufweisen. Eine große Zahl von Arbeiten befaßte sich daher mit der Anwendung sowohl von handelsüblichen als auch von selbst hergestellten Chelataustauschern mit geringer Affinität für Alkali-/Erdalkaliionen bzw. höherer Selektivität für bestimmte Elemente. Bei der Eigenherstellung neuer Chelataustauscher wurden einerseits bekannte funktionelle Gruppen organischer Reagentien in Austauscherharze eingebaut und andererseits organische Reagentien auf verschiedenen Trägersubstanzen, wie z. B. Cellulose, Silicagel usw., fixiert bzw. immobilisiert.

Häufig angewandte, im Handel erhältliche Chelataustauscher sind Dowex Al, Chelex-100 (Bio-Rad Laboratories) und XE-384 (Röhm u. Haas) mit Iminodiessigsäure

$$R-N\begin{cases} CH_2COOH \\ CH_2COOH \end{cases}$$

als funktioneller Gruppe. Dessen chemische Reaktionen sind jenen des EDTA analog.

Bei der Verwendung von Chelex-100 in der Säulentechnik treten öfters Schwierigkeiten auf infolge der starken Volumenänderungen durch Quellen und Schrumpfen, vor allem bei der Überführung von einer in die andere Austauscher-Form (z. B. $H^+$-Form in $X^+$-Form), welche die Einhaltung einer konstanten Durchflußrate erschweren. Zur Vermeidung dieser Schwierigkeiten wurde für die Anreicherung von Mn aus Meerwasser die batch-Technik nach der folgenden Arbeitsvorschrift beschrieben (Anreicherungsausbeute von Tracer-Mengen Mn: bei einer Schüttelzeit von 8 Std 96%, bei 16 Std 99%). [93].

**Arbeitsvorschrift [93]**

Chelex-100 führt man durch 3maliges Waschen mit 2 M $HNO_3$ in die $H^+$-Form über, wäscht
mit Wasser, führt dann analog mit 2 M $NH_3$ in die $NH_4^+$-Form über und wäscht erneut mit Wasser $NH_3$-frei. 10 ml des Austauschers werden zu 500 ml auf pH 9,0 eingestellter Meerwasserprobe in einer 1 l-Polypropylenflasche gegeben und auf einer Schüttelmaschine 16 Std geschüttelt. Danach dekantiert man Probe und Austauscher unter Nachwaschen mit Wasser in eine
Austauschersäule, wäscht dann die Flasche mit 30 ml 2 M $HNO_3$ um adsorbiertes Mn aus der
Flasche zu entfernen, eluiert mit dieser Waschsäure das Mn vom Austauscher und wäscht mit
10 ml Wasser nach. Das gesammelte Eluat wird zur Trockene eingedampft, der Rückstand mit
1 ml 2 M HCl gelöst, mit Wasser auf 5,0 ml verdünnt und die Lösung für die Mn-Bestimmung
mittels AAS verwendet.

Neben der gekörnten Ausführung für die batch- und Säulentechnik werden auch
Chelataustauscherfilter (mit Austauscher Chelex-100 imprägniertes Nylongewebe)
[81] verwendet (s. S. 42).

Eine Arbeit [94] beschreibt die Synthese aus carboxyliertem Divinylbenzolharz und
1,3-Diamino-2-hydroxypropan-N,N,N',N'-tetraessigsäure und die analytische Anwendung des auf diesem Wege erhaltenen Chelataustauscherharzes mit Propylen-
diamintetraessigsäure (PDTA) als funktioneller Gruppe,

(a) = Poly(divinylbenzol)

die im Vergleich zur Iminodiessigsäure mit Metallionen stärkere Komplexe bildet.
Das PDTA-Austauscherharz eignet sich gut für die Anreicherung und Trennung
einer größeren Zahl von Elementen (s. Tabelle 3, S. 51) und ist vor allem selektiv für
$U^{6+}$, $Th^{4+}$ und $Zr^{4+}$ [94].

Die Anreicherung von jeweils 1 mg/l Mn, Co, Cu, Ni, 3 mg Pb/l und 0,5 mg Zn/l
aus Wasser mit Chelex-100 bei pH 6,5–6,7 wird durch die Anwesenheit von jeweils
100 mg/l an kationischen, anionischen und nichtionischen Detergentien, Wasch-
pulver, Na-pyrophosphat und Na-tripolyphosphat nicht gestört (Ausbeute
94–99%) [95]. Die Anwesenheit von Seife oder Nitrilotriessigsäure führt zu Minderbefunden.

Mit Hilfe des Austauschers Poly(acrylamidoxim) wurden Ag, Cd, Co, Cu, $Fe^{3+}$,
$Hg^{2+}$, $Mn^{2+}$, Ni, Pb und Zn bei pH 5–6 aus Lösungen und Meerwasser angereichert
und anschließend mit HCl(1 + 1) oder $HNO_3$(1 + 1) eluiert [96].

In mehreren Arbeiten wird die Fixierung von Funktionellen Gruppen an Cellulose
und deren Anwendung beschrieben. So wurde 1-(2-Hydroxyphenylazo)-2-naphthol
(Hyphan)(I) als funktionelle Gruppe auf Cellulosepulver (II) immobilisiert (III)
(Hyphan, Riedel de Haën) durch Diazotieren von o-Aminophenylcellulose und an-
schließendes Kuppeln mit β-Naphtol [97].

(II) = Cellulose

Bei diesem Celluloseaustauscher ist der Einfluß der Alkali-/Erdalkaliionen geringer [98–102]. Der Austauscher wurde für die Anreicherung von Spurenelementen aus Wasser verwendet, indem man das Austauscherfilter als Meßprobe bei der RFA benützte. Weiter zu erwähnen sind auf Cellulose immobilisiertes 2,2'-Diaminodiethylamin (Diethylentriamin, DEN), Cellulose-DEN (IV) [103–105] und DEAE-Cellulose (Diethylaminoethylcellulose) [106].

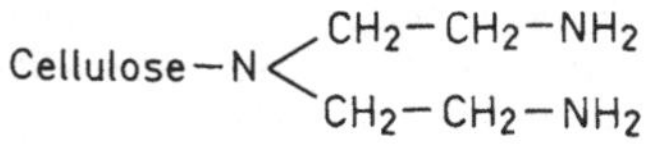

$$\text{Cellulose}-N\begin{cases} CH_2-CH_2-NH_2 \\ CH_2-CH_2-NH_2 \end{cases}$$

$$(\text{IV})$$

Analog erfolgte die Herstellung eines Celluloseaustauschers mit Chromotropsäure als funktioneller Gruppe durch Kupplung von diazotierter p-Aminophenylcellulose mit Chromotropsäure [112], der für die Anreicherung von Spurenelementen aus Wasser Anwendung fand, wobei das Austauscherfilter direkt als Meßprobe für die RFA diente. Im Vergleich zu Chelex-Filtern haben Celluloseaustauscher-Filter den Vorteil kürzerer Filtrationszeiten [112]. Hinsichtlich der Anwendung von Hyphan s. S. 226 und 228.

Carbamatcellulose fand Anwendung zur Anreicherung von Mn u. a. Elementen aus Wässern und Lösungen [108, 109]. Carbamatcellulose läßt sich herstellen, indem man Cellulose mit p-Toluolsulfonylchlorid zu Tolylcellulose umsetzt, diese mit Aminen in Aminocellolose und letztere mit Schwefelkohlenstoff in Carbamatcellulose überführt.

Auf Glykolmethacrylatgel gebundenes Oxin (Spheron-Oxin 1000, Lachema, Brno, ČSSR) wurde für die Anreicherung von Co, Fe, Mn, Ni und Pb aus wäßriger Lösung bei pH 5–7 verwendet [110].

Mit PAN belegter Polyurethanpolyether- oder -polyester-Schaumstoff wurde in Säulenform (Körnung 5 mm) für Elementtrennungen verwendet [111], womit bei pH 5 Co von Mn abgetrennt werden kann, da letzteres erst bei pH $\geq$ 9 vollständig auf der Säule festgehalten wird. Das auf der Säule festgehaltene Element läßt sich mit Aceton eluieren.

Chelatbildner wurden weiterhin auch auf Silicagel [112–114] oder porosierten Glaskugeln [115, 116] über eine Silylationsreaktion immobilisiert, beispielsweise Dithiocarbamat [115] und Bis-dithiocarbamat [112–114]. Nach Behandlung des Silicagels bzw. der Glaskugeln z. B. mit N-Methyl-3-aminopropyltrimethoxysilan wurde das erhaltene Amin mit Schwefelkohlenstoff zu Dithiocarbamat (V) umgesetzt.

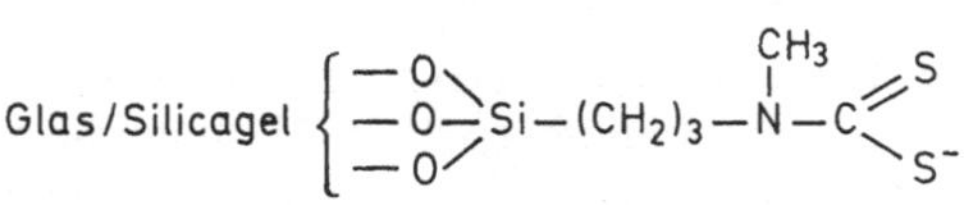

$$\text{Glas/Silicagel}\begin{cases} -O \\ -O \\ -O \end{cases} Si-(CH_2)_3-N-C\begin{matrix} CH_3 \\ \end{matrix}\begin{cases} S \\ S^- \end{cases}$$

$$(\text{V})$$

Mn u. a. Spurenelemente wurden aus Meerwasser bei pH 8,0 bzw. 8,9 mit Oxin-belegtem Silicagel isoliert, anschließend mit 2 N HCl/0,1 N HNO$_3$ oder Methanol eluiert und mittels flammenloser AAS oder ICP bestimmt [117, 118]. Für die Anreicherung von Al, Cu, Mn und V aus Meerwasser fanden mit Poly-5-vinyl-8-hydroxychinolin belegte porosierte Glaskugeln Anwendung [119].

### 4.3.3 Anwendungen

Tabelle 3 gibt eine Übersicht über eine Reihe von Arbeiten, die sich mit der Trennung von Mn und anderen Elementen mit Hilfe von Ionen- und Chelataustauschern befassen.

**Tabelle 3.** Weitere Verfahren

| Trennung der Elemente | Austauschersystem | Literatur |
|---|---|---|
| | *Kationenaustauscher* | |
| Sn, In, Zn, Cd; Mo, U, Ni, Mn; Ti, Sc, Al, Ca | AG 50W-X8 (200–400 mesh, $NH_4^+$-Form; Säule 2,3 cm ∅, 60 ml Harz) Sorption aus 0,08 M Weinsäure/0,02 M Ammoniumtartrat, Elution mit Weinsäure/Ammoniumtartrat 0,08 M/0,02 M (pH 2), 0,03 M/0,07 M (pH 3,9), –/0,125 M (pH 6,5), –/0,3 M (pH 6,5); 0,04 M/0,06 M (pH 3,7), –/0,15 M (pH 6,5), 2 M HCl; 0,08 M/0,02 M (pH 2,7), 0,05 M/0,05 M (pH 3,45), 0,02 M/0,08 M (pH 4,2), 3 M $HNO_3$ | 120 |
| Sr von Mn, Ca, Co, Cu, Mg, Zn | AG 50W-X8 (200–400 mesh; Säule 21 mm ∅ x 180 mm) Sorption aus 0,1 M $NH_4Cl$, Elution mit 0,067 M Ammoniumcitrat pH 7 | 121 |
| Cu von As, Au, Cd, Fe, Ga, Hg, In, Mo, Pd, Pt, Rh, Se, Sn, Te, Tl, W, Zn, sowie Mn u. 22 Elementen | AG 50W-X8 (200–400 mesh; Säule 2,1 cm ∅ x 19 cm) Sorption aus 0,1 M HCl/50% Aceton, Elution mit 0,2 M HCl/85% Aceton und 0,5 M HCl/85% Aceton | 122 |
| Th von Al, Ba, Bi, Ca, Cu, Fe, La, Mg, Mn, Ni, Pb, Pd, Sc, Ti, U, V, Zn, Zr | AG 50W-X4 (200–400 mesh; Säule 2,1 cm ∅ x 20 cm) Sorption aus 5,5M HBr, Elution mit 5,5M HBr und 5M $HNO_3$ | 123 |
| Be von Al, Ca, Co, Fe, Gd, La, Mg, Mn, U, Zn | AG 50 W-X8 (200–400 mesh; Säule 2 cm ∅ x 19 cm) Sorption aus 0,1M $HNO_3$/50% Methanol, Elution mit 2,0M $HNO_3$/70% Methanol | 124 |
| Tl (≦ 10 g) von ≦ 20 mg Al, Cd, Co, Cu, Fe, Ga, In, Mn, Ni, U, Zn | AG 50W-X4 (100–200 mesh; Säule 2 cm ∅ x 8,5 cm) Sorption aus 0,1M HCl/0,02M $Cl_2$, Elution mit 0,1M HCl/40% Aceton und 3,0M HCl | 125 |
| Ag, Ba, Ca, Cd, Ce, Co, Cu, Fe, La, Mg, Mn, Ni, Pb, Zn | Dowex 50W-X8 (100–200 mesh;, $Na^+$-Form) Elution mit 0,1M, 0,28M und 1M $Na_2S_2O_3$, 4 M $HNO_3$ und 1M Ammoniumacetat | 126 |
| Fe, Al, Cu, Ni, Co, Cd, Mn | Dowex 50W-X8 (200–400 mesh, $NH_4^+$-Form; Säule 1,2 cm ∅ x 22 cm) Sorption aus 0,1M Weinsäure/pH 3,5 (mit NaOH eingestellt), Elution mit 0,1M Weinsäure/pH 3,5 (Fe, Cu, Al), 0,1M Weinsäure/pH 4,0 (Ni, Co), 0,2M Weinsäure/pH 3,5 (Cd), 0,2M Weinsäure/pH 4,0 (Mn) | 127 |
| Cd, Co, Cu, Fe, Mn, Mo, Nb, Ni, Pa, Ta, Ti, U, V, Zn, Zr | Dowex 50-X8 (100–200 mesh, $H^+$-Form) Sorption aus 0,15–1,2 M HF/0–90% Methanol u.a. organische Lösungsmittel | 128 |
| Ag, Cd, Co, Cu, La, Mn, Ni, Y, Zn von Nb u. 24 anderen Elementen | Dowex 50-X8, Sorption aus 1 M und 10 M HF | 129 |
| Mn u. 42 andere Elemente | Dowex 50W-X8, Sorption aus 1–24 M HF | 130 |

**Tabelle 3.** (Fortsetzung)

| Trennung der Elemente | Austauschersystem | Literatur |
|---|---|---|
| | *Kationenaustauscher* | |
| Al, Bi, Ca, Cd, Ce, Co, Cu, Fe, In, Mg, Mn, Mo, Ni, Pb, Sr, Th, U, V, Zn | Dowex 50-X8 (100-200 mesh, $H^+$-Form) Sorption aus 0,15-1,2 M $HNO_3$/0-90% Methanol u.a. organische Lösungsmittel | 131 |
| Bi, Ca, Cd, Co, Cu, Fe, Ga, In, Mg, Mn, Ni, U, V, Zn | Dowex 50W-X8 (100-200 mesh, $H^+$-Form; Säule 1,2 cm $\emptyset$ x 12,5 cm) Sorption/Elution mit 0,1-1 M HCl/60-92% Aceton, 3 M HCl und 0,3% $H_2O_2$/0,1 M $HClO_4$ | 132 |
| Na bzw. Ba von Mn und 20 bzw. 24 Elementen | Dowex 50-X8 (100-200 mesh, $H^+$-Form; Säule 0,6 cm $\emptyset$ x 4 cm) Sorption aus 0,05 M HCl/0,076 M NaCl und 0,08 M $BaCl_2$, Elution mit 0,076 M NaCl und 0,08 M $BaCl_2$ | 133 |
| V, Mn, Co, Ni, Cu von Al, Cr, Fe | Zeo-Karb 225 SRC 14 (52-100 mesh, $H^+$-Form) Sorption aus 1 M HF/0,1 M HCl, Elution mit 1 M HF/0,1 M HCl (Al, $Cr^{3+}$, $Fe^{3+}$) und 1 M HF/0,5 M HCl ($V^{4+}$) | 134 |
| | *Anionenaustauscher* | |
| Mn, Re, Tc | Amberlite IRA 400 (72-100 B.S.S. mesh, $Cl^-$-Form; Säule 0,2 $cm^2$ x 2,5-3 cm) Sorption aus 0,1-0,2 M HCl, Elution mit 0,1-0,2 M HCl (Mn), 0,1-0,2 M HCl/5% $NH_4SCN$ (Re) und 4 M $HNO_3$ (Tc) | 135 |
| Mn, Co, Zn, Cu, Fe | Dowex 2-X8 (200-400 mesh, Tartrat-Form; Säule 0,8 cm $\emptyset$ x 10 cm) Sorption aus 0,002 M Weinsäure/pH 4,6, Elution mit 0,002 M Weinsäure/pH 4,5 und 1 M HCl (Fe) | 136 |
| Mn u. 24 Elemente | Amberlite CG 400 type I (100-200 mesh, $SCN^-$-Form; Säule 1 cm $\emptyset$ x 8 cm) Sorption aus 0,1-1 M HSCN, Elution mit 0,01-0,1 M HSCN, 0,5 M $HNO_3$, 4 M HCl, 1 M $HClO_4$ | 137 |
| Cd ($\leqq$ 100 mg) von $\leqq$ 2 g In, Zn, Ga, Fe, Mn, Co, U, Ni | AG1-X8 (200-400 mesh; Säule 1 cm $\emptyset$ x 2,9 cm und 1 cm $\emptyset$ x 5,8 cm) Sorption aus 0,2 M HBr/0,5 M $HNO_3$ (+ 2 mmol Bromid), Elution mit 0,1 M HBr/0,5 M $HNO_3$, 2,0 M $HNO_3$ und 1 M $NH_3$/0,2 M $NH_4NO_3$ | 138 |
| Cd, Ga, La, Mn, Ni, Mo, $Br^-$ | Dowex 1-X8 (200-400 mesh, $Cl^-$-Form; Säule 0,8 cm $\emptyset$ x 7,5 cm) Sorption aus 16,0 M Essigsäure/1,2 M HCl, Elution mit 16,0 M, 10,0 M und 0,5 M Essigsäure | 139 |
| Pb von U, Al, Ba, Be, Cs, Ca, Co, Cr, Cu, Fe, Ga, Ge, Hf, In, K, La, Li, Mg, Mn, Na, Ni, Pb, Rb, Sb, Sc, S.E., Sr, Th, Ti, Y, Zn, Zr | AG1-X8 (100-200 mesh, $Br^-$-Form; Säule 2 cm $\emptyset$ x 7 cm) Sorption aus 0,1 M HBr, Elution mit 0,1 M HBr und 0,3 M $HNO_3$/0,025 M HBr (Pb) | 140 |
| Ti, Zr, Nb, Ta, Mo, W von Al, V, Cr, Mn, Fe, Co, Ni, Cu | De-Acidite FF SRA 70 (52-100 mesh, $Cl^-$-Form) Sorption aus 1 M HF/0,1 M HCl (im Durchlauf: Al, $V^{4+}$, $Cr^{3+}$, $Mn^{2+}$, $Fe^{3+}$, Co, Ni, Cu), Elution mit 1 M HF/6 M HCl (Ti, Zr) und 1 M HF/6 M HCl, 1 M HF/2 M HCl (Nb, Mo, W) | 134 |
| Ag, Cd, Co, Cu, La, Mn, Ni, Y, Zn von Nb u. 24 anderen Elementen | Dowex 1X3, Sorption aus 1 M und 48% HF | 129 |

**Tabelle 3.** (Fortsetzung)

| Trennung der Elemente | Austauschersystem | Literatur |
|---|---|---|
| | *Chelataustauscher* | |
| Al, Bi, Cd, Co, Cr, Cu, Fe, Hg, Mg, Mn, Ni, Pb, Th, U, V, Zn, Zr | Propylendiamintetraessigsäure-Austauscherharz (Säule 0,6 cm $\emptyset$ x 2,8 cm) Sorption aus HCl-Lösung (pH 2–8), Elution mit verd. HCl (pH 1,0–1,5), 4 M HCl, 1 M $H_2SO_4$ | 94 |
| Ca, Mg von Mn, Fe, Al, Ti | Dowex A-1 (50–100 mesh; Säule 0,7 cm $\emptyset$, 0,7 g Harz) Sorption aus 0,1 M KOH/0,15 M Triäthanolamin/ 0,01 M Ammoniumcitrat (pH >13), Elution mit 0,08 M Ammoniumoxalat/20 Vol.% Ethanol und 0,3 M HCl | 141 |
| Al, Cd, Co, Cr, Cu, Fe, Ga, In, Ir, Mn, Ni, Pb, Rh, Zn | Amberlyst A-26 [$Cl^-$-Form, mit Xylenolorange (XO) belegt; Säule 0,8 cm $\emptyset$ x 10 cm], Trennung als XO-Metallion-Komplexe, Sorption/Elution bei pH 2–11 mit verd. $H_2SO_4$ | 142 |

## 4.4 Sorption von Elementkomplexen

Aktivkohle ist bekannt als gutes Adsorbens für organisches und kolloides Material, hiernach wahrscheinlich auch für die in Wässern an organische und kolloide Stoffe adsorbierten Spurenelementspezies. Freie Ionen werden nicht quantitativ an Aktivkohle adsorbiert, die aber durch Zusatz eines chelatbildenden Reagenses in adsorbierbare Chelate übergeführt werden können.

Die Arbeitstechnik der Anreicherung von Elementen durch Adsorption ihrer Komplexe an Aktivkohle ist einfach und rasch durchführbar und fand in einigen Arbeiten Anwendung. So erfolgte die Anreicherung von Mn u. a. Elementen durch Sorption ihrer hydrolysierten Verbindungen (Hydroxide) an Aktivkohle [35] (s. S. 37). In analoger Weise wurden folgende Elemente im Konzentrationsbereich von 1–2000 µg/l nach der angeführten Arbeitsvorschrift mit Oxin und Aktivkohle aus Wasser mit einem Anreicherungsfaktor von ~ 10 000 und einer Reproduzierbarkeit von ± 5–10% angereichert (Ausbeute in %) [143]: Ag (30), Al (90–100), Cd (95), Co (90–100), Cr (90–100), Cu (80–90), Dy (99), Eu (86), Fe (90–100), Hf (96), Hg (90–100), Lu (88), Mn (90–100), Ni (90–100), Pb (80–90), Re (> 99), Sb (0–20), Sc (56), Sm (91), Tb (89), Yb (88), Zn (90–100). Ca wird nur wenig und Mg in unterschiedlichem Umfang mitangereichert. Nicht angereichert werden Ba, Cs, K, Li, Na und Se. Die Anreicherung wird durch 40–1000 ppm Ca, 5–20 ppm Mg und 0,1–10% Na nicht gestört. Die Bestimmung der angereicherten Elemente erfolgte mittels RFA.

**Arbeitsvorschrift [143]**

1,0 l Wasserprobe stellt man mit $NH_4Cl/NH_3$-Pufferlösung auf pH 8,0 ein, versetzt mit 10 mg (bei Meer-, Grund- und Leitungswasser) oder 20 mg (bei Oberflächenwasser) Oxin in fester Form und erhitzt auf 60°C, oder fügt statt dessen 10 ml oder 20 ml 0,1%ige Oxinlösung (in Aceton) hinzu, so daß ein Überschuß von 5 mg/l freies Oxin vorliegt. Nach dem Abkühlen fügt man zur Lösung 100 mg (bei Meer-, Grund- und Leitungswasser) oder 150 mg (bei Oberflächenwasser) Aktivkohle hinzu, rührt gut durch, läßt zur Gleichgewichtseinstellung 1 Std stehen und filtriert über ein Membranfilter ab. Das Filter wird für die Bestimmung mittels RFA verwendet.

Die Anwendung der Aktivkohle als Spurensammler ist wegen ihrer Verunreinigungen in der Reinststoffanalyse eingeschränkt. Ein dazu alternatives Sorptionsmittel ist hochdisperse, hydrophile Kieselsäure (z. B. Aerosil R 972, Degussa, Frankfurt/M.), mit im Vergleich zu Aktivkohle deutlich niedrigeren Verunreinigungen und Blindwerten, die zur Sorption bzw. Anreicherung von APCD-Komplexen verwendet wurde [144]. Aktivkohle ist aber das bessere Sorptionsmittel mit höheren Anreicherungsausbeuten.

Für die Anreicherung von Metallen mit NaDDTC wurde zur Isolierung der Metallcarbamate — ähnlich der reverse-phase-Technik — als Sorptionsmaterial Chromosorb W-DMCS (80–100 mesh, Merck; Säule 8 mm i-$\varnothing$, Schichthöhe 20 mm) verwendendet [145]: die wäßrige Probelösung wurde mit NaDDTC versetzt, der geeignete pH-Wert eingestellt und die Lösung durch die Säule geschickt. Von der gewaschenen, getrockneten Säule wurden die sorbierten Metallkomplexe mit 1–2 ml MIBK eluiert und das Eluat für die Bestimmung mittels AAS direkt eingesetzt. Für die RFA erfolgte die Elution mit 2 ml $CHCl_3$, wonach das Eluat in einer Teflonschale (s. S. 225) eingedampft wurde. Nach den Untersuchungsergebnissen einer anderen Arbeit [39] liegt bei der vorerwähnten Abtrennung der Carbamate an Chromosorb kein verteilungschromatographisches System im Sinne der reverse-phase-Technik vor, sondern es erfolgt eine einfache Filtration der gefällten Carbamate auf der Säule.

## 4.5 Chromatographie

### 4.5.1 Verteilungschromatographie

Bei bestimmten Analysen können fallweise die gegebenen Arbeitsbedingungen der Extraktion und Spurenfällung von Nachteil sein: bei ersterer das Hantieren mit großen Extraktionsvolumina und deren zeitraubendes Eindampfen, bei letzterer Matrixprobleme durch den Spurenfänger. Mit der *Verteilungschromatographie* bzw. *reverse-phase-Technik* versucht man die Vorteile dieser beiden Anreicherungsverfahren auszunützen und gleichzeitig die erwähnten Nachteile zu vermeiden. Dabei wird das Extraktionsmittel auf einem geeigneten gekörnten, inerten Trägermaterial (Celluloseacetat, Silicagel, Kieselgur, Teflon, Polystyrol usw.) in Säulenform als stationärer Phase sorbiert und das komplexbildende Reagens der mobilen, wäßrigen oder organischen Phase zugesetzt. Weiterhin wird auch der Chelatbildner als stationäre Phase auf dem Trägermaterial sorbiert. Die Elemente werden als Komplexe auf der Säule festgehalten. Eine Reihe von Lösungsmittel/Reagens-Systemen wurde auf ihre Anwendbarkeit für die Verteilungschromatographie untersucht, z. B. HCl-Keton-Systeme [146], TOPO [147, 148], Bis(2-Ethylhexyl)phosphorsäure [149–151].

Mit Hilfe von Diisopropylether, MIBK und TOPO, sorbiert auf Trägermaterial, wurden zahlreiche Elemente von Mn abgetrennt [152] (s. S. 45). Zur Anreicherung von Cd, Co, Cu, Fe, Mn, Ni und Zn aus Meerwasser nach der reverse-phase-Technik wurden die bei pH 8,9 gebildeten Oxinate auf einer Säule von Silicagel ($C_{18}$ chemically bonded silica gel; Bondapak Porasil B, Waters Associates, Milford/MA, USA) adsorbiert und anschließend mit Methanol eluiert [118, 153].

### 4.5.2 Papierchromatographie und andere Chromatographieverfahren

Als Trennverfahren hat die *Papierchromatographie* eine nur begrenzte Bedeutung [20, 154–157]. Daneben findet sie vor allem Anwendung als Kombinationsmethode sowohl für die Trennung als auch den qualitativen und halbquantitativen Nachweis (s. S. 30) von Mn u. a. Elementen. In der Literatur wurden dazu papierchromatographische Trennungsgänge beschrieben [158–160] sowie die $R_F$-Werte von Mn und zahlreichen anderen Elementen für verschiedene Chromatographielösungsmittel angegeben [161, 162]. Neben den üblichen Chromatographiepapieren werden auch Ionenaustauscherpapiere in Verbindung mit der papierchromatographischen Arbeitstechnik verwendet [163].
Die Elemente Co, Cu, Fe, Mn und Ni (jeweils 100 µg) wurden papierchromatographisch getrennt [Papier Whatman Nr. 1, Laufmittelgemisch 50 Vol% Aceton/8 Vol.% HCl (1,19)/42 Vol.% Methyl-n-propylketon, Laufrichtung absteigend] und anschließend polarographisch bestimmt [164]. Für die papierchromatographische Trennung von Mn, Ni und Zn verwendete man als Laufmittel ein Aceton/Wasser/HCl (1,12)-Gemisch (40:10:5) (Whatman Nr. 1, Laufrichtung aufsteigend) [155].
Co, Cu, Fe, Mn, Mo, Pb und Zn wurden aus Lösungen biologischer Aschen papierchromatographisch unter Anwendung verschiedener Laufmittelsysteme getrennt [166].
Hier ist auch die *Ringofen-Technik* zu erwähnen [167–174], die neben der Trennung auch noch den qualitativen Nachweis und die halbquantitative Bestimmung von Mn u. a. Elementen sowie Verbindungen gestattet (s. S. 30). Wie die Papierchromatographie läßt sich auch die *Dünnschichtchromatographie* [20, 154, 175–177] zur Trennung von Elementen einsetzen. So wurden auf diesem Weg die Carbamatkomplexe von Mn u. a. Elementen getrennt und anschließend mittels IR-Spektroskopie bestimmt [178]. In anderen Arbeiten erfolgte die Trennung der Elemente als Salicylaldoximkomplexe [179] und Chloride [180].
Eine zur Papierchromatographie analoge Anwendung fand die auf Filterpapier ausgeführte *Elektrophorese* [181, 182]. Mittels Elektrophorese erfolgte die Trennung der Elemente (jeweils ~ 10 µg in ~ 25 µl) Co/Mn [elektrisches Feld 250 V, Laufzeit 15 min, Anode 0,25 M HCl, Kathode 0,085 M EDTA/0,092 M NaOH (pH 8,7), Elemente auf das Elektrophoresepapier mit Kathodenlösung aufgebracht], Mn/Na [420 V, 12 min, Anode 0,25 M HCl, Kathode 0,10 M EDTA (pH 4,5), Elemente aufgebracht mit 0,088 M EDTA/0,050 M NaOH (pH 6,5)-Lösung] und Co/Mn/Na [400 V, 10 min, Anode 0,25 M HCl, Kathode 0,096 M EDTA/0,026 M NaOH (pH 5,8), Elemente aufgebracht mit Kathodenlösung] [183].

## 4.6 Verschiedenes

mg- und µg-Mengen Mn können als Permangansäure aus 10 M $H_2SO_4$ in Anwesenheit von $KIO_4$ quantitativ überdestilliert werden [184]. Das Verfahren diente zur Abtrennung von trägerfreiem $^{54}$Mn aus Fe-Targets (Ausbeute 85–90%, Destillationszeit 15 min) [185].
Mit Hilfe der Elektrolyse kann man Cu von Mn in 0,4–1 M $H_2SO_4$ [186] oder 0,15–0,45 M $HNO_3$ durch kathodische Abscheidung (2,7 A, 2,2–2,5 V) abtrennen,

wobei allerdings eine kleine Menge Mn anodisch als $MnO_2$ abgeschieden wird. Mittels potentiostatischer Elektrolyse wurden durch kathodische Abscheidung Cu in 0,4 M HCl bei $-0,36$ V (gegen gesättigte Kalomelelektrode) und 4 A sowie Pb + Sn in $\sim 0,8$ M HCl bei $-0,70$ V (gegen gesättigte Kalomelelektrode) von Mn abgetrennt [187]. Aus $\sim 0,5$ M $HClO_4/0,7$ M $HNO_3$ wurden gleichzeitig Cu kathodisch und Pb anodisch mit 2 A/100 cm² abgeschieden und so von Mn abgetrennt [188]. Eine elektrolytische Trennung von 60 mg Mn und 60 mg Pb ist durch anodische Abscheidung von $PbO_2$ unter folgenden Bedingungen möglich, wobei Mn in Lösung bleibt [189]: 0,8–1,5 M $HNO_3$, 80 mg Cu/100 ml, Elektrolyse bei 2,5 A, 2,5 V und Temperatur 11–22°C. Cu muß anwesend sein, um eine kathodische Abscheidung von Pb zu verhindern.

## Literatur

1. Koch OG, Koch-Dedic GA, Handbuch der Spurenanalyse. Springer, Berlin Heidelberg New York (1974)
2. Dean JA, Chemical separation methods. Van Nostrand-Reinhold, New York (1969)
3. Holzbecher Z, Diviš L, Kral M, Šucha L, Vlačil F, Handbook of organic reagents in inorganic analysis. Horwood, Chichester (1976)
4. Thorn GD, Ludwig RA, The dithiocarbamates and related compounds. Elsevier, Amsterdam (1962)
5. Young RS, Separation procedures in inorganic analysis. Griffing, London (1980)
6. Minczewski J, Chwastowska J, Dybczynski B, Separation and preconcentration methods in inorganic trace analysis. Horwood, Chichester (1982)
7. Van Grieken R, Anal Chim Acta 143 (1982) 3
8. Rottschaffer JM, Boczkowski R, Mark Jr HB, Talanta 19 (1972) 465
9. Jackwerth E, Mizuike A, Zolotov YA, Bernelt H, Höhn R, Kuzmin NM, Pure Appl Chem 51 (1979) 1195
10. Jackwerth E, Mizuike A, Zolotov YA, Bernelt H, Höhn R, Kuzmin NM, Pure Appl Chem 51 (1979) 1149
11. Mizuike A, Hiraide M, Pure Appl Chem 54 (1982) 1555
12. Korkisch J, Modern methods for the separation of rarer metal ions. Pergamon, Oxford (1969)
13. Cresser MS, Solvent extraction in flame spectroscopic analysis. Butterworths, London (1978)
14. Sekine T, Hasegawa Y, Solvent extraction chemistry. Dekker, New York (1977)
15. De AK, Khopkar SM, Chalmers RA, Solvent extraction of metal chelates. Van Nostrand-Reinhold, London (1970)
16. Zolotov YA, Extraction of chelate compounds. Keter, New York (1970)
17. Marcus Y, Kertes AS, Ion-exchange and solvent extraction of metal complexes. Interscience-Wiley, New York (1969)
18. Morrison GH, Freiser H, Solvent extraction in analytical chemistry. Wiley, New York (1957)
19. Hulanicki A, Talanta 14 (1967) 1371
20. Schwedt G, Chromatographische Methoden in der anorganischen Analytik. Hüthig, Heidelberg (1980)
21. Walton HF, Ion-exchange chromatography. Dowden, Hutchinson and Ross, Stroudsburg; Halsted, New York (1976)
22. Khym JX, Analytical ion-exchange procedures in chemistry and biology; theory equipment techniques. Prentice-Hall, Englewood Cliffs (1974)
23. Rieman W, Walton HF, Ion exchange in analytical chemistry. Pergamon, Oxford (1970)
24. Rybak M, Brada Z, Hais JM, Säulenchromatographie an Cellulose-Ionenaustauschern. Fischer, Jena (1966)

25. Walton HF, Anal Chem 44 (1972) 256 R; 46 (1974) 398 R; 48 (1976) 52 R; 50 (1978) 36 R; 52 (1980) 14 R
26. Majors RE, Barth HG, Lochmüller CH, Anal Chem 54 (1982) 323 R
27. Akatsu E, Watanabe H, Anal Chim Acta 93 (1977) 317
28. Akatsu E, Data of ion exchange. Japan Atomic Energy Research Institute, IAERI-M 7168 (1977)
29. Klatt W, Dozinel C, Fresenius Z Anal Chem 126 (1943) 97
30. Jeffery PG, Wilson AD, Analyst 84 (1959) 663
31. Willard HH, Sheldon JL, Anal Chem 22 (1950) 1162
32. Watters JI, Kolthoff IM, Ind Eng Chem Anal Ed 16 (1944) 187
33. Austin GJ, Analyst 65 (1940) 335
34. Austin GJ, Analyst 72 (1947) 443
35. Jackwerth E, Lohmar J, Wittler G, Fresenius Z Anal Chem 266 (1973) 1
36. Simon J, Schulze W, Friedemann LW, Fresenius Z Anal Chem 268 (1974) 185
37. Strohal P, Nöthig-Hus D, Mikrochim Acta (1974) 899
38. Hiraide M, Yoshida Y, Mizuike A, Anal Chim Acta 81 (1976) 185
39. Knöchel A, Prange A, Mikrochim Acta (1980 II) 395
40. Buono JA, Buono JC, Fasching JL, Anal Chem 47 (1975) 1926
41. Püschel R, Lassner E, Martin W, Martin D, Mikrochim Acta (1969) 145
42. Băcić I, Radaković N, Strohal P, Anal Chim Acta 54 (1971) 149
43. Jasim F, Magee RJ, Wilson CL, Talanta 4 (1960) 17
44. Denaro AR, Occleshaw VJ, Anal Chim Acta 13 (1955) 239
45. Kinnunen J, Merikanto B, Chemist-Analyst 43 (1954) 93
46. Claassen VP, de Jong GJ, Brinkman UAT, Fresenius Z Anal Chem 287 (1977) 138
47. Pribil R, Adam J, Talanta 20 (1973) 49
48. Bennett H, Marshall K, Analyst 88 (1963) 877
49. Bennett H, Reed RA, Analyst 97 (1972) 794
50. Ueno K, Saito A, Anal Chim Acta 56 (1971) 427
51. Mandić M, Mesarić Š, Fresenius Z Anal Chem 313 (1982) 403
52. Flynn WW, Anal Chim Acta 67 (1973) 129
53. Adam J, Pribil R, Talanta 19 (1972) 1105
54. Coleman CF, Blake CA, Brown KB, Talanta 9 (1962) 297
55. Kunin R, Winger AG, Angew Chem Intern Ed Engl 1 (1962) 149
56. Green H, Talanta 11 (1964) 1561
57. Green H, Talanta 20 (1973) 139
58. Miller F, Talanta 21 (1974) 685
59. Clinch J, Guy MJ, Analyst 83 (1958) 429
60. Healy WB, Anal Chim Acta 34 (1966) 238
61. van Erkelens PC, Anal Chim Acta 25 (1961) 129
62. Morsches B, Tölg G, Fresenius Z Anal Chem 250 (1970) 81
63. Williams D, Andes RV, Ind Eng Chem Anal Ed 17 (1945) 28
64. Püschel R, Mikrochim Acta (1965) 770
65. Donaldson (Penner) EM, Inman WR, Talanta 13 (1966) 489
66. Ivanova E, Mareva S, Jordanov N, Fresenius Z Anal Chem 288 (1977) 62
67. Mirza MY, Nwabue FI, Talanta 28 (1981) 49
68. Uhlemann E, Maack B, Raab M, Anal Chim Acta 116 (1980) 153
69. Caletka R, Krivan V, Fresenius Z Anal Chem 313 (1982) 125
70. Bock R, Beilstein G, Fresenius Z Anal Chem 192 (1963) 44
71. Bock R, Hummel C, Fresenius Z Anal Chem 198 (1963) 176
72. Schilt AA, Abraham RL, Martin JE, Anal Chem 45 (1973) 1808
73. Yoshida H, Nagai H, Onishi H, Talanta 13 (1966) 37
74. Kato K, Talanta 24 (1977) 503
75. Jackson WM, Gleason GI, Anal Chem 45 (1973) 2125
76. Black MS, Thomas MB, Browner RF, Anal Chem 53 (1981) 2224
77. Adam J, Pribil R, Talanta 21 (1974) 113
78. Pohlandt C, Fritz JS, Talanta 26 (1979) 395
79. Perricos DC, Tsolis AK, Belkas EP, Talanta 17 (1970) 551

80. Kingston H, Pella PA, Anal Chem 53 (1981) 223
81. Van Grieken RE, Bresseleers CM, Vanderborght BM, Anal Chem 49 (1977) 1326
82. van Erkelens PC, Anal Chim Acta 25 (1961) 42
83. Matsui H, Anal Chim Acta 69 (1974) 216
84. Nakashima F, Anal Chim Acta 30 (1964) 167
85. Van den Winkel P, De Corte F, Hoste J, Anal Chim Acta 56 (1971) 241
86. Tera F, Ruch RR, Morrison GH, Anal Chem 37 (1965) 358
87. Ruch RR, Tera F, Morrison GH, Anal Chem 37 (1965) 1565
88. Lin JW, Janauer GE, Anal Chim Acta 79 (1975) 219
89. Ashton AA, Anal Chim Acta 30 (1964) 590
90. Ellington F, Stanley L, Analyst 80 (1955) 313
91. Strelow FWE, Liebenberg CJ, Victor AH, Anal Chem 46 (1974) 1409
92. Fritz JS, Latwesen GL, Talanta 17 (1970) 81
93. Smith Jr RG, Anal Chem 46 (1974) 607
94. Moyers EM, Fritz JS, Anal Chem 49 (1977) 418
95. Pakalns P, Batley GE, Cameron AJ, Anal Chim Acta 99 (1978) 333
96. Colella MB, Siggia S, Barnes RM, Anal Chem 52 (1980) 2347
97. Burba P, Lieser KH, Fresenius Z Anal Chem 286 (1977) 191
98. Lieser KH, Breitwieser E, Burba P, Röber M, Spatz R, Mikrochim Acta (1978 I) 363
99. Burba P, Lieser KH, Neitzert V, Röber HM, Fresenius Z Anal Chem 291 (1978) 273
100. Lieser KH, Burba P, Calmano W, Dyck W, Heuss E, Sondermeyer S, Mikrochim Acta (1980 II) 445
101. Burba P, Fresenius Z Anal Chem 306 (1981) 233
102. Burba P, Lieser KH, Fresenius Z Anal Chem 297 (1979) 374
103. Smits J, Van Grieken R, Angew Makromol Chem 72 (1978) 105
104. Smits JA, Van Grieken RE, Anal Chem 52 (1980) 1479
105. Smits J, Van Grieken R, Anal Chim Acta 123 (1981) 9
106. Yoshikuni N, Kuroda R, Talanta 24 (1977) 163
107. Lieser KH, Röber HM, Burba P, Fresenius Z Anal Chem 284 (1977) 361
108. Imai S, Muroi M, Hamaguchi A, Matsushita R, Koyama M, Anal Chim Acta 113 (1980) 139
109. Shreedhara Murty RS, Ryan DE, Anal Chim Acta 140 (1982) 163
110. Slovák Z, Slováková S, Fresenius Z Anal Chem 292 (1978) 213
111. Braun T, Farag AB, Maloney MP, Anal Chim Acta 93 (1977) 191
112. Leyden DE, Luttrell GH, Anal Chem 47 (1975) 1612
113. Leyden DE, Luttrell GH, Nonidez WK, Werho DB, Anal Chem 48 (1976) 67
114. Leyden DE, Luttrell GH, Sloan AE, DeAngelis NJ, Anal Chim Acta 84 (1976) 97
115. Hercules DM, Cox LE, Onisick S, Nichols GD, Carver JC, Anal Chem 45 (1973) 1973
116. Sugawara KF, Weetall HH, Schucker DG, Anal Chem 46 (1974) 489
117. Sturgeon RE, Berman SS, Willie SN, Desaulniers JAH, Anal Chem 53 (1981) 2337
118. Watanabe H, Goto K, Taguchi S, McLaren JW, Berman SS, Russell DS, Anal Chem 53 (1981) 738
119. Buono JA, Karin RW, Fasching JL, Anal Chim Acta 80 (1975) 327
120. Strelow FWE, van der Walt TN, Anal Chem 54 (1982) 457
121. Strelow FWE, Boshoff MD, Talanta 18 (1971) 983
122. Strelow FWE, Victor AH, Anal Chim Acta 59 (1972) 389
123. Strelow FWE, Boshoff MD, Anal Chim Acta 62 (1972) 351
124. Strelow FWE, Weinert CHSW, Anal Chim Acta 83 (1976) 179
125. Strelow FWE, van der Walt TN, Anal Chim Acta 136 (1982) 429
126. Eusebius LCT, Ghose AK, Dey AK, Analyst 106 (1981) 529
127. Dadone A, Baffi F, Frache R, Talanta 23 (1976) 593
128. Korkisch J, Huber A, Talanta 15 (1968) 119
129. Caletka R, Krivan V, Talanta 30 (1983) 465
130. Caletka R, Krivan V, Talanta 30 (1983) 543
131. Korkisch J, Feik F, Ahluvalia SS, Talanta 14 (1967) 1069
132. Fritz JS, Rettig TA, Anal Chem 34 (1962) 1562
133. Tera F, Morrison GH, Anal Chem 38 (1966) 959

134. Headridge JB, Dixon EJ, Analyst 87 (1962) 32
135. Pirs M, Magee RJ, Talanta 8 (1961) 395
136. Pitstick GF, Sweet TR, Morie GP, Anal Chem 35 (1963) 995
137. Kiriyama T, Kuroda R, Anal Chim Acta 101 (1978) 207
138. Strelow FWE, Anal Chim Acta 100 (1978) 577
139. de Corte F, van Acker P, Hoste J, Anal Chim Acta 64 (1973) 177
140. Strelow FWE, von S Toerien F, Anal Chem 38 (1966) 545
141. Christova R, Ivanova Z, Fresenius Z Anal Chem 253 (1971) 184
142. Brajter K, Olbrych-Sleszynska E, Talanta 30 (1983) 355
143. Vanderborght BM, Van Grieken RE, Anal Chem 49 (1977) 311
144. Jackwerth E, Messerschmidt J, Anal Chim Acta 107 (1979) 177
145. Knapp G, Schreiber B, Frei RW, Anal Chim Acta 77 (1975) 293
146. Fritz JS, Latwesen GL, Talanta 14 (1967) 529
147. Cerrai E, Testa C, J Chromatogr 7 (1962) 112
148. White JC, Ross WJ, US At Energy Comm Dept NAS-NS-3102 (1961)
149. Cerrai E, Ghersini G, J Chromatogr 24 (1966) 383
150. Pierce TB, Flint RF, J Chromatogr 24 (1966) 141
151. Tomazic B, Siekierski S, J Chromatogr 21 (1966) 98
152. Fritz JS, Latwesen GL, Talanta 17 (1970) 81
153. Sturgeon RE, Berman SS, Willie SN, Talanta 29 (1982) 167
154. Gasparič J, Churáček J, Laboratory handbook of paper and thin-layer chromatography. Horwood, Chichester; Wiley, New York (1978)
155. Cramer F, Papierchromatographie. Verlag Chemie, Weinheim (1958)
156. Heftmann E, Chromatography. Reinhold, New York (1961)
157. Fernando Q, de Silva M, Analyst 79 (1954) 711
158. Biswas SD, Dey AK, Fresenius Z Anal Chem 192 (1963) 376
159. Blasius E, Göttling W, Fresenius Z Anal Chem 162 (1958) 423
160. Elbeih IIM, Abou-Elnaga MA, Anal Chim Acta 17 (1957) 397
161. Kertes S, Lederer M, Anal Chim Acta 15 (1956) 543
162. Anderson JRA, Martin EC, Anal Chim Acta 13 (1955) 253
163. Sherma J, Talanta 11 (1964) 1373
164. Hannaker P, Hughes TC, Anal Chem 49 (1977) 1485
165. Majumdar AK, Chakrabartty MM, Anal Chim Acta 17 (1957) 415
166. van Erkelens PC, Anal Chim Acta 25 (1961) 226
167. Weisz H, Mikrochim Acta (1954) 140
168. Weisz H, Mikrochim Acta (1954) 376
169. Weisz H, Mikrochim Acta (1954) 460, 785
170. Weisz H, Microanalysis by the ring oven technique. Pergamon, Oxford (1970)
171. Weisz H, Talanta 11 (1964) 1041
172. West PW, Anal Chem 32 (1960) 72R
173. West PW, Anal Chem 34 (1962) 107R
174. West PW, Anal Chem 36 (1964) 144 R
175. Stahl E, Dünnschicht-Chromatographie; Thin-layer chromatography. Springer, Berlin Heidelberg New York (1967; 1969)
176. Kirchner JG, Thin-layer chromatography. Wiley, New York (1978). Vol 14 of: Weissberger A, Perry ES, Techniques of chemistry
177. Touchstone JC, Dobbins MF, Practice of thin layer chromatography. Wiley, New York (1978)
178. Malissa H, Kellner R, Prokopowski P, Anal Chim Acta 63 (1973) 225
179. Senf HJ, Mikrochim Acta (1969) 522
180. Šoljić Z, Grba V, Fresenius Z Anal Chem 278 (1976) 363
181. Brown CL, Kirk PL, Mikrochim Acta (1956) 1593
182. Meier H, Zimmerhackl E, Albrecht W, Bösche D, Hecker W, Menge P, Ruckdeschel A, Unger E, Zeitler G, Mikrochim Acta (1970) 86, 95, 533, 733
183. Gijbels R, De Meyer L, Hoste J, Anal Chim Acta 31 (1964) 159
184. Strickland JDH, Spicer G, Anal Chim Acta 3 (1949) 543
185. Pijck J, Hoste J, Anal Chim Acta 26 (1962) 501

186. Freegarde M, Allen B, Analyst 85 (1960) 731
187. Milner GWC, Whittem RN, Analyst 77 (1952) 11
188. Norwitz G, Analyst 76 (1951) 314
189. Tucker PA, Analyst 71 (1946) 319

# 5 Gravimetrie

Im Hinblick auf die zur Verfügung stehenden anderen, leistungsfähigeren Methoden findet die gravimetrische Bestimmung derzeit nur selten Anwendung. Von den möglichen Bestimmungsformen sind hauptsächlich anzuführen: als Wichtigste $MnNH_4PO_4 \cdot H_2O$ bzw. $Mn_2P_2O_7$, sowie von geringerer Bedeutung $MnO_2$, $Mn_3O_4$, $MnSO_4$ und Verbindungen mit einigen organischen Reagentien.

Die Fällung als Mn-phosphat erfolgt in ammoniakalischer Lösung und wird vor allem durch Zn und Mg gestört, die unter diesen Bedingungen ebenfalls ausfallen. Mn muß deshalb vorher isoliert werden, was meist durch Fällung als $MnO_2$ erfolgt. Eine unvollständige Fällung kann die Ursache von Fehlern sein.

Bei $Mn_3O_4$ ist es schwierig, durch Einhaltung der Arbeits- und Reaktionsbedingungen eine definierte Oxidzusammensetzung zu erhalten. Die Bestimmung als $MnSO_4$ dagegen läßt sich recht genau ausführen, setzt aber die Abwesenheit anderer Elemente voraus, weshalb diese Bestimmungsform nur vereinzelt Anwendung findet.

Weitere Informationen über die Anwendung der Gravimetrie findet man in der Literatur [1, 2].

## 5.1 Isolierung des Mn

### 5.1.1 Acetat-Methode

**Arbeitsvorschrift**

~ 200 ml salzsaure Probelösung versetzt man unter Rühren in der Kälte stufenweise langsam und zuletzt tropfenweise mit 10%iger $Na_2CO_3$-Lösung bis zum Auftreten einer schwachen, bleibenden Trübung (schwache Opaleszenz), löst den Niederschlag mit wenigen Tropfen konz. Essigsäure gerade wieder auf und verdünnt mit Wasser auf ~ 250 ml. Dann werden 20 ml 10%ige Na-acetat-Lösung hinzugefügt, zum Sieden erhitzt, 1–2 min (max. 3 min) lang gekocht, das Fällungsgefäß von der Heizquelle genommen und bis zum Absitzen des Niederschlages in der Wärme stehen gelassen, wonach die überstehende Lösung klar und farblos sein soll. Danach filtriert man den Niederschlag in der Hitze durch ein weitporiges Filter ab und wäscht mit heißem Wasser nach. Bei großer Menge Niederschlag löst man diesen mit HCl(1 + 1) auf, wiederholt die Fällung und vereinigt die Filtrate. Das Filtrat enthält Mn und gegebenenfalls Co, Ni und Zn. Im Filtrat wird nun das Mn entweder als $MnO_2$ isoliert oder direkt bestimmt.

### 5.1.2 Fällung als $MnO_2$ mit $KBrO_3$

**Arbeitsvorschrift** [3]

~ 50 ml Probelösung (0,8–1 N $HNO_3$- oder $H_2SO_4$-sauer, 20–150 mg Mn sowie annähernd die gleiche Menge Fe oder Zn enthaltend) versetzt man mit 1–2 g $KBrO_3$, erhitzt zum Kochen, kocht 10–20 min, verdünnt mit Wasser auf das Anfangsvolumen, filtriert den Niederschlag ab und wäscht 6–10 mal mit jeweils 10 ml heißem Wasser. Der Niederschlag wird in HCl oder $H_2SO_4$ gelöst und die Lösung für die weitere Bestimmung verwendet.

### 5.1.3 Fällung als $MnO_2$ mit $NaIO_4$

Mn läßt sich quantitativ ausfällen und von anwesendem Ca und Mg abtrennen. Die anderen unten erwähnten Störelemente (s. 5.2) müssen vorher auf geeignete Weise entfernt werden. Die zugesetzte Ameisensäure verhindert eine Überoxidation des Mn (Bildung von $MnO_4^-$) und reduziert langsam den Übrschuß des zugesetzten $NaIO_4$.

**Arbeitsvorschrift [4]**

250–300 ml Probelösung (0,5–200 mg Mn sowie annähernd gleiche Mengen Ca und Mg enthaltend) stellt man mit Essigsäure und Ammoniumacetat auf pH 4,4–4,8 ein (grünblauer Tüpfeltest mit Bromcresolgrün), fügt 1 ml 1 N HCOOH hinzu, erhitzt zu schwachem Kochen und fügt in 1–4 ml-Anteilen 2%ige $NaIO_4$-Lösung (1,5 ml Eisessig/200 ml enthaltend; 1 ml Lösung genügt für die Oxidation von ~ 3,9 mg Mn) hinzu, bis sich der Niederschlag verdunkelt und ein Überschuß an $NaIO_4$ vorliegt. Letzteren prüft man mittels Tüpfeltest mit Stärke/Jodid-Lösung (1% Stärke, 10% $NaHCO_3$ und 1% KI enthaltend). Der Niederschlag wird abfiltriert, mit Wasser und dann zur Entfernung von mitgefälltem Ca und Mg mit ~ 100 ml heißer 0,1 N $HNO_3$ gewaschen. Den Niederschlag behandelt man für die weitere Bestimmung wie bei Arbeitsvorschrift 5.1.2

### 5.1.4 Fällung als $MnO_2$ mit $H_2O_2$

**Arbeitsvorschrift** (nach [5])

~ 200 ml schwach saure Probelösung versetzt man mit 5 g $NH_4Cl$, 5 ml $H_2O_2$(3%) sowie mit $NH_3$(1 + 3) bis zur schwach alkalischen Reaktion (Lackmuspapier) und erhitzt zum Sieden, bis sich der Niederschlag zusammenballt. Der Niederschlag wird abfiltriert und 5mal mit heißem Wasser gewaschen. Dann löst man ihn mit 20 ml heißer HCl(2 + 1) und 5 ml $H_2O_2$(3%) vom Filter, wäscht 4mal mit HCl(1 + 3) nach, wiederholt die Fällung des Mn nach der Vorschrift und verwendet die zuletzt erhaltene Lösung für die Bestimmung des Mn.

## 5.2 Bestimmung als Phosphat

Mg, Zn, Cu, Ni und andere als Phosphat fällbare Elemente müssen abwesend sein. Fe, Al, Ti, V und Zr werden nach der Acetat-Methode (s. S. 36, 59) abgetrennt. In der Regel wird das Mn anschließend als $MnO_2$ isoliert und dann die Endbestimmung durchgeführt. Bei der Fällung als $MnO_2$ stört Fe bis zur 100fachen Menge nicht. Co und Ni können im Bedarfsfall durch Sulfidfällung (s. S. 35) abgetrennt werden.
Die Fällung von Mn-phosphat läßt man in der Regel mehrere Stunden stehen, um einen kristallinen, leicht filtrierbaren Niederschlag zu erhalten. Grobkristalline Niederschläge erhält man dagegen ohne lange Standzeit durch Einstellung definierter Fällungsbedingungen [6] (s. S. 61) oder Fällung in homogener Lösung [7] (s. S. 62).

### 5.2.1 Bestimmung als $Mn_2P_2O_7$ nach Vorisolierung

Die Bestimmung des Mn erfolgt nach dessen vorangegangener Isolierung nach den Vorschriften 5.1.1 (s. S. 59) und 5.1.2, 5.1.3 oder 5.1.4 (s. S. 59).

**Arbeitsvorschrift**

Zu 100–200 ml mineralsaurer Probelösung (0,1 g Mn enthaltend) fügt man in der Kälte 3 g $NH_4Cl$ und 10 ml 20%ige $(NH_4)_2HPO_4$-Lösung, macht mit $NH_3$ alkalisch und erhitzt zum Kochen, bis der Niederschlag vollständig kristallin ausfällt. Nach einer Standzeit von einigen Stunden wird der Niederschlag mittels Filtertiegel abfiltriert, das Filtrat mit $(NH_4)_2HPO_4$-Lösung auf Vollständigkeit der Fällung überprüft, der Niederschlag mit schwach ammoniakalischem Wasser gewaschen, getrocknet, im Muffelofen bei $1000°C$ zu $Mn_2P_2O_7$ geglüht und ausgewogen.

Falls der Niederschlag verunreinigt sein sollte, löst man diesen in wenig HCl, macht die Lösung ammoniakalisch und wiederholt die Fällung mit 3-5 ml $(NH_4)_2HPO_4$-Lösung nach der Arbeitsvorschrift.

## 5.2.2  Bestimmung als $MnNH_4PO_4 \cdot H_2O$ oder $Mn_2P_2O_7$

Man erhält einen sehr reinen, kristallinen Niederschlag von $MnNH_4PO_4 \cdot H_2O$, wenn man die Fällung in Anwesenheit einer großen Menge $(NH_4)_2SO_4$ und Hexamethylentetramin (Urotropin) durchführt [6]. Die günstige Wirkung des Hexamethylentetramins beruht auf dessen langsamer Hydrolyse, die einen für die formelreine Abscheidung des $MnNH_4PO_4 \cdot H_2O$ geeigneten konstanten pH-Wert von 6,4–6,8 liefert. Außerdem verhindert dessen reduzierende Wirkung die Bildung von $MnO(OH)_2$. Die Fällung muß stets so erfolgen, daß man die Mn-Lösung sehr langsam (innerhalb 10–20 min) unter Rühren in die siedend heiße Phosphat-Lösung tropfen läßt. Bei umgekehrter Reagensfolge (Zusatz der Phosphat-Lösung zur Mn-Lösung) entsteht zuerst ein kolloider Niederschlag, der sich erst nach längerem Stehen rekristallisiert. Das Verfahren gibt in Anwesenheit von $Cl^-$, $NO_3^-$, $SO_4^{2-}$, $CH_3COO^-$, $Na^+$ und $K^+$ sehr gute Resultate. In Anwesenheit von Mo muß man den pH-Wert vor der Fällung mit $NH_3$ auf etwas über 7 (Bromthymolblau) einstellen, um die Ausscheidung von $MnMoO_4$ zu vermeiden. In Anwesenheit von $HgCl_2$ erhält man nur gute Ergebnisse, wenn die Lösung $NH_4 : Hg^{2+} \geq 80 : 1$ und $\leq 0,02$ M $Hg^{2+}$ aufweist. Überschüssige Citronensäure verhindert infolge Komplexbildung die quantitative Fällung von $MnNH_4PO_4 \cdot H_2O$. Doch erhält man richtige Mn-Werte bei einem Molverhältnis von $C_6H_5O_7^{3-} : Mn^{2+} \leq 3:1$ unter Anwendung der Arbeitsvorschrift 5.2.2.2.

Auch Zn läßt sich nach dieser Arbeitsvorschrift als $ZnNH_4PO_4 \cdot H_2O$ bestimmen, doch muß in diesem Fall mit $NH_3$ sehr genau auf pH 6,8 (Bromkresolpurpur) eingestellt werden.

**Arbeitsvorschrift [6]**

**5.2.2.1 Abwesenheit von Citronensäure**

Die Acidität der Mn-Lösung ist im Bedarfsfall so zu korrigieren, daß die Fällungslösung pH 6,4–6,8 während der Fällung aufweist. Man löst 2 g $Na_2HPO_4 \cdot 12 H_2O$, 5 g Hexamethylentetramin und 10 g $(NH_4)_2SO_4$ in 200 ml Wasser, erhitzt zum Sieden und läßt die zu untersuchende Mn-Lösung (10-100 mg Mn enthaltend) aus einer Bürette oder einem anderen geeigneten Gefäß unter ständigem Rühren und weiterem Erwärmen langsam zutropfen (anfangs 1 Tropfen in 4 sec, nach Bildung des kristallinen Niederschlages rascher). Nach beendetem Mn-Zusatz wird die Lösung mit 1 ml $NH_3(0,91)$ auf etwas über pH 7,6 eingestellt. Der ausgeschiedene Niederschlag wird in einen Filtertiegel abfiltriert, mit kaltem Wasser und Alkohol gewaschen, bei $105°C$ getrocknet und als $MnNH_4PO_4 \cdot H_2O$ ausgewogen oder wahlweise nach dem Trocknen bei $1000°C$ geglüht und als $Mn_2P_2O_7$ ausgewogen.

**5.2.2.2 Anwesenheit von Citronensäure**

Man löst 3,5 g $Na_2HPO_4 \cdot 12 H_2O$, 6,6 g Hexamethylentetramin und 3,5 ml $NH_3(0,91)$ in 100 ml Wasser, erhitzt zum Sieden und fährt mit der Fällung nach Arbeitsvorschrift 5.2.2.1 fort.

### 5.2.3 Fällung von $MnNH_4PO_4 \cdot H_2O$ aus homogener Lösung

Die Fällung des $MnNH_4PO_4 \cdot H_2O$ in homogener Lösung [7] verläuft über die Zerstörung des Mn-EDTA-Komplexes mit $H_2O_2$.

**Arbeitsvorschrift [7]**

Die Probelösung (50–150 mg Mn enthaltend) versetzt man in einem Becherglas mit 0,1 M EDTA in 50%igem Überschuß (bezogen auf Mn), säuert gegen Methylrot gerade an und verdünnt mit Wasser auf $\sim$ 70 ml. Nun werden der Reihe nach je 10 ml (alle 3 Reagenslösungen jeweils mit 2 M $NH_3$ gegen Phenylrot neutralisiert) 10%ige $NH_4Cl$-Lösung, 20%ige $(NH_4)_2HPO_4$-Lösung und $H_2O_2(30\%)$ zugesetzt, mit einem Uhrglas zugedeckt und die Lösung gelinde gekocht. Wasser wird zeitweise zugesetzt zum Ausgleich von Verdampfungsverlusten. Nach einer Kochzeit von 1,5–2 Std läßt man auf 60°C abkühlen, filtriert in einen Filtertiegel ab, wäscht der Reihe nach mit gesättigter $(NH_4)_2HPO_4$-Lösung, Wasser und Alkohol, trocknet bei 105°C und wiegt als $MnNH_4PO_4 \cdot H_2O$ aus.

## 5.3 Elektrolytische Bestimmung als $MnO_2$

Die Bestimmung wird mit Hilfe der oxidativen inneren Elektrolyse ohne Diaphragma durchgeführt, wobei $PbO_2$ als Kathode dient und Mn an der Anode als $MnO_2 \cdot 1,88\ H_2O$ abgeschieden wird. Bei Mengen über 15 mg Mn erhält man zu niedrige Werte.
B: 5–15 mg Mn. $F_r$: $\pm$ 0,7%.

**Arbeitsvorschrift [8, 9]**

*Vorbereitung der Elektroden* [8]. Zur Herstellung der $PbO_2$-Elektrode elektrolysiert man 200 ml salpetersaure Lösung (1 g Pb und 0,2 g Cu als Nitrate enthaltend) 20–25 min bei 2 V, 2,5–3,0 A und 75–80°C. Dabei scheidet sich $PbO_2$ an der als Anode geschalteten Pt-Netzelektrode (3,2 cm $\varnothing$, 3,3 cm hoch, an der Oberfläche angelötete Glasstäbchen) ab, wobei das $PbO_2$ auch einen Teil des am Elektrodennetz befestigten aufsteigenden Pt-Drahtes bedecken soll. Diese $PbO_2$-Elektrode wird in das Innere einer zweiten Pt-Netzelektrode (4,4 cm $\varnothing$, 4,5 cm hoch) gebracht und die aufsteigenden Pt-Drähte beider Elektroden am oberen Ende kurzgeschlossen.

*Elektrolyse* [9]. In ein 150 ml-Becherglas gibt man die zu untersuchende Mn-Lösung, fügt 3 ml gesättigte Ammoniumacetat-Lösung sowie 0,5 g $NH_4NO_3$ hinzu und verdünnt auf 90 ml. Die Lösung soll jetzt pH 4,5–5,0 aufweisen. Die Lösung wird auf 80–85°C erhitzt, das kurzgeschlossene $PbO_2$/Pt-Elektrodenpaar in die Lösung getaucht und 20 min elektrolysiert unter stetigem Rühren durch Einleiten von Luft. Die Elektrolyse ist beendet, wenn in der Lösung kein Mn mehr nachweisbar ist (Test mit Permanganatreaktion). Man entnimmt die Elektroden, wäscht die Anode mit dem abgeschiedenen Mn der Reihe nach mit Wasser, Ethanol und Diethylether, trocknet etwa 10 min an der Luft und wiegt als $MnO_2 \cdot 1,88\ H_2O$ aus (Mn-Umrechnungsfaktor = 0,4547).

## 5.4 Andere Bestimmungsformen

Mn läßt sich als $Mn_3O_4$ bestimmen, indem man den nach Arbeitsvorschrift 5.1.2 (s. S. 59) erhaltenen Niederschlag von $MnO_2$ bei 1000°C glüht. Den Niederschlag oder den Glührückstand kann man weiterhin mit $H_2SO_4$ unter Zusatz einiger Tropfen $H_2O_2$ abrauchen, bei 450–500°C glühen und als $MnSO_4$ auswiegen.

## 5.5  Bestimmung mit organischen Reagentien

Heterocyclische Stickstoffbasen (Pyridin, Antipyrin, Pyramidon, Piperazin u. a. m.) bilden mit zweiwertigen Metallen, wie z. B. Cd, Co, Cu, Fe, Mn, Ni und Zn, Komplexe, die in Anwesenheit von Thiocyanat als schwerlösliche Niederschläge definierter Zusammensetzung ausfallen. Die analoge Reaktion mit 1,10-Phenanthrolin eignet sich zur gravimetrischen Bestimmung von Mn als $[Mn(C_{12}H_8N_2)_2](SCN)_2$. Die übrigen genannten Elemente lassen sich auf dieselbe Weise bestimmen und stören daher. Der sandfarbene Mn-Niederschlag fällt bei pH 3–6 quantitativ aus [10]. In schwach saurer Lösung sind damit noch 0,8 µg Mn/ml nachweisbar.

Für die gravimetrische Bestimmung des Mn wurden auch andere Reagentien vorgeschlagen bzw. verwendet, wie z. B. 8-Hydroxychinolin [11], Morpholonium-morpholin-N-dithiocarboxylat [12].


## Literatur


1. McCurdy Jr WH, Wilkins DH, Anal Chem 38 (1966) 469R
2. McCurdy Jr WH, Anal Chem 40 (1968) 608R
3. Kolthoff IM, Sandell EB, Ind Eng Chem Anal Ed 1 (1929) 181
4. Austin GJ, Analyst 68 (1943) 274
5. Chemikerausschuß des Vereins Deutscher Eisenhüttenleute, Handbuch für das Eisenhüttenlaboratorium Bd 1, 2. Verlag Stahleisen, Düsseldorf (1960, 1966)
6. Šušić SK, Njegovan VN, Šolaja B, Fresenius Z Anal Chem 183 (1961) 412
7. Buzágh-Gere E, Erdey L, Talanta 16 (1969) 1434
8. Lipčinsky A, Kuleff I, Fresenius Z Anal Chem 191 (1962) 260
9. Lipčinsky A, Kuleff I, Dshoneydi M, Fresenius Z Anal Chem 193 (1963) 353
10. Pirtea TI, Fresenius Z Anal Chem 184 (1961) 252
11. Hikime S, Yoshida H, Taga M, Taguchi S, Talanta 19 (1972) 569
12. Sakla AB, Helmy AA, Beyer W, Harhash FE, Talanta 26 (1979) 519

# 6 Titrimetrie

Die titrimetrischen Methoden liefern recht genaue Ergebnisse und eignen sich vor allem für die Bestimmung mittlerer und hoher Mn-Gehalte, weshalb sie in diesem Gehaltsbereich häufig Anwendung finden.

Aufgrund der mehrfachen Valenzstufen des Mn wurde eine größere Zahl von Analysenmethoden mit zahlreichen Varianten ausgearbeitet, die sich auf einige Grundreaktionen bzw. Reaktionstypen stützen, die in Tab. 4 zusammengestellt sind. Von diesen finden eine sehr häufige Anwendung der Reaktionstyp 1 sowie in relativ etwas geringerem Umfang die Reaktionstypen 3 und 4. In letzter Zeit wird aber der Reaktionstyp 4 in zunehmendem Umfang gegenüber den übrigen Typen bevorzugt eingesetzt, da man mit diesem sehr genaue Analysenergebnisse erzielt.

**Tabelle 4.** Grundreaktionen bzw. Reaktionstypen der titrimetrischen Methoden

| Reaktionstyp Nr. | Vorreaktion | Titration |
|---|---|---|
| 1 | $Mn^{2+} \rightarrow Mn^{7+}$ | $Mn^{7+} \rightarrow Mn^{2+}$ |
| 2 | $Mn^{2+} \rightarrow Mn^{3+}$ | $Mn^{3+} \rightarrow Mn^{2+}$ |
| 3 | —— | $Mn^{2+} \rightarrow Mn^{4+}$ |
| 4 | —— | $Mn^{2+} \rightarrow Mn^{3+}$ |
| 5 | —— | $Mn^{4+} \rightarrow Mn^{3+}$ |
| 6 | —— | Fällung |
| 7 | —— | $Mn^{2+} \rightarrow MnY^{2-}$ (Komplexometrie) |

Der Titrationsendpunkt wird in der Regel wahlweise mittels Farbindikator oder elektrometrisch, bei einzelnen Methoden (z. B. Reaktionstyp 4, s. S. 72) jedoch wegen der starken Färbung der Lösung ausschließlich elektrometrisch, angezeigt. Für die elektrometrische Titration finden die potentiometrische, voltametrische (mit konstantem Gleichstrom polarisierte Elektroden, constant current potentiometry, Polarisationsspannungstitration) und amperometrische (mit konstantem Potential polarisierte Elektroden) Indikation Anwendung. Die Titrationen werden verschiedentlich auch coulometrisch durchgeführt, wodurch noch sehr kleine Mn-Mengen bis herab zu 0,001 µg Mn/ml genau bestimmt werden können, z. B. bei der Reaktion $Mn^{7+} \rightarrow Mn^{2+}$ mit coulometrisch erzeugtem $Fe^{2+}$ [1, 2] oder $V^{4+}$ [3], bei der Reaktion $Mn^{3+} \rightarrow Mn^{2+}$ mit $Fe^{2+}$ [4] sowie bei $Mn^{2+} \rightarrow Mn^{3+}$ [5].

Neben den nachfolgenden Ausführungen sei für weitere Informationen zu dieser Analysenmethode auf die Literatur verwiesen [6–39].

*Titerstellung der KMnO$_4$-Lösung*

Nachdem die KMnO$_4$-Lösung bei den hier behandelten Titrationsmethoden vielfach Anwendung findet, sei zu deren Titerstellung ein praktischer Hinweis gegeben. Die Reaktion von Permanganat mit Oxalat läuft über mehrere, von den Reaktionsbedingungen abhängige, unterschiedliche Reaktionsstufen ab, wobei auch Nebenreaktionen stattfinden, welche die Stöchiometrie der Oxidation des Oxalates durch Permanganat beeinflussen. Die meist angewandte Titerstellung der KMnO$_4$-Lösung mit Natriumoxalat in H$_2$SO$_4$-Lösung bei 60–90°C weist einige Nachteile auf: anfangs verzögerte Reaktion, beeinträchtigte Stöchiometrie infolge von Verlusten durch Nebenreaktionen. Diese Nachteile werden vermieden, wenn man die Titerstellung in > 2 M HClO$_4$/0,02 M MnSO$_4$-Lösung bei 60–70°C durchführt [40]. Die Präzision des Verfahrens ist sehr gut, wobei eine Titrationsgeschwindigkeit bis zu 12 ml 0,1 N KMnO$_4$/min möglich ist und die Titration mit gleichem Ergebnis auch bei Raumtemperatur durchführbar ist.

**Arbeitsvorschrift [40]**

Man versetzt 50,0 ml 0,08–0,09 N Na$_2$C$_2$O$_4$ in einem 250 ml-Erlenmeyerkolben mit 25 ml HClO$_4$ (70%) und 10 ml 0,2 M MnSO$_4$, verdünnt mit Wasser auf 100 ml, erwärmt auf 60–70°C und titriert unter magnetischem Rühren mit 0,1 N KMnO$_4$ bis zur 30 sec lang bestehenden Rosafärbung.

## 6.1  Reaktionstyp Mn$^{2+}$ → Mn$^{7+}$ → Mn$^{2+}$

Der Grundvorgang dieses Reaktionsablaufes besteht aus den folgenden Teilschritten. Mn$^{2+}$ wird mit einem Überschuß an Oxidationsmittel mit oder ohne Katalysator bei Raumtemperatur oder erhöhter Temperatur zu Mn$^{7+}$ oxidiert, der Überschuß des Oxidationsmittels entfernt oder zerstört und schließlich Mn$^{7+}$ mit Hilfe eines geeigneten Reduktionsmittels (Titrationslösung) zu Mn$^{2+}$ reduziert (titriert). Die bei einer Reihe von Verfahren stattfindende Abtrennung des Überschusses an Oxidationsmittel durch Filtration ist wegen des erhöhten Arbeits- und Zeitaufwandes und der Gefahr von Mn-Minderbefunden von Nachteil und sollte daher vermieden werden. Von den zahlreichen Varianten seien hier nachfolgend die Wichtigsten angeführt.

### 6.1.1  Oxidationsmittel

Die Oxidation Mn$^{2+}$ → Mn$^{7+}$ läßt sich mit verschiedenen Oxidationsmitteln durchführen. Früher fand dafür NaBiO$_3$ eine breite Anwendung [41–44] (siehe z. B. auch [45–47]), wobei der Überschuß an NaBiO$_3$ nach erfolgter Oxidation durch Filtration entfernt werden muß. Die Oxidation läuft auch in kalter Lösung rasch ab. Co$^{2+}$, Ce$^{3+}$, Cr$^{3+}$, V$^{4+}$ und Cl$^-$ stören. NaBiO$_3$ wurde später durch (NH$_4$)$_2$S$_2$O$_8$ abgelöst [48–50] (siehe z. B. auch [51–53]), das auch heute vorwiegend verwendet wird und eine einfachere und schnellere Arbeitsweise ermöglicht. Zugesetztes AgNO$_3$ dient als Katalysator und die Oxidation läuft beim Erhitzen rasch und vollständig ab. Der Überschuß an (NH$_4$)$_2$S$_2$O$_8$ wird durch Kochen zerstört, wobei sich eine teilweise Zerstörung von MnO$_4^-$ durch Abpuffern der Lösung mit Na$_2$HPO$_4$ und kurze Kochzeit verhindern läßt [54]. Von diesem Verfahren gibt es zahlreiche Varianten, die auf Un-

terschiede von Reaktionsmedium und -bedingungen sowie Titrations-/Reduktions-
mittel ($As^{3+}$, $As^{3+}/NO_2^-$, $Fe^{2+}$, $HgNO_3$, $H_2O_2$, KI, Oxalsäure u. a. m.) zurückzuführen sind. Viele dieser Varianten haben den Nachteil, daß beim Zerstören des Persul-
fatüberschusses durch Kochen auch etwas $HMnO_4$ zerstört werden kann. Die Methode eignet sich für Mengen bis zu $\sim$ 15 mg Mn. Höhere Mengen bis zu 100 mg
Mn/100 ml lassen sich befriedigend in Anwesenheit von $H_3PO_4$ [sowie seltener
$(HPO_3)_n$] bestimmen [55–57], die eine Ausfällung von $MnO_2$ verhindert und die Färbung durch $Fe^{3+}$ abschwächt. Das Persulfat-Silbernitrat-Verfahren ist einfach durchführbar und allgemein einsetzbar, weshalb es seit seiner Einführung vor rund 80 Jahren [48–50] häufig Anwendung gefunden hat und auch derzeit noch vielfach verwendet wird.

$$2\ Mn(NO_3)_2 + 5\ (NH_4)_2S_2O_8 + 8\ H_2O \rightarrow 2\ HMnO_4 + 5\ (NH_4)_2SO_4$$
$$+\ 5\ H_2SO_4 + 4\ HNO_3 \tag{1}$$

$$2\ HMnO_4 + 5\ Na_3AsO_3 + 4\ HNO_3 \rightarrow 5\ Na_3AsO_4 + 2\ Mn(NO_3)_2$$
$$+\ 3\ H_2O \tag{2}$$

Nach erfolgter Oxidation gemäß Gl. (1) wird das als Katalysator verwendete Ag als
AgCl ausgefällt, um eine Reoxidation des $Mn^{2+}$ durch den anwesenden Persulfatüberschuß zu vermeiden, und anschließend $Mn^{7+}$ mit Arsenitlösung nach Gl. (2) titriert. Der Überschuß an $(NH_4)_2S_2O_8$ stört hier nicht und muß deshalb nicht entfernt
werden.

Neben diesen zwei wichtigsten Oxidationsmitteln wurden auch andere Oxidantien
verwendet oder vorgeschlagen. AgO oxidiert in kalter $HNO_3$-, $HClO_4$- oder $H_2SO_4$-
Lösung $Mn^{2+}$, $Ce^{3+}$ und $Cr^{3+}$ rasch zu $Mn^{7+}$, $Ce^{4+}$ und $Cr^{6+}$[58, 59]. Die Oxidation
in 2–5 M $HNO_3$-Lösung [59] ist vorzuziehen, da in dieser Lösung die Sauerstoffent-
wicklung langsamer abläuft [60]. Der AgO-Überschuß wird durch Verdünnen mit
Wasser und Erhitzen zerstört, stört aber nicht bei potentiometrisch ausgeführter Titration. $Mn^{7+}$ wurde mit $Fe^{2+}$-Lösung titriert. Ce, Cr und V stören.

Die Oxidation $Mn^{2+} \rightarrow Mn^{7+}$ läßt sich auch mit $KIO_4$ durchführen, die in Abschnitt
6.1.3 (s. S. 67) beschrieben ist. Durch Einleiten von $O_2/O_3$-Gemisch (95/5 Vol.%)
konnten $\leqq$ 9 mg $Mn^{2+}$ in 1,16–2,32 M $HClO_4$-Lösung bei Raumtemperatur mit Ag
als Katalysator in 15 min in $Mn^{7+}$ übergeführt werden, wonach der Oxidans-
Überschuß mittels $CO_2$-Gas entfernt und $Mn^{7+}$ mit einem Überschuß an $Fe^{2+}$-Lö-
sung und $KMnO_4$-Lösung titriert wurden [61]. Schwankungen der Reaktionsbedingungen (Konzentration von Säure, Katalysator und $O_3$, Reaktionsdauer) beeinflussen das Analysenergebnis. Ce, Co, Cr, V, $Cl^-$ und große Mengen $NO_3^-$ stören.

## 6.1.2 Reduktionsmittel

Für die Titration fanden verschiedene Reduktionsmittel Anwendung, bei denen aber
berücksichtigt werden muß, daß sie außer Mn auch noch andere anwesenden, in höherer Valenzstufe vorliegenden Elemente reduzieren. Unter diesen ist $Na_3AsO_3$ ein
praktisches, wenig gestörtes und daher viel verwandtes Titriermittel. Es reduziert
außer $Mn^{7+}$ nicht: $Ce^{4+}$, $Co^{3+}$, $Cr^{6+}$, $V^{5+}$ und $S_2O_8^{2-}$. Allerdings hat es den Nachteil,
daß die Reduktion von $Mn^{7+}$ zu $Mn^{2+}$ nicht stöchiometrisch verläuft [62, 63], weshalb die Einstellung der $Na_3AsO_3$-Lösung empirisch mit Standardproben erfolgen
muß. Demgegenüber verläuft aber die Reduktion mit einer $AsO_3^{3-}/NO_2^-$-Lösung stöchiometrisch [63].

Die Titration von $Mn^{7+} \rightarrow Mn^{2+}$ mit $NaNO_2$-Lösung in 0,5 M $H_2SO_4$-Lösung wird durch anwesendes $Cr^{6+}$ und $V^{5+}$ nicht gestört [64]. In der Arbeit wird ein Verfahren zur sukzessiven titrimetrischen Bestimmung von $Mn^{7+}$, $Cr^{6+}$ und $V^{5+}$ nebeneinander mit photometrischer Endpunktsanzeige beschrieben: zuerst wird $Mn^{7+}$ in 0,5 M $H_2SO_4$-Lösung mit $NaNO_2$-Lösung titriert (620 nm), anschließend erfolgt die Titration von $Cr^{6+}$ und $V^{5+}$ in 4 M $H_3PO_4$/1 M $H_2SO_4$-Lösung mit $Fe^{2+}$-Lösung (760 nm), wobei die Titrationskurven graphisch ausgewertet werden.

$Fe^{2+}$ reduziert außer $Mn^{7+}$ auch $Ce^{4+}$, $Co^{3+}$, $Cr^{6+}$ und $V^{5+}$. Die Anwendung von $Fe^{2+}$-Lösung als Titriermittel ist wegen dieser Störungen beschränkt.

$V^{3+}$-Lösung wurde als Reduktionsmittel vorgeschlagen, das außer $Mn^{7+}$ auch noch $Cr^{6+}$, $Cu^{2+}$, $Fe^{3+}$, $Mo^{6+}$, $Tl^{3+}$, $U^{6+}$ und $V^{5+}$ reduziert [65].

Die Reduktion $Mn^{7+} \rightarrow Mn^{2+}$ läßt sich in 1,5–5 N $H_2SO_4$ (zweckmäßig 1,5–3 N $H_2SO_4$) bei Raumtemperatur titrimetrisch mit Benzohydroxamsäure(BHS)-Lösung nach Gl. (3) durchführen [66]. Der Endpunkt wird

$$6\ MnO_4^- + 13\ H^+ + 5\ C_6H_5CONHOH \rightarrow 6\ Mn^{2+}$$
$$+ 5\ C_6H_5COOH + 5\ NO_3^- + 9\ H_2O \tag{3}$$

visuell oder potentiometrisch erfaßt. Die 100fache Menge an Co, Cu, $Fe^{3+}$, Mo, Nb, Ni, $Sn^{4+}$, Ta, Ti, $V^{5+}$ und W stört die Bestimmung von 5 mg Mn nicht. 1–2,5 mg Mn lassen sich neben der 6fachen Menge, 5 mg Mn neben der 3fachen Menge Cr störungsfrei bestimmen. Mit BHS können $Mn^{7+}$, $Cr^{6+}$ und $V^{5+}$ in der gleichen Lösung nacheinander titrimetrisch bestimmt werden [67]: zuerst werden der Reihe nach $Mn^{7+}$ und $Cr^{6+}$ mit BHS-Lösung titriert (visuell oder potentiometrisch), wonach $V^{5+}$ mit Ascorbinsäure und BHS als Indikator titrimetrisch bestimmt wird.

**Arbeitsvorschrift [67]**

0,1–0,2 g Probematerial (Stahl) werden in 10–20 ml Königswasser unter Erwärmen gelöst, nach Zusatz von 5 ml $H_2SO_4$(1,84) bis zum Auftreten der $SO_3$-Nebel erhitzt, abgekühlt und die ganze Lösung oder ein aliquoter Teil davon mit Wasser auf 100 ml verdünnt. Man versetzt mit 10 ml 1%ige $AgNO_3$-Lösung, 0,5–1 g $(NH_4)_2S_2O_8$ sowie 5 ml $H_2SO_4$(1,84), kocht gelinde bis die Oxidation abgeschlossen und der Persulfatüberschuß zerstört ist, kühlt auf Raumtemperatur ab und titriert mit 0,1 M BHS-Lösung (BHS nach [68] hergestellt) bis zum Farbumschlag von rosa nach blaßgelb (Reduktion $Mn^{7+} \rightarrow Mn^{2+}$). Falls die Lösung kein $Fe^{3+}$ enthält, werden jetzt 5 ml 1%ige $FeCl_3$-Lösung zugefügt. Die Titration setzt man fort bis zum Farbumschlag nach purpurrot (Reduktion $Cr^{6+} \rightarrow Cr^{3+}$). $Fe^{3+}$ wird nun mit KF maskiert, 5 ml 0,5%ige BHS-Lösung als Indikator zugesetzt, wobei eine Violettfärbung entsteht, und unmittelbar mit 0,1 N Ascorbinsäure bis zum Farbumschlag von violett nach hellblau (Reduktion $V^{5+} \rightarrow V^{4+}$) titriert. 1 ml 0,1 M BHS = 6,59 mg Mn bzw. 3,47 mg Cr; 1 ml 0,1 N Ascorbinsäure = 5,10 mg V.

An weiteren Titrations-Reduktionsmitteln für die Reduktion $Mn^{7+} \rightarrow Mn^{2+}$ sind zu erwähnen: $Tl_2SO_4$ [69], $K_4Fe(CN)_6$/Ascorbinsäure [Titration des bei der Reaktion gebildeten $Fe(CN)_6^{3-}$ mit Ascorbinsäure] [70] und $HgNO_3$.

## 6.1.3 Iodometrische Bestimmung

Die Oxidation mit $KIO_4$ wurde in heißer $H_2SO_4$/$H_3PO_4$-haltiger Lösung durchgeführt, dann der $KIO_4$-Überschuß mit $Hg(NO_3)_2$ ausgefällt und abfiltriert und $Mn^{7+}$ mit $Fe^{2+}$-Lösung titriert [71, 72]. Die Bestimmung wird gestört durch $Ce^{3+}$, Co, Cr und $Cl^-$. Durch Anwendung des Prinzips der Vervielfachungsreaktion (amplification reaction) [73] wurde die Bestimmung von $Mn^{2+}$ nach erfolgter Oxidation zu $Mn^{7+}$

mittels $KIO_4$ über die iodometrische Bestimmung gemäß den Gl. (4) – (6) empfindlich gestaltet [74].

$$2\,Mn^{2+} + 5\,IO_4^- + 3\,H_2O \rightarrow 2\,MnO_4^- + 5\,IO_3^- + 6\,H^+ \qquad (4)$$

Nach Maskierung des überschüssigen $IO_4^-$ mit Molybdat [75] werden die Reaktions-
produkte von Gl. (4) mit $I^-$ nach Gl. (5) und (6) umgesetzt.

$$2\,MnO_4^- + 10\,I^- + 16\,H^+ \rightarrow 5\,I_2 + 2\,Mn^{2+} + 8\,H_2O \qquad (5)$$

$$5\,IO_3^- + 25\,I^- + 30\,H^+ \rightarrow 15\,I_2 + 15\,H_2O \qquad (6)$$

Aus Gl. (5) und (6) ergibt sich eine Reaktionssummenbilanz nach Gl. (7)

$$2\,Mn^{2+} \equiv 20\,I_2 \qquad (7)$$

was im Vergleich zu Gl. (5) eine Verfielfachung um den Faktor 4 bedeutet. Die Bestimmung von 100 µg Mn wird nicht gestört durch jeweils 100 µg von Ag, Al, Ba, Bi,
Ca, $Hg^{2+}$, $Fe^{3+}$, Li, Mg, Pb, $Sb^{3+}$, $Sn^{2+}$, Zn und Zr.

**Arbeitsvorschrift [74]**

Die Probelösung (5–100 µg Mn enthaltend) versetzt man in einem 10,0 ml-Meßkolben mit 1 ml
(bei 5–50 µg Mn) oder 2 ml (bei 50–100 µg Mn) $HNO_3(3+7)(=30Vol.\%)$ sowie 2 ml 0,28%ige
$KIO_4$-Lösung, füllt mit Wasser zur Marke auf, mischt und erhitzt 30 min im siedenden Wasserbad. Dann wird die Lösung abgekühlt, unter Nachwaschen in einen Erlenmeyerkolben übergeführt und 1,5 ml oder 3 ml [bei zugesetzten 2 ml $HNO_3(3+7)$] 30%ige $K_2CO_3$-Lösung, 5 ml
12,5%ige $(NH_4)_6Mo_7O_{24}\cdot 4\,H_2O$-Lösung (frisch hergestellt) sowie 10 ml Pufferlösung (pH 2,
frisch hergestellt aus 0,2 M Natriumacetatlösung und Eisessig) hinzugefügt. Nach Zusatz von
2,5 ml 10%ige KI-Lösung (frisch hergestellt) läßt man 2 min stehen und titriert dann mit
0,002 M $Na_2S_2O_3$-Lösung, wobei man nahe dem Endpunkt einen geeigneten Indikator (in der
Originalarbeit: Thyodene) zusetzt. Ein Blindwert aus dest. Wasser wird mitgeführt.

## 6.1.4 Analysenverfahren

Grundvorgang der nachfolgenden Arbeitsvorschriften 6.1.4.1 bis 6.1.4.3 ist die Oxidation $Mn^{2+} \rightarrow Mn^{7+}$ mit $(NH_4)_2S_2O_8/AgNO_3$ mit anschließender Titration mit
$Na_3AsO_3$-Lösung. In Arbeitsvorschrift 6.1.4.4. erfolgt die Titration mit Benzohydroxamsäure-Lösung.

### 6.1.4.1 Eisen, unlegierter und niedriglegierter Stahl

Nach der Oxidation mit $(NH_4)_2S_2O_8/AgNO_3$ wird das Mn direkt in der Probelösung
titriert. $\leq$ 3% Cr, $\leq$ 10% Ni und $\leq$ 1% Co stören nicht.
B: 0,1–1,5% Mn. s: ± 0,01–0,03% Mn.

**Arbeitsvorschrift [49, 50, 76]**

0,2 g Probematerial löst man in einem 400 ml-Becherglas unter Erwärmen mit 15 ml
$HNO_3(1+1)$, vertreibt die nitrosen Gase durch Erhitzen, versetzt mit 50 ml 1,7%iger $AgNO_3$-
Lösung und 10 ml 25%iger $(NH_4)_2S_2O_8$-Lösung, erwärmt einige Minuten auf 60° C bis zur Beendigung der Gasbildung, kühlt am fließenden Wasser, fügt 50 ml Wasser sowie 3 ml 1,2%ige
NaCl-Lösung hinzu und titriert mit Arsenitlösung [66 g $As_2O_3$ + 2 g $NaHCO_3$ in heißem Wasser gelöst und auf 1 l aufgefüllt; Titereinstellung mit eingestellter $KMnO_4$-Lösung (0,791 g
$KMnO_4$ = 0,275 g Mn/l) unter Zusatz von Ferrum reductum] bis zum Verschwinden der Rosafärbung.

Bei > 1% Mn löst man 1 g Probematerial, füllt in einem 250 ml-Meßkolben mit Wasser zur Marke auf, entnimmt 25,0 ml und fährt mit dem Zusatz der $AgNO_3$-Lösung nach der Vorschrift fort.

Bei Roheisen werden 2,0 g in 40 ml $HNO_3(1 + 1)$ gelöst, vorhandener Graphit abfiltriert, die Lösung bzw. das Filtrat in einem 100 ml-Meßkolben mit Wasser aufgefüllt, 10,0 ml entnommen und mit dem Zusatz der $AgNO_3$-Lösung nach der Vorschrift fortgefahren.

### 6.1.4.2 Legierter Stahl

Das Verfahren eignet sich für die Bestimmung von Mn in legierten Stählen mit höheren Gehalten an Cr (> 3%) und anderen Legierungselementen. Durch eine ZnO-Fällung werden Fe und Störelemente abgetrennt, während Mn, Co und Ni in Lösung bleiben. Ausgefällt werden neben Fe noch Cr, Mo, Nb, Ta, Ti, W, Zr und teilweise Cu und V. Im Filtrat wird das Mn titriert.

**Arbeitsvorschrift [76]**

1,0 g Probematerial löst man in einem 600 ml-Becherglas unter Erwärmen mit 50 ml $H_2SO_4(1 + 5)$, fügt nach vollständigem Lösen 10 ml $HNO_3(1 + 1)$ hinzu, kocht kurz auf, kühlt ab und spült die Lösung in einen 250 ml-Meßkolben über. Nun wird unter ständigem Schütteln ZnO-Aufschlämmung in geringem Überschuß zugegeben. Man läßt erkalten, füllt mit Wasser zur Marke auf und filtriert nach kräftigem Schütteln durch ein trockenes Faltenfilter in ein trockenes Gefäß. Vom Filtrat werden 50,0 ml mit 10 ml $HNO_3(1 + 1)$ versetzt und mit dem Zusatz von $AgNO_3$-Lösung nach Vorschrift 6.1.4.1. (s. S. 68) fortgefahren.

### 6.1.4.3 Legierter Stahl

Das Verfahren eignet sich für legierte Stähle mit > 1% Co und > 10% Ni. Die Störelemente werden wie bei Vorschrift 6.1.4.2 durch ZnO-Fällung abgetrennt, anschließend Mn durch Fällung als $MnO_2$ isoliert (s. Vorschrift 5.1.2 bis 5.1.4, S. 59) und nach dem Lösen des Niederschlages das Mn titriert.

**Arbeitsvorschrift [76]**

2,5 g Probematerial löst man in einem 600 ml-Becherglas unter Erwärmen mit 30 ml $HNO_3(1 + 1)$. In $HNO_3(1 + 1)$ unlösliche Stähle werden mit 40 ml $HCl(1 + 1)$ gelöst und mit 10 ml $HNO_3(1 + 1)$ oxidiert. Die Lösung verdünnt man mit 100 ml Wasser, spült in einen 250 ml-Meßkolben über und führt die ZnO-Fällung nach Vorschrift 6.1.4.2 (s. oben) durch. Je nach Mn-Gehalt werden 20,0–100,0 ml Filtrat in einem Becherglas mit Wasser auf 250 ml verdünnt, mit 3 g $NH_4Cl$ und 10 ml 10%ige $(NH_4)_2S_2O_8$-Lösung versetzt, zum Sieden erhitzt und 2 min gekocht. Man filtriert das ausgefallene $MnO_2$ durch ein doppeltes Filter mit Filterbrei ab, wäscht mit kaltem Wasser bis zur $Cl^-$-Freiheit des Durchlaufs, löst dann den Niederschlag mit 30 ml $HNO_3(1 + 1)$ und 5 ml $H_2O_2(3\%)$ vom Filter, wäscht mit heißem Wasser nach, verkocht das überschüssige $H_2O_2$ und fährt mit dem Zusatz von $AgNO_3$-Lösung nach Vorschrift 6.1.4.1. (s. S. 68) fort.

### 6.1.4.4 Unlegierter und niedriglegierter Stahl

Nach der Oxidation wird das Mn mit Benzohydroxamsäure-Lösung nach der Arbeitsvorschrift auf S. 67 titriert. $\leq$ 5% Cr und $\leq$ 1,5% V stören nicht und werden mitbestimmt.

### 6.1.4.5 Permanganat-Badlösung

Stahldraht und -formteile werden zur Entfernung von Verkokungsrückständen (von Ziehfett, kohlenstoffhaltigen Schutzgasen nach Glühbehandlung), Fett- und Ziehmittelresten, Beizrückständen und Zunder mit alkalischer Permanganat-Badlösung (5–10% $KMnO_4$ und 5–10% NaOH) behandelt, deren Gehalt an $KMnO_4$ und $K_2MnO_4$ im Rahmen der Betriebskontrolle ermittelt werden muß. Dazu wird in einer Probe $MnO_4^{2-}$ als $BaMnO_4$ ausgefällt und im Filtrat der Gehalt an $KMnO_4$ titrimetrisch mit 1 N Oxalsäure bestimmt. Mit einer Parallelprobe erfolgt die Bestimmung des Gesamtmanganatgehaltes ($KMnO_4$ + $K_2MnO_4$). Zuletzt wird noch der NaOH-Gehalt bestimmt.

B: 0,1–10% $KMnO_4$ bzw. $K_2MnO_4$.

**Arbeitsvorschrift** [77]

*a) Bestimmung des $KMnO_4$-Gehaltes*
Eine dem heißen Permanganatbad entnommene Probe ($\sim$ 50 ml) filtriert man durch einen Gasfiltertiegel (G3, G4) in ein Becherglas, gibt 10,0 ml des noch heißen Filtrates in einen 50 ml-Meßkolben (I), der schon 35 ml gesättigte $Ba(OH)_2$-Lösung enthält (Fällung von $MnO_4^{2-}$ als $BaMnO_4$), sowie weitere 10,0 ml heißes Filtrat in einen 300 ml-Erlenmeyerkolben (II), in den 75,0 ml 1 N $H_2SO_4$ vorgelegt sind, für die Bestimmung des Gesamtmanganatgehaltes nach Vorschrift b). Der 50 ml-Meßkolben (I) wird mit Wasser zur Marke aufgefüllt, gut geschüttelt und die Lösung durch einen trockenen Glasfiltertiegel (G3) filtriert. 25,0 ml des Filtrates gibt man in einen 300 ml-Erlenmeyerkolben, fügt 30 ml 1 N $H_2SO_4$ und 50 ml Wasser hinzu, erhitzt auf 70–80°C und titriert bei dieser Temperatur mit 1 N Oxalsäure bis der $MnO_2$-Niederschlag vollständig verschwindet (der $BaSO_4$-Niederschlag bleibt rosa gefärbt). Vom Zeitpunkt der Fällung des $BaMnO_4$ an sollte man alle Operationen beschleunigt durchführen, damit man möglichst rasch zur Titration gelangt.
Ausrechnung: ml 1 N Oxalsäure $= V_P$

$$V_P \times \frac{3,16 \times 50}{25} = V_P \times 6,32 = g\ KMnO_4/l$$

*b) Bestimmung des Gesamtmanganatgehaltes ($KMnO_4$ + $K_2MnO_4$)*
Die Lösung im 300 ml-Erlenmeyerkolben (II) erhitzt man auf 70–80°C und titriert bei dieser Temperatur mit 1 N Oxalsäure bis der $MnO_2$-Niederschlag vollständig verschwindet. Man bewahrt diese Lösung (III) für die anschließende Bestimmung des NaOH-Gehaltes auf.
Ausrechnung: ml 1 N Oxalsäure $= V_{PM}$
$$V_{PM} - 2V_P = V_M; \quad V_M \times 4,93 = g\ K_2MnO_4/l$$
$$V_{PM} \times 3,16 = \text{Gesamtgehalt, berechnet als } KMnO_4/l$$
$V_{PM}$ entspricht ungefähr der Anfangskonzentration des Bades.

*c) Bestimmung des NaOH-Gehaltes*
Die von der Bestimmung b) aufbewahrte Lösung (III) kühlt man auf Raumtemperatur ab und titriert mit 1 N $Na_2CO_3$ mit Bromkresol-Indikator bis zum Farbumschlag von grün nach blau.
Ausrechnung: ml 1 N $Na_2CO_3$ $= V_A$
$$75,0 - 1,2V_P - V_M - V_A \times 4 = g\ NaOH/l$$

## 6.2 Reaktionstyp $Mn^{2+} \rightarrow Mn^{3+} \rightarrow Mn^{2+}$

Die Oxidation von $Mn^{2+}$ zu $Mn^{3+}$ läßt sich auf verschiedene Weise durchführen. Beispielsweise erfolgte sie mit $PbO_2$ in saurer, pyrophosphathaltiger Lösung bei pH 2 mit anschließendem Abfiltrieren des überschüssigen $PbO_2$[78] bzw. mit $HNO_3$ oder $HClO_4$ bei $\sim$ 145°C in stark saurer $H_3PO_4/Na_4P_2O_7$-haltiger Lösung [79], wonach der gebildete Komplex $[Mn(H_2P_2O_7)_3]^{3-}$ mit $Fe^{2+}$-Lösung titriert wurde. Cr und Cl$^-$ bzw. Ce, V und Cl$^-$ stören. Die Oxidation $Mn^{2+} \rightarrow Mn^{3+}$ wurde weiterhin durch Kochen in $HClO_4(72\%)/H_3PO_4(85\%)$-Gemisch(1 + 1) durchgeführt und anschließend mit $Fe^{2+}$-Lösung (Bestimmung von Mn allein) oder $Ti^{3+}$- bzw. $Cr^{2+}$-Lösung (Bestimmung von Mn und Fe nacheinander) titriert [80].

In alkalischer, Triethanolamin-haltiger Lösung wurde $Mn^{2+}$ durch Einleiten von Luft in $Mn^{3+}$ übergeführt und der $Mn^{3+}$-Triethanolamin-Komplex mit KI-Lösung titriert [81]. Co stört, die Störelemente Al, Cr, Cu, Fe, Ni, Pb und Zn lassen sich mit Nitrilotriessigsäure maskieren. Nach vorangegangener Luftoxidation wurde die Reduktion $Mn^{3+} \rightarrow Mn^{2+}$ auch in 0,4 M Triethanolamin/0,2 M NaOH/1 M KCN-Lösung mit $Co^{2+}$-Titrierlösung durchgeführt [82]. Bei der Bestimmung von 2–25 mg Mn stören nicht: die 100fache Menge Co, die 10fache Menge Ag, Al, Bi, Cd, Cu, $Hg^{2+}$, Ni, Pb, Zn, die 3fache Menge $Cr^{3+}$ und $Fe^{3+}$.

$Mn^{2+}$ wurde auch mit $KBrO_3$ in $H_3PO_4(80\%)/10\%$ $K_2CO_3$-Lösung zu $Mn^{3+}$ oxidiert, der $KBrO_3$-Überschuß durch Kochen zerstört und anschließend mit $Fe^{2+}$-Lösung visuell oder potentiometrisch titriert [83]. Große Mengen Cu stören nicht, wenn man nach erfolgter Oxidation in $H_3PO_4(80\%)/10\%$ $K_2HPO_4$-Lösung die Titration mit KI-Lösung potentiometrisch durchführt [84].

## 6.3  Reaktionstyp $Mn^{2+} \rightarrow Mn^{4+}$

### 6.3.1  Oxidation in neutraler, Zn-haltiger Lösung (Volhard-Verfahren)

Seit ihrer Einführung vor rund 100 Jahren [85] hat die nach diesem Reaktionstyp arbeitende, allgemein bekannte Volhard-Methode vielfach Anwendung gefunden und wird auch gegenwärtig häufig eingesetzt. Die Oxidation von $Mn^{2+}$ zu $Mn^{4+}$ nach dieser später modifizierten [86] Methode erfolgt durch Titration mit $KMnO_4$-Lösung nach vorangegangener ZnO-Fällung (zur Entfernung von Fe u. a. Störelementen als Hydroxide und Zugabe von $Zn^{2+}$-Ionen) in annähernd neutraler Lösung in Anwesenheit von $Zn^{2+}$-Ionen nach Gl. (8).

$$4\ KMnO_4 + 5\ ZnCl_2 + 6\ MnCl_2 + 14\ H_2O \rightarrow 4\ KCl$$
$$+ 18\ HCl + 5\ Zn(HMnO_3)_2 \tag{8}$$

In der Variante nach Volhard-Wolff [87] wird der Niederschlag nicht abfiltriert und die Titration erfolgt in Gegenwart des Niederschlages. Dieses Verfahren hat den Nachteil, daß der Niederschlag einen zusätzlichen $MnO_4^-$-Verbrauch verursacht und der Titrationsendpunkt schwerer erkennbar ist. Die Reaktion verläuft nicht vollständig stöchiometrisch, weshalb die Titrierlösung empirisch eingestellt werden muß. Die Bestimmung läßt sich mit Hilfe der voltametrischen [88] und amperometrischen (bei der Methode nach Volhard-Wolff) [89, 90] Indikation (s. S. 64) des Titrationsendpunktes genauer durchführen. $Co^{2+}$ und $Cl^-$ stören. Andere Störelemente werden durch die ZnO-Fällung ganz oder teilweise entfernt, wie z. B. Al, Bi, $Cr^{3+}$, $Cu^{2+}$, $Fe^{3+}$, Ni, Sn, Ti, Tl und U [88].

#### 6.3.1.1  Analysenverfahren

##### 6.3.1.1.1  Eisen- und Manganerz

Fe und andere Störelemente werden durch ZnO-Fällung entfernt.
B: 1 – > 10% Mn. s: ± 0,05–0,2% Mn.

**Arbeitsvorschrift** [76, 85, 86]

1,0–5,0 g Probematerial löst man in einem 400 ml-Becherglas mit 20–80 ml HCl(1,19), oxidiert mit 1 g $KClO_3$, kocht bis zum Verschwinden des $Cl_2$-Geruches, verdünnt mit Wasser, filtriert in einen 500 ml-Meßkolben und schließt einen unlöslichen Rückstand mit $K_2CO_3/Na_2CO_3$ auf. Die erkaltete Schmelze wird in HCl gelöst, mit etwas $HNO_3$ oxidiert, die Lösung in den Meßkolben übergeführt, mit heißem Wasser auf $\sim$ 350 ml verdünnt und das Fe unter Erhitzen und kräftigem Schwenken mit ZnO-Aufschlämmung in geringem Überschuß gefällt. Nach dem Erkalten füllt man den Kolben mit Wasser zur Marke auf, filtriert durch ein trockenes Faltenfilter in ein trockenes Gefäß, wobei der erste Filtratteil verworfen wird.

Mit einem Teil des Filtrates, der etwa einen Verbrauch von 25–30 ml $KMnO_4$-Lösung haben soll, ermittelt man die ungefähr benötigte Menge $KMnO_4$-Lösung. Der Filtratteil wird in einen 1 l-Erlenmeyerkolben gegeben, mit 300 ml kochendem Wasser verdünnt, 25 ml ZnO-Aufschlämmung hinzugegeben, aufgekocht und sofort unter kräftigem Umschwenken mit $KMnO_4$-Lösung bis zur bleibenden Violettfärbung titriert. Für die eigentliche Bestimmung verwendet man nun die gleiche Filtratmenge, gibt den Hauptanteil $KMnO_4$-Lösung auf einmal zu und titriert tropfenweise zu Ende.

Die *Titerstellung* der $KMnO_4$-Lösung (6,4 g $KMnO_4$/l) erfolgt nach der Arbeitsvorschrift, indem die zu titrierende Lösung annähernd die im Probematerial bzw. in der Probeneinwaage enthaltenen Mn- und Fe-Mengen enthalten soll.

## 6.3.2 Oxidation in $H_2SO_4$/NaF-Lösung

Die Oxidation von $Mn^{2+}$ zu $Mn^{4+}$ mit $KMnO_4$-Lösung wurde auch in 0,04 M $H_2SO_4$/1,50% NaF-Lösung bei Raumtemperatur nach Gl. (9)

$$MnO_4^- + 10\ HF_2^- + 4\ Mn^{2+} \rightarrow 5\ MnF_4^- + 2\ H^+ + 4\ H_2O \qquad (9)$$

(9) mit potentiometrischer Endpunktsanzeige durchgeführt [91]. Die Reproduzierbarkeit der potentiometrischen Methode von $s_r = \pm\ 0,3\%$ wurde auf $s_r = \pm\ 0,03\%$ verbessert, indem man 98% des Titrationsmittels durch Wägung und den Rest mittels automatischer Bürette zusetzte [92].

**Arbeitsvorschrift** [91]

Die Probelösung (5–55 mg $Mn^{2+}$ enthaltend) versetzt man in einem Becherglas mit 8,0 ml 0,5 M $H_2SO_4$ und 75 ml 2%ige NaF-Lösung, verdünnt mit Wasser auf 100 ml und titriert unter Rühren mit 0,1 N $KMnO_4$ unter Verwendung von Pt/Kalomel(gesätt.)-Elektroden mit KCl-Strombrücke (max. $\Delta E/\Delta V$ = 25–60 mV/0,1 ml bei 1,39–1,47 V).

## 6.3.3 Andere Oxidationsmethoden

Mn läßt sich potentiometrisch bestimmen durch Oxidation des Mannit-Komplexes von $Mn^{2+}$ zu $Mn^{4+}$ in 1 M KOH/0,5 M Mannit/0,025 M EDTA-Lösung mit $K_3[Fe(CN)_6]$ [93].

## 6.4 Reaktionstyp $Mn^{2+} \rightarrow Mn^{3+}$

### 6.4.1 Titration mit $KMnO_4$-Lösung

$Mn^{2+}$ wird in 0,2–0,3 M $Na_4P_2O_7$-Lösung bei pH 6–7 mit $KMnO_4$-Titrierlösung zu $Mn^{3+}$ oxidiert, das mit Pyrophosphat einen stabilen Komplex bildet [s. Gl. (10)] [94].

$$4\,Mn^{2+} + MnO_4^- + 8\,H^+ + 15\,H_2P_2O_7^{2-} \rightarrow 5\,[Mn(H_2P_2O_7)_3]^{3-}$$
$$+ 4\,H_2O \tag{10}$$

Eine spätere Untersuchung bestätigte die Zusammensetzung des Komplexes gemäß $[Mn(H_2P_2O_7)_3]^{3-}$ [95]. Wegen der starken Färbung des Mn-Komplexes ist eine elektrometrische Anzeige des Titrationsendpunktes notwendig [88, 94, 96, 97], wozu die potentiometrische [94, 98–100], voltametrische [88, 97, 101, 102] und amperometrische [89, 96] Indikation (s. S. 64) verwendet werden kann. Gegenüber der potentiometrischen Indikation ist die voltametrische Indikation vorteilhafter, da die Potentialeinstellung schneller erfolgt und der größere Potentialsprung leichter erkennbar ist [101]. Der pH-Wert des Titrationsgemisches ist etwas kritisch und muß genau eingehalten werden, wenn man hier von den möglichen Störungen durch andere Elemente absieht: bei pH > 8 disproportioniert $Mn^{3+}$ zu $MnO_2$ und $Mn^{2+}$, während mit sinkendem pH-Wert der Potentialsprung im Äquivalenzpunkt abnimmt. Die Titration kann im Bereich von pH 1–8 durchgeführt werden, doch ist der Potentialsprung im Äquivalenzpunkt bei pH 6–7 am größten [94].
Die Störungen sind hier im Vergleich zu den anderen titrimetrischen Methoden geringer. Die Bestimmung von 10–20 mg Mn bei pH 7 wird nicht gestört durch [94, 100]: je 1000 mg $Cu^{2+}$ und $Fe^{3+}$, je 500 mg $As^{5+}$ [103], $BO_3^-$, Be (Titration bei pH 6 oder erhöhtem Zusatz von $P_2O_7^{4-}$), Bi, $Ce^{4+}$, $Co^{2+}$, Cs, Ga, Gd, Ge, $Hg^{2+}$, K, La, Li, Nb, Nd, Ni, Pd, Pt, Pr, Rb, $Re^{7+}$, Rh, Sm, Sn, Th, $Ti^{4+}$, Zr, $Cl^-$, $Br^-$, $F^-$, $ClO_4^-$, $NO_3^-$, $SO_4^{2-}$, $CO_3^{2-}$ und $SiO_3^{2-}$, 400 mg $V^{5+}$ (Titration bei pH 3–3,5), 350 mg In, je 250 mg $Cr^{3+}$ und Zn, je 145 mg Sc und Y, 125 mg Al, je 100 mg Ca, $Mo^{6+}$, $U^{6+}$, $V^{5+}$ (Titration bei pH 6–7) [104] und $W^{6+}$, 40 mg Ta, je 40 mg Ba und Sr (mit erhöhtem Zusatz von $P_2O_7^{4-}$, Titration bei pH 7,9 und 7,0) sowie 5 mg Ag. Es stören $Au^{3+}$, $Ce^{3+}$, $I^-$, $IO_3^-$, Ir, Os, Ru, Sb, $Se^{4+}$ und $V^{4+}$.
$Cr^{3+}$ setzt sich mit $Na_4P_2O_7$ nur langsam zum stabilen Komplex $[Cr(H_2P_2O_7)_3]^{3-}$ um, der von $MnO_4^-$ nicht oxidiert wird. Eine Störung von $Cr^{3+}$ läßt sich durch dessen vollständige Überführung in den stabilen Komplex vermeiden, indem man das $Na_4P_2O_7$-haltige Titrationsgemisch auf pH 7,0–7,5 einstellt und 50–60 min bis zur Titration stehen läßt [99]. Mit dieser Arbeitsweise können 5–135 mg $Mn^{2+}$ neben 25 mg $Cr^{3+}$ störungsfrei bestimmt werden (s. Arbeitsvorschrift 6.4.1.1, S. 74).
$V^{5+}$ oxidiert $Mn^{2+}$ bei pH 6–7 teilweise zu $Mn^{3+}$. Das entstandene $V^{4+}$ wird von $MnO_4^-$ mittitriert, so daß dadurch grundsätzlich kein Fehler entsteht. Störend ist jedoch, daß $V^{4+}$ mit $MnO_4^-$ nur sehr langsam reagiert, was lange Wartezeiten zur Einstellung eines konstanten Potentials zur Folge hat. Eine Oxidation von $Mn^{2+}$ und damit die Störung läßt sich verhindern, indem man bei pH 3–3,5 titriert [94]. Diese Arbeitsweise hat aber den Nachteil, daß dann anwesendes $Cr^{6+}$ stört. Nach anderen Untersuchungen [104] stören bis zu 100 mg $V^{5+}$ bei pH 6–7 nicht, während in Anwesenheit von > 100 mg $V^{5+}$ die Titration zur rascheren Potentialeinstellung bei 60°C durchgeführt werden soll, wobei vorher anwesendes $Cr^{6+}$ zu $Cr^{3+}$ reduziert und in den stabilen Pyrophosphatkomplex übergeführt wird. Bei dieser Arbeitsweise verursachen 0–1200 mg $V^{5+}$ einen relativen Fehler von $F_r = 0,0$–0,3%, 50 mg Cr $F_r = +0,2$–0,5% und 100 mg Cr $F_r = +0,7\%$.
Die der $Na_4P_2O_7$-Lösung zuzusetzende Probelösung sollte möglichst wenig freie Säure enthalten, da bei der Einstellung eines stark sauren Titrationsgemisches auf pH 6–7 in Anwesenheit von Co, Cu, Fe oder Ni ein Teil des $Mn^{2+}$ durch Luftsauer-

stoff zu $Mn^{3+}$ oxidiert wird ($O_2$ wird dabei zu $H_2O$ reduziert), was zu Minderbefunden führt [98]. In Abwesenheit dieser Elemente bzw. in Anwesenheit von Al, Ca, Mg oder Zn treten diese Minderbefunde trotz der stattfindenden Oxidation $Mn^{2+} \rightarrow Mn^{3+}$ dagegen nicht auf, da hier der Luftsauerstoff zu $H_2O_2$ reduziert und das äquivalent gebildete $H_2O_2$ mittitriert wird.

Wegen der relativ geringen Zahl an Störquellen kann das Mn in verschiedenen Materialien ohne vorangehende Trennoperationen nach den Arbeitsvorschriften 6.4.1.1.1 bis 6.4.1.1.2, 6.4.1.1.4 und 6.4.1.1.5 bestimmt werden. Für die sichere, störungsfreie und genaue Bestimmung des Mn empfiehlt es sich, Störelemente vorher durch eine ZnO-Fällung nach Arbeitsvorschrift 6.4.1.1.2 (s. S. 75) abzutrennen.

Die Oxidation von $Mn^{2+}$ zu $Mn^{3+}$ wurde mit $KMnO_4$ auch in $\sim$ 0,1 M $H_2SO_4$/0,5 M HF/0,5 M $NH_4F$-Lösung mit visueller oder photometrischer Endpunktsanzeige durchgeführt [105]. $Co^{2+}$ und $Cr^{3+}$ werden dabei nicht oxidiert.


### 6.4.1.1 Analysenverfahren

### 6.4.1.1.1 Allgemeine Arbeitsvorschrift

Mn wird in Abwesenheit störender Elementmengen direkt in der Probelösung potentiometrisch [94, 100] oder voltametrisch (mit polarisierten Elektroden) [89] bestimmt.

**Abwesenheit von Störelementen**

**Arbeitsvorschrift [88, 94, 100]**

25–50 ml schwach saure (pH 6–7) Probelösung (10–150 mg $Mn^{2+}$ enthaltend) gibt man unter Rühren zu 300 ml gesättigter $Na_4P_2O_7$-Lösung ($\sim$ 110 g $Na_4P_2O_7 \cdot$ 10 $H_2O$/l) in einem 600 ml-Becherglas, stellt mit $H_2SO_4$(1+4) oder 20%iger NaOH auf pH 6–7 (genauer und besser pH 6,5) ein und titriert mit 0,02 M $KMnO_4$ (bei 25–150 mg Mn) oder 0,002 M $KMnO_4$ (bei 10–25 mg Mn) potentiometrisch mit Pt/Kalomel-Elektroden (Potentialsprung $\Delta E/\Delta V$ = 100–200 mV/0,1 ml 0,002 M $KMnO_4$) oder voltametrisch mit polarisierten (0,9 µA Gleichstrom) Pt-Elektroden.

**Anwesenheit von $Cr^{3+}$**

**Arbeitsvorschrift [99]**

Die schwach saure Probelösung (5–135 mg $Mn^{2+}$ und $\leq$ 25 mg $Cr^{3+}$ enthaltend) gibt man zu 400 ml gesättigter $Na_4P_2O_7$-Lösung, stellt mit $H_2SO_4$(1+4) oder 20%iger NaOH auf pH 7–7,5 ein, läßt unter langsamem Rühren 50–60 min stehen und titriert dann nach Vorschrift [88, 94, 100].

**Anwesenheit von $Cr^{6+}$ und $V^{5+}$**

**Arbeitsvorschrift [104]**

In der schwach sauren Probelösung (5–150 mg $Mn^{2+}$, $\leq$ 1200 mg $V^{5+}$ und $\leq$ 100 mg $Cr^{6+}$ enthaltend) wird das $Cr^{6+}$ zu $Cr^{3+}$ reduziert, indem man 210 mg $NaNO_2$ (ausreichend für max. 1 mmol $Cr_2O_7^{2-}$) zufügt, mit Wasser auf 100 ml verdünnt, auf pH 1 einstellt, einige Minuten auf 40°C erhitzt, 500 mg Harnstoff zusetzt und 30 min nahe dem Siedepunkt erhitzt (Entfernung des $NO_2^-$-Überschusses und der Gase). Die Lösung wird zu 300 ml $Na_4P_2O_7$-Lösung gegeben, auf pH 6–7 eingestellt, 60 min stehen gelassen und anschließend mit $KMnO_4$-Lösung potentiometrisch titriert. In Anwesenheit von > 100 mg $V^{5+}$ führt man die Titration bei 60°C durch, um eine rasche Potentialeinstellung zu erreichen.

### 6.4.1.1.2  Unlegierter und legierter Stahl

Mn wird direkt in der Probelösung bestimmt. $\leq$ 20% Cr, $\leq$ 30% Ni, $\leq$ 5% Mo und Ti stören nicht. V muß in höchster Wertigkeit vorliegen. W stört und muß durch ZnO-Fällung entfernt werden (s. Vorschrift 6.4.1.1.3).
B: 0,2–1,7% Mn.  s: ± 0,005–0,01% Mn.

**Arbeitsvorschrift [94, 106]**

1,0 g Probematerial löst man in einem 400 ml-Becherglas unter Erwärmen mit 20 ml $HNO_3(1+1)$, verdünnt mit Wasser auf $\sim$ 30 ml, verkocht die Stickoxide unter Zusatz von 50–100 mg Harnstoff, kühlt auf Raumtemperatur ab und fährt mit dem Zusatz der Lösung zur $Na_4P_2O_7$-Lösung nach Arbeitsvorschrift 6.4.1.1.1 [88, 94, 100] (s. S. 74) fort.
In $HNO_3(1+1)$ unlösliche Stähle werden in 15 ml $HNO_3(1,40)/HCl(1,19)$-Gemisch$(1+3)$ und 35 ml Wasser gelöst, die Stickoxide verkocht und nach der Vorschrift fortgefahren.

### 6.4.1.1.3  Unlegierter und legierter Stahl

Störelemente werden durch ZnO-Fällung abgetrennt und anschließend das Mn voltametrisch bestimmt. 20% Cr, 12% Ni, 3% Co, 3% Mo, 2% V und 12% W stören nicht.
B: 0,2–12% Mn.  s: ± 0,005–0,06% Mn.

**Arbeitsvorschrift [102]**

1,25 g Probematerial werden in einem 500 ml-Erlenmeyerkolben mit 30 ml $HNO_3(1+1)$ und 20 ml Wasser unter Erwärmen gelöst und die nitrosen Gase verkocht. In $HNO_3(1+1)$ unlösliche Stähle löst man mit 15 ml $HNO_3(1,40)/HCl(1,19)$-Gemisch$(1+3)$ und 35 ml Wasser. Die Lösung wird mit Wasser auf 80 ml verdünnt und unter Schütteln 10%ige $NaHCO_3$-Lösung zugesetzt bis ein Niederschlag gerade noch verschwindet. Nach dem Aufkochen fügt man 5 g ZnO hinzu, schüttelt, führt in einen 250 ml-Meßkolben über und füllt nach dem Abkühlen mit Wasser zur Marke auf. Nach gutem Durchschütteln läßt man den Niederschlag absitzen, filtriert durch ein trockenes Faltenfilter in ein trockenes 250 ml-Becherglas, wobei der erste Filtratanteil verworfen wird. Von dem Filtrat entnimmt man je nach Mn-Gehalt: 100,0 ml bei < 5% Mn, 50,0 ml bei 5–10% Mn, 25,0 ml bei 10–20% Mn. Der aliquote Teil des Filtrates wird unter Rühren zu 350 ml $Na_4P_2O_7$-Lösung (120 g $Na_4P_2O_7 \cdot 10\ H_2O/1$) in einem 500 ml-Becherglas gegeben, mit $HNO_3(1+1)$ auf pH 6,5 eingestellt und mit $KMnO_4$-Lösung (0,360 g $KMnO_4/1$) voltametrisch bis zum Potentialsprung titriert (Titrationsgeschwindigkeit max. 3 ml/min) unter Verwendung einer Pt-Doppelelektrode (Oberfläche 10–20 mm$^2$, mit einem konstanten Strom von 0,05–0,5 µA polarisiert, vor Gebrauch durch kurzes Eintauchen in Königswasser gereinigt). Zur Einstellung der $KMnO_4$-Lösung titriert man eine bekannte Mn-Menge in $Na_4P_2O_7$-Lösung nach der Arbeitsvorschrift.

### 6.4.1.1.4  Ferromangan

Mn wird direkt in der Probelösung bestimmt.
B: 50–95% Mn.  s: ± 0,1–0,2% Mn.

**Arbeitsvorschrift [94, 106]**

1,0 g Probematerial wird in einem 500 ml-Erlenmeyerkolben mit 50 ml $HNO_3(1+1)$ unter Erwärmen gelöst, nach dem Verkochen der Stickoxide in einem 250 ml-Meßkolben mit Wasser zur Marke aufgefüllt und ein aliquoter Teil von 25,0 ml für die Bestimmung nach Vorschrift 6.4.1.1.2 verwendet.

### 6.4.1.1.5  Manganerz

Mn wird wahlweise direkt in der Probelösung oder nach vorangehender ZnO-Fällung bestimmt.
B: 20–60% Mn.  s: ± 0,1–0,2% Mn.

**Arbeitsvorschrift [94]**

1,0 g Probematerial löst man nach Vorschrift 6.3.1.1.1 (s. S. 71), wobei wahlweise die ZnO-Fällung durchgeführt oder weggelassen wird. Von der auf 250 ml oder 500 ml aufgefüllten Probelösung verwendet man einen aliquoten Teil (80–160 mg Mn enthaltend) für die Bestimmung des Mn nach Vorschrift 6.4.1.1.1 [88, 94, 100] (s. S. 74) oder 6.4.1.1.3 (s. S. 75).

## 6.4.2 Titration mit $K_2Cr_2O_7$-Lösung

$Mn^{2+}$ läßt sich weiterhin bei Raumtemperatur in 11,5–13,5 M $H_3PO_4$ mit $K_2Cr_2O_7$-Titrierlösung zu $Mn^{3+}$ nach Gl. (11)

$$6\ Mn^{2+} + Cr_2O_7^{2-} + 14\ H^+ \rightarrow 6\ Mn^{3+} + 2\ Cr^{3+} + 7\ H_2O \qquad (11)$$

oxidieren, wobei der Titrationsendpunkt potentiometrisch oder photometrisch angezeigt wird [107]. Durch $Cr^{6+}$ werden außerdem $As^{3+}$, $Fe^{2+}$, $Ce^{3+}$, $Mo^{5+}$, $Sb^{3+}$, $U^{4+}$ und $V^{4+}$ oxidiert. Fe stört aber nicht, da die Potentialstufen von Fe und Mn ausreichend getrennt sind. Außerdem stören nicht: Al, Ca, Co, Mg, Mo, Ni, U und W, sowie bis zu jeweils 1,0 N $H_2SO_4$ und 1,0 N $HClO_4$. $Cl^-$ und $NO_3^-$ stören hingegen. 0,25–0,5 M $NO_3^-$ verursacht Minderbefunde um 1,5%, 2,0 M $NO_3^-$ solche von 9%. $F_r$: ± 0,3%.

**Arbeitsvorschrift [107]**

~ 10 ml Probelösung (20–150 mg $Mn^{2+}$ enthaltend) stellt man in einem 150 ml-Becherglas mit ~ 40 ml $H_3PO_4$(85%) auf eine Säurekonzentration von 12,0 M $H_3PO_4$ ein, verbindet mittels 2 Strombrücken[1] (die eine mit gesättigter $NaClO_4$-Lösung, die andere mit gesättigter $NaNO_3$-Lösung gefüllt) mit der Kalomel(gesätt.)-Bezugselektrode und taucht eine blanke Pt-Elektrode (ca. 0,2 mm Ø) als Indikatorelektrode in die Lösung ein. Unter elektromagnetischem Rühren wird mit 0,2 N $K_2Cr_2O_7$-Lösung titriert, wobei nach jedem Titerzusatz 1 min gewartet und dann das Potential registriert wird. Die Potentialänderung im Äquivalenzpunkt ist nicht sehr hoch (ca. $\Delta E/\Delta V$ = 30–35 mV/0,04 ml 0,2 N $K_2Cr_2O_7$-Lösung bei ~ 1,18–1,24 V), weshalb die Registrierung von $\Delta mV/\Delta ml$-Titrierlösung zweckmäßiger ist, die eine scharf ausgeprägte Spitze der Titrationskurve ergibt.

## 6.5 Reaktionstyp $Mn^{4+} \rightarrow Mn^{3+}$

$Mn^{4+}$ läßt sich neben $Mn^{3+}$ bestimmen, indem man $MnCl_4$ mit Acetylaceton reagieren läßt, wobei sich stabiles $Mn^{3+}$-Acetylacetonat und Monochloracetylaceton bilden. Letzteres reagiert in saurer Lösung mit KI unter Freisetzung von $I_2$, das mit $Na_2S_2O_3$-Lösung titriert wird [108].

## 6.6 Fällungstitration

Über eine Fällungstitration läßt sich Mn mit $K_3Fe(CN)_6$ und Ascorbinsäure indirekt bestimmen [109]. In schwach $HNO_3$-saurer Lösung wird $Mn^{2+}$ mit $K_3Fe(CN)_6$ aus-

---

[1]  Die Doppelstrombrücke ist der günstigste Kompromiß, da die Verwendung einer einzelnen Strombrücke zu Schwierigkeiten führt: bei der $NaNO_3$-Brücke oxidiert diffundierendes $NO_3^-$ etwas $Mn^{2+}$, bei der $NaClO_4$-Brücke verursacht aus der Kalomelelektrode diffundierendes $K^+$ eine Fällung von $KClO_4$ und damit eine Unterbrechung der Stromverbindung.

gefällt, der abfiltrierte, gewaschene Niederschlag nach Gl. (12) in 2 N NH$_3$ mit K$_4$Fe(CN)$_6$ umgesetzt, wobei K$_3$Fe(CN)$_6$ freigesetzt wird, und letzteres nach erneu-

$$Mn_3[Fe(CN)_6]_2 + 3\ K_4Fe(CN)_6 \rightarrow 3\ K_2MnFe(CN)_6 + 2\ K_3Fe(CN)_6 \quad (12)$$

ter Filtration im Filtrat mit Ascorbinsäurelösung titriert. Ag, Bi und Zn werden ebenfalls mit K$_3$Fe(CN)$_6$ gefällt.

## 6.7 Komplexometrische Titration

Die komplexometrische Titration (Komplexometrie) ist grundsätzlich eine interessante Methode, da mit ihr ohne besonderen apparativen Aufwand auf einfache und kostengünstige Weise Elemente rasch bestimmt werden können. Leider sind EDTA und dessen Analogverbindungen wenig selektiv und reagieren mit einer großen Zahl von Elementen. Die Anwendung der Komplexometrie beschränkt sich daher auf das Einzelelement oder einfache Mehrelementsysteme mit niedriger Elementzahl. Bei den in der Regel als Vielelementsysteme vorliegenden Probematerialien sind hingegen mehr oder weniger umständliche Trenn- und/oder Maskierungsoperationen notwendig, um das Mn komplexometrisch bestimmen zu können. Berücksichtigt man die zur Verfügung stehenden, wesentlich weniger gestörten übrigen Analysenmethoden, so erklärt dies, warum die Komplexometrie trotz zahlreicher Publikationen bis jetzt für die Analyse komplex aufgebauter Materialien nur begrenzte Anwendung findet.

Die komplexometrische Titration erfolgt in der Regel visuell mit Indikator, sie wird aber auch elektrometrisch durchgeführt mit potentiometrischer [110–112] oder voltametrischer [113] Indikation (s. S. 64). Daneben wird sie auch in Verbindung mit katalytischen Reaktionen eingesetzt (s. S. 79).

Mn$^{2+}$ reagiert mit EDTA (H$_2$Y$^{2-}$) nach Gl. (13) und beispielsweise mit dem Indi-

$$Mn^{2+} + H_2Y^{2-} \rightarrow MnY^{2-} + 2\ H^+ \quad (13)$$

$$\underset{\text{blau}}{Mn^{2+}} + HI^{2-} \rightarrow \underset{\text{weinrot}}{MnI^-} + H^+ \quad (14)$$

kator (HI$^{2-}$) Eriochromschwarz T nach Gl. (14). Auf dieser Grundlage kann Mn in ammoniakalischer Lösung bei pH 10 (pH 9,3–11,5) in Anwesenheit von Ascorbinsäure oder NH$_2$OH · HCl (Vermeidung von Luftoxidation und Fällung von MnO$_2$) mit EDTA-Lösung und Eriochromschwarz T als Indikator nach G. (15) titrimetrisch

$$MnI^- + H_2Y^{2-} \rightleftarrows MnY^{2-} + HI^{2-} + H^+ \quad (15)$$

bestimmt werden. Ein Zusatz von Weinsäure [114] oder Triethanolamin [115] ist erforderlich, um eine Ausfällung von Mn(OH)$_2$ zu verhindern. Als Indikatoren wurden weiter Methylthymolblau (bei pH 6–7), Thymolphthalexon u. a. m. verwendet. Von den Störelementen lassen sich maskieren: Cd, Co, Cu, Hg, Ni und Zn mit KCN

[114], Bi, Cu, In und Pb mit Thioglykolsäure, Al und Fe mit Triethanolamin (mit Methylthymolblau oder Thymolphthalexon), Ca und Mg mit $NH_4F$ [116–119].

### 6.7.1 Analysenverfahren

#### 6.7.1.1 Allgemeine Arbeitsvorschrift [115]

50–100 ml schwach saure Probelösung (10–50 mg $Mn^{2+}$ enthaltend) versetzt man der Reihe nach mit etwas $NH_2OH \cdot HCl$, 1–2 ml Triethanolamin sowie 5 ml Pufferlösung [54 g $NH_4Cl$ + 350 ml $NH_3(0,91)$ mit Wasser auf 1 l aufgefüllt] (die Lösung soll jetzt pH 10 aufweisen), fügt 1–2 Spatelspitzen Eriochromschwarz T-Mischung (1 Teil Indikator mit 100 oder 200 Teilen NaCl verrieben) hinzu und titriert mit 0,05 M EDTA bis zum Farbumschlag von rot nach blau.

#### 6.7.1.2 Bestimmung in Anwesenheit von Al und Fe [120]

50–100 ml schwach saure Probelösung (10–50 mg $Mn^{2+}$, max. 70 mg $Fe^{3+}$ und Al enthaltend) versetzt man mit 20 ml 20 Vol.%ige Triethanolamin-Lösung sowie 30 ml $NH_3(0,91)$, fügt nach 1 min Standzeit 1–2 Spatelspitzen Thymolphthalexon-Mischung (1:100 mit $KNO_3$ verrieben) hinzu und titriert mit 0,05 M EDTA bis zum Farbumschlag von blau nach farblos bzw. schwach grau.

#### 6.7.1.3 Ferromangan

Fe und Al werden mit Triethanolamin maskiert und Mn direkt in der Probelösung titriert.
B: 50–95% Mn.

**Arbeitsvorschrift** [120, 121]

0,25 g Probematerial löst man in einem 400 ml-Becherglas unter Erwärmen mit 20 ml $HNO_3(1+1)$, dampft fast zur Trockene ein, fügt 10 ml $HNO_3(1+1)$ und 10 ml $HCl(1+1)$ hinzu, dampft erneut auf etwa 5 ml ein, verdünnt mit Wasser und füllt in einem 250 ml-Meßkolben mit Wasser zur Marke auf. Einen aliquoten Teil von 25,0 oder 50,0 ml führt man in einen 300 ml-Erlenmeyerkolben über, versetzt der Reihe nach mit 5 ml 10%ige $NH_2OH \cdot HCl$-Lösung, 10 ml 20 Vol.%ige Triethanolamin-Lösung sowie 30–35 ml $NH_3(0,91)$ [die Lösung soll jetzt pH 9,8–10,2 aufweisen], verdünnt mit Wasser auf 150 ml und fährt mit dem Zusatz des Indikators nach Vorschrift 6.7.1.2 fort.

#### 6.7.1.4 Silicatgestein

B: $\leq$ 4% MnO. $F_r$: $\pm$ 0,1%.

**Arbeitsvorschrift** [122]

Nach dem Aufschluß des Probematerials nach Arbeitsvorschrift 9.5.4.1 (s. S. 137) wird das Mn mittels Kationenaustauscher nach Arbeitsvorschrift 4.3.1.1 (s. S. 43) isoliert und im Eluat bei Gehalten von > 1% MnO (> 5 mg Mn) komplexometrisch nach Arbeitsvorschrift 6.7.1.2 mit Thymolphthalexon-Indikator oder wahlweise Methylthymolblau-Indikator (1:100 mit $KNO_3$ verrieben; Farbumschlag von blau nach grau) bestimmt. Gehalte von < 1% MnO (< 5 mg Mn) werden mittels AAS bestimmt nach Arbeitsvorschrift 9.5.4.1 (s. S. 137).

## 6.8 Andere Titrationsmethoden

Außer den in den vorangegangenen Abschnitten behandelten Reaktionstypen wurden noch andere Titrationsverfahren, vor allem bei speziellen Analysenproblemen, angewandt. Die Reaktion $Mn^{4+} \rightarrow Mn^{2+}$ ($MnO_2$-Analyse) erfolgte durch Umsetzung von $MnO_2$ mit HCl und iodometrische Titration [123]. Die Reaktion $Mn^{2+} \rightarrow Mn^{4+} \rightarrow Mn^{3+,2+}$ wurde in alkalischer Triethanollösung durchgeführt: Oxidation $Mn^{2+} \rightarrow Mn^{4+}$ mit $PbO_2$ und potentiometrische Titration mit $Fe^{2+}$-Lösung [124]. Die titrimetrische Bestimmung von $Ce^{4+}$, $MnO_4^-$ und $Cr_2O_7^{2-}$ nebeneinander läßt sich ohne Trennung durchführen, indem in 3 aliquoten Teilen Probelösung der Reihe nach titriert werden [125]: α) Summe der 3 Elemente in 0,6–2 M $H_2SO_4$-Lösung mit $Fe^{2+}$-Lösung, β) $Cr^{6+}$ in 1–1,5 M $H_2SO_4$-Lösung allein mit $Fe^{2+}$-Lösung nach vorangegangener Reduktion von $Ce^{4+}$ und $Mn^{7+}$ mit $NO_2^-$, γ) die Summe von $Ce^{4+}$ und $Cr^{6+}$ in 2 M $H_2SO_4$-Lösung, nachdem vorher $Ce^{4+}$ als Phosphat ausgefällt, $Mn^{7+}$ allein mit $NO_2^-$ reduziert und anschließend $Ce_3(PO_4)_4$ wieder gelöst worden ist.

$Mn^{7+}$ wurde in 0,5 M $H_3PO_4$-Lösung mit 0,1 M 4-Acetylresorcinoloxim-Lösung potentiometrisch titriert [126]. Die Bestimmung wird durch die gleiche Menge Ce sowie die 7- bzw. 13-fache Menge Cr bzw. V nicht gestört.

*Katalytische Titrationen* sind sehr empfindliche Methoden, mit denen sehr kleine Mn-Mengen bestimmt werden können. Ihre Grundlage sind durch Mn katalysierte Reaktionen mit visueller oder elektrometrischer Endpunktsanzeige. Zum Teil werden diese Reaktionen als kinetische Methoden angewandt, bei denen die Reaktionsdauer als Meßgröße dient. Nachfolgend sind einige katalytische Reaktionen angeführt, die für die katalytische Titration des Mn Anwendung fanden.

a) Mit visueller Endpunktserfassung: Resorcin/$H_2O_2$ mit EDTA [127], p-Dimethylaminobenzaldehyd/$H_2O_2$ mit EDTA [128]; weitere Angaben über katalytisch-komplexometrische Titrationen findet man in der Literatur [129].

b) Mit photometrischer Endpunktsanzeige: Thorin/$H_2O_2$ und Carminsäure/$H_2O_2$ mit EDTA [130, 131], 1,4-Dihydroxyphthalimid-dithiosemicarbazon/Luftoxidation [132] mit EDTA (20–450 µg Mn/50 ml) [133].

c) Mit potentiometrischer Endpunktsanzeige: $NaIO_4$/Triethanolamin (0,2–2 µg Mn) [134] und $NaIO_4$/Acetylaceton (0,04–0,2 µg Mn) [135] mit ionenselektiven Elektroden.

d) Mit amperometrischer Endpunktsanzeige: $H_2O_2$-Zersetzung mit EDTA [130, 131].

e) Mit thermometrischer Endpunktsanzeige: $H_2O_2$-Zersetzung mit EDTA [136].

*Ionenselektive Elektroden* sind in nur begrenztem Umfang für die Bestimmung des Mn einsetzbar. Meist handelt es sich dabei um indirekte Verfahren. So kann $MnO_4^-$ potentiometrisch titriert werden mit Cetyltrimethylammoniumbromid und einer $BF_4^-$-selektiven Elektrode oder mit Cetylpyridiniumchlorid und einer $I^-$-selektiven Elektrode [137]. Weiterhin wurde eine $ClO_4^-$-selektive Elektrode als $IO_4^-$-Monitor verwendet für die kinetisch-potentiometrische Bestimmung von 0,2–2 µg bzw. 0,04–0,2 µg Mn, für welche die durch Mn katalysierte Reaktion von $NaIO_4$ mit Triethanolamin [134] bzw. mit Acetylaceton [135] als Grundlage diente.

## 6.9 Anwendungen

In Tabelle 5 sind weitere Verfahren zur Anwendung der Titrimetrie zusammengestellt.

**Tabelle 5.** Weitere Verfahren

| Material | Gehaltsbereich % | Reaktionstyp[a] | Literatur |
|---|---|---|---|
| *1. Organisches Material* | | | |
| Organometallische Verbindungen | 15–35 | 1 | 138 |
| Mn-organische Verbindungen | 12–27 | 3 | 139, 140 |
| *2. Metalle und Legierungen* | | | |
| Stahl | 0,4–1,5 | 1 | 61 |
| „ | $\geqq 0{,}3$ | 1 | 66, 67 |
| „ | $\geqq 0{,}4$ | 2 | 79 |
| „ | 0,7–1,8 | 4 | 99 |
| Stahl, Ferromangan | 0,2–80 | 4 | 105 |
| Eisen, Stahl, Ferromangan | 0,2–76 | 4 | 106 |
| Stahl, Spiegeleisen, Ferromangan, Bronze, Aluminium | 0,5–78 | 4 | 96 |
| Spiegeleisen, Ferromangan | 20–80 | 2 | 80 |
| Spiegeleisen, Ferromangan, Bronze | 4–80 | 3 | 88 |
| Ferromangan, Mn-bronze | 2–80 | 2 | 83 |
| Ferromangan, Bronze | 1–78 | 2 | 84 |
| Ferromangan, Silicomangan | 15–85 | 1 | 57 |
| Ferromangan, Ferrotitan | 3–70 | 6 | 124 |
| Mo-legierungen | 0,1–3 | 1 | 47 |
| Uran | 0,1–1 | 1 | 46 |
| *3. Mineralstoffe* | | | |
| Manganerz | | 1 | 65 |
| „ | 18–53 | 2 | 83 |
| „ | 50–60 | 1 | 57 |
| „ | 50–55 | 2 | 84 |
| „ | 60 | 3 | 88 |
| „ | 52 | 6.8[b] | 124 |
| „ | 42 | 4 | 96 |
| „ | 20–58 | 2 | 80 |
| Manganerz, Silicate | 0,5–58 | 2 | 79 |
| $MnO_2$, $Mn_3O_4$ | | 5 | 108 |
| Mn-oxide | | 3 | 141 |
| Schiefer, Kalkstein | 1,3–3,9 | 3 | 93 |
| *4. Verschiedenes* | | | |
| Kupferschlamm | $\leqq 0{,}2$ | 1 | 45 |

[a] s.S. 64   [b] Abschnitt 6.8, s.S. 79

Mit Hilfe der Komplexometrie wurde Mn in verschiedenen Materialien bestimmt, wie z. B. metallorganische Verbindungen [142], Eisen, Stahl [143, 144], Magnetlegierungen [145], Ferrite [118, 146, 147], Ferromangan [120, 121, 144, 148], Kupferlegierungen, Bronze [143], Erze, Schlacken [149, 150], Silicate [119, 151, 152], Manganerz [150, 153], Pyrolusit [154], Fungizide [155] und Katalysatormaterial [156].

# Literatur

1. Jaycox LB, Curran DJ, Anal Chem 48 (1976) 1061
2. Cooke WD, Reilley CN, Furman NH, Anal Chem 24 (1952) 205
3. Davis DG, Anal Chem 31 (1959) 1460
4. Knoeck J, Diehl H, Talanta 14 (1967) 1083
5. Harrar JE, Rigdon LP, Anal Chem 41 (1969) 758
6. McCurdy Jr WH, Wilkins DH, Anal Chem 38 (1966) 469R
7. McCurdy Jr WH, Anal Chem 40 (1968) 608R
8. Svehla G, Automatic potentiometric titrations. Pergamon, Oxford (1978)
9. Kraft G, Fischer J, Indikation von Titrationen. de Gruyter, Berlin (1972)
10. Bishop E, Indicators. Pergamon, Oxford (1972)
11. Schwarzenbach G, Die komplexometrische Titration. Enke, Stuttgart (1955)
12. Pribil R, Komplexometrie Bd. 1–3. VEB Deutscher Verl für Grundstoffindustrie, Leipzig (1960, 1962)
13. Pribil R, Applied complexometry. Pergamon, Oxford (1982)
14. Pribil R, Talanta 13 (1966) 1223
15. Gopala Rao G, Talanta 13 (1966) 1473
16. Welcher FJ, The analytical uses of ethylenediaminetetraacetic acid. Van Nostrand, Princeton New York (1957)
17. Bishop E, Anal Chem 26 (1954) 783
18. DeFord DD, Bowers RC, Anal Chem 30 (1958) 613
19. Laitinen HA, Anal Chem 28 (1956) 666; 30 (1958) 657; 32 (1960) 180R
20. Reilley CN, Anal Chem 28 (1956) 671; 30 (1958) 765; 32 (1960) 185R
21. DeFord DD, Anal Chem 32 (1960) 31R
22. Bard AJ, Anal Chem 34 (1962) 57R; 36 (1964) 70R; 38 (1966) 88R; 40 (1968) 64R; 42 (1970) 22R
23. Roe DK, Anal Chem 38 (1966) 461R
24. Toren Jr EC, Anal Chem 40 (1968) 402R
25. Toren Jr EC, Buck RP, Anal Chem 42 (1970) 284R
26. Davis DG, Anal Chem 44 (1972) 79R; 46 (1974) 21R
27. Stock JT, Anal Chem 38 (1966) 452R; 40 (1968) 392R; 42 (1970) 276R; 44 (1972) 1R; 46 (1974) 1R; 48 (1976) 1R; 50 (1978) 1R; 52 (1980) 1R; 54 (1982) 1R
28. Bishop E in: Wilson CL, Wilson DW, Comprehensive analytical chemistry, Vol IID, Coulometric analysis. Elsevier, Amsterdam (1975)
29. Abresch K, Claassen I, Die coulometrische Analyse. Verlag Chemie, Weinheim (1961)
30. Headridge JB, Electrochemical techniques for inorganic chemists. Academic Press, New York (1969)
31. Jagner D, Analyst 107 (1982) 593
32. Morf WE, The principles of ion-selective electrodes and of membrane transport. Elsevier, Amsterdam (1981)
33. Vesely J, Weiss D, Stulik K, Analysis with ion-selective electrodes. Horwood, Chichester; Wiley, New York (1978)
34. Freiser H, Ion-selective electrodes in analytical chemistry, Vol 1, 2. Plenum, New York (1978, 1980)
35. Cammann, K, Das Arbeiten mit ionenselektiven Elektroden. Springer, Berlin Heidelberg New York (1977)
36. Lakshminarayanaiah N, Membrane electrodes. Academic Press, New York (1976)
37. Bailey PL, Analysis with ion-selective electrodes. Heyden, London (1976)
38. Koryta J, Anal Chim Acta 91 (1977) 1
39. Koryta J, Anal Chim Acta 61 (1972) 329
40. Ohlweiler OA, Schneider AMH, Anal Chim Acta 58 (1972) 477
41. Blum W, J Am Chem Soc 34 (1912) 1379
42. Lundell GEF, J Am Chem Soc 45 (1923) 2600
43. Cunningham TR, Coltman RW, Ind Eng Chem 16 (1924) 58
44. Park B, Ind Eng Chem 18 (1926) 597
45. Young RS, Anal Chim Acta 4 (1950) 366

46. Haslam J, Russell FR, Wilkinson NT, Analyst 77 (1952) 464
47. Bush GH, Higgs DG, Analyst 80 (1955) 536
48. Marshall H, Chem News 83 (1901) 76
49. Smith HP, Chem News 90 (1904) 237
50. Kinder H, Stahl u Eisen 35 (1915) 918, 947
51. Dickens P, Thanheiser G, Arch Eisenhüttenwes 11 (1938) 583
52. Kempf H, Stahl u Eisen 62 (1942) 136
53. Stengel E, Stahl u Eisen 64 (1944) 802
54. Hillson HD, Ind Eng Chem Anal Ed 16 (1944) 560
55. Bright HA, Larrabee CP, J Res Natl Bur Stds 3 (1929) 573
56. Lang R, Kurtz F, Fresenius Z Anal Chem 85 (1931) 181
57. Jean M, Anal Chim Acta 4 (1950) 360
58. Tanaka M, Bull Chem Soc Japan 26 (1953) 299
59. Lingane JJ, Davis DG, Anal Chim Acta 15 (1956) 201
60. Lloyd CP, Pickering WF, Talanta 11 (1964) 1409
61. Willard HH, Merritt Jr LL, Ind Eng Chem Anal Ed 14 (1942) 486
62. Forsyth RP, Barfoot WF, Ind Eng Chem Anal Ed 11 (1939) 625
63. Sandell EB, Kolthoff IM, Lingane JJ, Ind Eng Chem Anal Ed 7 (1935) 256
64. Syamsunder S, Murthy TKS, Anal Chim Acta 72 (1974) 323
65. Mandal SK, Talanta 26 (1979) 133
66. Ahmed MK, Subbarao C, Talanta 25 (1978) 708
67. Ahmed MK, Subbarao C, Talanta 28 (1981) 55
68. Renfrow Jr WB, Hauser CR, J Am Chem Soc 59 (1937) 2308; in: Blatt AH, Organic synthesis Vol 2, p. 67. Wiley, New York (1946)
69. VeereswaraRao U, Muralikrishna U, GopalaRao G, Fresenius Z Anal Chem 145 (1955) 12
70. Erdey L, Svehla G, Fresenius Z Anal Chem 163 (1958) 6
71. Willard HH, Thompson JJ, Ind Eng Chem Anal Ed 3 (1931) 399
72. Smith GF, McHard JH, Olson KL, Ind Eng Chem Anal Ed 8 (1936) 350
73. Koch OG, Koch-Dedic GA, Handbuch der Spurenanalyse. Springer, Berlin Heidelberg New York (1974)
74. Hamya JW, Townshend A, Talanta 19 (1972) 141
75. Burnel D, Compt Rend Acad Sci Paris 261 (1965) 1982
76. Chemikerausschuß des Vereins Deutscher Eisenhüttenleute, Handbuch für das Eisenhüttenlaboratorium, Bd 1, 2. Verlag Stahleisen, Düsseldorf (1960, 1966)
77. Mack E, Draht-Fachzeitschr 20 (1969) 29
78. Watters JI, Kolthoff IM, J Am Chem Soc 70 (1948) 2455
79. Ingamells CO, Talanta 2 (1959) 171
80. Knoeck J, Diehl H, Talanta 14 (1967) 1083
81. Gibaud M, Compt Rend Acad Sci Paris 236 (1953) 814
82. Blanický P, Doležal J, Zýka J, Fresenius Z Anal Chem 232 (1967) 325
83. Kluh I, Doležal J, Zýka J, Fresenius Z Anal Chem 177 (1960) 14
84. Doležal J, Zyka J, Donose G, Anal Chim Acta 29 (1963) 70
85. Volhard J, Liebigs Ann Chem 198 (1879) 318
86. Chemikerkommission des Vereins Deutscher Eisenhüttenleute, Stahl u Eisen 33 (1913) 633
87. Wolff N, Stahl u Eisen 11 (1891) 377
88. Huber CO, Shain I, Anal Chem 29 (1957) 1178
89. Grubitsch H, Nilsen BR, Fresenius Z Anal Chem 163 (1958) 353
90. Jovanović MS, Petrović DM, Talanta 13 (1966) 815
91. Issa IM, Ghoneim MM, Talanta 20 (1973) 517
92. Verdingh V, Fresenius Z Anal Chem 307 (1981) 202
93. Gürtler O, Doležal J, Fresenius Z Anal Chem 233 (1968) 97
94. Lingane JJ, Karplus R, Ind Eng Chem Anal Ed 18 (1946) 191
95. Hofmann P, Stern P, Anal Chim Acta 47 (1969) 159
96. Goffart G, Michel G, Pitance T, Anal Chim Acta 1 (1947) 393
97. Duyckaerts G, Anal Chim Acta 5 (1951) 233
98. Scribner WG, Anal Chem 32 (1960) 966

 99. Scribner WG, Anal Chem 32 (1960) 970
100. Scribner WG, Anduze RA, Anal Chem 33 (1961) 770
101. Abresch K, Büchel E, Arch Eisenhüttenwes 31 (1960) 595
102. Thomich W, Arch Eisenhüttenwes 40 (1969) 995
103. Stalzer RF, Vosburgh WC, Anal Chem 23 (1951) 1880
104. Agterdenbos J, Talanta 17 (1970) 555
105. Headridge JB, Taylor MS, Analyst 87 (1962) 905
106. Pohl H, Materialprüf 1 (1959) 54
107. GopalaRao G, KantaRao P, Talanta 10 (1963) 1251
108. Fyfe WS, Anal Chem 23 (1951) 174
109. Erdey L, Khalifa H, Svehla G, Anal Chim Acta 32 (1965) 88
110. Reilley CN, Schmid RW, Anal Chem 30 (1958) 947
111. Reilley CN, Schmid RW, Lamson DW, Anal Chem 30 (1958) 953
112. Khalifa H, Fresenius Z Anal Chem 163 (1958) 81
113. Eastwood D, Hendrick MS, Sogliero G, Spectrochim Acta 35B (1980) 421
114. Flaschka H, Amin AM, Mikrochim Acta (1953) 414
115. Pribil R, Collect Czech 19 (1954) 1162
116. Pribil R, Chem Listy 48 (1954) 41
117. Pribil R, Collect Czech 19 (1954) 64
118. Scribner WG, Anal Chem 31 (1959) 273
119. Frenzel F, Fresenius Z Anal Chem 272 (1974) 126
120. Pribil R, Kopanica M, Chemist-Analyst 48 (1959) 35
121. Morris AGC, Chemist-Analyst 49 (1960) 105
122. Strelow FWE, Liebenberg CJ, Victor AH, Anal Chem 46 (1974) 1409
123. Geilmann W, Beyermann K, Fresenius Z Anal Chem 146 (1955) 254
124. Alfaro H, Doležal J, Zyka J, Fresenius Z Anal Chem 224 (1967) 365
125. Mašin V, Doležal J, Fresenius Z Anal Chem 301 (1980) 25
126. Huq GA, Rao SB, Anal Chim Acta 132 (1981) 219
127. Klockow D, Beltrán LG, Fresenius Z Anal Chem 249 (1970) 304
128. Abe S, Kon S, Matsuo T, Anal Chim Acta 96 (1978) 429
129. Weisz H, Janjić T, Fresenius Z Anal Chem 227 (1967) 1
130. Weisz H, Pantel S, Anal Chim Acta 62 (1972) 361
131. Weisz H, Pantel S, Fresenius Z Anal Chem 264 (1973) 389
132. Perez-Bendito D, Valcarcel M, Ternero M, Pino F, Anal Chim Acta 94 (1977) 405
133. Ternero M, Pino F, Perez-Bendito D, Valcarcel M, Anal Chim Acta 109 (1979) 401
134. Efstathiou CE, Hadjiioannou TP, Anal Chem 49 (1977) 414
135. Efstathiou CE, Hadjiioannou TP, Talanta 24 (1977) 270
136. Weisz H, Kiss T, Fresenius Z Anal Chem 249 (1970) 302
137. Selig W, Fresenius Z Anal Chem 312 (1982) 419
138. Bigois M, Talanta 19 (1972) 147
139. Riemschneider R, Petzoldt K, Fresenius Z Anal Chem 176 (1960) 401
140. Riemschneider R, Petzoldt K, Fresenius Z Anal Chem 193 (1963) 193
141. Garik VL, Silber LM, Anal Chem 33 (1961) 319
142. Lucchesi CA, Hirn CF, Anal Chem 30 (1958) 1877
143. Kinnunen J, Merikanto B, Chemist-Analyst 43 (1954) 93
144. Flaschka H, Püschel R, Chemist-Analyst 44 (1955) 71
145. Wilkins DH, Hibbs Jr LE, Anal Chim Acta 20 (1959) 427
146. Funke A, Fresenius Z Anal Chem 244 (1969) 105
147. Pribil R, Veselý V, Chemist-Analyst 50 (1961) 108
148. Študlar K, Chemist-Analyst 49 (1960) 106
149. Povondra P, Pribil R, Collect Czech 26 (1961) 2164
150. Christova R, Ivanova Z, Fresenius Z Anal Chem 253 (1971) 184
151. Matsui Y, Japan Analyst 10 (1961) 183
152. Sinha BC, Dasgupta S, Talanta 25 (1978) 693
153. Pribil R, Adam J, Talanta 20 (1973) 49
154. Chatterjee BP, Mukhopadhyay SK, Talanta 24 (1977) 180
155. Hyman AS, Analyst 94 (1969) 152
156. Martens G, Schwarz K, Fresenius Z Anal Chem 159 (1957/58) 22

# 7 Polarographie und Voltammetrie

## 7.1 Allgemeines

Über die Polarographie und Voltammetrie ist eine große Zahl von Büchern, Monographien und Übersichtsartikeln geschrieben worden, auf die hier für die eingehendere Information verwiesen sei [1–24]. Die in der Literatur verwendete Nomenklatur der polarographischen Methoden ist leider nicht einheitlich, weshalb die Begriffe Polarographie und Voltammetrie kurz definiert seien. Unter der *Polarographie* versteht man die Methoden mit Quecksilbertropfelektrode als polarisierbarer Arbeitselektrode. Bei der *Voltammetrie* dagegen verwendet man statt dessen eine Festelektrode beliebiger Ausführung. In der englischen Literatur wird demgegenüber die Bezeichnung „Voltammetrie" als allgemeiner Oberbegriff verwendet, unter dem die „Polarographie" das Teilgebiet der Arbeitsweise mit Quecksilbertropfelektrode ist. Die Verwendung der Bezeichnung „Voltammetrie" anstelle von „Polarographie" setzt sich allgemein zunehmend durch.

Von der konventionellen Gleichstrompolarographie (Heyrovsky) mit einer Nachweis- bzw. Bestimmungsgrenze von etwa 1 µg/ml bzw. 5 µg ausgehend wurde im Laufe der Zeit eine größere Zahl von Varianten polarographischer Methoden entwickelt, wie z. B. Derivativpolarographie, Differentialpolarographie, Single sweep-Polarographie, Pulspolarographie, Wechselstrompolarographie, Square wave-Polarographie, Differentialpulspolarographie u. a. m. Einige von diesen weiterentwickelten Methoden, beispielsweise Square wave-Polarographie und Differentialpulspolarographie, weisen gegenüber der klassischen Polarographie um 2–3 Zehnerpotenzen tiefere Nachweis- bzw. Bestimmungsgrenzen von etwa 1–10 ng/ml bzw. 5–50 ng auf. Eine weitere Steigerung des Nachweisvermögens um etwa 2 Zehnerpotenzen auf ~ 0,01 ng/ml erreicht man mit der inversen Voltammetrie in ihren verschiedenen Ausführungen, die auf die elektrolytische Voranreicherung der Elemente als erster Stufe des Analysenablaufes zurückzuführen ist. Die Polarographie ist demnach eine sehr empfindliche Analysenmethode, die vor allem für Spurenanalysen mit Erfolg eingesetzt werden kann. Hier eignet sie sich darüber hinaus für die Lösung spezieller Analysenprobleme, wie zum Beispiel bei der qualitativen und quantitativen Erfassung der Bindungsformen von Spurenelementen. So spielt die Polarographie und insbesondere die Inversvoltammetrie eine wichtige Rolle bei der Speziation von Spurenelementen in Wässern [25–27], die von zunehmender Bedeutung ist (s. S. 14).

Mit den anderen zur Verfügung stehenden Analysenmethoden läßt sich das Mn in den verschiedensten Materialien bezüglich der anzulegenden Wertmaßstäbe (Zweckmäßigkeit, Schnelligkeit, Genauigkeit usw.) in sehr zufriedenstellender Weise bestimmen. Die Polarographie bietet diesen gegenüber als alternative Methode im normalen Analysenrahmen keine entscheidenden Vorteile, weshalb den anderen Analysenmethoden in der Regel der Vorzug gegeben wird. Dies gilt sowohl für den Makro- als auch für den Spurengehaltsbereich. Im letzteren besteht für die Anwendung der Polarographie als ausgesprochen spurenanalytischer Methode im Falle des Mn die Einschränkung, daß bei der Spurenanalyse vieler Materialien nicht der Spurengehalt an Mn allein sondern der Gehalt einer großen Zahl von Elementen oder möglichst aller Spurenelemente interessiert. Diese Multielementanalysen sollen nach Möglichkeit in einem Arbeitsgang erfolgen, was mit der Polarographie nicht möglich ist. Die Anwendungshäufigkeit der Polarographie ist deshalb im Vergleich zu anderen Analysenmethoden geringer und ihr Einsatz beschränkt sich auf spezielle Analysenprobleme[1].

Für die Festlegung des Potentials der Arbeitselektrode verwendet man in der Regel die gesättigte Kalomelelektrode als Referenzelektrode. Alle Potentialangaben (in Volt) in den nachfolgenden Ausführungen sind dementsprechend auf die gesättigte Kalomelelektrode bezogen, falls nicht ausdrücklich ein anderes Bezugspotential genannt ist. In der Literatur findet man daneben fallweise Potentiale angegeben, die sich auf eine andere Referenzelektrode beziehen.

## 7.2 Polarographisches Verhalten des Mn

$Mn^{2+}$ läßt sich in neutraler Lösung polarographisch gut bestimmen, wobei ein Gehalt von 0,005–0,02% Gelatine, Tylose oder Agar-Agar zur Maximadämpfung notwendig ist. In saurer Lösung dagegen fallen Mn- und H-Stufe zusammen. In $NH_3/NH_4Cl$-Lösung wird $Mn^{2+}$ sehr leicht von Luftsauerstoff zu $MnO_2$ oxidiert, wodurch die Stufe dann zu klein wird. Dies läßt sich durch Zusatz von $Na_2SO_3$ oder Metol (N-Methylparaaminophenolsulfat) verhindern. Weiterhin wird $Mn^{2+}$ in $CN^-$-haltiger Lösung rasch durch $Fe^{3+}$ und/oder gelösten Sauerstoff zu $Mn^{3+}$ [wahrscheinlich $Mn(CN)_6^{3-}$] oxidiert [28]. Ebenso leicht erfolgt die Luftoxidation $Mn^{2+} \rightarrow Mn^{3+}$ als Triethanolaminkomplex in 0,5–1,0 M NaOH oder KOH/0,4–0,6 M Triethanolamin im Konzentrationsbereich $10^{-5}$–$10^{-2}$ M $Mn^{2+}$ durch Einleiten von Luft [29, 30]. Zahlreiche leichter reduzierbare Metalle stören wegen des relativ hohen negativen Abscheidungspotentials der Mn(II/0)-Stufe. Die ungünstig negative Lage der Mn(II/0)-Stufe läßt sich mit der Mn(III/II)-Stufe in $K_4P_2O_7$- oder $Na_4P_2O_7$-Lösung bei pH 2,0–2,4 vermeiden, wobei der Komplex $[Mn(H_2P_2O_7)_3]^{3-}$ bei +0,3 V polarographisch reduziert wird [31]. Daneben gibt es noch eine gute Mn(II/III)-Oxidationsstufe in 2 M NaOH/5% Weinsäure-Lösung bei –0,4 V sowie in 1 M KOH/0,4 M Triethanolamin bei –0,49 V [30]. In EDTA-Lösung und in Acetatpuffer-Lösungen wird $Mn^{2+}$ nicht reduziert. $MnO_4^-$ gibt keine gut verwertbaren Polarogramme. Weitere analytische Daten findet man in den Erläuterungen zu den Anwendungsvorschriften 7.3.1 bis 7.3.3.2 (s. S. 86). In Tabelle 6 sind die Halbstufenpotentiale ($E_{1/2}$) des Mn für verschiedene Leitelektrolyten der Grundlösungen zusammengestellt.

---

[1] Als weiterer Grund mag teilweise noch hinzukommen, daß in manchen Laboratorien das Arbeiten mit Quecksilber vom gesundheitlichen Standpunkt her grundsätzlich abgelehnt wird.

**Tabelle 6.** Halbstufenpotentiale $E_{1/2}$ (gegen gesättigte Kalomelelektrode) des Mn in verschiedenen Leitelektrolyten

| Elektrochemischer Vorgang (Wertigkeitsänderung) | Leitelektrolyt der Grundlösung | $E_{1/2}$ V | Literatur |
|---|---|---|---|
| Mn (II/0) | 0,1–1 M KCl | –1,51 | 32 |
| | 1 M LiCl | –1,5 | 33 |
| | 5 M CaCl$_2$ | –1,44 | 34, 35 |
| | 1 M NaF | –1,55 | |
| | ~ 0,03–~ 0,08 M BaF$_2$ (pH ~ 6,6) | –1,54 | 36 |
| | 1 M NH$_3$/1 M NH$_4$Cl | –1,65/–1,66 | 37 |
| | 1 M NH$_3$/1 M NH$_4$Cl/1 M Hydrazin | –1,12 | 38 |
| | 0,1 M NH$_3$/0,1 M Ammoniumtartrat oder Ammoniummalonat | –1,53/–1,54 | 39 |
| | 0,1 M NH$_3$/0,1 M Ammoniumoxalat | –1,60 | 39 |
| | 0,2 M NH$_3$/0,2 M NH$_4$SCN | –1,51/–1,53 | 40 |
| | 0,1–1 M KSCN | –1,54/–1,55 | 38 |
| | 1 M NaOH oder KOH | –1,70 | |
| | 1 M NaOH/gesätt. Na$_4$P$_2$O$_7$ | –0,96, –1,71 | 38 |
| | 1 M NaOH/1 M Natriumlactat | –1,76 | 41 |
| | 2 M NaOH/0,25 M Natriumtartrat | –1,82 | 42 |
| | 1 M Natriumformiat (pH 8,2) | –1,59 | 43 |
| | 0,1 M Bernsteinsäure (pH 6,0) | –1,56 | 44 |
| Mn (II/I) | 0,5–1 M KCN | –1,30/–1,33 | 28 |
| | 0,1 M NaCN/0,1 M NaOH/0,1 M Natriumcitrat | –1,67 | 40 |
| Mn (III/0) | 2 M NaOH/0,25 M Natriumtartrat | –1,82 | 42 |
| Mn (III/II) | 0,4 M Na$_4$P$_2$O$_7$ oder K$_4$P$_2$O$_7$ | +0,33 | 31 |
| | 0,1–1 M NaOH oder KOH/0,3–0,6 M Triethanolamin | –0,49/–0,50 | 29, 30, 45 |
| | 2 M NaOH/0,25 M Natriumtartrat | –0,88 | 42 |
| Mn (II/III) | 2 M NaOH/0,25 M Natriumtartrat | –0,46 | 42 |
| | 1,5 M NaOH/0,15 M Mannit | –0,64 | |
| | 0,8 M KOH/0,3 M Triethanolamin/ 0,25% Na$_2$SO$_3$ | –0,45 | 46 |
| Mn (II/IV) | 1 M NH$_4$F[a] | +0,52 | 47 |
| Mn (III/IV, IV/III) | 0,3 M KOH/0,5 M Mannit | –0,37 | 48 |

[a]voltammetrisch mit rotierender Pt-Elektrode

## 7.3 Analysenverfahren

### 7.3.1 Gleichstrompolarographische Bestimmung in Na$_4$P$_2$O$_7$-Lösung

Mn wird über die Mn(III/II)-Stufe in 0,4 M K$_4$P$_2$O$_7$- oder 0,4 M Na$_4$P$_2$O$_7$-Lösung (pH 2,2) bei $E_{1/2} = +$ 0,33 V gleichstrompolarographisch bestimmt. Ce, Cr und V stören, $\leq$ 200 mg Fe stört nicht. 280 mg Fe$^{3+}$, 14–140 mg Ce$^{4+,3+}$, 30 mg Co$^{2+}$, 26 mg Cr$^{3+}$ und 26 mg V$^{5+,4+}$ können durch Fällung mit Pyridin bei pH 5,2 von 2–110 mg Mn$^{2+}$ abgetrennt werden, wobei Fe$^{3+}$ als Fe(III)-oxidhydrat ausfällt und die übrigen Elemente (nur bei Anwesenheit eines Überschusses von Fe$^{3+}$) mitgefällt werden (s. Arbeitsvorschrift, S. 87) [49]. Cr$^{6+}$ hingegen fällt nur teilweise aus.

**Arbeitsvorschrift** [31]

*Polarograph:* Gleichstrompolarograph klassischer Bauart, getrennte Anode, Referenzelektrode $Hg/Hg_2Cl_2$(gesätt.).

*2 M $K_4P_2O_7$-Lösung.* Das im Handel erhältliche $Na_4P_2O_7 \cdot 10\ H_2O$ weist eine zu geringe Wasserlöslichkeit für die benötigte Reagenslösung auf. Bei Verwendung von $Na_4P_2O_7 \cdot 10\ H_2O$ muß deshalb die benötigte Reagensmenge einzeln für jede Bestimmung eingewogen werden. $K_4P_2O_7$ weist demgegenüber eine ausreichende Wasserlöslichkeit auf, weshalb dessen Verwendung zweckmäßiger ist. Wasserfreies $K_4P_2O_7$ stellt man aus $K_2HPO_4$(wasserfrei) her, indem man dieses 3 Std im Muffelofen auf 500–700°C erhitzt. 2 M $K_4P_2O_7$-Lösung stellt man anschließend her, indem man 132 g $K_4P_2O_7$ in 150 ml Wasser unter Rühren auflöst und mit Wasser auf 200 ml auffüllt.

*Ausführung.* 50 ml Probelösung (1–100 mg Mn und $\leq$ 200 mg Fe als Nitrat, Sulfat oder Perchlorat enthaltend) versetzt man in einem 100 ml-Meßkolben mit soviel $HNO_3(1+1)$ oder $H_2SO_4(1+1)$, daß die Lösung insgesamt 12 ml $HNO_3(1+1)$ oder 4,5 ml $H_2SO_4(1+1)$ enthält. Langsam werden unter Rühren 20 ml 2 M $K_4P_2O_7$-Lösung hinzugefügt, nach Zusatz von 2–3 Tropfen Thymolblau-Indikator mit $HNO_3(1+3)$ bzw. $H_2SO_4(1+3)$ oder $NH_3(1+3)$ auf pH 2,0–2,4 eingestellt, 5 ml 2%ige Gummi arabicum-Lösung oder 2%ige Pepton-Lösung zugesetzt, mit Wasser zur Marke aufgefüllt und gemischt. Von dieser Lösung gibt man einige Milliliter in die Meßzelle und mißt den Reststrom wie bei der oxidierten Lösung. Dann wird 1 g $PbO_2$ auf je 25–50 mg anwesendes Mn in den Meßkolben gegeben, 5–10 min intermittierend geschüttelt, anschließend ein Teil der Lösung durch ein trockenes Filter in die Meßzelle filtriert, die Meßzelle mit dem ersten Filtratteil gespült, letzterer verworfen und die Meßzelle mit Filtrat gefüllt. Man verwendet einen üblichen Polarographen (Heyrovsky) und arbeitet mit getrennter Gegenelektrode (Anode). In die Meßzelle gibt man 5 ml $CCl_4$, um damit das auf dem Meßzellenboden sich ansammelnde Quecksilber abzudecken. Unmittelbar vor dem Meßbeginn wird die Tropfelektrode eingesetzt, zunächst der Strom bei + 0,10 V bis + 0,15 V gemessen und dann das Polarogramm im Bereich von + 0,40 V bis – 0,10 V aufgenommen. Die Messung im Bereich + 0,10 V bis + 0,15 V reduziert anwesenden Sauerstoff, so daß dieser vorher nicht entfernt werden muß.

*Abtrennung von Ce, Co, Cr, Fe und V von Mn* [49]. Die schwach saure Probelösung (bis zu 280 mg $Fe^{3+}$, 140 mg $Ce^{4+,3+}$, 30 mg $Co^{2+}$, 26 mg $Cr^{6+,3+}$, 26 mg $V^{5+,4+}$ und 110 mg $Mn^{2+}$ enthaltend) versetzt man in einem 100 ml-Meßkolben mit 5 ml $HNO_3(1+3)$ sowie 1 ml 20%ige $Na_2S_2O_5$-Lösung (frisch hergestellt) (Reduktion $Cr^{6+} \rightarrow Cr^{3+}$, $V^{5+} \rightarrow V^{4+}$, $Ce^{4+} \rightarrow Ce^{3+}$) und kocht einige Minuten, um das $SO_2$ zu vertreiben und vorhandenes $Fe^{2+}$ zu reoxidieren. Der Überschuß an Säure wird mit $NH_3(1+1)$ neutralisiert, 1 ml $H_2SO_4(1+1)$ hinzugefügt, mit Wasser auf 80 ml verdünnt, unter Umschwenken langsam 15 ml Pyridin (1 + 1) zugesetzt, mit Wasser zur Marke aufgefüllt und gut gemischt. Man filtriert durch ein weitporiges Filter in ein trockenes Becherglas, führt 50,0 ml Filtrat in einen 100 ml-Meßkolben über und fährt mit der polarographischen Bestimmung des Mn nach der Arbeitsvorschrift fort.

## 7.3.2 Organisches Material

### 7.3.2.1 Pflanzenmaterial

In einer anderen Arbeit erfolgte die gleichstrompolarographische Bestimmung von Cu, Mn (10–200 µg/g), Ni und Zn in Pflanzenmaterial nach trockener Veraschung ($\sim$ 500°C) mit 1,0 M $NH_3$/ 1,0 M $NH_4Cl$/ 0,1 M $Na_2SO_3$-Grundlösung [37].

*Arbeitsbereich:* Cd, Cu, Fe, Mn, Pb, Zn.

Die Elemente werden nacheinander in derselben Grundlösung mittels eines Differentialpulspolarographen bestimmt, wobei durch Zusätze von Leitelektrolyten eine stufenweise Änderung der Grundlösung erfolgt. Es werden der Reihe nach die Peaks (statt der üblichen Stufen) bei den jeweiligen Halbstufenpotentialen (gegen gesätt.

Ag/AgCl-Elektrode)[1] gemessen: in 0,5 M Weinsäure (Polarogramm 1) Cu(II/0) +0,05 V, Pb(II/0) –0,36 V, Cd(II/0) –0,54 V und Zn(II/0) –0,96 V, in 0,5 M Weinsäure/3,4 M NH$_3$ (Polarogramm 2) Cd(II/0) –0,78 V, Fe(III/II) –1,15 V, Zn(II/0) –1,32 V und Fe(II/0) –1,47 V, in 0,5 M Weinsäure/3,4 M NH$_3$/0,5 M KCN (Polarogramm 3) Mn(II/I) –1,26 V. Durch die Zugabe von festem KCN wird genügend Sauerstoff in die Lösung eingebracht, um Mn$^{2+}$ in weniger als 1 min zu oxidieren. Im Polarogramm treten daneben noch die schlecht auswertbaren Peaks von Mn(II/0) bei –1,64 V und Cu(II/I) bei –0,21 V auf, sowie die sich teilweise überlappenden Peaks von Cu(I/0) bei –0,48 V und Pb(II/0) bei –0,53 V. Im Polarogramm 3 erscheinen neben Mn die Peaks von Cd(II/0) bei –1,09 V und Fe(III/II) bei –1,15 V. Der hier von eventuell vorliegendem Cd-Peak überlagerte Fe-Peak verschwindet allmählich entsprechend dem langsamen Übergang des Ammoniakato-Fe(III)-Ions in das Hexacyanoferrat(III)-Ion.

B: $\geq$ 1 µg/g Cd, Cu, Fe, Mn, Pb, Zn.

**Arbeitsvorschrift** [28]

*Polarograph:* Differentialpulspolarograph Bruker E 100 mit Analysen-Stand PAR 303 und Schreiber, Pulshöhe 25–50 mV, Tropfzeit 0,5–1,0 sec, Referenzelektrode Ag/AgCl (gesätt.).

*Ausführung.* 0,5 g bei 110°C getrocknetes Probematerial wird bei 450°C trocken verascht, die erkaltete Asche mit einigen Tropfen HClO$_4$(70%) abgeraucht, der Rückstand mit 0,5 M Weinsäure/0,005% Gelatine-Lösung gelöst, in einen 25 ml-Meßkolben übergeführt und mit Weinsäure/Gelatine-Lösung zur Marke aufgefüllt. Eventuell ausfallende Kieselsäure stört nicht. Von dieser Lösung gibt man 8,0 ml in die Meßzelle, entlüftet mit Reinstickstoff und polarographiert von +0,2 V bis –1,2 V [gegen Ag/AgCl(gesätt.)]: Polarogramm 1 für Cu, Pb, Cd und Zn. Dann werden in die Meßzelle 2,0 ml NH$_3$(33%) hinzugefügt, entlüftet und von –0,9 V bis –1,7 V polarographiert: Polarogramm 2 für Cd, Fe und Zn. Zuletzt fügt man 300 mg KCN in die Meßzelle, in der sie sich während des Entlüftens lösen, und polarographiert von –0,8 V bis –1,6 V: Polarogramm 3 für Mn.

## 7.3.3 Metalle und Legierungen

### 7.3.3.1 Titan

Ti wird als Hydroxid ausgefällt, wobei man eine Mitfällung des Mn durch Kühlung verhindert, und das Mn in $\sim$ 0,03–0,08 M BaF$_2$-Lösung (pH $\sim$ 6,6) bei E$_{1/2}$ = –1,54 V gleichstrompolarographisch bestimmt. Die Messung von Mn-Konzentrationen > 0,182 mmol/l ist zufriedenstellend, bei < 0,182 mmol/l dagegen überlappt die Ba-Stufe die Mn-Stufe. Die Bestimmung von 1% Mn (in Titan) wird nicht gestört durch: 10% Al, Cr, Fe und Mo, 5% Mg, Si, Sn, V und W, < 4% Cu, < 3% Ni, < 1,5% Co, 1% B und P.
B: 1–10% Mn. s: $\pm$ 0,025–0,11% Mn.

**Arbeitsvorschrift** [36]

*Polarograph:* Gleichstrompolarograph Sargent Modell XXI, Referenzelektrode Hg/Hg$_2$Cl$_2$(gesätt.).

---

[1] Bezogen auf die gesätt. Kalomelelektrode ändern sich die angeführten Potentiale um den Betrag –0,04 V, z. B. ergibt dies für Mn(II/I) –1,30 V

*Ausführung.* 0,10 g Probematerial versetzt man in einer Platinschale mit 5 m. Wasser sowie einem Minimum (etwa 10 Tropfen) an HF(40%), erhitzt gelinde bis zum vollständigen Lösen, fügt 1–2 Tropfen $HNO_3$(1,40) hinzu und erhitzt, bis das Ti vollständig oxidiert ist. Die Lösung wird in einen 100 ml-Meßkolben übergeführt, in einem Eisbad mindestens 5 min auf < 20°C abgekühlt und tropfenweise $Ba(OH)_2$-Lösung(gesättigt) bis zum Auftreten einer ersten Trübung zugefügt. Nach Zusatz einiger Tropfen Methylrot-Indikatorlösung fügt man $BaCO_3$-Pulver hinzu, bis die überstehende Lösung gerade gelb wird, versetzt mit 2,0 ml 0,50%ige Gelatine-Lösung und füllt mit Wasser zur Marke auf. Nach dem Absitzen der Fällung wird ein Teil der überstehenden Lösung in die Meßzelle übergeführt, mit Reinstickstoff 10 min entlüftet und von –1,3 V bis –1,8 V polarographiert. Der Meßwert wird durch den Reststrom korrigiert.

### 7.3.3.2 Uran und Uranverbindungen

Mn wird mittels des stark basischen Anionenaustauschers Dowex 1X8 durch Elution mit 9 M HCl von U abgetrennt und anschließend in 1 M KOH/0,4 M Triethanolamin bei $E_{1/2}$ = –0,49 V[1] (gegen gesättigte Kalomelelektrode) der Stufe Mn(III/II) square wave-polarographisch bestimmt. Ag, Al, Cr, Ni, Pb, S.E., Th, Ti und V stören nicht.

B: $\geq$ 0,5 ppm Mn. s: $\pm$ 0,26 ppm Mn.

**Arbeitsvorschrift** [30]

*Polarograph:* Square wave-Polarograph Mark III (Mervyn-Harwell), Referenzelektrode Hg-pool-Anode, Tropfzeit 4 sec, Spannungsanstiegsrate 0,1 V/min.

*Austauschersäule.* Der Anionenaustauscher Dowex 1X8 (50–100 mesh, $Cl^-$-Form; Säule 12 mm $\emptyset$ × 180 mm) wird gewaschen, in das Säulenrohr 150 mm hoch eingefüllt, der Reihe nach mit je 40 ml 9 M HCl, 6 M HCl, 3 M HCl, Wasser sowie 0,5 M $HNO_3$ gewaschen, die freie $HNO_3$ mit 50 ml Wasser entfernt und mit 40 ml 9 M HCl in die $Cl^-$-Form übergeführt. Nach der analytischen Verwendung kann die Säule regeneriert werden: adsorbiertes U wäscht man mit Wasser aus, anschließend Verunreinigungen mit 0,5 M $HNO_3$ und spült zuletzt mit 40 ml 9 M HCl.

*Ausführung.* 1,0 g Probematerial versetzt man in einem 100 ml-Erlenmeyerkolben mit 10 ml 6 M HCl, fügt während dem Erhitzen bis zum Sieden tropfenweise 10 ml $H_2O_2$(30%) hinzu, erhitzt weiter bis zum vollständigen Lösen und Zerstören des $H_2O_2$-Überschusses und dampft auf 5 ml ein. Nach dem Abkühlen auf Raumtemperatur wird die Lösung durch Zusatz von 5 ml HCl(1,19) auf 9 M HCl eingestellt. Man gibt die Lösung in den Trichter der Austauschersäule, läßt mit einer Geschwindigkeit von 1,5 ml/min durch die Säule in ein 100 ml-Becherglas laufen. Wenn der Flüssigkeitsspiegel den Beginn des Harzbettes erreicht, wird mit 3mal 5 ml 9 M HCl nachgewaschen und das Spülen der Säule mit 9 M HCl fortgesetzt, bis insgesamt 60 ml Durchlauf im Becherglas angesammelt sind[2]. Dieses Eluat dampft man zur Trockene ein, löst den Rückstand mit 5,0 ml 1,0 M KOH/0,40 M Triethanolamin, führt die Lösung in die Meßzelle über, entlüftet 10 min mit Stickstoff und polarographiert von –0,2 V bis 0,7 V (gegen Hg-pool-Anode). Ein Blindwert wird nach der Arbeitsvorschrift bestimmt und abgezogen.

## 7.4 Anwendungen

Mit Hilfe der Polarographie wurde Mn in verschiedenen Materialien bestimmt: polarographisch in Wässern (10–140 ng Mn/ml, Differentialpulspolarographie) [53],

---

[1] Potentiale anderer Elemente in 1 M KOH/0,4 M Triethanolamin (gegen gesättigte Kalomelelektrode) [30]: $Fe^{3+}$ –1,05 V, $Pb^{2+}$ –1,02 V, $Ni^{2+}$ –1,4 V, $Cu^{2+}$ –0,55 V, $Cd^{2+}$ –0,91 V und –1,02 V, $Zn^{2+}$ –1,6 V, $Cr^{6+}$ –1,11 V, $U^{6+}$ –0,94 V.

[2] Mn befindet sich in der Durchlauffraktion 10–50 ml.

Lösungen (nach papierchromatographischer Isolierung) [54], Ionenaustauscher-eluat [55], Pflanzenmaterial (23–760 ppm Mn), tierisches Gewebe [33], Treibstoff [45], Beryllium [52], Calcium (1–100 ppm Mn) [35, 56], Cadmium ($\geq$ 0,003 ppm Mn) [57], Kupfer [58], Kupferlegierung (1,3% Mn) [42], Stahl (0,5% Mn) [42], Ferrite [46], Dolomit [48], Schiefer [48], Böden [33], Lacktrockner [59]; voltammetrisch in Stahl (0,6–1,5% Mn) [47]; inversvoltammetrisch in Meerwasser ($\leq$ 0,01 ng Mn/ml) [60], Lösungen (5–100 ng Mn/ml) [61], pharmazeutischen Präparaten ($\geq$ 1 ng Mn/ml) [62] und Kupfer (> 0,03 ppm Mn) [32]. In einer Arbeit werden die Potentiale einer Anzahl von Elementen in 1 M $H_3PO_4$ gegen Kalomelelektrode (gesätt.) mitgeteilt [50].

## Literatur


1. Plambeck JA, Electroanalytical chemistry – basic principles and applications. Wiley-Interscience, New York (1982)
2. Geißler M, Polarographische Analyse. Verlag Chemie, Weinheim (1981)
3. Bond AM, Modern polarographic methods in analytical chemistry. Dekker, New York (1980)
4. Vydra F, Štulik K, Julakova E, Electrochemical stripping analysis. Horwood, Chichester; Wiley, New York (1977)
5. Nürnberg HW, Electroanalytical chemistry. Wiley, London (1974)
6. Jehring H, Elektrosorptionsanalyse mit der Wechselstrompolarographie. Akademie-Verlag, Berlin (1974)
7. Neeb R, Inverse Polarographie und Voltammetrie. Neue Verfahren zur Spurenanalyse. Verlag Chemie, Weinheim (1969)
8. Meites L, Polarographic techniques. Interscience, New York (1965)
9. Schmidt H, Stackelberg M v, Die neuartigen polarographischen Methoden, Verlag Chemie, Weinheim (1962)
10. Heyrovsky J, Polarographisches Praktikum. Springer, Berlin Göttingen Heidelberg (1960)
11. Milner GWC, The principles and applications of polarography. Longmans-Green, New York (1957)
12. Kolthoff IM, Lingane JJ, Polarography. Interscience, New York (1952)
13. Stackelberg M v, Polarographische Arbeitsmethoden. de Gruyter, Berlin (1950)
14. Headridge JB, Electrochemical techniques for inorganic chemists. Academic Press, New York (1969)
15. Lingane JJ, Anal Chem 21 (1949) 45; 23 (1951) 86
16. Nürnberg HW, Fresenius Z Anal Chem 186 (1962) 1
17. Hume DN, Anal Chem 28 (1956) 625; 30 (1958) 675; 32 (1960) 137R; 34 (1962) 200R; 36 (1964) 200R; 38 (1966) 261R; 40 (1968) 174R
18. Nicholson RS, Anal Chem 42 (1970) 130R; 44 (1972) 478R
19. Roe DK, Anal Chem 46 (1974) 8R; 50 (1978) 9R
20. Kissinger PT, Anal Chem 46 (1974) 15R; 48 (1976) 17R
21. Roe DK, Eggimann P, Anal Chem 48 (1976) 9R
22. Heinemann WR, Kissinger PT, Anal Chem 50 (1978) 166R; 52 (1980) 138R
23. Johnson DC, Anal Chem 52 (1980) 131R; 54 (1982) 9R
24. Ryan MD, Wilson GS, Anal Chem 54 (1982) 20R
25. Florence TM, Batley GE, Talanta 24 (1977) 151
26. Florence TM, Talanta 29 (1982) 345
27. Nürnberg HW, Fresenius Z Anal Chem 316 (1983) 557
28. Wisser K, Wöhrle G, Mikrochim Acta (1980 I) 129
29. Issa IM, Issa RM, Hewaidy IF, Omar EE, Anal Chim Acta 17 (1957) 434
30. Nakashima F, Anal Chim Acta 30 (1964) 167
31. Kolthoff IM, Watters JI, Ind Eng Chem Anal Ed 15 (1943) 8

32. Van Dijck G, Verbeek F, Anal Chim Acta 54 (1971) 475
33. Lones GB, Anal Chim Acta 11 (1954) 88
34. Reynolds GF, Shalgosky HI, Webber TJ, Anal Chim Acta 9 (1953) 91
35. Reynolds GF, Shalgosky HI, Webber TJ, Anal Chim Acta 10 (1954) 192
36. Mikula JJ, Codell M, Anal Chem 27 (1955) 729
37. Sirois JC, Analyst 87 (1962) 900
38. Grenier JW, Meites L, Anal Chim Acta 14 (1956) 482
39. Baumgarten S, Cover RE, Hofsass H, Karp S, Pinches PB, Meites L, Anal Chim Acta 20 (1959) 397
40. Ficker HK, Ostensen HN, Schlossel RH, Scott F, Spritzer M, Meites M, Anal Chim Acta 98 (1978) 163
41. Breda EJ, Meites L, Reddy TB, West PW, Anal Chim Acta 14 (1956) 390
42. Catherino HA, Meites L, Anal Chim Acta 23 (1960) 57
43. Deshmukh GS, Rao ALJ, Murty SVSS, Fresenius Z Anal Chem 196 (1963) 183
44. Deshmukh GS, Naik VS, Fresenius Z Anal Chem 254 (1971) 353
45. Nightingale Jr ER, Wilcox GW, Zielinsky AD, Anal Chem 32 (1960) 625
46. Bush EL, Workman EJ, Analyst 90 (1965) 346
47. Hamza AG, Headridge JB, Talanta 13 (1966) 1397
48. Doležal J, Gürtler O, Talanta 15 (1968) 299
49. Watters JI, Kolthoff IM, Ind Eng Chem Anal Ed 16 (1944) 187
50. Milner GWC, Slee LJ, Analyst 82 (1957) 139
51. Höltje R, Geyer R, Z Anorg Chem 246 (1941) 258
52. Goode GC, Herrington J, Bundy JK, Analyst 91 (1966) 719
53. Colombini MP, Fuoco R, Talanta 30 (1983) 901
54. Lewis JA, Griffiths JM, Analyst 76 (1951) 388
55. Rebertus RL, Cappell RJ, Bond GW, Anal Chem 30 (1958) 1825
56. Reynolds GF, Shalgosky HI, Anal Chim Acta 10 (1954) 273
57. Temmerman E, Verbeek F, Anal Chim Acta 50 (1970) 505
58. Eve AJ, Verdier ET, Anal Chem 28 (1956) 537
59. Kuta EJ, Anal Chem 32 (1960) 1065
60. O'Halloran RJ, Anal Chim Acta 140 (1982) 51
61. Narayanan A, Neeb R, Fresenius Z Anal Chem 269 (1974) 344
62. Monnier D, Martin E, Haerdi W, Anal Chim Acta 34 (1966) 346

# 8 Photometrie, Fluorimetrie und Chemiluminometrie

## 8.1 Allgemeines

Trotz der – schon in der Einleitung (s. S. 1) erwähnten – starken Veränderungen bei den angewandten Analysenmethoden während der letzten Jahrzehnte und der Entwicklung zur instrumentellen Analytik und Automation ist die *Photometrie* neben der AAS wohl die immer noch am häufigsten verwendete Analysenmethode. Die Photometrie weist zwar im Vergleich zur instrumentellen Analytik einen höheren Zeit- und Arbeitsaufwand auf, doch hat sie dafür gegenüber letzterer den Vorteil wesentlich geringerer Kosten der apparativen Einrichtung und des Betriebes. Ihre weiteren Vorteile sind die einfache Durchführung der Analysen und die vielseitige und flexible Anwendungsmöglichkeit, soferne dazu die ausreichenden Kenntnisse und Informationen vorliegen. Die Photometrie ist daher vor allem für mittlere und kleine Laboratorien von großer Bedeutung, doch auch in gut ausgerüsteten, großen Laboratorien wird sie nach wie vor für Sonderprobleme oder fallweise außerhalb des üblichen Arbeitsprogrammes liegende Analysen eingesetzt.
Außer den nachfolgend in den Abschnitten 8.2 bis 8.5 behandelten Reagentien bzw. Verfahren (NaDDTC, Formaldoxim, Leukomalachitgrün und Permanganat) sind im Laufe der Jahre viele andere Reagentien für die photometrische Bestimmung des Mn untersucht, vorgeschlagen und verwendet worden, von welchen auf S. 114 und 116 in den Abschnitten 8.6 und 8.8 eine Übersicht gegeben wird. Die meisten von diesen „anderen" Reagentien sind für die photometrische Bestimmung des Mn durchaus mehr oder weniger gut geeignet, sie weisen aber insgesamt keine entscheidenden Vorteile zu den Verfahren der Abschnitte 8.2 bis 8.5 auf, weshalb sie zu diesen keine echte Alternative darstellen. Unter den derzeit vorwiegend verwendeten Reagentien bzw. photometrischen Methoden findet das Permanganatverfahren nach wie vor die häufigste und breiteste Anwendung. Im Vergleich zu anderen Reagentien weist zwar

**Tabelle 7.** Empfindlichkeit[a] $S_M$ und Bestimmungsgrenze[b] $L_Q$ der Verfahren in µg Mn·ml$^{-1}$·cm$^{-1}$ [6]

| Verfahren | $S_M$ | $L_Q$ |
|---|---|---|
| Natriumdiethyldithiocarbamat | 0,0011 (505 nm) | 0,28 (505 nm) |
| Formaldoxim | 0,0056 (450–455 nm) | 0,14 (450–455 nm) |
| Leukomalachitgrün | 0,00008–<br>–0,00035 (620 nm) | ~ 0,002–0,0088 (620 nm) |
| Permanganat | 0,022–0,025 (525 nm, 545 nm) | 0,55–0,63 (525 nm, 545 nm) |
| Permanganat-Tetraphenylarsonium-chlorid/CHCl$_3$ (oder Dichlorethan) | ~ 0,016 (528–532 nm) | ~ 0,4 (528–532 nm) |

[a] Für Extinktion E = 0,001.    [b] Für Extinktion E = 0,025.

dieses Verfahren einerseits als gewissen Nachteil eine geringere Nachweisempfindlichkeit auf, zeichnet sich aber andererseits gegenüber jenen durch seine einfache Durchführbarkeit und relativ geringe Störanfälligkeit aus. Die übrigen in den Abschnitten 8.2 bis 8.4 besprochenen Reagentien werden weniger häufig eingesetzt, finden aber wegen ihrer höheren Nachweisempfindlichkeit bei Sonderproblemen Anwendung. In Tab. 7 sind Empfindlichkeiten und Bestimmungsgrenzen der nachfolgend angeführten Verfahren zusammengestellt.

Die *Fluorimetrie* und *Chemiluminometrie* haben als Methoden für die Bestimmung von Mn zur Zeit keine praktische Bedeutung.

Soweit Trennungs- und Anreicherungsverfahren in Verbindung mit den einzelnen photometrischen Methoden erforderlich sind, werden diese in den angeführten Analysenverfahren beschrieben. Für weitere Einzelheiten sei auf den Abschnitt 4 (s. S. 35) verwiesen.

Weitere und eingehendere Informationen zur Anwendung der Photometrie und Fluorimetrie findet man in der Literatur [1–38].

## 8.2 Natriumdiethyldithiocarbamat

$$\text{H}_5\text{C}_2 \diagdown \atop \text{H}_5\text{C}_2 \diagup \text{N} - \text{C} \diagup^{\displaystyle\text{S}}_{\displaystyle\text{SNa}}$$

$Mn^{2+}$ bildet mit Natriumdiethyldithiocarbamat (NaDDTC) in saurer und alkalischer Lösung einen in Wasser schwer löslichen, in $CHCl_3$ löslichen farblosen Komplex $Mn(DDTC)_2$, der durch Oxidation an der Luft leicht in das braunviolette $Mn(DDTC)_3$ des $Mn^{3+}$ übergeht [6, 39–42, 44–46]. Die Oxidation ist nach höchstens 1 min langem Schütteln des Extraktes vollständig und vollzieht sich bereits während des Extraktionsvorganges, was leicht an der Farbvertiefung der zuerst farblosen organischen Phase nach braunviolett zu beobachten ist. Beim entsprechenden Komplex mit Tetramethylendithiocarbamat ist hierzu eine Schüttelzeit von mehreren Minuten erforderlich, während das Pentamethylendithiocarbamat in dieser Hinsicht zwischen diesen Zeiten liegt. Der braunviolette Extrakt des $Mn(DDTC)_3$ bildet die Grundlage zur photometrischen Bestimmung des Mn. Die Mn-Komplexe des Pentamethylen- und des Tetramethylendithiocarbamates [40] sind in $CHCl_3$ nur dann längere Zeit beständig, wenn der pH-Wert der wäßrigen Lösung vor der Extraktion zwischen 6,0 und 6,6 liegt. Beim $Mn(DDTC)_3$ wird demgegenüber erst unterhalb pH 6 und über pH 7 eine merkliche Zersetzung beobachtet. Von den drei Carbamaten ist der Komplex $Mn(DDTC)_3$ am beständigsten. In anderen Arbeiten wurde dieser bei pH 3–5 [43] und pH 5,7 [42, 44, 50] aus HCl-Lösung extrahiert. Auch in Anwesenheit von Tartrat, $PO_4^{3-}$ [45, 46] und Citrat [46, 47] kann Mn mit $NaDDTC/CHCl_3$ bei pH 6–9 ausgeschüttelt werden. Die Lösungen von $Mn(DDTC)_3$ in $CCl_4$ zeigen zwei Extinktionsmaxima bei 355 und 505 nm sowie ein Minimum bei 450 nm ($\varepsilon_{505} = 4999$) [48]. Das Extinktionsmaximum von 355 nm kann nur bei Arbeiten oberhalb von pH 8 verwendet werden [46]. Bei 578 nm und $CHCl_3$ als Solvens ist die Leerextinktion auch verhältnismäßig gering und wenig durch die Faktoren Zeit und Reagenszersetzung beeinflußt [40]. Das Beersche Gesetz ist bei 578 nm im Bereich von 0,63–25 µg Mn/ml $CHCl_3$ erfüllt.

Die Mn-Bestimmung wird durch eine Reihe von Elementen gestört, welche ebenfalls gefärbte extrahierbare Carbamate bilden. Bei pH 8–9 sollen sich durch KCN die Elemente Fe und Hg teilweise, Ni, Co, Cu, Ag und Zn vollständig maskieren lassen, während Mn unbeeinflußt bleibt [46]. Von anderer Seite [47] wird hingegen bei einem Verhältnis von Mn : KCN = 1:10 000 für den pH-Bereich von ~ 6–9 eine teilweise Maskierung des Mn bei der Extraktion mit DADDTC/CHCl$_3$ festgestellt. Zur Isolierung des Mn aus Aschelösung biologischer Proben [48] wurde Mn$^{2+}$ zusammen mit einem Teil von anwesendem Fe$^{3+}$ bei pH 8,6 aus 0,25 M Citrat/0,25% KCN-Lösung mit NaDDTC/CHCl$_3$ extrahiert, das Mn mit 2,5 M HCl rückgeschüttelt (Fe bleibt dabei in der organischen Phase), schließlich erneut bei pH 8,6 aus Citrat/ KCN-Lösung mit NaDDTC/CHCl$_3$ extrahiert und der organische Extrakt photometriert. Durch EDTA wird das Mn maskiert, ferner auch durch P$_2$O$_7^{4-}$. Bei Anwesenheit von Reduktionsmitteln, wie SO$_2$ oder NH$_2$OH · HCl, unterbleibt die Carbamatfällung [46]; nach anderen Erfahrungen [47] wird die Extraktion von 100 µg Mn mit DADDTC/CHCl$_3$ bei pH 7,5–8,0 durch die Anwesenheit von jeweils 1 g an NH$_2$OH · HCl und Na$_2$S$_2$O$_5$ nicht gestört. Aus diesen Gründen ist es daher notwendig, Störelemente vorher abzutrennen. Für eine Mn-Bestimmung in Stahl [40] wurden Fe, Cu, Co, Mo, U und V als Thiocyanate mit dem Lösungsmittelgemisch Tetrahydrofuran/Diethylether [49] entfernt. Obwohl neben Mn auch Cr einen Carbamatkomplex gibt, hat sich aber gezeigt, daß selbst ein großer Überschuß an Cr$^{3+}$ nicht merklich stört. Liegt Ni in geringerer Menge als das zu bestimmende Mn vor, so kann es vernachlässigt werden, da der in CHCl$_3$ ebenfalls gelöste Ni-Carbamat-Komplex bei 578 nm fast keine Extinktion aufweist. Erst bei einem Verhältnis von Ni:Mn = 1:1 erhöht sich die Mn-Extinktion um rund 5%. In solchen Fällen kann das Ni durch Extraktion mit Dimethylglyoxim/CHCl$_3$ vor der Mn-Bestimmung entfernt werden.

### 8.2.1 Allgemeine Arbeitsvorschrift [6]

~ 20 ml schwach saure Probelösung (1,5–280 µg Mn enthaltend) versetzt man in einem 150 ml-Schütteltrichter mit 10 ml 25%ige Natriumcitrat-Lösung sowie 5 ml 2%ige KCN-Lösung, stellt mit HCl bzw. NH$_3$ auf pH 8,6 ein, fügt 2 ml 5%ige NaDDTC-Lösung hinzu, extrahiert 1 min mit 10 ml CHCl$_3$, läßt die organische Phase in einen zweiten Schütteltrichter ab und wiederholt die Extraktion mit weiteren 2 ml NaDDTC-Lösung und 10 ml CHCl$_3$. Die wäßrige Phase wird verworfen, aus dem vereinigten organischen Extrakt das Mn 2mal mit je 20 ml 2,5 M HCl rückgeschüttelt und die CHCl$_3$-Phase verworfen. Man dampft die wäßrige Lösung zur Trockene ein, nimmt mit wenig 0,1 M HCl und Wasser auf, extrahiert das Mn erneut wie vorhin beschrieben, füllt den organischen Extrakt in einem 25 ml-Meßkolben mit CHCl$_3$ zur Marke auf und photometriert in einer 1 cm- (7–280 µg Mn), 2 cm-(3,5–140 µg Mn) oder 5 cm-Küvette (1,5–56 µg Mn) bei 505 nm gegen CHCl$_3$.

### 8.2.2 Organisches Material

#### 8.2.2.1 Pflanzliches und tierisches Material

Aus der Citrat und KCN enthaltenden Probelösung wird Mn$^{2+}$ mit einem Teil des Fe$^{3+}$ mit NaDDTC/CHCl$_3$ bei pH 8,6 extrahiert, aus dem organischen Extrakt das

Mn mit 2,5 M HCl selektiv rückgeschüttelt, anschließend erneut mit NaDDTC/ CHCl$_3$ extrahiert und photometriert. Von den neben Mn und Fe vorhandenen Spurenelementen Al, Cd, Co, Cr, Cu, Mo, Ni, Sn, V und Zn sowie fallweise Pb und Se begleitet nur Pb das Mn unter den Extraktionsbedingungen in den organischen Extrakt, das aber bei der Meßwellenlänge keine störende Lichtabsorption aufweist. B: 1,5-280 µg Mn/g.

**Arbeitsvorschrift [48]**

1,0 g getrocknetes Probematerial wird bei 450-500°C trocken verascht (s. S. 17), die Asche mit HCl und Wasser gelöst und mit der Bestimmung nach Arbeitsvorschrift 8.2.1 (s. S. 94) fortgefahren.


## 8.3 Formaldoxim

HCH = NOH

Für den qualitativen Nachweis von Mn wurde vor längerer Zeit Formaldoxim (FO) empfohlen, das bereits mit Mn-Spuren in ammoniakalischer Lösung eine orange bis rote bzw. rotbraune Färbung gibt [51]. Mit Mn bildet sich zuerst ein farbloser Komplex, der sich unter dem Einfluß des Luftsauerstoffes sehr rasch über den Mn$^{3+}$-Komplex in den braunroten Komplex [Mn(CH$_2$NOH)$_6$]$^{2-}$ als der stabilen Form umwandelt [52–55]. Die Farbbildung erfolgt sofort und die Färbung ist über 16 Std. stabil, so daß das Reagens auch für die colorimetrische bzw. photometrische Mn-Bestimmung mehrfach Anwendung fand [43, 55–64]. Die Farblösung weist ein Extinktionsmaximum bei 450–455 nm auf ($\varepsilon_{455}$ = 11 200) [54, 55]. Das Beersche Gesetz gilt im Bereich von 0,14–6 µg Mn/ml [56–58].
In saurer Lösung wandelt sich FO in ~ 5 min teilweise in eine inaktive Form um, die mit Metallen nicht reagiert. Mit abnehmender FO-Konzentration in der sauren FO-Lösung nimmt der aktive Anteil ab [54, 55]: 4 M FO enthält 77% der aktiven Form, 1 M FO hat 55%, 0,2 M FO 20% und 0,1 M FO weist nur noch 5% reaktives FO auf. Die Säurekonzentration hat einen nur geringen Einfluß sowohl auf den Anteil an aktivem FO als auch auf die Umwandlungsgeschwindigkeit. Die aktive Form des FO soll nicht als einfaches Molekül sondern polymer vorliegen, wahrscheinlich in trimerer Kettenform [52]. In alkalischer Lösung dagegen tritt eine Autoxidation des FO ein. Aus diesen Gründen ist es notwendig, bei der photometrischen Bestimmung FO in hohem Überschuß zuzusetzen und die Reaktionslösung sofort nach dem FO-Zusatz zu alkalisieren.
FO bildet außer mit Mn mit allen polyvalenten Metallen lösliche Komplexe, von welchen jene mit den folgenden Elementen besonders intensive Farblösungen geben (Farbe, Extinktionsmaximum) [54, 55, 65]: Ce$^{4+}$ (gelb-orange, 340 nm), Co (gelb-grün), Cu (violett), Fe$^{3+}$ (violett, 534 nm), Ni$^{4+}$ (pH > 12: goldbraun-braun, 473 nm; in NH$_3$-Lösung pH ~ 9 oder <0,01 M NaOH: grün-braun, ~ 338 nm), V$^{5+}$ (braun-orange, 403 nm). Die Komplexe der anderen Elemente sind meist nur schwach gefärbt oder farblos und relativ wenig stabil, wie z.B. des Al, Cr, Mo, Ti, U und der Platinmetalle.
Der Mn-FO-Komplex weist eine hohe Stabilität auf. In 0,04 M NaOH führt ein Erhitzen von 15 min auf 90°C zu keiner Farbverminderung, wodurch die Zerstörung

weniger stabiler FO-Komplexe von Störelementen möglich ist [55]. Es stören nicht: Citrat, Tartrat, Oxalat, Phosphat, Pyrophosphat, Cyanid, EDTA, Ascorbinsäure und Hydroxylamin. Die EDTA-Komplexe von Mn und Ni reagieren jedoch nicht mit FO [52]. Oxidationsmittel, wie z.B. $S_2O_8^{2-}$, $H_2O_2$ usw., stören und müssen abwesend sein, da FO mit diesen in alkalischer Lösung mit violett-himbeerroter Farbe reagiert. Eine Störung von Co, Cu, Ni und kleineren Mengen Fe läßt sich in Tartrat enthaltender Lösung durch Maskieren mit $CN^-$ beseitigen [55, 64], wobei der $CN^-$-Überschuß mit Zn gebunden wurde [43, 56]. Es ist zweckmäßig, den $CN^-$-Überschuß mit Zn zu binden, da $CN^-$ mit FO eine Gelbfärbung ergibt [66]. Wegen der Färbung des $[Fe(CN)_6]^{4-}$ ist eine vorangehende Abtrennung des Fe zweckmäßig, die beispielsweise durch Extraktion mittels Diethylether erfolgen kann. Die 10–15fache Menge $Fe^{2+,3+}$ stört nicht, wenn man den Fe-FO-Komplex nach der Farbentwicklung durch Zusatz von EDTA und $NH_2OH \cdot HCl$ zerstört [67]. Die erwähnten, Farbkomplexe bildenden Elemente Ce, Co, Cu, Fe, Ni und V sowie größere Mengen U und die in alkalischer Lösung eine Trübung verursachenden Elemente Bi, Hg und Ti stören. Deshalb wurde Mn zusammen mit Fe, Cu, Ni, Co und anderen Elementen als Carbamat mit $CHCl_3$ extrahiert und aus der organischen Phase das Mn allein durch Zn verdrängt [43]. Von anderer Seite [64] wurde Fe mit Cupferron/Methylenchlorid entfernt. Bei der Untersuchung von Pflanzenmaterial [60] wurde Fe als Phosphat und das ebenfalls störende $PO_4^{3-}$ als $Pb_3(PO_4)_2$ in essigsaurer Lösung ausgefällt. In anderen Arbeiten wird eine durch $PO_4^{3-}$ gebildete Trübung durch Zusatz von Ammoniumsalzen und $Na_4P_2O_7$ [64] oder durch Zusatz von N-Hydroxyethylethylendiamintetraessigsäure (auch N,N'-Dihydroxyethylethylendiamindiessigsäure ist geeignet, während EDTA oder Diethylentriaminpentaessigsäure in der Hitze eine $Fe(OH)_3$-Fällung nicht unterbinden) [63] verhindert. Die FO-Komplexe von Co, Cu, Fe und Ni können durch 2 Std dauerndes Erhitzen auf 65°C zerstört werden, während der Mn-Komplex stabil bleibt, so daß auf diese Weise die Bestimmung von 40 µ Mn nicht gestört wird durch 300 µg Fe sowie jeweils 100 µg Co, Cu und Ni [63]: der Cu-Komplex wird rasch farblos, der Fe-Komplex ist in ~ 60 min zerstört, die Komplexe von Co und Ni verblassen langsam innerhalb 2 Std. Ebenso lassen sich die Farbkomplexe von Ce und V zerstören, indem man die Lösung 5 min auf 90°C erhitzt [55]. Bis zu 100 µg Cd, Cr, Mo, Pb, Ti oder Zn bzw. 500 µg Al stören nicht [63]. Weiterhin verursachen Ag, As, Au, Pt, Sb, Sn und W keine Störung.


### 8.3.1 Allgemeine Arbeitsvorschrift [55]

FO wird in der Regel als Lösung zugesetzt, doch kann es auch in fester Form verwendet werden.

a) *1 M Formaldoxim (FO)-Lösung.* Man mischt 79,0 g Formaldehyd (38%) mit einer wäßrigen Lösung von 70,0 g $NH_2OH \cdot HCl$ und verdünnt mit Wasser auf 1 l (die Lösung ist sauer: 1 M HCl).

b) *Formaldoximhydrochlorid, $(CH_2NOH)_3 \cdot HCl$.* Man löst 105 g $NH_2OH \cdot HCl$ in 110 ml Wasser, fügt 45 g Paraformaldehyd hinzu und schüttelt bei 40°C, bis man eine klare Lösung erhält. Die Lösung wird unter einem Druck von ~ 2666 Pa (~ 20 Torr) auf 40°C erhitzt, nach Bildung einer größeren Menge Kristalle 80 ml Ethanol(absol.) zugesetzt und bis zum nächsten Tag stehen gelassen. Man filtriert den Kristallbrei ab, kristallisiert in Ethanol(absol.) um und trocknet zuletzt unter Vakuum bei $\sim 13\,332$ Pa ($\sim 100$ Torr) und 35°C.

Die schwach saure Probelösung (7–300 µg Mn enthaltend) versetzt man in einem 50 ml-Meßkolben bei Bedarf mit KNa-Tartrat (bei Anwesenheit von Al, $Cr^{3+}$, Ti, U usw.), Ascorbinsäure (bei Anwesenheit von $Fe^{3+}$) und KCN (bei Anwesenheit von Co, Cu, Ni). Dann werden 2 ml 1 M FO-Lösung hinzugefügt, sofort mit 1 M NaOH neutralisiert, weitere 2 ml 1 M NaOH zugesetzt, mit Wasser zur Marke aufgefüllt und nach 10 min Standzeit in einer 1 cm-Küvette bei 455 nm gegen Wasser photometriert. Bei Anwesenheit von Ce oder V erhitzt man die Farblösung 5 min auf 90°C. Eine nach dem Abkühlen auftretende Trübung muß abfiltriert werden.


## 8.3.2 Wasser

B: 0,2–7 ppm Mn.

**Arbeitsvorschrift [67]**

20,0 ml Probe (4–140 µg Mn enthaltend) versetzt man unter Rühren mit 1,0 ml FO-Lösung (8 g $NH_2OH \cdot HCl$ löst man in 100 ml Wasser, fügt 4 ml 37%ige Formaldehydlösung hinzu und füllt mit Wasser auf 200 ml auf) sowie 1,0 ml $NH_3(1+1)$, läßt 2 min stehen, fügt 1,0 ml 0,1 M EDTA-Lösung sowie 2,0 ml 10%ige $NH_2OH \cdot HCl$-Lösung hinzu und photometriert nach 10 min Standzeit in einer 1 cm-Küvette bei 450 nm gegen einen Blindwert.


## 8.3.3 Organisches Material

Auch in anderen Arbeiten fand FO zur Bestimmung von Mn in Pflanzenmaterial [57–60] und in Textilien [64] Anwendung.

### 8.3.3.1 Pflanzenmaterial

In der vorliegenden Arbeit [63] wurde auf vorangehende Abtrennungen von störenden Elementen verzichtet, indem die entstehenden Fe- und Cu-FO-Komplexe durch Erhitzen zerstört werden, während durch Zusatz von N-Hydroxyethylethylendiamintetraessigsäure eine Metallphosphatfällung unterbunden wird.
B: 20–500 ppm Mn. $F_r$: $\pm$ 1-2%.

**Arbeitsvorschrift [63]**

1,0 g des bei 105°C getrockneten und zerkleinerten Pflanzenmaterials wird in einem 250 ml-Becherglas mit 25 ml $HNO_3(1,40)$ unter vorsichtigem Erwärmen und Zudecken mit einem Uhrglas vollständig gelöst. Nach Zusatz von 2,5 ml $HClO_4(60\%)$ wird bis zum Auftreten der $HClO_4$-Nebel abgeraucht. Falls die Lösung noch gefärbt ist, wiederholt man den Vorgang mit 5 ml $HNO_3(1,40)$ und raucht wieder bis zum Auftreten der $HClO_4$-Nebel ab. Nun erst lüftet man das Uhrglas und erhitzt, bis die $HClO_4$ fast vollständig vertrieben ist. Nach dem Abkühlen setzt man 25 ml Wasser hinzu, kocht, filtriert in einen 100 ml-Meßkolben, kühlt ab, füllt zur Marke auf und entnimmt einen aliquoten Teil der Probelösung (7,5–50 µg Mn enthaltend), den man in einen 50 ml-Meßkolben überführt. Man verdünnt mit Wasser auf etwa 30 ml, setzt 5 ml 10%ige N-Hydroxyethylethylendiamintetraessigsäure-Lösung zu und neutralisiert mit 10%iger NaOH-Lösung tropfenweise noch freie $HClO_4$ gegen Indikatorpapier. Man versetzt nun mit 1 ml FO-Arbeitslösung (10fach verdünnte Stammlösung; Stammlösung: 20 g Paraformaldehyd + 55 g Hydroxylaminsulfat werden in kochendem Wasser gelöst und auf 100 ml aufge-

füllt), danach sofort (innerhalb 2 min) mit 2 ml 10%ige NaOH-Lösung und stellt den offenen Meßkolben für 2 Std bei 65°C ins Wasserbad. Danach kühlt man ab, füllt zur Marke auf und photometriert in einer 2 cm- oder 5 cm-Küvette bei 450 nm gegen den Blindwert.
Die Eichkurve wird für 0–50 µg Mn mit $MnSO_4$-Stammlösung aufgestellt.

## 8.3.4 Metalle und Legierungen

### 8.3.4.1 Nickellegierungen

B: 15–1000 ppm Mn. $F_r$: ± 5%.

**Arbeitsvorschrift [43]**

Eine entsprechende Menge (20–100 mg) Probematerial (2,5–25 µg Mn enthaltend) wird in möglichst wenig $HNO_3(1+1)$ gelöst und zwecks Überführung in die Chloride zweimal mit je 1 ml HCl(1,19) zur Trockene abgeraucht. Der Trockenrückstand wird mit Wasser aufgenommen, in einen zylindrischen, kalibrierten 50–100 ml-Schütteltrichter übergeführt und auf pH 3–5 eingestellt. Das Volumen soll etwa 15–20 ml betragen. Man extrahiert einmal mit 15 ml und anschließend noch 3–4mal mit je 10 ml Diethyldithiocarbamidsäure-Lösung (2 ml $CS_2$, gelöst in 25 ml $CHCl_3$, sowie 3,5 ml Diethylamin, gelöst in 25 ml $CHCl_3$, werden miteinander vermischt und mit $CHCl_3$ auf 200 ml aufgefüllt; in brauner Flasche aufbewahrt), bis die $CHCl_3$-Phase völlig farblos bleibt. Der vereinigte organische Extrakt wird in einem zweiten Schütteltrichter zweimal mit einem Gemisch von jeweils 10 ml 10%ige Zinkacetat-Lösung und 2 ml Ammoniumacetatpuffer-Lösung (470 ml 15 M $NH_3$ + 430 ml Eisessig werden mit Wasser auf 1 l aufgefüllt) 5 min geschüttelt. Die beiden wäßrigen Auszüge werden vereinigt und in einem 100 ml-Becherglas nach Zusatz von 1 ml 2 M Weinsäure kurz aufgekocht. Man kühlt ab und versetzt mit $NH_3$, bis sich ausfallendes $Zn(OH)_2$ eben wieder löst. Nach dem Überspülen in einen 50 ml-Meßkolben werden in der angegebenen Reihenfolge folgende Zusätze gemacht: 2 ml 10%ige KCN-Lösung, 1 ml 1%ige $NH_2OH \cdot HCl$-Lösung, 2 ml FO-Lösung (10 g Paraformaldehyd + 22 g $NH_2OH \cdot HCl$ werden in 100 ml Wasser gelöst, wobei man solange schwach erwärmt, bis man eine klare farblose Lösung erhält) und 5 ml $NH_3(0,91)$. Nach dem Auffüllen zur Marke wird nach 5 min in einer 2 cm- oder 5 cm-Küvette bei ~405 nm gegen den Blindwert photometriert.

## 8.3.5 Mineralstoffe

### 8.3.5.1 Uranoxid

Nach dem Lösen des $U_3O_8$ wird Mn mittels Kationenaustauscher von U abgetrennt und im Eluat photometrisch bestimmt.
B: 1,5–60 ppm Mn. $F_r$: ± 1–5%.

**Arbeitsvorschrift [66]**

*Austauschersäule.* Kationenaustauscher Dowex 50X8 (100–200 mesh, $H^+$-Form); 2 g Austauscher werden mit einigen Millilitern MIBK/Aceton/12 M $HNO_3$-Gemisch(80 + 10 + 10) aufgeschlämmt und unter Nachspülen mit dem Lösungsmittelgemisch in die Austauschersäule (~1 cm Ø) gegeben.
1,0 g oder 0,50 g $U_3O_8$-Probe wird in 5 ml $HNO_3(1,40)$ gelöst, auf dem Wasserbad zur Trockene eingedampft und der Rückstand mit 5 ml MIBK/Aceton/12 M $HNO_3$-Gemisch(80 + 10 + 10) aufgenommen. Man schickt diese Lösung durch die Austauschersäule (mit 5 ml MIBK/Aceton/$HNO_3$-Gemisch vorbehandelt) mit einer Durchlaufgeschwindigkeit von ~0,5 ml/min, spült mit 70 ml MIBK/Aceton/$HNO_3$-Gemisch nach (U im Durchlauf) und eluiert anschließend das Mn mit 100 ml 2 M $HNO_3$. Das Mn-Eluat wird auf dem Wasserbad zur Trockene eingedampft und der Rückstand mit 1 ml 12 M $HNO_3$ aufgenommen. Danach werden 0,5 ml 30%ige Weinsäure-Lösung, 1,2 ml $NH_3(0,91)$ (zwecks Neutralisation und einige Tropfen im Überschuß) und 1,0 ml 10%ige KCN-Lösung zugegeben und die Lösung 1 min auf dem Bren-

ner gekocht oder 10 min auf dem Wasserbad erhitzt. Anschließend kühlt man die Lösung im Eisbad und versetzt diese, sobald sie Raumtemperatur erreicht hat, der Reihe nach mit 2,0 ml 30%ige Weinsäure-Lösung, 1,0 ml 5%ige $ZnSO_4 \cdot 7\ H_2O$-Lösung, 2,0 ml 1%ige Hydroxylammoniumsulfat-Lösung, 1,0 ml $NH_3(0,91)$ und 0,5 ml FO-Lösung (10 g Paraformaldehyd + 23,5 g Hydroxylammoniumsulfat in 200 ml Wasser unter Erwärmen gelöst; mehrere Wochen haltbar). Die Lösung wird in einem 10 ml-Meßkolben mit Wasser zur Marke aufgefüllt und nach einer Standzeit von 10 min in einer 1 cm-Küvette bei 450 nm gegen einen analog hergestellten Reagentienblindwert photometriert.

## 8.4 Leukomalachitgrün

$(CH_3)_2N-\langle\bigcirc\rangle-CH\big\langle\begin{smallmatrix}\bigcirc-N(CH_3)_2\\ \bigcirc\end{smallmatrix} \quad\xrightarrow{\text{Oxidation}}\quad \big[(CH_3)_2N=\langle\bigcirc\rangle=C\big\langle\begin{smallmatrix}\bigcirc-N(CH_3)_2\\ \bigcirc\end{smallmatrix}\big]\ Cl$

(I)             (II)

Das farblose Leukomalachitgrün(I) (4,4'-Tetramethyldiaminotriphenylmethan) (LMG) wird durch oxidierende Stoffe in das blaugrüne Malachitgrün(II) (MG) übergeführt. Die Umsetzung von LMG mit höherwertigem Mn stellt eine sehr empfindliche Farbreaktion dar. Dafür wurden zwei verschiedene Verfahren angewandt:
a) Oxidation des $Mn^{2+}$ zu $MnO_4^-$ mit $IO_4^-$ bei Siedetemperatur, anschließende Oxidation des LMG mit $MnO_4^-$ zu MG bei erhöhter Temperatur ($\sim 80°C$) [68] oder Raumtemperatur,
b) Oxidation des LMG zu MG mit $Mn^{2+}/IO_4^-$ bei pH 3,35 und 25°C [59].
Für Verfahren b) wird der Reaktionsablauf dahingehend gedeutet, daß auch hier $Mn^{2+}$ zu $MnO_4^-$ oxidiert wird und dieses mit LMG unter Bildung von MG reagiert [69]. Nach anderer Ansicht soll es sich hier aber wahrscheinlich um eine katalytische Reaktion über das System $Mn^{2+}/IO_4^-/Mn^{3+}/Mn^{2+}$ handeln [70]. Die Grundlagen für die Reaktion von $MnO_4^-$ mit LMG nach Verfahren a) wurden einerseits in Anwesenheit von Milchsäure [71], andererseits in Anwesenheit eines $HNO_3/H_3PO_4$-Gemisches [68] ausgearbeitet. Im letzteren Falle wurde $Mn^{2+}$ mit $NaIO_4$ bei Siedetemperatur in $MnO_4^-$ übergeführt, welches man mit LMG bei 80°C zu einer gelben Farbverbindung (Messung bei 475 nm) umsetzte, die allerdings sehr zeit- und temperaturabhängig ist. Durch Verwendung geringerer Mengen $IO_4^-$, die zur Überführung des Mn in $MnO_4^-$ ausreichen, erhält man bereits bei Raumtemperatur in Anwesenheit von Essigsäure-Acetat-Puffer (pH 3,35) eine stabile blaugrüne Färbung [69]. Das Extinktionsmaximum liegt bei 620 nm. Die Blindwertfärbung ist gering. Eine genaue pH-Einstellung ist allerdings erforderlich. Die Eichkurve verläuft im Bereich von 0,001–0,02 µg Mn/ml (2 cm-Küvette) nicht linear, sondern weist im oberen Teil eine zunehmende Krümmung auf. Letztere wird auf einen Verlust an MG infolge einer durch Mn katalysierten teilweisen Oxidation von MG zu einem farblosen Oxidationsprodukt zurückgeführt [72]. Läßt man nämlich $MnO_4^-$ mit LMG bei 25°C 1 Std reagieren, so erhält man eine lineare Eichkurve, bei der das Beersche Gesetz im Bereich von 0,009–0,35 µg Mn/ml erfüllt ist ($\varepsilon_{622} = 157\,000$) [70]. Der gefundene molare Extinktionskoeffizient liegt unter dem theoretischen Wert, was auf eine nicht

quantitative Reaktion hinweist. Denn bei einem quantitativen Umsatz oxidiert 1 Mol $MnO_4^-$ 2,5 Mole LMG, die bei einem molaren Extinktionskoeffizienten des MG von $\varepsilon_{622} = 98\,000$ einen theoretischen Wert von $\varepsilon(th.) = 246\,250$ ergeben würden [70]. Man kann das gebildete MG mit $CHCl_3$ extrahieren und bei 620–622 nm photometrieren, wodurch sich die Empfindlichkeit etwas steigern läßt [69, 70, 73]. Eine Steigerung der Nachweisempfindlichkeit um 45% ($\varepsilon_{639} = 227\,000$) läßt sich erreichen, wenn man den freien Benzolring des LMG durch 2,4-Dichlorbenzol ersetzt [70].

Beim nachfolgenden Verfahren [69] gibt in erster Linie Fe dieselbe Reaktion wie Mn und muß aus salzsaurer Lösung durch Extraktion mit Diisopropylether abgetrennt werden. Auch $I^-$ sowie $Au^{3+}$, $Ce^{4+}$, $Cr^{6+}$, $Ir^{4+}$, $V^{5+}$, $[Fe(CN)_6]^{3-}$, Oxalat, $S_2O_3^{2-}$, $CN^-$ oder reduzierende Substanzen stören. Ag, Al, Co, Cu, Pb, Ni und Zn stören in > 100facher Menge (bezogen auf Mn), während Ca, Mg, K und Na auch in größeren Mengen anwesend sein können. Die Bestimmung von 0,05–1 μg Mn/50 ml wird durch die Anwesenheit folgender Ionenmengen (in mg/50 ml) nicht gestört: $Al(0,1)$, $As^{3+}(1)$, $B(10)$, $Ca(10)$, $Co(0,1)$, $Cu(0,2)$, $Fe^{2+}(0,01)$, $Fe^{3+}(0,002)$, $K(10)$, $Mg(8)$, $Mo^{6+}(0,5)$, $Na(12)$, $Ni(0,1)$, $Pb(0,1)$, $Zn(0,3)$, $NH_4^+(5)$, $Br^-(0,5)$, $Cl^-(15)$, $I^-(0,001)$, $F^-(0,5)$, $CrO_4^{2-}(0,05)$, $Cr_2O_7^{2-}(0,05)$, $HCO_3^-(5)$, $IO_3^-(2)$, $NO_3^-(2)$, $NO_2^-(0,002)$, $PO_4^{3-}(10)$, $ClO_4^-(8)$, $SiO_3^{2-}(1,5)$, $SO_4^{2-}(12)$, $SO_3^{2-}(0,01)$, $S_2O_3^{2-}(0,01)$, $CN^-(0,2)$, Acetat(15), Citrat(0,1) und Oxalat(0,05).

Neben der oben besprochenen Oxidation des LMG zu MG fand weiterhin die durch Mn katalysierte Oxidation des MG mit $IO_4^-$ zu einem farblosen Oxidationsprodukt als Reaktionsgrundlage Anwendung [72]. Sie diente für die Bestimmung von Mn in Blutserum (0,36- > 0,90 ng Mn/ml Serum): nach trockener Veraschung erfolgte die Oxidation des MG mit $IO_4^-$ bei 26°C und pH 3,6 mit sehr langer Reaktionszeit, wobei die Farblösung im untersuchten Konzentrationsbereich weitgehende Linearität aufweist [72]. In weiteren Arbeiten diente die Reaktion in Form der kinetischen Messung zur Bestimmung von Mn in Lösung [74, 75], Silicium, $HNO_3$, HF [76], Schwefel [77], Niob, Tantal [78] und Selen [79] (s. S. 116). Durch Zusatz von Nitrilotriessigsäure läßt sich die Empfindlichkeit der Reaktion erhöhen [74].


### 8.4.1 Pflanzenmaterial

B: 6–260 ppm Mn. $F_r$: ± 5%.

**Arbeitsvorschrift [69]**

0,1 g getrocknetes Pflanzenmaterial wird in einer Quarzschale bei 550°C trocken verascht, nach dem Abkühlen mit einigen Millilitern Wasser und 1 ml HCl(1,19) benetzt, auf dem Sandbad zur Trockene eingedampft und zuletzt kurz geglüht. Man löst die Asche in 3 ml 7 M HCl, führt die Lösung in einen kleinen Schütteltrichter über, wobei man mit 2 ml 7 M HCl nachspült. Die Lösung wird mit 5 ml Diisopropylether extrahiert und die wäßrige Lösung nach der Phasentrennung in der ursprünglich verwendeten Quarzschale auf dem Dampfbad zur Trockene eingedampft. Zum Trockenrückstand fügt man 15 ml Wasser, welches mit 0,5 ml 0,1 M HCl angesäuert wurde, erhitzt bis zum Sieden und filtriert dann in einen 100 ml-Meßkolben. Nach dem Abkühlen füllt man mit Wasser bis zur Marke auf. Ein aliquoter Teil dieser Lösung (0,05–1 μg Mn enthaltend) wird in einen 50 ml-Meßkolben übergeführt, mit Wasser auf 35 ml verdünnt, 5 ml Puffer-Lösung (50 g Natriumacetat werden in Wasser und 400 ml Eisessig gelöst und mit Wasser auf 1 l aufgefüllt) hinzugefügt und dann unter Schütteln mit 5 ml 0,2%ige $KIO_4$-Lösung versetzt. Nun erwärmt man die Lösung 30 min in einem Wasserbad auf genau 25°C und fügt dann 1,0 ml 0,1%ige LMG-Lösung [0,1 g LMG wird in Wasser unter Zusatz von 1 ml HCl(1,19) bei 80°C gelöst und nach dem Abkühlen mit Wasser auf 100 ml aufgefüllt] hinzu. Man füllt mit Wasser zur Marke auf, mischt gut durch und photometriert nach 1 Std Standzeit im Wasserbad bei 25°C in einer 2 cm-Küvette bei 620 nm gegen Wasser. Ein Blindwert wird in Abzug gebracht.

## 8.5 Permanganat

Grundlage dieser photometrischen Bestimmung ist die Oxidation des $Mn^{2+}$ in mineralsaurer Lösung nach Gl.(1) und (7) mit $IO_4^-$ oder $S_2O_8^{2-}$, letzteres mit $Ag^+$ als Katalysator, zum violettroten $MnO_4^-$. $MnO_4^-$ kann auch — nach Oxidation sowohl mit $IO_4^-$[80] als auch mit $S_2O_8^{2-}$ [81] — mit Tetraphenylarsoniumchlorid (TPA) und verschiedenen organischen Solventien ($CHCl_3$ [80, 82], Nitrobenzol [83], Dichlorethan [81]) extrahiert und photometrisch bestimmt werden. In der Literatur gehen die Meinungen darüber auseinander, ob $IO_4^-$ oder $S_2O_8^{2-}$ das bessere Oxidationsmittel ist: viele Arbeiten halten $IO_4^-$ für zweckmäßiger oder besser, andere geben wiederum $S_2O_8^{2-}$ den Vorzug. Aus den vielen Untersuchungsergebnissen kann man zusammenfassend den Schluß ziehen, daß mit beiden Oxidationsmitteln gute Ergebnisse erreichbar sind, wenn die entsprechend optimalen Reaktionsbedingungen eingehalten werden.

$$2\,Mn^{2+} + 5\,IO_4^- + 3\,H_2O \rightarrow 2\,MnO_4^- + 5\,IO_3^- + 6\,H^+ \qquad (1)$$

Die nach Gl.(1) ablaufende Oxidation von $Mn^{2+}$ zu $Mn^{7+}$ mit $KIO_4$ ist eine autokatalytische Reaktion mit einer Induktionsperiode [Gl.(2)] von 3–5 min, die über mehrere Teilreaktionen gemäß Gl.(2) bis (6) abläuft [84, 85].

$$2\,Mn^{2+} + IO_4^- \xrightarrow{\text{langsam}} 2\,Mn^{3+} + IO_3^- \qquad (2)$$

$$Mn^{3+} + 2\,IO_4^- \rightarrow MnO_4^- + 2\,IO_3^- \qquad (3)$$

$$Mn^{2+} + MnO_4^- \rightarrow Mn^{3+} + MnO_4^{2-} \qquad (4)$$

$$Mn^{2+} + MnO_4^{2-} \rightarrow 2\,Mn^{4+} \qquad (5)$$

$$Mn^{4+} + Mn^{2+} \rightarrow 2\,Mn^{3+} \qquad (6)$$

Die Oxidation des Mn mit $IO_4^-$ wird vorwiegend mit $KIO_4$ [84, 86–91] in der heißen salpetersauren, schwefelsauren und bei höheren Fe-Gehalten phosphorsauren Probelösung durchgeführt. Die anwesenden Mengen an Säure und Mn sollen in einem bestimmten Verhältnis stehen, da ein zu hoher Säureüberschuß zu einer Verzögerung der Farbentwicklung oder auch zu einem raschen Verblassen der Färbung führen kann [86, 92, 93]. Dies gilt vor allem bei der Bestimmung kleiner Mn-Mengen. In diesem Falle empfiehlt es sich, die in Arbeitsvorschrift I (Vorschrift 8.5.1.1, S. 106) angegebene untere Grenze der Säurekonzentration einzuhalten. Eine Säurekonzentration zwischen 2,0–3,5 N $H_2SO_4$ vor der Oxidation ist zweckmäßig. In Anwesenheit von 5 ml konz. $H_3PO_4$/100 ml Endvolumen ist eine Säurekonzentration von 3 N

$HNO_3$ während des Kochens (Oxidation) sowie von 0,8–2 N $HNO_3$ beim Photometrieren der aufgefüllten Lösung ohne Einfluß auf das Meßergebnis [93]. Eine $HNO_3$-Konzentration außerhalb des angeführten Bereiches beeinträchtigt die Farbentwicklung. Sehr niedrige Mn-Konzentrationen sollen von $IO_4^-$ nur unvollständig oder sehr langsam vollständig oxidiert werden, weshalb die Anwendung von $S_2O_8^{2-}$ dafür empfohlen wird [94]. Allerdings konnten in einer anderen Arbeit [80] 1–50 µg Mn in 100 ml Arbeitslösung mit 6 mg $KIO_4$ in 5 min bei Raumtemperatur befriedigend oxidiert werden. 300 mg $KIO_4$ sind für die Oxidation von 0,9 mg Mn/100 ml (in Anwesenheit von 50 mg Fe) ausreichend [88]. Nach anderen Untersuchungen genügen bereits 50 mg $KIO_4$ für $\leqq 2$ mg Mn/100 ml (in Abwesenheit von Fe) [91] bzw. sind dafür 500 mg $KIO_4$ optimal [84]. Bei der Oxidation von 0,2 mg Mn/100 ml in 1 M $H_2SO_4$ mit $KIO_4$ ist die Farbe in 30 min, von 0,4 mg Mn in 60 min voll entwickelt. Mit steigender Säurekonzentration verlängert sich die Oxidationszeit bzw. die Wartezeit bis zum Farbintensitätsmaximum. Die Oxidationszeit läßt sich durch Zusatz von 1 g $(NH_4)_2S_2O_8$/100 ml auf 3 min abkürzen. Bei der unter diesen Bedingungen durchgeführten Oxidation von 0,9 mg Mn entsteht eine Fällung, die sich durch Zusatz von $H_3PO_4$ verhindern läßt. Hiernach sind die günstigsten Bedingungen für die Oxidation von 0,1–0,9 mg Mn/100 ml (in Anwesenheit von 50 mg Fe) [88]: 1 M $H_2SO_4$/1 M $H_3PO_4$, + 1 g $(NH_4)_2S_2O_8$/100 ml und 10 min kochen, + 0,3 g $KIO_4$/100 ml und 3 min kochen, dann 10 min Standzeit bei 90°C und abkühlen.
Bei der Extraktion mit 0,8% TPA/$CHCl_3$ führt ein Überschuß an $IO_4^-$ zur Ausfällung des TPA, weshalb bei dieser Arbeitsweise bei pH 6,3 in Anwesenheit von $HNO_3$/$H_3PO_4$/Citronensäure für 1–50 µg Mn in 100 ml Probelösung eine Menge von 6 mg $KIO_4$ zur Oxidation und späteren Komplexstabilität als ausreichend empfohlen wird [80]. Bei Ca-reichen Proben ist, wegen der Fällung von $CaSO_4$, die Oxidation mit $IO_4^-$ vorzuziehen. Bei Proben mit größeren Ti-Gehalten wird $IO_4^-$ als Oxidationsmittel empfohlen [95, 96]. Reduzierende Substanzen können sowohl die Oxidation als auch die $MnO_4^-$-Färbung selbst stören und müssen daher vorher entfernt werden. Desgleichen müssen andere oxidierbare anorganische oder organische Ionen wie $Fe^{2+}$, $SO_3^{2-}$, $NO_2^-$, $Br^-$, $I^-$, Oxalat usw. durch Abrauchen zerstört werden. $F^-$, $ClO_4^-$, $P_2O_7^{4-}$, $AsO_4^{3-}$ und $BO_3^{3-}$ stören nicht. Besonders bei geringen Mn-Mengen empfiehlt es sich, für die Abwesenheit auch kleiner Mengen $Cl^-$ durch vorheriges Abrauchen mit $H_2SO_4$ [97] oder $H_2SO_4$/$HNO_3$ [98] zu sorgen. Bei Anwesenheit hoher $Cl^-$-Mengen wurde hingegen Mn durch Extraktion mit Oxin/$CHCl_3$ isoliert [99]. Gefärbte Kationen, wie bis zur 200fachen Menge an Co, Cu bzw. 100fachen Menge an Ni, stören insofern nicht, als man ihre Färbung durch Vergleichsmessung (Vergleichslösung) berücksichtigen kann. Nicht zu hohe Mengen an $Cr^{3+}$ und $Ce^{3+}$ werden durch $IO_4^-$ mitoxidiert und stören dann nicht; allerdings hängt ihre quantitative Oxidierbarkeit von der Säurekonzentration ab. Eine Störung von $Fe^{3+}$ bzw. eine Fällung von $Fe(IO_4)_3$ kann durch Zusatz von $H_3PO_4$ verhindert werden [88]. Die Bestimmung von 0,15–0,9 mg Mn/100 ml wird nicht gestört durch (mg/100 ml) [88]: Al(0,5), Co(0,5), Cu(0,5), Mo(4), Ni(10), Si(0,3), Ti(0,5), V(1) und W(0,5). Cr stört, doch kann dessen Meßwerterhöhung rechnerisch korrigiert werden [88, 100]. Eine zweite Möglichkeit zur Berücksichtigung der Cr-Störung besteht darin, $Mn^{7+}$ mit $NaNO_2$ ohne Zeitverzug (die Farbe der Lösung ist nur $\sim 15$ min stabil, danach erfolgt eine langsame Reoxidation des $Mn^{2+}$) zu reduzieren, die reduzierte Lösung erneut zu photometrieren und den so erhaltenen Blindwert vom Meßwert abzuziehen [100]. Die Reduktion

mit $NaNO_2$ muß in Anwesenheit eines $KIO_4$-Überschusses erfolgen, da sonst auch $Cr^{6+}$ reduziert wird. Ce stört bei einem Mengenverhältnis von Ce:Mn > 2000:1, weshalb Mn durch Carbamat-Extraktion abgetrennt wurde (s. S. 39) [47]. Während sich eine Fällung von Ag, Pb und Hg bei höherer Säurekonzentration vermeiden läßt, stören Sn und Bi gerade unter solchen Bedingungen durch Auftreten einer Trübung [87].

$$2\,Mn^{2+} + 5\,S_2O_8^{2-} + 8\,H_2O \rightarrow 2\,MnO_4^- + 10\,HSO_4^- + 6\,H^+ \tag{7}$$

Die Oxidation des $Mn^{2+}$ nach Gl.(7) erfolgt mit $K_2S_2O_8$ oder $(NH_4)_2S_2O_8$ in Anwesenheit von $AgNO_3$ [94, 101–108] oder $Ag_2SO_4$ [81], wobei die schwefel- und salpetersaure Probelösung ebenfalls erhitzt wird. Für die Farbreaktion erwies sich eine Säurekonzentration von 0,5 M $HNO_3$ oder 0,5 M $H_2SO_4$ am zweckmäßigsten [94]. Mehrere Arbeiten befaßten sich mit der Deutung des Reaktionsmechanismus der Oxidation nach Gl.(7). Nach allgemeiner Vorstellung wirkt dabei das $Ag^+$ direkt als Oxidationskatalysator. Die einfachste Erklärung dazu erscheint die angenommene Bildung von AgO als Zwischenreaktion, welches bekanntlich $Mn^{2+}$ zu $Mn^{7+}$ oxidiert (s. S. 66). Nach einer anderen Arbeit hingegen soll das Ag nicht als direkter Oxidationskatalysator — z.B. im vorerwähnten Sinne oder nach dem angedeuteten Reaktionsschema gemäß Gl.(8) bis (11) — wirken, sondern beim Zerfall der unbeständigen Peroxidischwefelsäure über die Peroximonoschwefelsäure zu $H_2O_2$ die Zersetzung des entstandenen $H_2O_2$ und die Bildung von Ozon und Sauerstoff bewirken, wodurch einerseits die Oxidation $Mn^{2+} \rightarrow Mn^{7+}$ gewährleistet und andererseits eine Teilreduktion von bereits gebildetem $Mn^{7+}$ durch $H_2O_2$ verhindert wird [109]. Nach einer Deutung verläuft die Oxidation nach Gl.(7) in Anwesenheit von $Ag^+$ als Katalysator über mehrere Teilreaktionen nach Gl.(8) bis (11), an denen jeweils der angenommene $Ag^{3+}$-Komplex $[OAg^{III}OSO_3]^-$ beteiligt ist [110].

$$Mn^{2+} + [Ag^{3+}] \rightarrow Mn^{4+} + Ag^+ \tag{8}$$

$$Mn^{4+} + [Ag^{3+}] \rightarrow Mn^{6+} + Ag^+ \tag{9}$$

$$2\,Mn^{6+} \rightarrow Mn^{5+} + Mn^{7+} \tag{10}$$

$$Mn^{5+} + [Ag^{3+}] \rightarrow Mn^{7+} + Ag^+ \tag{11}$$

Bei richtiger Dosierung der Reagentien laufen zumindest die Reaktionen nach Gl.(8), (10) und (11) sehr schnell ab. Eine bisweilen auftretende rotbraune Zwischenfärbung dürfte durch den $Mn^{4+}$-Komplex bedingt sein. Der Reaktion gemäß Gl.(9) kommt besondere Bedeutung zu, da sie ein hinreichend großes Angebot an $Ag^{3+}$-Komplex voraussetzt. Dies ist bei einem molaren Verhältnis Mn:Ag > 1:2 gewährleistet. Wird in Reaktion Gl.(8) jedoch bereits das gesamte $Ag^{3+}$ verbraucht, so tritt der Alterungsprozeß nach Gl.(12) ein, der mit der Ausscheidung

$$Mn^{4+} \rightarrow MnO(OH)_2 \tag{12}$$

von Mangandioxidhydrat alle weiteren Oxidationen blockiert. In Gegenwart von $H_3PO_4$ wird die Alterung merklich verzögert [94, 110]. Nach dieser Arbeit [110] sind für die Oxidation von $\leq$ 0,55 mg Mn/100 ml folgende Reaktionsbedingungen optimal: 0,75 M $HNO_3$/0,125 M $H_2SO_4$/ 0,3 M $H_3PO_4$, 0,010 M $(NH_4)_2S_2O_8$, 0,001 M

AgNO$_3$ [s. Arbeitsvorschrift II.a), S. 106, dort wegen der 4fach höheren Mn-Maximalmenge 0,04 M (NH$_4$)$_2$S$_2$O$_8$ und 0,004 M AgNO$_3$].

Die Extraktion des MnO$_4^-$ mit TPA/Dichlorethan erfolgt am günstigsten aus 0,12–0,75 M H$_2$SO$_4$-Lösung, da die Extinktion der organischen Phase durch H$_3$PO$_4$ und HNO$_3$ gemindert wird, während HClO$_4$ zur Ausfällung in Gegenwart von TPA führt [81]. Bei der nachfolgenden Arbeitsvorschrift II.b) (s. S. 106) liegen folgende günstigste Konzentrationsverhältnisse vor: 0,3 M HNO$_3$/0,15 M H$_3$PO$_4$/0,0125 M HgSO$_4$/ 0,00001 M AgNO$_3$. Wenn in Anwesenheit großer Mn-Mengen bei der Oxidation MnO$_2$ ausfallen sollte, versetzt man die Lösung mit 2 ml konz. H$_3$PO$_4$, löst die Fällung mit 1–2 Tropfen 10%ige NH$_2$OH·HCl-Lösung und oxidiert das Mn vollständig durch erneutes Erhitzen bis zum Siedepunkt [94]. Ein Zusatz von H$_3$PO$_4$ fördert die Oxidation [111] und verhindert eine Fällung von MnO$_2$ [94]. Zur Oxidation von 5–5000 µg Mn wird von einer Seite [94] eine wenigstens 0,1 M H$_3$PO$_4$/0,3 M HNO$_3$-Lösung und 1% (NH$_4$)$_2$S$_2$O$_8$ als notwendig angegeben, während bereits sehr geringe Ag-Mengen als Katalysator ausreichen. Als günstig erwies sich eine Konzentration von 10$^{-5}$ M AgNO$_3$. In einer anderen Arbeit [103] wird zur Bestimmung von Mn in Stahl bei höherer HNO$_3$-, S$_2$O$_8^{2-}$- und AgNO$_3$-Konzentration in Abwesenheit von H$_3$PO$_4$ Mn zu MnO$_4^-$ oxidiert. Dieses Verfahren soll auch in Anwesenheit höherer Ti-Mengen anwendbar sein, doch wird von anderer Seite [95, 96], wie bereits früher erwähnt, statt dessen die IO$_4^-$-Oxidation empfohlen.

In der Literatur wurden weiterhin zum Teil recht unterschiedliche Angaben für die günstigsten Reaktionsbedingungen gemacht: 0,4–0,7 N [112–115] und 2,0 N [105] Mineralsäure, 160–500 mg [105, 112–114] und 1000 mg AgNO$_3$/l [115], 5–6 g (NH$_4$)$_2$S$_2$O$_8$/l [112, 113] und 20–30 g (NH$_4$)$_2$S$_2$O$_8$/l [105, 114, 115]. Aus allen Daten ergibt sich zusammenfassend, daß die Oxidation von Mn$^{2+}$ zu Mn$^{7+}$ in einem relativ breiten Säurekonzentrationsbereich durchführbar ist, eine Säurekonzentration von etwa 0,5 N aber — wie schon zu Beginn dieses Absatzes erwähnt — am zweckmäßigsten erscheint.

Geringe Mengen Ti sollen bei der S$_2$O$_8^{2-}$-Oxidation nicht stören, wenn 2–10% H$_2$SO$_4$ anwesend sind [107, 108]. Eine Konzentration von 10$^{-6}$ M HCl stört die Farbreaktion nicht, darüber liegende Konzentrationen stören bereits [94]. Größere Cl$^-$-Mengen müssen deshalb entfernt werden. Cl$^-$ kann durch Zusatz von HgSO$_4$ oder einer HNO$_3$/H$_3$PO$_4$-sauren Hg-Lösung maskiert werden. Unter den Arbeitsbedingungen der nachfolgenden Arbeitsvorschrift II.b) (s. S. 106) stören auf diese Weise bis zu 85 mg Cl$^-$/100 ml nicht. Weiterhin tritt in Anwesenheit von 1,27 mg I$^-$/100 ml und 0,40 mg Br$^-$/100 ml keine Störung auf, während höhere Konzentrationen bereits stören. Wenn größere Mengen organischer Substanz in der Probe vorhanden sind, muß diese unter Erhöhung der S$_2$O$_8^{2-}$-Menge (2–5 g (NH$_4$)$_2$S$_2$O$_8$/100 ml) längere Zeit (je nach Art und Menge an organischer Substanz 5–15 min) erhitzt werden. Die Bestimmung von 0,006–0,55 mg Mn/100 ml wird nicht gestört durch (jeweils in 100 ml) [110]: 100 mmol Li, Na; 50 mmol SO$_4^{2-}$, PO$_4^{3-}$, NO$_3^-$, ClO$_4^-$; 25 mmol Al, As$^{5+}$, BO$_3^{3-}$, Be, Cd, K, Mg, Zn; 10 mmol Ca, Cs, Cu, Ga, Hg$^{2+}$, Mo$^{6+}$, NH$_4^+$, Ni, Rb; 5 mmol Fe$^{3+}$, In, V$^{5+}$; 1 mmol Ag, Cr$^{6+}$; 0,5 mmol Co, Sr; 0,1 mmol Sb$^{5+}$, Oxalat; 0,05 mmol Pb, Tl$^+$; 0,01 mmol Ba, Cr$^{3+}$, W$^{6+}$, As$^{3+}$, Sb$^{3+}$, Pt-Metalle, Sn$^{2+}$, Formiat, Tartrat, Citrat, H$_2$O$_2$, Cl$^-$, Br$^-$, I$^-$, CN$^-$, SCN$^-$, S$^{2-}$.

In einer Arbeit war die mit S$_2$O$_8^{2-}$ in 1 M H$_2$SO$_4$/0,3 M H$_3$PO$_4$-Lösung entwickelte MnO$_4^-$-Farbe nicht stabil und verblaßte (Abnahme der Extinktion um −2,4%/Std), weshalb die Oxidation mit $IO_4^-$ vorgezogen wurde [116]. Die mit letzterem entwikkelte Farbe war hingegen bis zu 2 Tage stabil [100, 116]. Ein weiterer Nachteil des $S_2O_8^{2-}$ ist die fallweise Bildung von Gasblasen nach erfolgter Oxidation, die beim Photometrieren stören können.

Für die gleichzeitige photometrische Bestimmung von $Cr^{6+}$ bei 440 nm und $Mn^{7+}$ bei 545 nm in derselben Lösung wurde die Oxidation beider Elemente nacheinander mit $S_2O_8^{2-}/Ag^+$ und $IO_4^-$ in 1 M $H_2SO_4$/0,7 M $H_3PO_4$ vorgenommen, da einerseits Cr mit $IO_4^-$ nicht quantitativ oxidiert wird und andererseits die Oxidation des Mn mit $S_2O_8^{2-}$ gelegentlich unvollständig ist und eine instabile Farbe liefert [116]. Die Kombination von $S_2O_8^{2-}/IO_4^-$ fand aber auch für die Einzelbestimmung des Mn Anwendung [117]. Außer den beiden Oxidationsmitteln wurde noch $NaBiO_3$ allein [118–120] oder zusammen mit $S_2O_8^{2-}$ [121, 122], besonders auch bei der Bestimmung geringer Mn-Mengen in Legierungen, verwendet. Ein gewisser Nachteil ist, daß der $NaBiO_3$-Überschuß vor der Bestimmung des $MnO_4^-$ vollständig abgetrennt werden muß. Schließlich wurde Mn auch mit $Ag_2O_2$ zu $MnO_4^-$ in 10%iger $H_2SO_4$-Lösung oxidiert [104, 123]. $Cl^-$ wird dabei durch Zusatz von $AgNO_3$ gebunden. Weiterhin ist zu erwähnen die Oxidation mit $(NH_4)_2Ce(NO_3)_6$ und $Ag^+$ als Katalysator bei Raumtemperatur [124] sowie mit $Na_4XeO_6 \cdot 2,5\ H_2O$ bei Raumtemperatur [125–127]. Das Extinktionsmaximum liegt bei 525 und 545 nm in wäßriger Lösung ($\varepsilon_{525}$ = 2240) [122, 128], bei 528 und 545 nm nach Extraktion mit TPA/Dichlorethan [81] bzw. 532 nm mit TPA/$CHCl_3$. Das Beersche Gesetz ist im Bereich von 0,6–25 µg Mn/ml erfüllt. Die entwickelte Farbe ist in Anwesenheit eines Überschusses an $IO_4^-$ 2 Monate [86, 129], in Anwesenheit eines solchen an $S_2O_8^{2-}$ mindestens 24 Std [94] stabil. Der mit $CHCl_3$ oder Dichlorethan extrahierte [(TPA)$^+$$MnO_4^-$]-Komplex ist nur 5 min stabil, weshalb sofort nach der Extraktion photometriert werden muß [80, 81]. In Anwesenheit von $Cr^{6+}$ empfiehlt es sich, je nach Höhe der Cr-Menge bei 545, bei 566 oder sogar 575 nm zu messen, da bei 545 nm bereits 70% der bei 525 nm vorhandenen Cr-Absorption ausgeschaltet sind, bei und über 575 nm diese hingegen nur mehr sehr geringfügig ist. Eine noch höhere Genauigkeit läßt sich erzielen, wenn man als Vergleichslösung eine $MnO_4^-$-Lösung ähnlicher Durchlässigkeit verwendet und nach der photometrischen Bestimmung beide Lösungen durch Zusatz von $H_2O_2$ entfärbt. Eine erneute photometrische Messung beider Lösungen gegeneinander ergibt nun den genauen Blindwert [130]. Bei Anwesenheit größerer Mengen an Störelementen soll mit $NaNO_2$ oder mit $NaN_3$ anstelle von $H_2O_2$ entfärbt werden [131]. Nach anderen Arbeiten wird auch Oxalsäure [132], vor allem aber EDTA [133, 134] für die selektive Reduktion des $MnO_4^-$ empfohlen. Beim Extraktionsverfahren [Oxidation mit $(NH_4)_2S_2O_8$] kann bis zu 1 g Fe und bis je 1,5 g an Al, Co, Cu, Mg und Ni in 100 ml Probelösung neben $\leq 80$ µg Mn anwesend sein [81] (s. Verfahren 8.5.4.3, S. 109).

Zur indirekten Bestimmung von $Mn^{2+}$ wurde dieses mit einem Überschuß an $MnO_4^-$ oxidiert und die Restmenge an $MnO_4^-$ photometrisch ermittelt [135].

## 8.5.1 Allgemeine Arbeitsvorschrift

### 8.5.1.1 Arbeitsvorschrift I (Periodatverfahren) [6]

Die Probelösung (60–2400 µg Mn enthaltend) versetzt man in einem 100 ml-Meßkolben mit so viel Säure, daß die zur Messung auf 100 ml aufgefüllte Lösung 5–15 ml $HNO_3$(1,40) + 5–10 ml $H_3PO_4$(1,70) oder 6–10 ml $H_2SO_4$(1,84) + 5–10 ml $H_3PO_4$(1,70) enthält. Dann verdünnt man mit Wasser auf 50–60 ml, fügt 0,2–0,5 g $KIO_4$ oder 10 ml $KIO_4$-Lösung [2 g $KIO_4$ werden in 30 ml $HNO_3$(5 + 2) unter Erwärmen gelöst und nach dem Abkühlen mit Wasser auf 100 ml aufgefüllt] hinzu und kocht 2–5 min. Dann kühlt man am fließenden Wasser ab, füllt mit Wasser zur Marke auf und photometriert in einer 1 cm-Küvette bei 525 oder 545 nm gegen Wasser. In Anwesenheit störender, gefärbter Fremdionen photometriert man gegen eine Vergleichslösung, die durch Entfärben eines Teiles der Farblösung mittels einiger Tropfen 5%ige $NaNO_2$-Lösung hergestellt wird. Falls die zu bestimmende Mn-Menge sehr klein ist und das Farblösungsendvolumen daher nur zur Füllung einer Küvette ausreicht, so wird die Entfärbung in der Küvette durchgeführt, indem man die Farblösung zuerst gegen Wasser photometriert ($E_1$), dann mit 2–3 Tropfen $NaNO_2$-Lösung in der Küvette entfärbt, erneut gegen Wasser photometriert ($E_2$) und aus der Extinktionsdifferenz ($E = E_1 - E_2$) die Mn-Menge ermittelt.

### 8.5.1.2 Arbeitsvorschrift II (Peroxodisulfatverfahren)

*a) Abwesenheit von Halogeniden* [110]

~ 40 ml schwach saure Probelösung (pH 1–4, 60–2400 µg Mn enthaltend) versetzt man in einem 100 ml-Meßkolben nacheinander mit 20,0 ml Mischsäure (750 ml 4 N $HNO_3$ + 250 ml 4 N $H_2SO_4$) (sofern diese nicht bereits zum Auflösen der Probe verwendet wurde), 10,0 ml $AgNO_3$-Lösung (6,80 g $AgNO_3$ in 750 ml 1 N $HNO_3$ + 250 ml 1 N $H_2SO_4$, vor Licht geschützt aufbewahrt) und 2,0 ml $H_3PO_4$(1,71), fügt 10,0 ml 9%ige $(NH_4)_2S_2O_8$-Lösung (frisch hergestellt) hinzu, füllt mit Wasser bis zum Kolbenhalsansatz auf, mischt, erhitzt sofort (innerhalb 5 min) genau 5 min im siedenden Wasserbad, kühlt danach schnell im fließenden Wasser auf Raumtemperatur ab, füllt mit Wasser zur Marke auf, mischt und photometriert innerhalb 15 min in einer 1 cm-Küvette bei 545 nm gegen Wasser.

*b) Anwesenheit von $\leqq$ 85 mg $Cl^-$/100 ml* [94]

Die schwach saure Probelösung (60–2400 µg Mn enthaltend) versetzt man in einem 250 ml-Erlenmeyerkolben oder -Becherglas (mit Uhrglas) mit 5 ml $HgSO_4$/$AgNO_3$-Lösung [75 g $HgSO_4$ werden in 400 ml $HNO_3$(1,40) und 200 ml Wasser gelöst, mit 200 ml $H_3PO_4$(1,70) und 0,034 g $AgNO_3$ versetzt und nach dem Abkühlen mit Wasser auf 1 l aufgefüllt], verdünnt mit Wasser auf etwa 90 ml, fügt 1 g $(NH_4)_2S_2O_8$ hinzu, kocht auf der Heizplatte 2 min und kühlt anschließend sofort am fließenden Wasser ab. Man führt in einen 100 ml-Meßkolben über, füllt mit Wasser zur Marke auf und photometriert in einer 1 cm-Küvette bei 525 oder 545 nm gegen Wasser.

### 8.5.1.3 Arbeitsvorschrift III (Extraktionsverfahren) [81]

Die ~ 0,7 N $H_2SO_4$-saure Probelösung (2–80 µg Mn enthaltend) wird mit 1 ml 0,25%ige $Ag_2SO_4$-Lösung und 0,5–1 g $(NH_4)_2S_2O_8$-Lösung versetzt, 2 min zur Mn-Oxidation und anschließend bis zur Zerstörung des $S_2O_8^{2-}$-Überschusses gekocht, sofort in fließendem Wasser abgekühlt und in einen 100 ml-Schütteltrichter übergeführt. Man fügt 5,0 ml Dichlorethan und danach 2 ml TPA-Lösung (man löst 0,9 g Tetraphenylarsoniumchlorid in etwa 30 ml Wasser und fügt dazu 70 ml einer wäßrigen Lösung, die 0,3 g $Ag_2SO_4$ gelöst enthält; nach dem vollständigen Ausfallen von AgCl wird die Lösung vor Gebrauch filtriert) hinzu, schüttelt 1 min, kühlt den Schütteltrichter kurz unter fließendem Wasser (zur Erzielung eines klaren Extraktes), läßt die organische Phase in eine 1 cm-Küvette ab und photometriert sofort bei 528 nm gegen Dichlorethan.

## 8.5.2 Wasser, Abwasser

Bis zu 0,8 g $Cl^-$/l stören nicht, da sie mit $Hg^{2+}$ gebunden werden. Bei höheren Gehalten an $Cl^-$ und organischen Stoffen (bei > 60 mg/l $KMnO_4$-Verbrauch) dampft man die Wasserprobe ein, raucht mit 2–5 ml $H_2SO_4$(1,84) ab, löst den Rückstand mit 1–2 ml $HNO_3$(1 + 1) sowie wenig Wasser und verwendet die Lösung für die Analyse. Bei niedrigeren Gehalten (< 60 mg/l $KMnO_4$-Verbrauch) von organischen Stoffen kann man diese durch Zusatz von 10 ml $HNO_3$(1 + 1) und 5–10 min langes Kochen zerstören.

Für Abwässer mit hohem Gehalt an organischen Stoffen wurde empfohlen, letztere durch nasse oder trockene Veraschung gemäß der Arbeitsvorschrift [136] zu beseitigen.

B: 0,1–4,5 mg Mn/l.

**Arbeitsvorschrift**

*Veraschung* [136]. Eine definierte Menge (z.B. 500 ml) Abwasser versetzt man in einem Becherglas mit 5 ml $HNO_3$(1,40), dampft auf ein kleines Volumen ein, führt in eine Quarzglasschale über, engt auf dem Wasserbad auf ~ 15 ml ein, fügt 2 ml $HClO_4$(60%) hinzu und dampft zur Trockene ein. Der Trockenrückstand wird 40 min bei 300°C geglüht und der erkaltete Rückstand mit 2 ml $HCl$(1 + 1) und wenig Wasser unter Erwärmen gelöst. Sollte die organische Substanz nicht vollständig verascht worden sein, fügt man zusätzlich 2 ml $HClO_4$(60%) sowie 2 ml $HNO_3$(1,40) hinzu und wiederholt den Eindampf-, Glüh- und Lösevorgang. Die Lösung wird mit 1–2 ml $H_2SO_4$(1,84) versetzt, abgeraucht, der Rückstand mit 1–2 ml $HNO_3$(1 + 1) sowie wenig Wasser aufgenommen und die Lösung für die Mn-Bestimmung verwendet.

*Bestimmung* [6, 94]. 100,0 ml Wasserprobe säuert man in einem 250 ml-Becherglas mit ~ 1 ml $HNO_3$(1 + 9) an, dampft auf ~ 80 ml ein und fährt mit der Bestimmung nach Arbeitsvorschrift II.b) (s. S. 106) fort.

## 8.5.3 Organisches Material

### 8.5.3.1 Pflanzenmaterial, Nahrungs- und Futtermittel

B: 0,0003–0,2% Mn.

**Arbeitsvorschrift [6]**

1,0–5,0 g Probematerial wird bei 450–500°C trocken verascht (s. S. 17), die Asche mit $HNO_3$(1,40)/$HClO_4$(70%) abgeraucht, der Rückstand mit wenig $HNO_3$(1,40) und Wasser aufgenommen und die Bestimmung nach Arbeitsvorschrift I oder II.b) (s. S. 106) mit 1 cm-, 2 cm- oder 5 cm-Küvetten durchgeführt.

Bei hohem Kieselsäuregehalt raucht man die Asche in einem Pt-Tiegel mit $HF$(40%)/$H_2SO_4$(1,84) ab, löst den Rückstand mit wenig $H_2SO_4$ und Wasser und fährt mit der Bestimmung wie oben angegeben fort.

### 8.5.3.2 Treibstoff

Das im Treibstoff enthaltene Methylcyclopentadienyl-Mn-tricarbonyl (AK–33X) wird mit $Br_2$/$CCl_4$-Lösung zersetzt, das Mn mit Säure extrahiert, die organischen Begleitstoffe oxidiert und Mn als Permanganat photometrisch bestimmt.

B: 0,02–0,5 g Mn/l. $F_r$: $\leqq$ 2%.

**Arbeitsvorschrift** [137]

5,0 ml Probe werden in einen 125 ml-Schütteltrichter gegeben, ihre Temperatur (t in °C) gemessen, tropfenweise mit $Br_2$-Lösung (300 ml Brom in 700 ml $CCl_4$ gelöst) bis zur bleibenden Braunfärbung und 1 ml $Br_2$-Lösung im Überschuß versetzt. Nach einer Reaktionszeit von 2 min wird überschüssiges $Br_2$ durch tropfenweisen Zusatz von Diisobutylen entfernt bis die Lösung klar ist. Man versetzt mit 20 ml Isooctan, mischt, extrahiert 10 sec mit 25 ml $H_3PO_4$-Lösung [100 ml $H_3PO_4$(1,69) + 400 ml Wasser] und läßt die saure Lösung nach der Phasentrennung in ein 250 ml-Becherglas ab. Die Extraktion wird mit 25 ml $H_3PO_4$-Lösung und danach 2mal mit je 25 ml Wasser wiederholt. Die vereinigten wäßrigen Säureauszüge erhitzt man im Becherglas nach Zusatz von 5 ml $HNO_3$(1,40) und einigen Siedesteinchen nur solange, bis die dunkle Lösung gerade rosafarben oder klar wird. Nach dem Abkühlen werden 40 ml $HNO_3$(1,40) zugegeben, mit Wasser auf 200 ml verdünnt, 1 g $KIO_4$ hinzugefügt, zum Sieden erhitzt und vom Auftreten der rotvioletten Färbung an noch 5 min weiter gekocht. Man kühlt ab, füllt im 250 ml-Meßkolben mit Wasser zur Marke auf und photometriert in einer 5 cm-Küvette bei 525 nm gegen Wasser (bei > 250 mg Mn/l in einer 2 cm-Küvette). Der Reagentienblindwert wird mit Mn-freiem Isooctan nach der Arbeitsvorschrift erstellt und abgezogen. Zur Umrechnung auf den Treibstoff bei 15,6°C wird der gefundene Gehalt (g/l) mit dem Faktor T = 1 + 0,001 (t − 15,6) multipliziert (t = gemessene Temperatur der Probe).

*Eichkurve.* Zu abgestuften Mengen von 0–10 ml Mn-Standardlösung (25 ml 0,1 M $KMnO_4$ + 25 ml Wasser, mit $Na_2SO_3$ bis zur Beseitigung der Permanganatfarbe versetzen, zur Austreibung des $SO_2$-Überschusses 15 min kochen, abkühlen, im 250 ml-Meßkolben mit Wasser auffüllen, $\cong$ 110 µg Mn/ml) fügt man jeweils 150 ml Wasser, 40 ml $HNO_3$(1,40) sowie 10 ml $H_3PO_4$(1,69) hinzu und fährt mit dem Zusatz von jeweils 1 g $KIO_4$ nach der Arbeitsvorschrift fort.

## 8.5.4 Metalle und Legierungen

### 8.5.4.1 Aluminium

Mn läßt sich in Aluminium (2–80 ppm Mn) auch auf die Weise bestimmen [81], daß man 1 g Probematerial in 15 ml 5 N NaOH löst, 50 ml 5 N $H_2SO_4$ zufügt, mit Wasser auf 150 ml verdünnt und mit dem Zusatz von $Ag_2SO_4$-Lösung nach Arbeitsvorschrift III (s. S. 106) fortfährt.
B: 10–250 ppm Mn. s: ± 5–10 ppm Mn.

**Arbeitsvorschrift** [6]

2,0 g Probematerial werden in einem 400 ml-Becherglas mit 55 ml $HNO_3$(1 + 2) unter Erwärmen gelöst, die Stickoxide verkocht, die Lösung noch einige Minuten sieden gelassen, nach dem Abkühlen in einen 100 ml-Meßkolben übergeführt und nach Arbeitsvorschrift II.b) (s. S. 106) fortgefahren. Man photometriert in einer 5 cm-Küvette gegen eine Bezugslösung, die durch Entfärben eines aliquoten Teiles der aufgefüllten Farblösung mittels einiger Tropfen $H_2O_2$(3%) oder mit einer analog behandelten zweiten Einwaage ohne Zusatz von $(NH_4)_2S_2O_8$ hergestellt wurde. Ein in gleicher Weise hergestellter Blindwert wird in Abzug gebracht.

### 8.5.4.2 Kupfer

*Verfahren 1*

B: 0,0006–0,1% Mn.

**Arbeitsvorschrift** [113]

1,0 g Probematerial löst man in einem 100–200 ml-Erlenmeyerkolben unter Erwärmen mit 10 ml $HNO_3$(1 + 1), vertreibt die nitrosen Gase durch Kochen, versetzt mit 20 ml 8%ige

AgNO$_3$-Lösung sowie 2 ml 15%ige (NH$_4$)$_2$S$_2$O$_8$-Lösung (frisch hergestellt), kocht 2 min, kühlt im fließenden Wasser auf Raumtemperatur ab, füllt in einem 50 ml-Meßkolben mit Wasser zur Marke auf und photometriert in einer 1 cm-, 2 cm- oder 5 cm-Küvette bei 545 nm gegen Wasser. Ein nach der Vorschrift mit Mn-freiem Kupfer durchgeführter Blindwert wird abgezogen.

*Verfahren 2*

B: 2–80 ppm Mn. s$_r$: ± 4%.

**Arbeitsvorschrift [81]**

1,0 g Probematerial versetzt man in einem Becherglas mit 25 ml 5 N H$_2$SO$_4$ und ~ 10 ml H$_2$O$_2$(30%), löst unter Erhitzen, verkocht den H$_2$O$_2$-Überschuß, verdünnt nach dem Abkühlen mit Wasser auf 100 ml und fährt mit dem Zusatz von Ag$_2$SO$_4$-Lösung nach Arbeitsvorschrift III (s. S. 106) fort.

### 8.5.4.3 Reinsteisen

H$_3$PO$_4$ und HNO$_3$ müssen abwesend sein.
B: 2–80 ppm Mn. s$_r$: ± 4%.

**Arbeitsvorschrift [81]**

1,0 g Probematerial versetzt man in einem Becherglas mit 25 ml 5 N H$_2$SO$_4$ sowie bei Bedarf in kleinen Anteilen mit H$_2$O$_2$(30%), löst unter Erhitzen, kühlt ab, fügt 2 ml H$_2$O$_2$(30%) hinzu, erhitzt bis das überschüssige H$_2$O$_2$ völlig zerstört ist und verdünnt mit Wasser auf 100 ml. Die Probelösung soll jetzt ~ 0,7 N H$_2$SO$_4$ sein. Man fährt mit dem Zusatz von Ag$_2$SO$_4$-Lösung nach Arbeitsvorschrift III (s. S. 106) fort.

### 8.5.4.4 Eisen, unlegierter und legierter Stahl

Der beim Lösen von kohlenstoffreichen Stählen und Gußeisen ausgeschiedene Kohlenstoff bzw. Graphit läßt sich mit HClO$_4$/HNO$_3$/H$_3$PO$_4$-Gemisch (2 + 1 + 2) nicht in befriedigender Weise bei 150°C oxidieren, da durch Verflüchtigung von Mn$_2$O$_7$ Mn-Verluste auftreten, weshalb dessen Entfernung durch Filtration am zweckmäßigsten ist [139]. In einer anderen Arbeit fand das nachfolgende Verfahren 1 in modifizierter Form für die Mikroanalyse (Einwaage 25–50 mg) von Eisen und Stahl Anwendung [142].

*Verfahren 1*

Mn$^{2+}$ wird mit NaIO$_4$ zu MnO$_4^-$ oxidiert und eine Störung durch Cr$^{6+}$ oder andere gefärbte Ionen mit der Vergleichslösung (Bezugslösung) nach Reduktion des Mn$^{7+}$ mit NaNO$_2$ berücksichtigt. Störendes Ti (> 1%) und Zr (> 1%) werden durch ZnO-Fällung entfernt.
B: 0,02–2,4% Mn. s: ± 0,01–0,02% Mn.

**Arbeitsvorschrift [140]**

0,2 g Probematerial (0,1 g bei Gehalten > 1% Mn) werden in einem 400 ml-Becherglas mit 15 ml HClO$_4$(60%) und 3 ml H$_3$PO$_4$(1,70) mit aufgesetztem Uhrglas unter Erwärmen gelöst. Zum Lösen nichtrostender Stähle fügt man zusätzlich 20 ml HCl(1 + 1) und 10 ml HNO$_3$(1 + 1) hinzu. Nach dem Lösen wird mit einigen Tropfen HNO$_3$(1 + 1) oxidiert, etwa 5 Tropfen HF(40%) zugesetzt, bis zum Rauchen der HClO$_4$ erhitzt, 2 min abgeraucht, etwas abgekühlt, Uhrglas und Becherwand mit Wasser abgespritzt, 50 ml Wasser hinzugefügt und 2 min gekocht. Nun fügt man 10 ml 2%ige NaIO$_4$-Lösung [oder 2%ige KIO$_4$-Lösung (10 g KIO$_4$ in 150 ml HNO$_3$(5 + 2) unter Erwärmen gelöst und mit Wasser auf 500 ml aufgefüllt)] hinzu, kocht nach Beginn der Rosafärbung 5 min, füllt nach dem Abkühlen in einem 100 ml-Meßkolben mit

Wasser zur Marke auf, mischt und füllt mit der Farblösung eine Küvette. Zur verbleibenden Lösung im Meßkolben wird tropfenweise 5%ige $NaNO_2$-Lösung (nicht älter als 5 Tage) bis zur vollständigen Reduktion des $MnO_4^-$ gegeben und nach 2 min Standzeit mit dieser Lösung (Vergleichslösung) die zweite Küvette gefüllt. Man photometriert die Farblösung in einer 1 cm-oder 2 cm-Küvette bei 545 nm gegen die Vergleichslösung. Im Bedarfsfall wird ein nach der Vorschrift durchgeführter Reagentienblindwert abgezogen.

Stahl mit $> 1\%$ Ti oder $> 1\%$ Zr. 2,0 g oder 1,0 g Probematerial werden in einem 250 ml-Meßkolben mit 40 ml $HNO_3(1+1)$ oder $HCl(1+1)$ oder 40 ml $HNO_3(1+1)/$ $HCl(1+1)$-Gemisch$(1+1)$ gelöst, mit $HNO_3$ oxidiert und nach dem Verkochen der Stickoxide mit einer Aufschlämmung von ZnO in geringem Überschuß versetzt. Nach dem Erkalten füllt man mit Wasser zur Marke auf, filtriert die gut gemischte Lösung durch ein trockenes Faltenfilter und verwirft den ersten Filtratanteil. 25,0 ml Filtrat ($= 0,2$ g oder 0,1 g Einwaage) werden mit 15 ml $HClO_4(60\%)$ und 3 ml $H_3PO_4(1,70)$ versetzt und nach der Vorschrift fortgefahren.

Die Eichkurve wird nach der Arbeitsvorschrift mit Ferrum reductum und Mn-Standardlösung aufgestellt.

## *Verfahren 2*

$Mn^{2+}$ wird mit $NaIO_4$ zu $MnO_4^-$ oxidiert und eine Störung durch $Cr^{6+}$ oder andere gefärbte Ionen mit der Vergleichslösung (Bezugslösung) nach Reduktion des $Mn^{7+}$ mit HCl berücksichtigt.

B: 0,004–4% Mn.

### Arbeitsvorschrift [141]

1,0 g (bei 0,05–0,50% Mn) oder 2,0 g (bei 0,02–0,05% Mn) Probematerial werden in einem 250 ml-Erlenmeyerkolben mit 50 ml $H_2SO_4/H_3PO_4$-Gemisch [600 ml Wasser + 100 ml $H_2SO_4(1,84)$ + 150 ml $H_3PO_4(1,71)$, mit Wasser auf 1 l aufgefüllt] unter Erwärmen gelöst, 2 ml $HNO_3(1,40)$ und 20 ml $HClO_4(70\%)$ hinzugefügt, bis zum Auftreten der $HClO_4$-Nebel eingedampft und noch 10 min gekocht. Nach dem Abkühlen verdünnt man mit Wasser auf 70–80 ml, erhitzt zum Sieden, filtriert die Lösung (falls erforderlich) ab, wäscht das Filter mit Wasser [2 ml $HClO_4(70\%)/l$ enthaltend], gibt das Waschwasser zur Lösung, kühlt ab und füllt in einem 100 ml-Meßkolben mit oxidiertem Wasser [1 l Wasser mit 5 ml $H_2SO_4(1,84)$ versetzt, zum Sieden erhitzt, einige Kristalle $NaIO_4$ hinzugefügt, 10 min gekocht und abgekühlt] zur Marke auf (Probelösung).

In $H_2SO_4/H_3PO_4$-Gemisch unlösliche Stähle werden mit $HCl(1,19)$ oder mit 10 ml $HCl(1,19)$ + 10 ml $HNO_3(1,40)$ gelöst, mit 50 ml $H_2SO_4/H_3PO_4$-Gemisch sowie 20 ml $HClO_4(70\%)$ versetzt und nach der Vorschrift fortgefahren.

Von der aufgefüllten Probelösung führt man einen aliquoten Teil von 40,0 ml in einen 250 ml-Erlenmeyerkolben über, versetzt mit 10 ml oxidiertem Wasser sowie 5 ml $H_2SO_4/$ $H_3PO_4$-Gemisch, erhitzt zum Sieden, fügt 10 ml 5%ige $NaIO_4$-Lösung hinzu, kocht 2 min, hält dann 10 min bei 90°C, kühlt auf Raumtemperatur ab und füllt in einem 100 ml-Meßkolben mit oxidiertem Wasser zur Marke auf (Meßlösung).

Die Vergleichslösung stellt man wie die Meßlösung her mit folgenden Abweichungen: 40,0 ml Probelösung versetzt man mit 25 ml oxidiertem Wasser, 5 ml $H_2SO_4/H_3PO_4$-Gemisch und 2–3 Tropfen $HCl(1,19)$, kocht einige Minuten (durch $HClO_4$ teilweise oxidiertes Mn wird reduziert) und füllt in einem 100 ml-Meßkolben mit Wasser (nicht mit $NaIO_4$ oxidiert) zur Marke auf (Vergleichslösung).

Die Meßlösung wird gegen die Vergleichslösung in einer 1 cm- oder 2 cm-Küvette bei 545 nm photometriert. Die Eichkurve stellt man mit Ferrum reductum und Mn-Standardlösung nach der Arbeitsvorschrift her.

Bei Gehalten von 0,4–4% Mn löst man 0,5 g Probematerial nach der Vorschrift, verwendet für Meß- und Vergleichslösung einen aliquoten Teil von 10,0 ml, den man nach Zusatz von 25 ml oxidiertes Wasser und 20 ml $H_2SO_4/H_3PO_4$-Gemisch nach der Vorschrift behandelt.

## *Verfahren 3*

$Mn^{2+}$ wird mit $(NH_4)_2S_2O_8/KIO_4$ zu $MnO_4^-$ oxidiert und eine Störung durch $Cr^{6+}$

oder andere gefärbte Ionen mit der Vergleichslösung (Bezugslösung) nach Reduktion des $Mn^{7+}$ mit HCl berücksichtigt.
B: 0,02–4,0% Mn.

**Arbeitsvorschrift** [117]

0,5 g Probematerial werden in einem 250 ml-Erlenmeyerkolben mit 5 ml Wasser, 5 ml $H_2SO_4(1,84)$ und 10 ml $H_3PO_4(1,71)$ unter Erwärmen gelöst, mit 1 g $NaNO_3$ sowie 20 ml $HClO_4(70\%)$ versetzt, bis zum Auftreten der $HClO_4$-Nebel eingedampft und einige Minuten abgeraucht. Nach dem Abkühlen fügt man 20 ml Wasser hinzu, kocht auf und füllt nach dem Abkühlen in einem 250 ml-Meßkolben mit Wasser zur Marke auf (Probelösung).
Einen aliquoten Teil von 25,0 ml Probelösung versetzt man in einem 250 ml-Erlenmeyerkolben mit 25 ml Wasser, 10 ml $H_3PO_4(65+35)$ und 10 ml 1%ige $(NH_4)_2S_2O_8$-Lösung, kocht 10 min, fügt 0,3 g $KIO_4$ hinzu, kocht weitere 3 min, hält dann 10 min bei 90°C, kühlt ab und füllt in einem 100 ml-Meßkolben mit Wasser zur Marke auf (Meßlösung).
Einen zweiten aliquoten Teil von 25,0 ml Probelösung versetzt man in einem 250 ml-Erlenmeyerkolben mit 25 ml Wasser, 2–3 Tropfen HCl(1,19), kocht einige Minuten (Reduktion von vorhandenem $Mn^{7+}$) und füllt nach dem Abkühlen in einem 100 ml-Meßkolben mit Wasser zur Marke auf (Vergleichslösung).
Die Meßlösung wird gegen die Vergleichslösung in 1 cm-, 2 cm- oder 5 cm-Küvetten bei 546 nm photometriert.

### 8.5.4.5 Manganbronze

B: 0,01— > 0,48% Mn.

**Arbeitsvorschrift** (nach [143])

Je 0,50 g Probematerial löst man in zwei 300 ml-Erlenmeyerkolben in der Kälte wahlweise:
a) bei Probematerial mit < 0,01% Si und < 0,05% Sn mit 30 ml Wasser, 15 ml $HNO_3(1,40)$ und 5 ml $H_3PO_4(1,70)$,
b) bei Probematerial mit > 0,01% Si und > 0,05% Sn mit 15 ml $HF/H_3BO_3$-Gemisch [200 ml HF(40%) mischt man mit 1800 ml gesättigte $H_3BO_3$-Lösung], 15 ml Wasser, 15 ml $HNO_3(1,40)$ und 5 ml $H_3PO_4$ (1,70).
Nach fast vollständigem Lösen erhitzt man auf 80–90°C bis die Probe vollständig gelöst ist und die braunen Dämpfe vertrieben sind, versetzt Kolben 1 (Lösung 1) mit 10 ml 3%ige $KIO_4$-Lösung [in $HNO_3(1+9)$] und Kolben 2 (Lösung 2) mit 10 ml $HNO_3(1+9)$. Beide Kolben erhitzt man zum Sieden, kocht 2 min, hält dann 10 min bei 90°C, kühlt im fließenden Wasser auf Raumtemperatur ab, füllt in 100 ml-Meßkolben mit Wasser zur Marke auf und photometriert in 1 cm-Küvetten Lösung 1 gegen Lösung 2 bei 545 nm.
Bei Gehalten > 0,48% Mn löst man das Probematerial nach der Arbeitsvorschrift, füllt in einem 100 ml-Meßkolben mit Wasser zur Marke auf, entnimmt daraus zwei aliquote Teile, stellt diese jeweils auf einen Gehalt von 10 ml $HNO_3(1,40)$ ein und fährt mit der photometrischen Bestimmung nach der Arbeitsvorschrift fort.
Die Eichkurve stellt man nach der Arbeitsvorschrift mit Mn-freiem Kupfer und Mn-Standardlösung her.

### 8.5.4.6 Nickel

B: 2–80 ppm Mn. $s_r$: ± 4%.
Die Analyse wird nach Arbeitsvorschrift 8.5.4.2. Verfahren 2 (s. S. 109) durchgeführt [81].

### 8.5.4.7 Titan

Die Oxidation des $Mn^{2+}$ wird mit $KIO_4$ vorgenommen.
B: 0,03–2,0% Mn. $F_r$: ± 1%.

**Arbeitsvorschrift [96]**

0,2 g Probematerial ($\leq$ 4 mg Mn enthaltend) werden in einem 250 ml-Becherglas mit 30 ml
$H_2SO_4(3+7)$ bis zur Beendigung der Reaktion erwärmt, tropfenweise bis zum Auftreten des rot-
braunen Ti-Komplexes mit $H_2O_2$(3%) versetzt und dann bis zur Entfärbung der Lösung eingedampft. Man kühlt ab, versetzt mit 20 ml Wasser und 10 ml $HNO_3$(1,40), erhitzt zum Sieden,
fügt 10 ml 5%ige $KIO_4$-Lösung [in $HNO_3$(1 + 4)] hinzu und läßt 5 min kochen. Nach dem Abkühlen wird in einem 100 ml-Meßkolben mit Wasser zur Marke aufgefüllt und in einer 1 cm-,
2 cm- oder 4 cm-Küvette gegen Wasser bei 520 nm photometriert. Man entfärbt die Farblösung
tropfenweise mit 1%iger $NaNO_2$-Lösung und photometriert wieder. Der Differenzwert ergibt
den Mn-Gehalt. Die Eichkurve wird nach der Arbeitsvorschrift mit Mn-freiem Titan und
Mn-Standardlösung aufgestellt.


## 8.5.5 Mineralstoffe

### 8.5.5.1 Silicatgestein, Mineralien

Nach dem Aufschluß des Probematerals wird das Mn direkt in der Probelösung bestimmt. Einzelne oxidische (Korund, Rutil, Spinell) und silicatische (Turmalin, Stau-
rolit) Mineralien sind in $HF/HClO_4$ unlöslich und werden deshalb nach Verfahren b) oder c) aufgeschlossen.
B: 0,03–1,2% Mn.

**Arbeitsvorschrift [144]**

*Aufschluß a).* 0,50 g fein gepulvertes Probematerial (Körnung < 0,1 mm) werden in einem
25 ml-Platintiegel mit 4 ml $HClO_4$(70%) und 15 ml HF(40%) versetzt, der mit einem Deckel ver-
schlossene Tiegel über Nacht auf dem Wasserbad erhitzt, am nächsten Tag nach Entfernen des
Deckels die HF verdampft und der größte Teil der $HClO_4$ unter einem Infrarotstrahler verdampft. Zu dem noch feuchten Rückstand fügt man 2 ml $HClO_4$(70%), wiederholt das Eindampfen, fügt 4 ml $HClO_4$(70%) und 15 ml Wasser hinzu, erhitzt den bedeckten Tiegel auf dem
Wasserbad unter gelegentlichem Umrühren mit einem Platinstab, bis alles gelöst ist. Sollte sich
der Salzkuchen nicht lösen, so führt man diesen in einen 150 ml-Erlenmeyerkolben über, verdünnt mit Wasser auf 100 ml und kocht bis zum vollständigen Lösen. Die abgekühlte Lösung
wird in einem 500 ml-Meßkolben mit Wasser zur Marke aufgefüllt.

*Aufschluß b) ($HF/HClO_4$-resistente oxidische Mineralien).* Den von Aufschluß a) verbliebenen
unlöslichen Rückstand zentrifugiert oder filtriert man ab (das Filtrat sammelt man in einem
500 ml-Meßkolben), trocknet im Platintiegel und schließt dann mit 0,5 g $K_2S_2O_7$ auf. Die erkaltete Schmelze wird unter Erwärmen mit 1 ml $HClO_4$(70%) und 15 ml Wasser gelöst, zum Filtrat
gegeben und mit Wasser zur Marke aufgefüllt.

*Aufschluß c) ($HF/HClO_4$-resistente silicatische Mineralien).* Der von Aufschluß a) verbliebene
unlösliche Rückstand wird abzentrifugiert oder abfiltriert, getrocknet und wahlweise nach α
oder β aufgeschlossen.
α) Man schließt den Rückstand in einem 10 ml-Silbertiegel mit 1 g NaOH bei 750°C auf,
   versetzt die erkaltete Schmelze mit 5 ml Wasser, erhitzt auf dem Wasserbad, führt die Lösung
   mit dem Schmelzkuchenrest in eine Platinschale über, dampft auf ein kleines Volumen ein,
   fügt 4 ml $HClO_4$(70%) und 10 ml HF(40%) hinzu und dampft auf dem Wasserbad zur Trok-
   kene ein. Die $HClO_4$ wird fast vollständig unter dem Infrarotstrahler verflüchtigt, der Rückstand mit 30 ml Wasser und 1 ml $HClO_4$(70%) gelöst, die Lösung mit dem Filtrat vereinigt
   und mit Wasser auf 500 ml aufgefüllt.
β) Man schließt den Rückstand in einer Teflonbombe (s. S. 22) mit 5 ml HF(40%) und 1 ml
   $HClO_4$(70%) 3–4 Std bei 150°C auf, spült die abgekühlte Lösung in eine Platinschale über,
   versetzt mit 1 ml $HClO_4$(70%) und dampft auf dem Wasserbad zur Trockene ein. Mit dem
   Verflüchtigen der $HClO_4$ mittels Infrarotstrahler fährt man nach Verfahren α) fort.

*Bestimmung.* Mit 20,0 ml Probelösung [nach Aufschluß a), b) oder c) hergestellt] wird das Mn nach Arbeitsvorschrift II.b) (s. S. 106) bestimmt, wobei man die halben Reagensmengen, ein Endvolumen von 50,0 ml und 5 cm-Küvetten verwendet.

### 8.5.5.2  Erze und ähnliche Stoffe

Das Probematerial (Erze, Agglomerat, Koksasche) wird mit $Na_2B_4O_7$ aufgeschlossen und in der erhaltenen Probelösung nach Oxidation mit $(NH_4)_2S_2O_8$ das Permanganat photometrisch gegen den Reagentienblindwert gemessen.
B: 0,06— > 30% Mn.

**Arbeitsvorschrift [145]**

0,25 g (0,125 g bei > 30% Mn) Probematerial (Körnung < 0,1 mm) und 2,00 g pulverisiertes $Na_2B_4O_7$ werden in einem bedeckten Platintiegel nach vorsichtigem Mischen zum Schmelzen gebracht und 15 min im Schmelzen gehalten. Stark sulfit-, schwefel-, kohle- und metallhaltiges Material bringt man auf das zuvor eingeschmolzene und erkaltete $Na_2B_4O_7$ auf (zur Vermeidung einer Tiegelkorrosion), schmilzt es vorsichtig ein und fährt wie vorhin weiter. Zuletzt wird die flüssige Schmelze im Tiegel dünnflächig verteilt und nach dem Erkalten in einem bedeckten 400 ml-Becherglas mit 100 ml $HNO_3(1+9)$ unter schwachem Erwärmen und Vermeidung einer Kieselsäureabscheidung gelöst. Eine durch hohen Mn-Gehalt entstehende Trübung beseitigt man mit einigenTropfen verdünnten $H_2O_2$ und verkocht dessen Überschuß. Nach Überführen in einen 250 ml-Meßkolben wird mit Wasser zur Marke aufgefüllt. Ein aliquoter Teil von 20,0 ml (bei > 10% Mn 10,0 ml, bei > 20% Mn 5,0 ml) wird in einem 100 ml-Meßkolben mit 10 ml $AgNO_3$-Lösung [0,85%ig in $HNO_3(2+3)$] und 2 ml 50%ige $(NH_4)_2S_2O_8$-Lösung versetzt, erwärmt und 3 min auf genau 95° C gehalten. Man kühlt ab, füllt mit Wasser zur Marke auf und photometriert in einer 2 cm-Küvette (bei > 5% Mn in einer 1 cm-Küvette) bei 546 nm gegen den nach der Arbeitsvorschrift hergestellten Reagentienblindwert.

### 8.5.5.3  Hochofenschlacke

Die Oxidation des Mn erfolgt in der Probelösung mit $(NH_4)_2S_2O_8$.
B: 0,15–6% Mn.

**Arbeitsvorschrift [146]**

0,1 g Probematerial wird in einem 250 ml-Meßkolben mit 75 ml $HNO_3(1+9)$ unter Erwärmen und Umschwenken gelöst, danach noch 1 min gekocht und nach dem Abkühlen mit Wasser zur Marke aufgefüllt. In einem 100 ml-Meßkolben werden 50,0 ml dieser Probelösung nacheinander versetzt mit 10 ml $AgNO_3$-Lösung [0,85%ig in $HNO_3(2+3)$] und 2 ml 50%ige $(NH_4)_2S_2O_8$-Lösung, erwärmt und 3 min bei 95° C gehalten. Nach dem Abkühlen füllt man mit Wasser zur Marke auf und photometriert in 2 cm-Küvetten bei 546 nm gegen Wasser.

### 8.5.5.4  Ferrite

Nach dem Lösen des Probematerials (Oxide und Carbonate des Eisens, Magnesiums und Zinks) wird das Mn in $H_3PO_4/H_2SO_4$-Lösung oxidiert und als $MnO_4^-$ photometrisch bestimmt.
B: 0,001–0,1% Mn.

**Arbeitsvorschrift [147]**

2,0 g Probematerial werden unter Erhitzen in 20 ml $H_3PO_4(80\%)$ gelöst und nach dem Abkühlen in einem 100 ml-Meßkolben mit Wasser zur Marke aufgefüllt. Einen aliquoten Teil von 10,0 oder 20,0 ml der Probelösung versetzt man in einem 25 ml-Meßkolben mit 1 ml $H_2SO_4(1+1)$, 2 ml 1%ige $AgNO_3$-Lösung und 2 ml 10%ige $(NH_4)_2S_2O_8$-Lösung, erhitzt zum Sieden bis zur $MnO_4^-$-Bildung. Nach dem Abkühlen füllt man mit Wasser zur Marke auf und photometriert in einer 1 cm- oder 2 cm-Küvette bei 545 nm gegen Wasser. Die Eichkurve wird mit 10–200 μg Mn aufgestellt.

### 8.5.6 Verschiedenes

#### 8.5.6.1 Luftstaub

B: 0,6–24 mg Mn/m$^3$. $F_r$: ± 5%.

**Arbeitsvorschrift [6]**

Man saugt 100 l Luft durch ein Filter (5–25 l/min, s. S. 22), löst die Probe mit $HNO_3(1 + 1)$ oder $HCl(1 + 1)$ vom Filter, dampft die Lösung zur Trockene ein, löst den Rückstand mit wenig $HNO_3$, dampft fast zur Trockene ein, nimmt mit Wasser auf und bestimmt in der Lösung das Mn nach Arbeitsvorschrift I oder II.b) (s. S. 106).

## 8.6. Andere Reagentien

Obwohl die in den Abschnitten 8.2 bis 8.5 besprochenen Reagentien bzw. Verfahren eine breite Anwendung für die Bestimmung von Mn in den verschiedensten Materialien fanden und finden, befaßten sich zahlreiche Arbeiten mit der Untersuchung und Anwendung einer großen Zahl anderer Reagentien. Die Bestimmung des Mn mit Hilfe dieser Reagentien erfolgt entweder photometrisch oder kinetisch-photometrisch.

Bei einem Teil der Reagentien stellt die Funktion des Mn als Oxidationskatalysator die Reaktionsgrundlage dar. Nachfolgend ist eine Anzahl dieser Reagentien bzw. Farbreaktionen angeführt: Dithizon [149, 150], 8-Aminochinolin [120], Bis-(dipicolinato)-manganat(III) [151], PAN [152–155], 4-(2-Pyridylazo)resorcinol [156, 157], 4-(2-Thiazolylazo)resorcinol [158], Benzohydroxamsäure [159], α, β, γ, δ-Tetrakis(4-carboxyphenyl)porphin [160], Brucin [161], Kakothelin [162], Solochrome fast navy 2R [163], N,N,N',N'-Tetrakis(2-hydroxypropyl)ethylendiamin [164], Zincon [165], TTA/verschiedene Lösungsmittel [166–169], Glukonsäure [170], (n-Butyl)xanthat [171], Pyridin-Thiocyanat [172], $Mn^{3+}$-pyrophosphat [173, 174], $Mn^{3+}$-phosphat [175], $Mn^{3+}$-sulfat [176], $NaIO_4$/Phosphinat [177], $NaIO_4$/Diethylanilin [178], o-Tolidin [179, 180], Triethanolamin [180, 181], $H_2O_2$/Azorubin S [182], $H_2O_2$/Acidblau [183], $H_2O_2$/Alizarin [184], $H_2O_2$/Hydroxynaphtholblau [185], Luftsauerstoff/1,4-Dihydroxyphthalimid-dithiosemicarbazon [186], 6-Methoxy-2-methylthio-4-pyrimidincarboxylsäure [187].

## 8.7 Fluorimetrie und Chemiluminometrie

Nur eine kleine Zahl von Arbeiten befaßt sich mit der Fluorimetrie und Chemiluminometrie als Bestimmungsmethoden für Mn. Die darin mitgeteilten Verfahren haben derzeit keine praktische Bedeutung.

*Fluorimetrie.* In einer Arbeit wurde $Mn^{2+}$ mit $S_2O_8^{2-}$/$Ag^+$ zu $MnO_4^-$ oxidiert und dieses anschließend mit 8-Hydroxychinolin-5-sulfosäure in 1 M $H_3PO_4$-Lösung zu einem fluoreszierenden Oxidationsprodukt umgesetzt [188]. Auf dieser Grundlage (Anregung 375 nm/Messung 485–490 nm) können 0,0025–2,5 µg Mn/ml fluorimetrisch bestimmt werden. Die Bestimmung von 0,1 µg Mn/ml wird nicht gestört durch: 10 000 µg/ml K, Na, $NH_4^+$, $NO_3^-$, $SO_4^{2-}$, $S_2O_8^{2-}$, $PO_4^{3-}$; 500 µg/ml Ca, Cd,

Mg, Zn; 200 µg/ml Al, La, Li, $Fe^{3+}$, $Hg^{2+}$, Pb, Zr; 50 µg/ml Cu, Ni; 40 µg/ml Cl⁻ und 20 µg/ml Co. $Ce^{4+}$ stört.

Die durch $Mn^{2+}$ katalysierte Oxidation von 2-Hydroxybenzaldehyd-thiosemicarbazon mit $H_2O_2$ wurde für die kinetisch-fluorimetrische Bestimmung von Mn in Wasser (0,4– $\geq$ 3 µg Mn/l), Milch (8– $\geq$ 70 ng Mn/ml), Bier (4– $\geq$ 35 ng Mn/ml) und Zwiebel (70– $\geq$ 300 ng Mn/g) verwendet [189]. Die fluorimetrische Bestimmung erfolgt mit den Wellenlängen 365 nm/440 nm (Anregung/Messung). Die Eichkurve ist im Bereich von 2–9 ng Mn/ml linear. Die katalytische Reaktion verläuft nur im Bereich von 0,1–0,4 M $NH_3$ linear. Die Bestimmung von 5 ng Mn/ml wird nicht gestört durch: $\leq$ 1000fache Menge Al, $As^{3+,5+}$, Ba, Be, Ga, In, K, Li, Na, $Sb^{3+}$ (in Anwesenheit von 5 µg $Na_2S_2O_3$/ml), Se, Sr, $UO_2^{2+}$, $V^{5+}$, Halogenide, $NO_2^-$, $NO_3^-$, SCN⁻, Tartrat, Citrat, Oxalat, $CO_3^{2-}$, $SO_4^{2-}$, $SO_3^{2-}$, $PO_4^{3-}$, $BrO_3^-$, $ClO_4^-$ und Thioglykolsäure; $\leq$ 400fache Menge Bi, Ca, Cd, $Ce^{4+}$, $Hg^{2+}$ (in Anwesenheit von 5 µg Thioglykolsäure/ml), Mo, Pd, Pt, Rb, Tl, $S^{2-}$, CN⁻, $IO_3^-$ und $IO_4^-$; $\leq$ 200fache Menge $Cu^{2+}$, La, Mg, Rh, $Sn^{2+}$ (in Anwesenheit von 5 µg Thioglykolsäure/ml), Th und $S_2O_8^{2-}$; $\leq$ 100fache Menge $Hg^+$, Ir, W und Zr; $\leq$ 50fache Menge (alle Elemente in Anwesenheit von je 5 µg Thioglykolsäure/ml) Ag, $Cr^{3+}$, Pb und Zn; $\leq$ 20fache Menge Ca und $\leq$ 10fache Menge $Fe^{3+}$ (in Anwesenheit von 5 µg NaF/ml).

$Mn^{2+}$ beschleunigt die durch Meerrettichperoxidase [N,N-Bis(2-hydroxyethyl)-2-aminoethansulfosäure] katalysierte Oxidation von Threo-2,3-hexodiulosonsäure, so daß diese Reaktion für die fluorimetrische Bestimmung von 8–50 µM Mn (Anregung 282 nm/Messung 413 nm) anwendbar ist [190]. Cu, die 10fache Menge Fe und Hg, sowie die > 100fache Menge Anionen stören.

Die durch Meerrettichperoxidase katalysierte Oxidation von Homovanillinsäure mit $H_2O_2$ zu der fluoreszierenden (Anregung 315 nm/Messung 425 nm) 2,2'-Dihydroxy-3,3'-dimethoxybiphenyl-5,5'-diessigsäure wird durch $Mn^{2+}$ gehemmt, so daß sich diese Reaktion für die Bestimmung von 0,3–12 µg Mn/ml verwenden läßt [191]. Außer Mn hemmen noch Co, $Cr^{6+}$, $Cu^{2+}$, $Fe^{2+,3+}$, Pb, CN⁻ und $S^{2-}$ die Reaktion. Keine Hemmwirkung zeigen Ag, Al, $Cu^+$, $Hg^{2+}$, K, Mg, Na, Zn F⁻, Cl⁻, Br⁻, I⁻, $NO_3^-$, $SO_4^{2-}$, $PO_4^{3-}$ und $ClO_4^-$.

*Chemiluminometrie.* Bei der Oxidation von Gallussäure (3,4,5-Trihydroxybenzoesäure) durch $H_2O_2$ in alkalischer Lösung entsteht eine Chemilumineszenzstrahlung (intensive Bande bei 643 nm, schwächere Bande bei 478 nm), die durch Mn verstärkt wird und deshalb zu dessen chemiluminometrischer Bestimmung ($L_D$ = 0,4 µg Mn/ml) verwendet wurde [192]. Vor allem Co und weiterhin Ag, Cd, Ga, Pb und in geringerem Ausmaß Au, $Cr^{6+}$, Sr und $V^{4+}$ stören. Keine Störung verursachen Al, $As^{5+}$, Ba, $Cr^{3+}$, $Cu^{2+}$, $Fe^{2+,3+}$, $Fe(CN)_6^{3-}$, $Hg^{2+}$, I⁻, In, Ir, Mg, $Mo^{6+}$, Ni, Pr, Pt, Rh, $Sb^{3+}$, $Sn^{2+,4+}$, $Ti^{4+}$, $Tl^{3+}$ und Zn.

Die Oxidation von Luminol mit $H_2O_2$ bei pH 10 wird durch Mn katalysiert und die dabei emittierte Lumineszenzstrahlung weist ein Maximum bei 425 nm auf. Die Reaktion wurde für die Bestimmung von 0,01–10 µg Mn/ml verwendet [193]. Co, $Cr^{3+}$, Cu, $Hg^{2+}$, Ni und $Fe^{2+}$ stören, die aber — außer Cu — mit 0,01 M CN⁻ bei pH > 6,5 maskiert werden können. Auch andere Arbeiten befaßten sich mit dieser Chemilumineszenz-Reaktion für die Bestimmung von Mn [194], wobei anstelle von Luminol auch Lucigenin Anwendung fand [195].

## 8.8 Anwendungen

Nachfolgend ist eine Anzahl von Arbeiten mit materialbezogener Anwendung photometrischer Verfahren angeführt.

*1. Wasser* (Gehaltsbereich in µg Mn/ml)[1,2]. Fe-haltiges Wasser (0–0,8; F) [196], Wasser ($\geq$ 0,012; P) [110], Abwasser (1–5; P) [197], natürliche Wässer (0,003–0,075; A) [198, 199], (0,002–1,6 in der Farbmeßlösung; Isol: Flg; A) [180].

*2. Organisches Material* (Gehaltsbereich in µg Mn/g, ml)[1,2]. Pflanzenblätter (5–40; Isol: Papierchromatographie; F) [200], Blutserum (0,00036–>0,0009; L) [72], biologisches Material (0,005–0,1; Isol: Ex; L) [73], Nahrungs- und Futtermittel (10–100; P) [98, 201], biologisches und pflanzliches Material ($\geq$ 10; Isol: Ex; P) [202], Blutplasma, rote Blutkörperchen (0,005–1; Isol: IoA; A) [203], tierisches Gewebe ($\geq$ 0,4; A) [204], pflanzliches und tierisches Gewebe (0,0001–0,01 in der Farbmeßlösung; A) [178], (0,001–0,004; A) [206], Blut, tierisches Gewebe ($\geq$ 0,0025; Isol: Ex; A) [205].

*3. Metalle und Legierungen* (Gehaltsbereich in % Mn) [1,2]. Stahl (0,1–3; Isol: Ex; C) [207], Reinstniob, Reinsttantal ($\geq$ 0,000005; Isol: IoA; L) [78], Reinstselen ($\geq$ 0,000001; Isol: Dest; L) [79], Reinstsilicium ($\geq$ 0,000001; L) [76], Aluminium ($\geq$ 0,03; P) [208], Al-legierungen (0,05–1; P) [138], Aluminiumbronze (0,1–2,5; Isol: Flg/Elektrolyse; P) [209], Calcium (0,0005–0,01; P) [87], Cu-legierungen ($\sim$ 1; Isol: Elektrolyse; P) [210], (0,1–2; P) [211, 212], Messing (0,006–2; P) [101], Bronze ($\geq$ 0,1; Isol: Flg; P) [213], Magnesium (0,0002–0,01; P) [81, 87], Manganbronze (0,06–1,5; Isol: Elektrolyse; P) [214], Gußeisen ($\geq$ 0,2; P) [105], Stahl (0,05–25; P) [88, 110, 116, 133, 216, 218], ($\geq$ 0,01; Isol: Flg; P) [215], (0,3–1,5; Isol: Chromatographie; P) [217], Gußeisen, Stahl (0,03–1,4; P) [215, 219, 220], Cu-Ni-Legierungen, Ferrovanadin (0,1–5; P) [116], Ni-Co-Fe-Legierungen ($\geq$ 0,05; P) [221], Quecksilber ($\geq$ 0,000016; Isol: Ex; P) [222], Uran (0,0005–0,05; P) [126], Aluminium ($\geq$ 0,0001; A) [223], Uran ($\geq$ 0,0001; Isol: Ex; A) [223], Pt-Rh-Legierungen ($\geq$ 0,0001; Isol: IoA, Ex, Flg; A) [224], hochreines Molybdän, Niob, Tantal, Wolfram (0,0005–0,1; Isol: Ex; A) [225], Stahl (0,005–1,8; Isol: Ex; A) [157, 158], ($\geq$ 0,005; Isol: IoA; A) [159], Bronze ($\geq$ 1; Isol: IoA; A) [159], Mg-Legierungen ($\geq$ 0,04; A) [159], Stahl, Manganbronze (0,005–>10; Isol: IoA; A) [164], Ferromangan (1–95; A) [173, 175], Nichteisenlegierungen ($\geq$ 0,5; A) [173], Stahl ($\geq$ 1,25; A) [174].

*4. Mineralstoffe* (Gehaltsbereich in % Mn)[1,2]. Silicatgestein, Sedimente (0,05–1 MnO; F) [226], Silicatgestein, Carbonate (0,01–2 MnO; Isol: Ex; F) [227], Glas ($\geq$ 0,0028; F) [56], Manganerz (1–60; P) [130], Eisenerz ($\geq$ 0,02; Isol: Ex; P) [228], Chromerz, Magnesit, Dolomit, Chrommagnesit (0,05–> 1 MnO; P) [229], ($\geq$ 0,05; Isol: Ex; P) [230], Bauxit ($\geq$ 0,03; P) [208], Phosphatgestein ($\geq$ 0,05 MnO; Isol: Flg; P) [231], Silicatgestein, Mineralien ($\geq$ 0,02 MnO; P) [232], Glas ($\geq$ 0,001; P) [90, 110, 134], Schlacken (0,1–20 MnO; P) [233], Mg-oxid (0,001–0,5; P) [93], Mn-oxid, Mn-Zn-Fer-

---

[1] Abkürzungen s. S. XV.
[2] Hier verwendete Abkürzungen: C = Carbamat, F = Formaldoxim, L = Leukomalachitgrün oder Malachitgrün, P = Permanganat, A = Andere Reagentien oder Farbreaktionen.

rit ($\geq$ 60; P) [234], Calciumcarbonat (0,00001–0,0005; P) [80], Mn-oxide (A) [173], Mn-Erz, Ferromanganschlacke ($\geq$ 1; A) [175].

*5. Verschiedenes* (Gehaltsbereich in % Mn) [1,2]. Alkalihydroxide, -salze ($\geq$ 0,00001; Isol: Ex; F) [235], organometallische Verbindungen (7,5–20; F) [236], HF, $HNO_3$ ($\geq$ 1 ng Mn/ml; L) [76], Reinstschwefel ($\geq$ 5 ng Mn/g; Isol: Verbrennung des S; L) [77], KCl ($\geq$ 0,00002; Isol: Flg; P) [237], NaOH ($\geq$ 0,2 µg Mn/ml; Isol: Flg; P) [238], (0,00001–0,0005; Isol: Ex; P) [99], Phosphatierungsmittel (1–20; P) [143], Carbidisolate aus Fe- und Co-Ni-Cr-Legierungen (0,05–0,8; Isol: IoA, Ex; P) [239], Oxid-bzw. Schlackeneinschlüsse aus Stahl (1–50 MnO; Isol: Ex; C) [42, 44, 50], (1–> 40 MnO; Isol: Flg; P) [240], Nickelraffinerieschlamm, -rückstände (Isol: Flg; P) [241], Fe(II)-sulfat (0,005–0,3; Isol: Ex; A) [157], Mn-salze (A) [173], luminophorisches $ZnSO_4$, $CdSO_4$, ZnS, CdS, (0,0000001–0,01; Isol: Elektrolyse; A) [242].

# Literatur

1. Snell FD, Snell CT, Colorimetric methods of analysis, Vol I, II. Van Nostrand, New York (1948, 1949)
2. Snell FD, Snell CT, Snell CA, Colorimetric methods of analysis, Vol IIA. Van Nostrand, New York (1959)
3. Snell FD, Photometric and fluorometric methods of analysis — metals. Wiley, New York (1978)
4. Snell FD, Photometric and fluorometric methods of analysis — nonmetals. Wiley, New York (1981)
5. Sandell EB, Onishi H, Photometric determination of traces of metals. General aspects. Wiley, New York (1978)
6. Koch OG, Koch-Dedic GA, Handbuch der Spurenanalyse. Springer, Berlin Heidelberg New York (1974)
7. Charlot G, Dosages absorptiométriques des éléments minéreaux. Masson, Paris (1978)
8. Marczenko Z, Spectrophotometric determination of elements. Horwood, Chichester (1976)
9. Pinta M, Recherche et dosage des éléments traces. Dunod, Paris (1962)
10. Sandell EB, Colorimetric determination of traces of metals. Interscience, New York (1959)
11. Winefordner JD, Trace analysis. Spectroscopic methods for elements. Wiley, New York (1976)
12. Reeves RD, Brooks RR, Trace element analysis of geological materials. Wiley, New York (1978)
13. Burgess C, Knowles A, Standards in absorption spectrometry. Techniques in visible and ultraviolet spectrometry. Chapman and Hall-Methuen, London (1981)
14. Kragten J, Atlas of metal-ligand equilibria in aqueous solution. Horwood, Chichester (1978)
15. Holzbecher Z, Diviš L, Kral M, Šucha L, Vlačil F, Handbook of organic reagents in inorganic analysis. Horwood, Chichester (1976)
16. Burger K, Organic reagents in metal analysis. Pergamon, Oxford (1973)
17. Thorn GD, Ludwig RA, The dithiocarbamates and related compounds. Elsevier, Amsterdam (1962)
18. Johnson WC, Organic reagents for metals, Vol 1, 2. Hopkin & Williams, Chadwell Heath-Essex (1955, 1964)

---

[1,2] s. S. 116

19. Hollingshead RGW, Oxine and its derivatives, Vol I–IV. Butterworths, London (1954, 1956)
20. Schulman SG, Fluorescence and phosphorescence spectroscopy. Pergamon, Oxford (1977)
21. Miller JN, Standards in fluorescence spectrometry. Chapman and Hall, New York (1981)
22. Wehry EL, Modern fluorescence spectroscopy, Vol 3, 4. Plenum, New York (1981)
23. Mellon MG, Anal Chem 21 (1949) 3; 22 (1950) 2; 23 (1951) 2; 24 (1952) 2; 26 (1954) 2
24. Mellon MG, Boltz DF, Anal Chem 28 (1956) 559; 30 (1958) 554; 32 (1960) 194R; 34 (1962) 232R
25. Hirt RC, Anal Chem 28 (1956) 579; 30 (1958) 589; 32 (1960) 225R
26. Svehla G, Talanta 13 (1966) 641
27. Boltz DF, Mellon MG, Anal Chem 36 (1964) 256R; 38 (1966) 317R; 40 (1968) 255R; 42 (1970) 152R; 44 (1972) 300R; 46 (1974) 227R; 48 (1976) 216R
28. Howell JA, Hargis LG, Anal Chem 50 (1978) 243R; 54 (1982) 171R
29. Hargis LG, Howell JA, Anal Chem 52 (1980) 306R
30. White CE, Anal Chem 26 (1954) 129; 28 (1956) 621; 30 (1958) 729; 32 (1960) 47R; 42 (1970) 57R
31. White CE, Weissler A, Anal Chem 34 (1962) 81R; 36 (1964) 116R; 38 (1966) 155R; 40 (1968) 116R; 44 (1972) 182R
32. Parker CA, Rees WT, Analyst 87 (1962) 83
33. Browner RF, Analyst 99 (1974) 617
34. Isacsson U, Wettermark G, Anal Chim Acta 68 (1974) 339
35. Weissler A, Anal Chem 46 (1974) 500R
36. O'Donnell CM, Solie TN, Anal Chem 48 (1976) 175R; 50 (1978) 189R
37. Wehry LE, Anal Chem 52 (1980) 75R; 54 (1982) 131R
38. Haddad PR, Talanta 24 (1977) 1
39. Gleu K, Schwab R, Angew Chem 62 (1950) 320
40. Specker H, Hartkamp H, Kuchtner M, Fresenius Z Anal Chem 143 (1954) 425
40a.Wyatt PF, Analyst 78 (1953) 656
40b.Malissa H, Miller FF, Mikrochem verein Mikrochim Acta 40 (1953) 63
40c.Specker H, Arch Eisenhüttenwes 26 (1955) 267
41. Pijck J, Hoste J, Anal Chim Acta 26 (1962) 501
42. Meyer S, Koch OG, Mikrochim Acta (1959) 720
43. Eckert G, Fresenius Z Anal Chem 148 (1955) 14
44. Meyer S, Koch OG, Mikrochim Acta (1958) 744
45. Bode H, Fresenius Z Anal Chem 143 (1954) 182
46. Bode H, Fresenius Z Anal Chem 144 (1955) 165
47. Clinch J, Guy MJ, Analyst 83 (1958) 429
48. Dittel F, Fresenius Z Anal Chem 228 (1967) 412
49. Specker H, Kuchtner M, Hartkamp H, Fresenius Z Anal Chem 142 (1954) 166
50. Meyer S, Koch OG, Arch Eisenhüttenwes 31 (1960) 651
51. Denigès G, Compt Rend Acad Sci Paris 194 (1932) 895
52. Okač A, Bartušek M, Fresenius Z Anal Chem 178 (1960) 198
53. Marczenko Z, Chem Anal (Warszawa) 6 (1961) 477
54. Marczenko Z, Bull Soc Chim France 31 (1964) 939
55. Marczenko Z, Anal Chim Acta 31 (1964) 224
56. Gottlieb A, Hecht F, Mikrochim Acta 35 (1950) 337
57. Sideris CP, Ind Eng Chem Anal Ed 9 (1937) 445
58. Wagenaar GH, Pharmac Weekbl 75 (1938) 641
59. Wiese AC, Johnson BC, J biol Chem 127 (1939) 203
60. Sideris CP, Anal Chem 12 (1940) 307
61. Waldbauer L, Ward NM, Ind Eng Chem Anal Ed 14 (1942) 727
62. Kniphorst LCE, Chem Weekbl 42 (1946) 328
63. Bradfield EG, Analyst 82 (1957) 254
64. Hamlin AG, J Textile Inst 47 (1956) T 445
65. Britt Jr RD, Anal Chem 34 (1962) 1728

66. Korkisch J, Hübner H, Mikrochim Acta (1976 I) 25
67. Goto K, Komatsu T, Furukawa T, Anal Chim Acta 27 (1962) 331
68. Gates EM, Ellis GH, J biol Chem 168 (1947) 537
69. Yuen SH, Analyst 83 (1958) 350
70. Perscheid M, Ballschmiter K, Fresenius Z Anal Chem 258 (1972) 15
71. Schwarz G, Fischer O, Hagemann B, Dtsch Molkerei-Ztg 64 (1943) 143
72. Fernandez AA, Sobel C, Jacobs SL, Anal Chem 35 (1963) 1721
73. Morsches B, Tölg G, Fresenius Z Anal Chem 250 (1970) 81
74. Mottola HA, Harrison CR, Talanta 18 (1971) 683
75. Weisz H, Rothmaier K, Anal Chim Acta 80 (1975) 351
76. Fukasawa T, Yamane T, Japan Analyst 22 (1973) 168
77. Fukasawa T, Yamane T, Yamasaki T, Japan Analyst 22 (1973) 280
78. Fukasawa T, Yamane T, Japan Analyst 24 (1975) 120
79. Fukasawa T, Yamane T, Yamasaki T, Japan Analyst 26 (1977) 200
80. Richardson ML, Analyst 87 (1962) 435
81. Goto H, Kakita Y, Fresenius Z Anal Chem 254 (1971) 18
82. Tribalat S, Beydon J, Anal Chim Acta 6 (1952) 96
83. Matuszek Jr JM, Sugihara TT, Anal Chem 33 (1961) 35
84. Strickland JDH, Spicer G, Anal Chim Acta 3 (1949) 517
85. Hamya JW, Townshend A, Talanta 19 (1972) 141
86. Mehlig JP, Ind Eng Chem Anal Ed 11 (1939) 274
87. Abbey S, Anal Chem 20 (1948) 630
88. Pieters HAJ, Hanssen WJ, Geurts JJ, Anal Chim Acta 2 (1948) 377
89. Waterbury GR, Hayes AM, Martin Jr DS, J Am chem Soc 74 (1952) 15
90. Hecht F, Gottlieb A, Mikrochem verein Mikrochim Acta 35 (1950) 329
91. High JH, Analyst 68 (1943) 368
92. Richards MB, Analyst 55 (1930) 554
93. Smith GW, Anal Chem 20 (1948) 1085
94. Nydahl F, Anal Chim Acta 3 (1949) 144
95. Hough GJ, Ind Eng Chem Anal Ed 7 (1935) 408
96. Corbett JA, Analyst 75 (1950) 475
97. Thompson TG, Wilson TL, J Am chem Soc 57 (1935) 233
98. Cook JW, Ind Eng Chem Anal Ed 13 (1941) 48
99. Williams D, Andes RV, Ind Eng Chem Anal Ed 17 (1945) 28
100. Cooper MD, Anal Chem 25 (1953) 411
101. Pinkus A, Ramakers L, Bull Soc chim Belg 41 (1932) 529
102. Bendig M, Hirschmüller H, Fresenius Z Anal Chem 92 (1933) 1
103. Dozinel CM, Chimia 4 (1949) 86
104. Kimura K, Murakami Y, Mikrochem verein Mikrochim Acta 36/37 (1951) 727
105. Boyd JR, Anal Chem 24 (1952) 805
106. Hackl O, Fresenius Z Anal Chem 105 (1936) 81
107. Hackl O, Fresenius Z Anal Chem 105 (1936) 182
108. Hackl O, Fresenius Z Anal Chem 110 (1937) 401
109. Oelschläger W, Fresenius Z Anal Chem 144 (1955) 27
110. Gottschalk G, Fresenius Z Anal Chem 212 (1965) 303
111. Davis HC, Bacon A, J Soc chem Ind 67 (1948) 316
112. Silverthorne KW, Curtis JA, Metals and Alloys 15 (1942) 2
113. Dozinel CM, Ing Chimiste 173 (1948) 83
114. Pinsl H, Die neue Giesserei (1949) 380
115. Boeltz G, Wiedmann H, Kurella W, Metall 17/18 (1956) 821
116. Lingane JJ, Collat JW, Anal Chem 22 (1950) 166
117. Jean M, Anal Chim Acta 6 (1952) 157
118. Schurk H, Konopik N, Österr Chemiker-Ztg 51 (1950) 63
119. Pribil R, Hornchova E, Chem Listy 44 (1950) 101
120. Gustin VK, Sweet TR, Anal Chem 36 (1964) 1674
121. Müller RH, Mehlig JP, Ind Eng Chem Anal Ed 7 (1935) 361
122. Mehlig JP, Ind Eng Chem Anal Ed 7 (1935) 27

123. Murakami Y, Bull chem Soc Japan 22 (1949) 157
124. Gopala Rao G, Murty KS, Krishna Rao PV, Talanta 11 (1964) 955
125. Appelman EH, Malm JG, J Amer Chem Soc 86 (1964) 2141
126. Bane RW, Analyst 90 (1965) 756
127. Bane RW, Analyst 95 (1970) 722
128. Lange B, Schusterius C, Z physik Chem A159 (1932) 295
129. Mehlig JP, Ind Eng Chem Anal Ed 13 (1941) 819
130. Young IG, Hiskey CF, Anal Chem 23 (1951) 506
131. Rowland Jr GP, Ind Eng Chem Anal Ed 11 (1939) 442
132. Lacroix S, Labalade M, Anal Chim Acta 3 (1949) 262
133. Nordling WD, Chemist-Analyst 51 (1962) 14
134. Hermann TS, Anal Chim Acta 31 (1964) 284
135. Naidu PP, Gopala Rao G, Talanta 17 (1970) 817
136. Christie AA, Kerr JRW, Knowles G, Lowden GF, Analyst 82 (1957) 336
137. Steinke ED, Jones RA, Brandt M, Anal Chem 33 (1961) 101
138. Milner GWC, Nall WR, Anal Chim Acta 6 (1952) 420
139. Gaunt JA, Diehl H, Talanta 19 (1972) 1
140. Chemikerausschuß des Vereins Deutscher Eisenhüttenleute, Handbuch für das Eisen-
     hüttenlaboratorium Bd 1, 2. Verlag Stahleisen, Düsseldorf (1960, 1966)
141. Euronorm 70 – 71
142. Meyer S, Koch OG, Mikrochim Acta (1964) 216
143. ASTM Methods for chemical analysis of metals, E 62 – 57. American Society for Te-
     sting and Materials, Philadelphia (1960)
144. Riley JP, Anal Chim Acta 19 (1958) 413
145. Neuberger A, Schöffmann E, Herkenhoff K, Arch Eisenhüttenwes 29 (1958) 547
146. Neuberger A, Schöffmann E, Herkenhoff K, Arch Eisenhüttenwes 29 (1958) 35
147. Funke A, Laukner HJ, Fresenius Z Anal Chem 249 (1970) 26
148. Bush GH, Higgs DG, Box FW, Analyst 80 (1955) 885
149. Akaiwa H, Kawamoto H, Anal Chim Acta 40 (1968) 407
150. Marczenko Z, Mojski M, Anal Chim Acta 54 (1971) 469
151. Hartkamp H, Fresenius Z Anal Chem 199 (1964) 183
152. Goto K, Taguchi S, Fukue Y, Ohta K, Watanabe H, Talanta 24 (1977) 752
153. Betteridge D, Fernando Qu, Freiser H, Anal Chem 35 (1963) 294
154. Shibata S, Anal Chim Acta 23 (1960) 367
155. Shibata S, Anal Chim Acta 25 (1961) 348
156. Ahrland S, Herman RG, Anal Chem 47 (1975) 2422
157. Nonova D, Evtimova B, Talanta 20 (1973) 1347
158. Gaokar UG, Eshwar MC, Mikrochim Acta (1982 II) 247
159. Miller DO, Yoe JH, Talanta 7 (1960) 107
160. Ishii H, Koh H, Satoh K, Anal Chim Acta 136 (1982) 347
161. Hashmi, MH, Qureshi T, Chughtai FR, Saeed M, Mikrochim Acta (1969) 782
162. Murty NK, Rao YP, Fresenius Z Anal Chem 282 (1976) 141
163. Abd El Raheem AA, El Sabban MZ, Dokhana MM, Fresenius Z Anal Chem 188
     (1962) 96
164. Pike L, Yoe JH, Anal Chim Acta 31 (1964) 318
165. Matsui H, Anal Chim Acta 69 (1974) 216
166. De AK, Rahaman MDS, Anal Chem 35 (1963) 159
167. Onishi H, Toita Y, Talanta 11 (1964) 1357
168. Solanke KR, Khopkar SM, Fresenius Z Anal Chem 275 (1975) 286
169. Chikuma M, Nakaya Y, Yokoyama A, Maitani T, Tanaka H, Fresenius Z Anal Chem
     300 (1980) 414
170. Bermejo F, Brañas G, Mikrochim Acta (1971) 489
171. Sasaki Y, Anal Chim Acta 138 (1982) 419
172. Ayres GH, Baird SS, Talanta 7 (1961) 237
173. Gottschalk G, Fresenius Z Anal Chem 211 (1965) 344
174. Knoeck J, Diehl H, Talanta 14 (1967) 1083
175. Rao PK, Chowdhury GS, Fresenius Z Anal Chem 246 (1969) 19

176. Purdy WC, Hume DN, Anal Chem 27 (1955) 256
177. Nikolelis DP, Hadjiioannou TP, Analyst 102 (1977) 591
178. Dittel F, Fresenius Z Anal Chem 229 (1967) 193
179. Malý J, Fadrus H, Analyst 99 (1974) 128
180. Flaschka HA, Hornstein JV, Anal Chim Acta 100 (1978) 469
181. Nightingale Jr ER, Anal Chem 31 (1959) 146
182. Sekheta MA, Milovanović GA, Janjić TJ, Mikrochim Acta (1978 I) 297
183. Abe S, Takahashi K, Matsuo T, Anal Chim Acta 80 (1975) 135
184. Janjić TJ, Milovanović GA, Celap MB, Anal Chem 42 (1970) 27
185. Yamane T, Fukasawa T, Japan Analyst 26 (1977) 300
186. Perez-Bendito D, Valcarcel M, Ternero M, Pino F, Anal chim Acta 94 (1977) 405
187. Langer SH, Anal Chem 39 (1967) 525
188. Pal BK, Ryan DE, Anal Chim Acta 47 (1969) 35
189. Moreno A, Silva M, Perez-Bendito D, Valcarcel M, Talanta 30 (1983) 107
190. Biddle VL, Wehry EL, Anal Chem 50 (1978) 867
191. Guilbault GG, Brignac Jr P, Zimmer M, Anal Chem 40 (1968) 190
192. Stieg S, Nieman TA, Anal Chem 49 (1977) 1322
193. Burguera JL, Townshend A, Talanta 28 (1981) 731
194. Kalinichenko IE, Ukrain Chem J (USSR) 35 (1969) 755
195. Dubovenko LI, Tovmasyan AP, J Anal Chem (USSR) 25 (1970) 940
196. Henriksen A, Analyst 91 (1966) 647
197. Joint ABCM-SAC Committee on methods for the analysis of trade effluents, Analyst 81 (1956) 721
198. Hadjiioannou TP, Kephalas TA, Mikrochim Acta (1969) 1215
199. Hadjiioannou TP, Hadjiioannou SI, Avery J, Anal Chim Acta 89 (1977) 231
200. Webb RA, Hallas DG, Stevens HM, Analyst 94 (1969) 794
201. Duffield WD, Analyst 83 (1958) 503
202. Mirza MY, Nwabue FI, Talanta 28 (1981) 49
203. Miller DO, Yoe JH, Anal Chim Acta 26 (1962) 224
204. Kun E, J biol Chem 170 (1947) 509
205. Srivastava SP, Pandya KP, Zaidi SH, Analyst 94 (1969) 823
206. Sastry KS, Raman N, Sarma PS, Anal Chem 34 (1962) 1302
207. Specker H, Hartkamp H, Fresenius Z Anal Chem 145 (1955) 260
208. Lacroix S, Labalade M, Anal Chim Acta 3 (1949) 262
209. Freegarde M, Allen B, Analyst 85 (1960) 731
210. Milner GWC, Whittem RN, Analyst 77 (1952) 11
211. High JH, Analyst 69 (1944) 375
212. High JH, Analyst 70 (1945) 18
213. Edwards FH, Gailer JW, Analyst 70 (1945) 365
214. Norwitz G, Analyst 76 (1951) 314
215. Kopp H, Zindel E, Neue Gießerei 43 (1956) 210
216. Blazejak-Ditges D, Radex-Rundschau (1970) 32
217. Venturello G, Ghe AM, Analyst 82 (1957) 343
218. Scholes PH, Thulbourne C, Analyst 89 (1964) 466
219. Harrison TS, Analyst 70 (1945) 362
220. Cooper MD, Anal Chem 25 (1953) 411
221. Chirnside RC, Cluley HJ, Proffitt PMC, Analyst 72 (1947) 351
222. Jackwerth E, Fresenius Z Anal Chem 202 (1964) 81
223. Motojima K, Hashitani H, Imahashi T, Anal Chem 34 (1962) 571
224. Marczenko Z, Kasiura K, Krasiejko M, Mikrochim Acta (1969) 625
225. Donaldson (Penner) EM, Inman WR, Talanta 13 (1966) 489
226. Abdullah MI, Anal Chim Acta 40 (1968) 526
227. Riley JP, Williams HP, Mikrochim Acta (1959) 804
228. Grindley, DN, Burden EHWJ, Zaki AH, Analyst 79 (1954) 95
229. Pertl A, Radex-Rundschau (1968) 239
230. Bennett H, Reed RA, Analyst 97 (1972) 794
231. Wilson AD, Analyst 88 (1963) 18

232. Ingamells CO, Anal Chem 38 (1966) 1228
233. Scholes PH, Thulbourne C, Analyst 88 (1963) 702
234. Johns P, Price WJ, Analyst 95 (1970) 138
235. Marczenko Z, Mikrochim Acta (1965) 281
236. Belcher R, Crossland B, Fennell TRFW, Talanta 17 (1970) 112
237. Gilbert R, Analyst 66 (1941) 450
238. Ethrington CG, Hughes JW, Analyst 72 (1947) 472
239. Koch W, Keller H, Sauer KH, Arch Eisenhüttenwes 35 (1964) 407
240. More A, Radex-Rundschau (1966) 184
241. Young RS, Talanta 28 (1981) 25
242. Gregorowicz Z, Górka P, Suwińska T, Fresenius Z Anal Chem 271 (1974) 354

# 9 Atomabsorptionsspektrometrie und Atomfluoreszenzspektrometrie

Nach den ersten maßgebenden Arbeiten [1–3] über die analytische Anwendung der *Atomabsorptionsspektrometrie* (AAS) entwickelte sich diese in den sechziger Jahren rasch zu einer universell einsetzbaren, hoch selektiven und empfindlichen Analysenmethode. Seither führten die letzten Jahre zu einer Vervollkommnung der Geräte und zur Entwicklung einer Reihe von Arbeitstechniken sowohl bei der *Flammen-AAS* (AAS) als auch bei der *flammenlosen AAS* (FL-AAS).

Die AAS weist im Vergleich zu anderen Analysenmethoden einige Vorteile auf, weshalb sie derzeit neben der Emissionsspektrometrie die am häufigsten angewandte Methode ist. Von diesen sind vor allem anzuführen: relativ einfache Durchführung des Bestimmungsvorganges, in der Regel keine langwierigen Trennungsoperationen, geringer Zeitbedarf, im Vergleich zur Emissionsspektrometrie niedrigere Anschaffungs- und Betriebskosten. Nachteile der AAS sind, daß einige Elemente (z. B. P, B usw.) nicht bestimmt werden können und keine Multielementanalysen durchführbar sind.

Ein kurzer Vergleich der wesentlichen Vorzüge von AAS und FL-AAS ergibt folgenden Sachverhalt. Von der AAS liegen bereits langjährige Erfahrungen vor und es stehen dafür ausgereifte, leicht bedienbare Geräte zur Verfügung. Die Flamme bzw. die AAS sind einfach zu handhaben, bieten in vielen Fällen eine ausreichende Empfindlichkeit und besitzen eine ausreichende Stabilität. Man erreicht eine gute Reproduzierbarkeit, die bei sorgfältiger Arbeitsweise bis herab zu etwa $s_r = \pm 0{,}2\%$ beträgt. Mit der Wahl der geeigneten Flamme sind die Störungen relativ gering und überschaubar. Insgesamt ist die AAS eine zuverlässige, einfach zu handhabende und für einen großen Teil der Analysenaufgaben ausreichend empfindliche Analysenmethode. Die FL-AAS weist dagegen als entscheidenden Vorteil ein hohes Nachweisvermögen auf, das sie primär für Spuren- und Mikroanalysen prädestiniert. Nachteile der FL-AAS sind: die nicht immer einfache Handhabung, die geringere Reproduzierbarkeit von etwa $s_r = \pm 1\%$ unter günstigsten Analysenbedingungen bzw. häufig $s_r = \pm 5$–$10\%$ und darüber, die größere Zahl an Störquellen, die wenig überschaubaren und schwierig zu beherrschenden Störungen und die in dieser Beziehung noch nicht ausreichenden Erfahrungen. Insgesamt kann gesagt werden, daß sich AAS und FL-AAS gegenseitig ergänzen. Soweit die Nachweisempfindlichkeit ausreichend ist, sollte man die AAS verwenden, der Einsatz der FL-AAS sei dementsprechend auf den durch die AAS nicht erfaßbaren Analysenbereich beschränkt.

Gegenüber der AAS weist die *Atomfluoreszenzspektrometrie* (AFS) an Vorteilen vor allem tiefere Nachweisgrenzen und die Möglichkeit der Multielementanalyse auf. Trotz dieser interessanten Perspektiven und der zahlreichen Arbeiten, die sich bisher mit der AFS befaßten, ist die materialbezogene, praktische Anwendung der AFS bis jetzt nur von geringer Bedeutung. Einige Faktoren sind für diese Situation bestimmend gewesen. Einerseits fanden bisher in den Arbeiten durchweg selbst aufgebaute oder konstruierte Apparaturen Anwendung und es besteht derzeit ein Mangel an kommerziellen Geräten. Andererseits liegt eine gewisse Marktsättigung durch die AAS vor. Ein entscheidender Einfluß kam schließlich von der raschen Entwicklung der Plasmaspketrometrie (s. S. 186) zu einer alternativen Analysenmethode während der letzten Jahre.

Die stürmische Entwicklung der AAS führte zu einer Fülle von Veröffentlichungen, auf die im vorliegenden Rahmen nur in begrenztem Umfang eingegangen werden kann. Für weitere und eingehendere Informationen zu dieser Analysenmethode sei deshalb auf die Literatur verwiesen, einerseits über die AAS [4–43] und andererseits über die AFS [10, 13, 15–19, 37–41].

## 9.1 Allgemeines

### 9.1.1 Flammen-AAS

Mn kann mit der Luft/$C_2H_2$-Flamme ohne größere Störungen bestimmt werden. Die empfindlichste Resonanzlinie ist Mn 279,5. Meist verwendet man jedoch das Linientriplett Mn 279,5/279,8/280,1 (spektrale Spaltbreite 0,7 nm), wobei die größere Spaltbreite eine Verbesserung des Signal/Rausch-Verhältnisses ergibt. Daneben findet noch die Linie Mn 403,1 (spektrale Spaltbreite 0,2 nm) Anwendung, die sich für die Bestimmung höherer Mn-Gehalte eignet. In Tabelle 8 sind die mit diesen Linien erreichbare Empfindlichkeit und Bestimmungsgrenze zusammengestellt.

**Tabelle 8.** Empfindlichkeit $S_M{}^a$, $S^b$ und Besimmungsgrenze[c] $L_Q$ der Mn-Resonanzlinien (Luft/$C_2H_2$-Flamme)

| Wellenlänge nm | $\mu$g Mn · ml$^{-1}$ | | |
|---|---|---|---|
| | $S_M$ | $S$ | $L_Q$ |
| 279,5 | 0,01 | 0,05 | 0,06 |
| 279,5/279,8/280,1 | 0,02 | 0,1 | 0,1 |
| 403,1 | 0,23 | 1,0 | 1,1 |

[a] Für Extinktion E = 0,001.
[b] Für Extinktion E = 0,0044 = 1% Absorption.
[c] Für Extinktion E = 0,005 bzw. $F_r$ = ± 10%.

Für die empfindlichste Linie Mn 279,5 wurde $L_D$ = 0,002 $\mu$g Mn/ml ermittelt. Die Eichkurve ist linear bis etwas 3 $\mu$g Mn/ml wäßriger Lösung.

Eine Steigerung der Nachweisempfindlichkeit je nach Element um den Faktor 3–10 läßt sich erreichen, wenn man anstele des 10 cm-Brenners als Absorptionsvolumen ein erhitztes keramisches Absorptionsrohr (45 cm lang, 17 mm i-$\varnothing$) verwendet, in das die Flamme eines Luft/Wasserstoffbrenners eingeleitet wird [44]. Diese Arbeitsweise fand auch in Verbindung mit der diskreten Zerstäubungstechnik (Injektionstechnik, s. S. 129) Anwendung [45]; die Nachweisempfindlichkeit dieser Methodenkombination war im Vergleich zur üblichen AAS um den Faktor 1,3–30 besser und zur flammenlosen AAS um den Faktor 5–50 schlechter.

Ca, K, Mg und P stören nicht [46] (s. hierzu auch Abschnitt 9.5.2, S. 132). Nach einer anderen Arbeit wird die Bestimmung von 0,5 µg Mn/ml nicht gestört durch $\leq$ 100 µg/ml an Al, Ca, K, Mg und Na, $\leq$ 30 µg Si/ml und $\leq$ 5 µg Ti/ml [47]. Weitere Untersuchungen zeigten für die Bestimmung von 1 µg Mn/ml folgende Störeinflüsse [48]: keine Störung durch < 100 µg Si/ml, 200 µg Na/ml, 200 µg K/ml, 10 µg Ba/ml und 10 µg P/ml, eine Meßsignalverminderung durch > 5 µg Ti/ml, > 25 µg Al/ml, 25 µg Mg/ml und 250 µg Ca/ml, eine schwache Signalerhöhung durch > 50 µg Fe/ml. Keine Störungen wurden aber festgestellt, wenn alle Elemente in folgenden Maximalkonzentrationen gleichzeitig in der Lösung anwesend sind und eine Fe-Korrektur vorgenommen wird [48]: je 200 µg/ml K, Na und Si, je 100 µg/ml Al, Ca und Fe, 150 µg Mg/ml, 17 µg Ti/ml und je 10 µg/ml Ba und P. Eine Störung von $\leq$ 1000 µg Si/ml läßt sich durch Zusatz von 200 µg Ca/ml [49] oder durch Verwendung der $N_2O/C_2H_2$-Flamme [50] ($S_M = 0{,}07$ µg Mn/ml, $S = 0{,}3$ µg Mn/ml) beseitigen. In einer anderen Arbeit wurde die Störung von Si durch Zusatz von 10 mg La/ml ausgeschaltet [51]. Die Störung von Si, Al, Fe, Ca und Mg läßt sich weiterhin durch Anwendung einer reduzierenden $N_2O/C_2H_2$-Flamme beseitigen, so daß man auf diese Weise Mn in einem breiten Bereich geologischer Materialien bestimmen kann [52]. Die Bestimmung von 1–20 µg Mn/ml wird nicht gestört weder durch folgende Konzentrationen (µg/ml) der Einzelelemente Si(1000), Al(2000), Fe(8000), Ca(8000) und Mg(2000) noch durch die gleichzeitige Anwesenheit der Elemente im Konzentrationsberich (µg/ml) geologischer Proben Al(400–1600), Fe(250–1000), Ca(200–800), Mg, Na und K (125–500) [52]. In einer Universalvorschrift für die Bestimmung von Ca, Cd, Co, Cr, Cu, Fe, K, Mg, Mn, Na, Ni, Sr und Zn in Wässern, Kohle, Metallen und Mineralstoffen wurden die physikalischen, chemischen und Ionisationstörungen durch Zusatz von 10 mg La/ml und 1 mg CsCl/ml ausgeschaltet [51]. Ein Zusatz von $H_3BO_3$, wie er beispielsweise beim HF-Aufschluß von Mineralstoffen erforderlich ist, vermindert Matrixeffekte [53, 54]. Das Meßsignal von Mn wird allerdings durch $H_3BO_3$ etwas beeinflußt, weshalb die $H_3BO_3$-Konzentration genau eingehalten werden soll [54]. Es erhöht merklich das Meßsignal von Mn und anderen Elementen [54].

Im allgemeinen genügt es, die Eichkurven mit synthetischen Lösungen aufzustellen, die den Hauptbestandteil der Probenmatrix enthalten.

Soweit neben anderen Elementen auch Mn als Testelement diente, beschäftigte sich eine Anzahl von Arbeiten mit Einzelfragen zur Arbeits- und Meßtechnik der AAS, u. a. mit Optimierung der Meßparameter [55], spektrale Interferenzen [56], Präzision der Messung [57], Steigerung der Nachweisempfindlichkeit [58, 59], Einsprühen und Analyse wäßriger Feststoff-Suspensionen [60–62], Zerstäuber [63], Direktverdampfung von Metallen [66], Laser-Verdampfung von Metallen [67], Mehrkanalspektrometer [68, 69]. Hinsichtlich eines Vergleiches der Vorzüge von AAS und FL-AAS s. S. 123.

### 9.1.2 Flammenlose AAS

Gegenüber der Flammen-AAS erreicht man mit der flammenlosen AAS (FL-AAS) für Mn eine um etwa 3 Zehnerpotenzen tiefere Nachweisgrenze. Mit der empfindlichsten Linie Mn 279,5 wurden dafür Werte von $L_D = 0{,}002$ ng Mn/ml und $L_D = 0{,}0002$ ng Mn ermittelt (mit 100 µl Probelösung, gemessen mit der Perkin-

Elmer-Graphitrohrküvette HGA-74). Mit 100 µl Probelösung unter Verwendung der Graphitrohrküvette erreichte man $L_Q$ = 0,005–0,1 ng Mn bzw. $L_Q$ = 0,05 ng Mn/ml [70, 71]. Bis etwa 1000–1100°C treten in der Graphitrohrküvette keine Mn-Verluste auf, so daß oft durch eine thermische Vorbehandlung der eingegebenen Probe die Hauptmenge der Matrix abgetrennt und die Bestimmung weitgehend störungsfrei durchgeführt werden kann. Höhere $HNO_3$-Konzentrationen verursachen eine Meßsignalerniedrigung [72] (s. dazu auch weiter unten).

Aufgrund ihres hohen Nachweisvermögens wird die FL-AAS hauptsächlich auf dem Gebiet der Spuren- und Mikroanalyse eingesetzt. Wegen der theoretisch-rechnerischen Bestimmbarkeit bestimmter Elementgehalte wurde in vielen Arbeiten versucht, die Spurenelemente in organischen und anorganischen Probematerialien direkt, d. h. ohne vorherige Isolierung bzw. Anreicherung, zu bestimmen. Diese Arbeitsweise ist zwar auf matrixarme Proben und solche mit niedrigem Gehalt an anorganischen Verbindungen anwendbar, komplexe und matrixreiche Materialien sind jedoch auf diese Weise nicht analysierbar.

Die in dieser Hinsicht bestehenden Grenzen der FL-AAS gehen aus einer Reihe kritischer Untersuchungen hervor [73–84]. So wurde bei der Bestimmung von Fe, Mn, Mo, Ni und Zn eine Anzahl von Matrixeffekten festgestellt [85–88] und auch andere Arbeiten berichten über verschiedenartige Matrixeinflüsse (s. S. 127). Neben anderen Effekten führen hohe Salzkonzentrationen der Begleitelemente zu einer Meßsignalverminderung, die auf unspezifische Lichtverluste durch mitverdampfende Matrix und andere Wechselwirkungen während des Verdampfungsvorganges zurückzuführen sind. Einen deutlichen Einfluß auf das Meßsignal haben weiterhin anwesende Säuren bzw. Anionen [89–91]. Durch diese sowie durch organische Lösungsmittel, beispielsweise n-Hexan, Methanol, Aceton, $CHCl_3$, Dichlorethylen und MIBK [91], und organische Komplexbildner, beispielsweise APCD und $NH_4$-DDTC [91, 92] kann das Analysensignal erhöht oder erniedrigt werden. Auch haben Art, Struktur und Reaktivität des Graphits, aus dem der benutzte Graphitofen hergestellt ist, einen entscheidenden Einfluß auf die Qualität der Analysenergebnisse [91, 93]. Erschwerend kommt hier hinzu, daß sich die Oberfläche des Graphitrohres (-ofens) von Probe zu Probe durch die eingebrachten Säuren und anderen Verbindungen laufend verändert, wodurch sich dessen Einfluß auf das Meßsignal und damit die Eichung mit der Betriebszeit ändert. Auch das Beschichten der inneren Graphitrohroberfläche mit Pyrographit (Glaskohlenstoff) bedeutet hier nur eine Teillösung, da einerseits die Dicke der Pyrographitschicht entscheidend ist und andererseits der Pyrographit nach einer begrenzten Zahl von Analysen in direkt nicht erkennbarem Umfang wieder abgebaut wird [93]. Schließlich muß das Graphitrohr nach einer bestimmten Analysenzahl ausgewechselt werden, verbunden mit einer neuen Eichung des Meßsystems. Aus diesen Gründen darf die FL-AAS nicht als problemloses Verfahren zur Bestimmung von Elementspuren in komplexen Analysenlösungen oder sogar Festproben angesehen und verwendet werden. Die Ausarbeitung von Analysenvorschriften setzt deshalb auch eine sehr kritische Überprüfung der einzelnen Verfahrensstufen voraus.

Soweit Mn neben anderen Elementen Bestandteil von Meßprogrammen war, untersuchte eine Reihe von Arbeiten verschiedene Bereiche der FL-AAS, so u. a. Geräte- und Meßtechnik [94–97], automatische Probeneingabe [96, 98, 99], Atomisierungsmittel wie Graphitofen, -küvette [100, 101], Graphitheizfadenküvette (Kohlefadenheizkammer) [102–106], Tantalstreifen [107, 108], Tantalschiffchen [109] und Wolframdrahtschleife [105, 110–112], weiterhin Verdampfungsvorgänge [113–115], Elementverluste [114, 115], Untergrundkorrektur [100], Fehlerquellen [91, 116] und Matrixeffekte [83, 84, 93, 95, 100, 101, 109, 117–122].

Hinsichtlich eines Vergleiches der Vorzüge von AAS und FL-AAS s. S. 123.

Die Probenvorbereitung für die FL-AAS ist praktisch analog zu jener der AAS, weshalb diese speziell für die FL-AAS im vorliegenden Rahmen nicht erörtert werden braucht und auf den entsprechenden Abschnitt der AAS verwiesen sei. Temperatur- und Zeitprogramme sowie Meßparameter und Störeinflüsse (Matrixeffekte usw.) der Geräte verschiedener Hersteller sind sehr unterschiedlich und es bestehen sogar erhebliche Unterschiede zwischen Nachfolgemodellen desselben Gerätetyps vom gleichen Hersteller mit der Folge unterschiedlicher und widersprechender Analysenergebnisse [123–125]. Die Erörterung und Beschreibung dieser meßtechnischen Einzelheiten in Form von Arbeitsvorschriften erscheint deshalb wenig sinnvoll, weshalb darauf in diesem Abschnitt verzichtet wird und die Darstellung dieses Arbeitsgebietes auf eine Literaturübersicht (s. S. 142) beschränkt ist.

### 9.1.3 Atomfluoreszenzspektrometrie

Auf S. 123 wurde die Situation der Anwendung der Atomfluoreszenzspektrometrie kurz umrissen. Diese erübrigt eine eingehendere Behandlung, weshalb dieser Abschnitt auf die Anführung der entsprechenden Literatur beschränkt sei (s. auch S. 143).

Soweit auch Mn in Untersuchungen einbezogen wurde, befaßten sich mehrere Arbeiten mit der AFS im Bereich von Geräte- und Meßtechnik [126–132], Mehrkanalspektrometer [133], Kohlefadenheizkammer [134] und Lichtquellen [135].

## 9.2 Probenvorbereitung

### 9.2.1 Allgemeines

Die Proben werden in der Regel als wäßrige Lösungen analysiert, weshalb die von der Naßchemie bekannten Verfahren zum Lösen und Aufschließen des Probematerials (s. S. 13) auch für die AAS Anwendung finden. Bei der Herstellung der Probelösungen ist allerdings zu beachten, daß der Proben- bzw. Salzgehalt 1% nicht überschreiten sollte, da sonst störende Verkrustungen am Brenner auftreten. Dies gilt insbesondere für die Analyse von Mineralstoffen (s. Abschnitt 9.5.4, S. 137), während bei den meisten anderen Materialien diese Konzentrationsbegrenzung der Probelösung im allgemeinen keine Schwierigkeiten bereitet.

### 9.2.2 Organische Lösungsmittel, Mineralöle

Neben wäßrigen Lössngen werden auch die von Extraktionen erhaltenen organischen Extrakte vielfach direkt in die Flamme eingesprüht (s. S. 130). Treibstoffe, Schmieröle und andere Mineralölprodukte können nach entsprechendem Verdünnen mit MIBK, z. B. im Verhältnis Probe: MIBK = 1 : 4, direkt in die Flamme eingesprüht [69] sowie mit n-Heptan im Verhältnis 1 : 1 verdünnt in die Graphitrohrküvette eingespritzt [136] werden. Sie werden aber auch unter Zusatz von Veraschungshilfe, z. B. Mg-sulfonat und $H_2SO_4$, trocken verascht und die erhaltene wäßrige Aschelösung für die Analyse verwendet [137].

### 9.2.3 Mineralstoffe

Wegen der Salzkonzentrationsbegrenzung der Probelösung (s. S. 127) sind die für säureunlösliche Mineralstoffe üblichen Alkaliaufschlüsse in der Regel nur bedingt, für niedrige Elementgehalte und insbesondere für die Bestimmung von Spurengehalten aber nicht anwendbar. Deshalb ist im allgemeinen der Aufschluß mit HF in Verbindung mit einer anderen Mineralsäure vorzuziehen.

Häufig erfolgt der Aufschluß mit $HF/H_2SO_4$ [138, 139], doch wird anstelle von $H_2SO_4$ wegen gelegentlicher Störungen auch HCl, $HClO_4$ [140] oder $HNO_3$ [141, 142] verwendet. Die Mineralstoffe können aber auch mit HF allein, entweder im offenen Kunststoff- oder Platingefäß oder im geschlossenen Gefäß (s. S. 22), aufgeschlossen werden, wie z. B. Silicatgestein [143], Gläser, Quarzit, Sand [144], Bauxit [145], Erz, Zement [146]. Das Probematerial kann mit HF in einem offenen, hitzebeständigen Kunststoffbecher (100–200 ml), der mit einem Kunststoffdeckel lose abgedeckt ist, gelöst werden, wenn Si nicht bestimmt werden muß [143]. Für den Aufschluß mit HF im geschlossenen Gefäß bei einer Temperatur unterhalb des Siedepunktes des azeotropen $HF/H_2O$-Gemisches (38,26%) von 112°C genügen starkwandige, verschließbare, bis 130°C beständige Kunststoffgefäße (Flaschen oder Erlenmeyerkolben mit Schraubverschluß oder Stopfen) aus linearem Polyethylen (Niederdruckpolyethylen), Polypropylen oder Polycarbonat [143]. Wenn es notwendig ist, Si und $F^-$ in Anwesenheit von $HClO_4$ durch Verflüchtigung vollständig zu entfernen, so muß die Probelösung bei 150–250°C eingedampft werden, wozu Teflongefäße am zweckmäßigsten sind. Der Aufschluß mit HF bei $> 112°C$ muß in einem geschlossenen Druckgefäß durchgeführt werden, das innen mit Platin überzogen ist (Arbeitstemperatur 150–425°C) oder ein Innengefäß aus Teflon enthält (Arbeitstemperatur max. $250 \pm 10°C$) [143] (s. S. 22). Bewährt hat sich der Aufschluß von Silicatgestein mit $HF/HNO_3$ in der Teflonbombe (30 min bei 150°C) [142].

Mit $LiBO_2$ können Mineralstoffe auf einfache Weise aufgeschlossen werden [147, 148]. Die von diesem Aufschluß erhaltene Lösung eignet sich – gegebenenfalls nach entsprechender Verdünnung – auch für die AAS [149]. Das Aufschlußverfahren fand Anwendung für die Analyse von Silicatgestein mittels AAS [47, 150, 151]. Im Gegensatz zum $Na_2CO_3$-Aufschluß verursacht $LiBO_2$ keine starken Störungen durch Lichtstreuung [48]. Anstelle von $LiBO_2$ kann man für den Aufschluß mit gleich gutem Ergebnis auch $B_2O_3/Li_2CO_3$ verwenden (s. S. 22).

Für die Bestimmung von niedrigen Elementgehalten und Spurengehalten sind aber – wie schon oben erwähnt – Alkaliaufschlüsse wenig zweckmäßig oder ungeeignet. Denn nach dem Alkaliaufschluß des Probematerials ist es dann erforderlich, die interessierenden Elemente von den Alkalisalzen mittels Ionenaustauscher abzutrennen [152], was einen Mehraufwand an Zeit und Arbeit bedeutet. Ein Alkaliaufschluß sollte daher nur angewandt werden, wenn entweder der Elementgehalt für eine entsprechende Verdünnung der Probelösung ausreichend hoch ist oder das Probematerial mit HF/Mineralsäure nicht in Lösung gebracht werden kann.

## 9.3 Analyse kleiner Lösungsvolumina

Kleine, begrenzte Mengen an Lösung bzw. Elementen lassen sich nach zwei Verfahren analysieren:

a) mit der Graphitrohrküvette (FL-AAS),

b) mit dem Injektionsverfahren (diskrete Zerstäuberungstechnik).

Während bei der üblichen Flammen-AAS (kontinuierliches Ansaugen und Zerstäuben der Probelösung) durchschnittlich 0,5–1 ml Lösung pro Elementbestimmung benötigt werden, genügt ein Bruchteil davon für die erwähnten Verfahren a) und b). Neben diesen läßt sich schließlich – wegen des erhöhten Aufwandes allerdings nur in Sonderfällen – als drittes Verfahren

c) der Extraktionstrennungsgang (sequenzielle, mehrstufige Extraktion, s. S. 131) anwenden, um eine größere Zahl von Elementen in einem begrenzten Probenvolumen zu bestimmen.

Anstelle der kontinuierlichen Zerstäubung der Probelösung werden beim *Injektionsverfahren* [153] 50–100 µl Lösung pro Bestimmung mit Hilfe einer Kolbenpipette (Eppendorf Gerätebau, Netheler u. Hinz GmbH, Postf. 650670, D-2000 Hamburg 65) in das Zerstäubersystem injiziert. Mit dem Ansaugröhrchen oder -schlauch des Zerstäubersystems ist ein kleiner Kunststofftrichter (z. B. der untere Teil einer Spitze für die Eppendorf-Pipette [153]) oder ein Teflontrichter [154] verbunden, in den die Probelösung in einem einzigen Dosierimpuls mit Hife einer µl-Kolbenpipette eingespritzt wird. Die so eingegebene Probelösung muß dabei quantitativ und zusammenhängend vom Zerstäubersystem angesaugt werden. Der Zerstäubungsvorgang ist sehr kurz und man erhält Analysensignale in Form scharfer Extinktionsspitzen bei kurzer Ansprechzeit und geringer Dämpfung der Meßelektronik, die je nach Lösungsmenge bis an die Höhe der stationären Signale bei konventioneller Bestimmung heranreichen können. Je nach dem vorliegenden Analysenproblem wird man die zweckmäßigsten Werte der Saugrate des Zerstäubersystems (in Abhängigkeit vom Dosiervolumen) und des Dosiervolumens der Probelösung entsprechend ermitteln und festlegen müssen. Das Injektionsverfahren kann wegen des geringen Probenbedarfs bei verschiedenen Fällen vorteilhaft eingesetzt werden. Bei Serienanalysen von Lösungen mit hoher Matrixkonzentration vermeidet man mit dem Injektionsverfahren das kurzfristige Verstopfen des Zerstäuber-Brenner-Systems [153]. Weiterhin ermöglicht es die Bestimmung mehrerer Elemente aus einem begrenzten Volumen Lösung [153] oder Spurenkonzentrat (40–100 µl Dosiervolumen/Messung) [155]. Mit einer Saugrate im Bereich von 3–6 ml/min erhält man beim Einspritzen von 20 µl Lösung $\sim$ 42%, von 40 µl $\sim$ 70%, von 60 µl $\sim$ 82%, von 80 µl $\sim$ 90%, von 100 µl $\sim$ 94% und von 200 µl Lösung 100% der Höhe des Dauersignals (kontinuierliches Ansaugen) [155]. Das günstigste Dosiervolumen ist aber von den jeweiligen apparativen Bedingungen abhängig und daher experimentell zu ermitteln, da beispielsweise in einer anderen Arbeit bei einer Saugrate von 3,2 ml/min ein Dosiervolumen von 60–100 µl den Meßwert des Dauersignals ergab [154]. Für die Bestimmung von 11 Elementen (jeweils 2 Einzelbestimmungen/Element) in 1,0 ml Probenvolumen (matrixfreies Spurenkonzentrat) wurde ein Dosiervolumen von 40 µl/Einzelbestimmung (Saugrate $\sim$ 3,5 ml/min) empfohlen und angewandt (AAS-Gerät mit Untergrund-Kompensator). Die Verminderung des Volumens der Probelösung von 0,5–1 ml der üblichen Arbeitsweise (kontinuierliches Ansaugen) auf 40–100 µl des

Injektionsverfahrens verbessert die Mengen-Empfindlichkeit und das Mengen-Nachweisvermögen um den Faktor 7 [155]. Das Injektionsverfahren mit einem Dosiervolumen von 75 µl oder 100 µl fand zur Bestimmung von Ca, Cu, Fe, Mg, Mn und Zn in kleinen Proben (2 mg) biologischen Materials Anwendung [154].

Für die Dosierung von 50 oder 100 µl Probelösung nach dem Injektionsverfahren ist im Handel ein Probenwechsler für die Flammen-AAS erhältlich (Perkin-Elmer, D-7770 Überlingen) [157].

## 9.4. Extraktion

Liegt der Mn-Gehalt der Probelösung unterhalb $L_Q$ oder ist der Salzgehalt der Probelösung zu hoch, so wird das Mn zweckmäßig mit Carbamat/MIBK extrahiert. Nach erfolgter Extraktion des Elementes gibt es mehrere Möglichkeiten zu dessen Bestimmung. Entweder man mineralisiert den organischen Extrakt und verwendet die erhaltene wäßrige Lösung oder man schüttelt das Element aus der organischen Phase mit einer geeigneten wäßrigen Lösung zurück. Schließlich wird der organische Extrakt häufig direkt in die Flamme eingesprüht. Von den geprüften organischen Lösungsmitteln Benzol, Xylol, $CHCl_3$, Ethylacetat, Isoamylacetat, n-Butylacetat und MIBK erwies sich für das direkte Einsprühen des organischen Extraktes in den AAS-Brenner MIBK als am günstigsten [158].

Grundsätzlich sollte man zur Vermeidung von Elementverlusten den nach einer Elementanreicherung oder -isolierung durch Extraktion erhaltenen organischen Extrakt ohne Zeitverzug für die Endbestimmung weiter verarbeiten. Doch werden solche organischen Extrakte in einer Reihe von Arbeiten gegen diese Grundregel mehr oder weniger lang vor der Endbestimmung stehen gelassen, wobei durch die Standzeit verursachte Minderbefunde, vor allem beim direkten Einsprühen des Extraktes in den Brenner, festgestellt wurden. Dies ist auf die unzureichende Stabilität der Elementkomplexe zurückzuführen, die z. B. bei Mn-Carbamat-Extrakten schon nach 10–15 min Standzeit beobachtet wurde [159]. Die Stabilität der einzelnen Carbamat-Komplexe ist unterschiedlich und hängt von Element, Reagensart und organischem Lösungsmittel ab. So weist Mn-APCD eine höhere Stabilität auf als Mn-DDTC. Die mit APCD/DADDTC-Gemisch (1 + 1) und MIBK bei pH 5,0 extrahierten Komplexe von Ag, Cd, Co, Cu, Fe, Ni, Pb und Zn weisen folgende Stabilitäten (% der ursprünglichen Elementmenge im organischen Extrakt gefunden) bei ansteigender Standzeit auf, wobei der MIBK-Extrakt direkt in den AAS-Brenner eingesprüht wurde [158]: nach 8¾ Std alle Elemente 100%, nach 22¾ Std Fe 95%, Zn 64,4%, übrige Elemente 100%, nach 80 Std Ag 28%, Fe 94%, Zn 56%, übrige Elemente 100%, nach 41 Tagen Ag 0,1%, Fe 58%, Zn 27,1%, übrige Elemente 100%. Demgegenüber betrugen die Werte bei der analogen Extraktion mit APCD allein und MIBK nach 16 Std Standzeit: Fe 60%, Pb 75%, Zn 25%. Mn-DDTC ist in Amylacetat und Butanol 30 min stabil, in Cyclohexanon, MIBK und Methylethylketon dagegen ist der AAS-Meßwert nach 20 min Standzeit um 15–35% abgefallen; Mn-APCD ist in Amylacetat, Butanol und MIBK 30 min stabil [159]. Offensichtlich wird die Stabilität von extrahierten Carbamat-Komplexen aber auch von der Art der wäßrigen Lösung beeinflußt, aus welcher sie extrahiert worden sind. Denn Mn-APCD/MIBK (1 µg Mn/ml MIBK), bei pH 3,5 extrahiert, wies folgende unterschiedlichen Meßwertminderbefunde (in %, nach 1, 2 und 4 Std Standzeit) in Abhängigkeit von der Probelösung, aus der das Mn extrahiert worden war, auf [160]: aus destilliertem Wasser extrahiert –3, –6, –10, aus Meerwasser –8, –35, –67, aus Flußwasser –35, –55, –70. Hier spielen wahrscheinlich auch die in Wasser vorhandenen Metallspezies (s. S. 13) eine Rolle. Durch Zusatz von überschüssigem APCD zum organischen Extrakt [1 Teil 2,5%ige APCD-Lösung (in Ethanol) auf 4 Teile organischer Extrakt] läßt sich eine befriedigende Stabilisierung erreichen [160]: der Mn-APCD/MIBK-APCD/Ethanol-Extrakt aus Meerwasser zeigte bis zu 24 Std keinen Meßwertabfall und soll sogar bis zu einer Woche haltbar sein.

25–50 µg/l Mn, Cd, Cu, Fe, Pb und Zn wurden bei pH 2,3–3,0 mit NaDDTC/Isoamylalkohol extrahiert mit Standzeiten zur Phasentrennung von 2–4 Std nach der ersten sowie 4–8 Std nach der zweiten Ausschüttelung, wobei sich für Mn eine Ausbeute von 60% ergab [161]. Diese niedrige Ausbeute ist einerseits auf den zu niedrigen pH-Wert und andererseits auf die – infolge der geringen Komplexstabilität (s. S. 130) – zu langen Standzeiten zurückzuführen.

Die im Vergleich zu anderen Elementen geringere Komplexstabilität scheint für Mn charakteristisch zu sein. So zeigte der Mn-Komplex nach Extraktion des Mn bei pH 4,5–5,5 mit $\alpha$-(2-Carboxyanilino)benzylphosphonsäure-monooctylester/MIBK folgenden Stabilitätsabfall [162]: bei pH 6,2 war der Komplex 20 min stabil, nach 2 Std fand man aber nur noch 60% des Mn im organischen Extrakt.

Die erwähnten Schwierigkeiten wegen der geringen Stabilität von Mn-Chelat-Komplexen können vermieden werden, wenn man den organischen Extrakt ohne Zeitverzug sofort verarbeitet und entweder mineralisiert oder das Mn aus der organischen Phase mit Mineralsäure rückschüttelt. Diese Maßnahmen bedeuten allerdings einen Mehraufwand an Arbeit und Zeit sowie eine etwas schlechtere Nachweisgrenze.

Von 28 überprüften Extraktionssystemen erwies sich die Extraktion des Mn mit 0,1 M Cupferron/MIBK bei pH 7,1 am günstigsten, wobei das Mn-cupferronat im Extrakt 3 Tage stabil ist [163]. Die Extraktion aus ~ 100 ml Lösung mit 0,025 µg Mn/ml wird nicht gestört durch 70 mg $Mo^{6+}$/l (als $Na_2MoO_4 \cdot 2\,H_2O$), die 500fache Menge $Cu^{2+}$, $Fe^{3+}$, die 12fache Menge $Hg^{2+}$, Pb, die 0,3–0,4fache Menge Cd und $Sn^{2+}$. Es stören Bi, $Sb^{3+}$ und $Tl^{3+}$.

Für die Bestimmung von Mn und 10 weiteren Elementen in einer begrenzten Menge Blut (2 ml) wurden die Elemente durch mehrere, hintereinander geschaltete Extraktionen in einzelne Gruppen aufgetrennt und in den einzelnen Extrakten die Elemente mittels Injektionsverfahren bestimmt [164].

MIBK-Extrakte führen in der Graphitrohrküvette leicht zu Störungen. Deshalb wurden die Metalle Ag, Bi, Cd, Co, Cu, Ni, Pb, Tl und Zn aus Wasser bei pH 2–4 mit Hexamethylenammonium-hexamethylendithiocarbamat/Diisopropylketon-Xylol-Gemisch (70+30) extrahiert [165]. Das Lösungsmittelgemisch hat zwei Vorteile: einerseits ist es in Wasser wenig löslich, weshalb Extraktionen mit einem Volumenverhältnis Wasser: Solvens von bis zu 50:1 möglich sind, andererseits ist es sowohl in der Flamme als auch in der Graphitrohrküvette gut einsetzbar.

## 9.5 Analysenverfahren

### 9.5.1 Wasser

#### 9.5.1.1 Wasser, Meerwasser

*Arbeitsbereich:* Cd, Co, Cu, Fe, Mn, Ni, Pb, Zn.

In der nachfolgenden Vorschrift wird das Mn als Carbamat extrahiert und der organische Extrakt direkt in die Flamme eingesprüht. In anderen Arbeiten wurde der organische Extrakt mineralisiert und die erhaltene Lösung für die Analyse verwendet [166, 167]. In einer weiteren Arbeit wurden Co, Cr, Cu, Fe, Mn, Ni, Pb und Zn durch Spurenfällung mit Al (OH)$_3$ als Spurenfänger angereichert und der Niederschlag mittels Flotation vom Filtrat abgetrennt (B: 1–250 µg/l) [169].

B: $\geq$ 4 µg Mn/l.

**Arbeitsvorschrift** (nach [68, 159, 160])

200–500 ml Wasserprobe versetzt man mit 5-10 ml Tartrat-, Acetat- oder Phtalatpufferlösung (pH 5,0), stellt mit HCl(1+3) oder NH$_3$(1+3) auf pH 5,0 ein, führt in einen 500 ml oder 1 l-Schütteltrichter über, fügt 10 ml 5%ige APCD-Lösung hinzu, schüttelt kurz, gibt 10,0 ml oder 20,0 ml MIBK dazu und extrahiert dann 1–2 min von Hand oder besser 3 min auf der Schüttelmaschine. Der organische Extrakt wird von der wäßrigen Lösung abgetrennt, in die Luft/C$_2$H$_2$-Flamme eingesprüht und die Linie Mn 279,5 gemessen. Übrige Elemente: Cd 228,8, Co 240,7, Cu 324,7, Fe 248,3, Ni 232,0, Pb 217,0, Zn 213,9.
Der organische Extrakt ist mindestens 30 min stabil [159] (s. S. 130). Bei Bedarf kann der Mn-APCD-Komplex bis zu 24 Std stabilisiert werden, indem man zu 4 Teilen des abgetrennten organischen Extraktes 1 Teil 2,5%ige APCD-Lösung (in Ethanol) hinzufügt und mischt [160] (s. S. 131).

#### 9.5.1.2 Meerwasser

Das Mn wird mittels Chelataustauscher Chelex 100 angereichert.
B: $\geq$ 0,5 µg Mn/l.

**Arbeitsvorschrift** [168]

Man reichert das Mn gemäß der Arbeitsvorschrift auf S. 47 aus einer entsprechend vorbehandelten (s. S. 13 ff) Meerwasserprobe (0,5–1,0 l) an, sprüht die erhaltene Probelösung in die Luft/C$_2$H$_2$-Flamme ein und verwendet die Linie Mn 279,5 für die Messung.

### 9.5.2 Organisches Material

Ein hoher Gehalt an Ca + Mg kann Mn-Minderbefunde verursachen, die insbesondere bei einem Molverhältnis von (Ca+Mg):S < 2:1 bzw. = 1:1 beobachtet wurden. Aus diesem Grunde wurde empfohlen, bei der Veraschung HNO$_3$/HClO$_4$ aber keine H$_2$SO$_4$ zu verwenden [170]. Negative Fehler wurden auch bei Mn und Fe in Ca, Mg und P enthaltenden HCl-Lösungen mit einem Molverhältnis von (Ca+Mg): P < 2:1 festgestellt, die sich nicht durch Zusatz eines Maskierungselementes, wie z. B. LaCl$_3$, beseitigen lassen [171–173]. Die als condensed-phase-Effekt bezeichnete [174] Ursache dieser Störungen ist die Okklusion des Mn durch die in der Flamme entstehenden, nicht oder schwer verdampfbaren Verbindungen [z. B. CaSO$_4$, Ca$_3$(PO$_4$)$_2$ usw.], die zu einer unvollständigen Verdampfung des Mn führen. Einen wesentlichen Einfluß auf das Ausmaß solcher Störungen haben Flammenart und -temperatur sowie die Beoachtungshöhe in der Flamme [175]. Eingehende Untersuchungen zeigten, daß sich die erwähnten Interferenzen durch optimale Brennereinstellung und Beobachtungshöhe eliminieren lassen [176]. Unter solchen Bedingungen verursachen die bei nasser Veraschung von 10 g Nahrungsmittel in 100 ml $H_2SO_4$-Lösung in der Regel vorliegenden Gehalte von 50–100 mg Na, K, P, 5–20 mg Ca und 10–25 mg Mg (außer Milch mit höherem Ca-Gehalt) keine Störung der Bestimmung von Mn, Cu, Fe und Zn. Auch in einer anderen Arbeit wurden keine Störungen der Mn-Bestimmung beobachtet [177].

### 9.5.2.1 Pflanzenmaterial

*Arbeitsbereich:* Cu, Mn, Zn.

Gehalte von $\leq$ 3,5% Si und Ca sowie $\leq$ 4% Cl stören die Bestimmung des Mn nicht. Das Probematerial wird trocken verascht unter Zusatz von $KHSO_4$, $HNO_3$ und $H_2SO_4$ als Veraschungshilfen. Ohne diese Veraschungshilfen wurden niedrigere Mn-Gehalte gefunden [177]. Störungen durch hohen Salzgehalt der Aschelösung werden durch 4fache Verdünnung beseitigt sowie durch Verwendung von Eichlösungen mit gleichem Matrixgehalt wie die Probelösung.
B: 10–250 µg Mn/g.

**Arbeitsvorschrift** [177]

In das Veraschungsgefäß (100 ml-Weithalsflasche mit Polyethylen- oder Teflonschraubkappe und 55,0 ml-Marke) legt man 3,0 ml $KHSO_4$-Lösung [1 Teil $HNO_3(1+3)$ + 1 Teil 12,5%ige $KHSO_4$-Lösung] vor, gibt 4,0 g getrocknetes Probematerial sowie weitere 3,0 ml $KHSO_4$-Lösung hinzu, stellt das Gefäß (ohne Schraubkappe) in den auf 120°C erhitzten Muffelofen, erhöht die Temperatur bei angelehnter oder halboffener Ofentüre (zum Entweichen von Wasser und $HNO_3$) innerhalb 1 Std auf 175°C, erhöht innerhalb 1 Std auf 350°C bis die Verkohlung abgeklungen ist, steigert dann innerhalb 1 1/2 Std auf 550°C (zur Entfernung von $H_2SO_4$ und organischer Stoffe) und verascht weitere 10 Std bei 550°C, wobei Sauerstoff mit 100 ml/min in den Ofen eingeleitet wird. Man läßt den geschlossenen Ofen auf unter 300°C abkühlen, bevor man die Ofentüre öffnet, entnimmt die Probe bei < 150°C, läßt auf Raumtemperatur abkühlen und fügt 3 ml $HNO_3(1+3)/H_2SO_4(1+3)$-Gemisch$(1+1)$ hinzu.
Die Probe wird wieder im Muffelofen in ansteigenden Temperaturstufen erhitzt auf 150°C (45 min), 350°C (1 Std) und 550°C (2 Std) sowie mit Sauerstoff 10 Std bei 550°C oder bis eine weiße oder grauweiße Asche vorliegt. Man kühlt wieder in analoger Weise ab, versetzt mit 10 ml 5,5 M HCl, 2 Glaskugeln und 20–30 ml Wasser, dispergiert die Kieselsäure durch Rühren und 30 min Erhitzen auf 80–90°C auf einer Heizplatte. Nun wird die Lösung mit Wasser auf fast 55 ml verdünnt, die Flasche mit der Schraubkappe verschlossen und 15 min mechanisch geschüttelt. Man läßt auf Raumtemperatur abkühlen, füllt mit Wasser auf 55,0 ml auf und mischt. Nach dem Absitzen der Kieselsäure werden 20,0 ml Lösung entnommen, mit Wasser auf 80,0 ml verdünnt, diese Lösung in die Luft/$C_2H_2$-Flamme eingesprüht und die Linie Mn 279,5 sowie Zn 213,8 gemessen. Cu 324,7 mißt man mit der unverdünnten Aschelösung.

### 9.5.2.2 Metallorganische Verbindungen

*Arbeitsbereich:* Ba, Ca, Cd, Co, Mg, Mn, Pb, Sn, Zn, Zr.

Die in Farbstoffen als Trockner und in Vinylkunststoffen als Stabilisatoren zugesetzten metallorganischen Verbindungen liegen in fester und flüssiger Form vor. Feste Additive werden in Mineralsäure gelöst, flüssige Additive mit MIBK verdünnt.
B: 0,1–6% Mn. $s_r$: ± 0,4%.

**Arbeitsvorschrift** [179]

*a) Feste Additive.* 1,0 g Probematerial löst man in einem 150 ml-Becherglas unter Erwärmen mit 10 ml $HNO_3$ (1,40), verdünnt mit 10 ml Wasser, filtriert unter mehrmaligem Nachwaschen mit Wasser in einen 100 ml-Meßkolben, kühlt auf Raumtemperatur ab und füllt mit Wasser zur Marke auf. Die Eichung erfolgt mit wäßrigen Standardlösungen.

*b) Flüssige Additive.* 1,0 g Probematerial löst man in einem 100 ml-Meßkolben mit MIBK und füllt mit MIBK zur Marke auf. Für die Eichung verwendet man MIBK-Lösungen metallorganischer Verbindungen. Ein Gehalt an organischen Lösungsmitteln der flüssigen Additive muß in der Eichlösung in annähernd gleicher Höhe enthalten sein.

*c) Messung.* Die nach a) bzw. b) erhaltenen Lösungen sprüht man zur Bestimmung von Ba und Zr in die $N_2O/C_2H_2$-Flamme, zur Messung der übrigen Elemente in die Luft/$C_2H_2$-Flamme ein und mißt die entsprechende Analysenlinie: Ba 553,5, Ca 422,7, Cd 229,0, Co 240,7, Mg 285,2, Mn 279,5, Pb 283,3, Sn 224,8, Zn 213,8, Zr 360,1.

## 9.5.3 Metalle und Legierungen

### 9.5.3.1 Aluminium

*Arbeitsbereich:* Cu, Fe, Mg, Mn, Pb, Si, Zn.

B: 0,01–0,5% Cu, Fe, Mn, Zn; 0,01–1% Mg, Si. $s_r$: ± 0,5–1%.

**Arbeitsvorschrift** [180]

*a) Bestimmung von Cu, Fe, Mg, Mn, Pb, Zn.* 0,10 g Probematerial wird in einem 100 ml-Meßkolben mit 10 ml HCl(1 + 1) gelöst, mit $H_2O_2$ (30%) oxidiert, kurz aufgekocht, abgekühlt und mit Wasser zur Marke aufgefüllt (Lösung 1).
10,0 ml Lösung 1 werden in einen 100 ml-Meßkolben übergeführt und mit Wasser zur Marke aufgefüllt (Lösung 2).
Die Lösungen 1 und 2 werden für die Bestimmung der Elemente gemäß Tab. 9 verwendet. Sollte ein Elementgehalt über 0,5% liegen, so wird Lösung 1 entsprechend verdünnt. Die Eichkurven werden mit Reinstaluminium unter Zusatz von Elementstandardlösung aufgestellt.

**Tabelle 9.** Meßbedingungen

| Lösung | Element | Flamme | Analysenlinie |
|---|---|---|---|
| 1 | Cu, Fe, Pb, Mn | Luft/$C_2H_2$ | Cu 324,7, Fe 248,3, Pb 283,3, Mn 279,5 |
| 2 | Zn | ″ | Zn 213,9 |
|  | Mg | $N_2O/C_2H_2$ | Mg 285,2 |

*b) Bestimmung von Si.* 1,0 g Probematerial versetzt man in einem 100 ml-Meßkolben mit 25 ml $H_2SO_4$(1 + 9) und läßt neben der Heizplatte bei schwacher Strahlungswärme langsam lösen. Nach mehreren Stunden gibt man 5 ml HCl(1 + 1) und 1/2 Spatel ($\sim$ 500 mg) festes $(NH_4)_2S_2O_8$ hinzu. Nach beendeter Lösungsreaktion wird vorsichtig aufgekocht, abgekühlt und mit Wasser zur Marke aufgefüllt. Die Lösung sprüht man in die $N_2O/C_2H_2$-Flamme ein und mißt die Linie Si 251,6. Für die Aufstellung der Eichkurve verwendet man Aluminiumproben mit bekanntem Si-Gehalt, die man nach der Arbeitsvorschrift behandelt.

### 9.5.3.2 Kupfer, Kupferlegierungen

*Arbeitsbereich:* Cd, Fe, Mn, Ni, Pb, Sn, Zn.

B: 0,002–1% Mn.

**Arbeitsvorschrift** [181]

Man löst die entsprechende Menge Probematerial (bei < 0,01% Mn 5,0 g, bei 0,01–0,05% Mn 1,0 g, bei 0,05–0,25% Mn 0,2 g) in einem 100 ml-Meßkolben unter Erwärmen mit 10 ml HCl(1 + 1), oxidiert tropfenweise mit $HNO_3$(1 + 1), verkocht die nitrosen Gase, kühlt ab und füllt mit Wasser zur Marke auf. Falls Sn bestimmt werden soll, fügt man vor dem Auffüllen noch weitere 10 ml HCl(1 + 1) hinzu. Bei Gehalten von 0,25–1% Mn wird die Lösung 10fach verdünnt. Man sprüht die Lösung in die Luft/$C_2H_2$-Flamme ein und mißt die Linie Mn 279,5. Übrige Elemente: Cd 228,8, Fe 248,3, Ni 232,0, Pb 283,3, Sn 224,6, Zn 213,9. Für die Bestimmung der übrigen Elemente (neben Mn) ist die Einwaage dem jeweiligen Gehalt anzupassen.

### 9.5.3.3 Eisen, unlegierter und niedrig legierter Stahl

*Arbeitsbereich:* Al, Bi, Cd, Co, Cr, Cu, Mn, Mo, Ni, Pb, Te, Ti, V, Zn, Zr.

B: Angaben bei den einzelnen Lösungsvorschriften. $s_r$: ± 0,5–1%.

**Arbeitsvorschrift** [182]

*a) Lösungsvorschrift 1*

B (%):  0,005–0,18 Bi, 0,0005–0,02 Cd, 0,005–0,30 Co, 0,005–0,10 Cr, 0,005–0,40 Cu, 0,005–0,60 Mn, 0,005–0,40 Mo, 0,005–0,10 Ni, 0,005–0,80 Pb, 0,008–0,10 Sb, 0,005–0,10 Sn, 0,005–1,50 V, 0,0005–0,010 Zn.

1,0 g Probematerial wird in einem 100 ml-Meßkolben mit 10 ml HCl (1 + 1) unter Erwärmen gelöst, mit 4 Tropfen $H_2O_2$ (15%) oxidiert und nach dem Abkühlen mit Wasser zur Marke aufgefüllt. Wahlweise kann das Probematerial auch nach Lösungsvorschrift 3 gelöst werden. Nach Lösungsvorschrift 1 nicht lösliche, legierte Stähle löst man nach Lösungsvorschrift 5. Messung: siehe Absatz g).

*b) Lösungsvorschrift 2*

B (%): 0,10–2,0 Cr, 0,30–1,50 Mn, 0,10–2,0 Ni.

Von der nach Lösungsvorschrift 1 erhaltenen Probelösung wird ein aliquoter Teil von 10,0 ml für Mn bzw. 5,0 ml für Cr und Ni in einem 100 ml-Meßkolben mit Wasser zur Marke aufgefüllt. Messung: siehe Absatz g).

*c) Lösungsvorschrift 3*

B (%): 0,005–0,50 Al, 0,005–0,12 Te.

1,0 g Probematerial wird in einem 100 ml-Meßkolben mit 30 ml $HNO_3$ (1 + 3) unter Erwärmen gelöst und nach dem Abkühlen mit Wasser zur Marke aufgefüllt. Messung: siehe Absatz g).

*d) Lösungsvorschrift 4*

B (%): 0,02–1,50 Ti, 0,02–6,0 Zr.

Das Probematerial wird nach Lösungsvorschrift 1 gelöst, 5,0 ml 10%ige $NH_4F$-Lösung hinzugefügt und mit Wasser zur Marke aufgefüllt. Messung: siehe Absatz g).

*e) Lösungsvorschrift 5 (für legierte, HCl-unlösliche Stähle)*

B (%): 0,10–2,0 Cr, 0,30–1,50 Mn, 0,10–2,0 Ni.

1,0 g Probematerial wird in einem 100 ml-Meßkolben mit 20 ml Mischsäure [50 ml Wasser + 50 ml $HClO_4$ (70%) + 20 ml $HNO_3$ (1,40)] unter Erwärmen gelöst, bis zum Auftreten der $HClO_4$-Nebel erhitzt, abgekühlt und mit Wasser zur Marke aufgefüllt. Von dieser Lösung führt man einen aliquoten Teil von 10,0 ml für Mn bzw. 5,0 ml für Cr und Ni in einen 100 ml-Meßkolben über und füllt mit Wasser zur Marke auf. Messung: siehe Absatz g).

*f) Lösungsvorschrift 6 (für legierte, HCl-unlösliche Stähle)*

B (%): 0,02–0,10 Ti, 0,02–6,0 Zr.

Das Probematerial wird nach Lösungsvorschrift 5 gelöst, 5,0 ml 10%ige $NH_4F$-Lösung hinzugefügt und mit Wasser zur Marke aufgefüllt. Messung: siehe Absatz g).

*g) Messung*

Analysenlinien: Al 309,3, Bi 223,1, Cd 228,8, Co 240,7, Cr 357,9, Cu 324,7, Mn 279,5, Mo 313,2, Ni 232,0, Pb 283,3, Sb 217,5, Sn 224,6, Te 214,3, Ti 365,3, V 318,5, Zn 213,9, Zr 360,1. Spektrale Spaltbreiten (nm): 0,2 für Co, Mn, Sb, Sn, Te, Ti, Zr; 0,7 für übrige Elemente. Flamme: $N_2O/C_2H_2$ für Al, Mo, V, Ti, Zr; Luft/$H_2$/Ar-Diffusionsflamme für Sn; Luft/$C_2H_2$ für übrige Elemente.

*h) Eichung, Eichkurven*

Für die Aufstellung der Eichkurven sowie für die Eichung (Justierung) des Gerätes verwendet man Eichlösungen, die nach der Arbeitsvorschrift mit Ferrum reductum unter Zusatz von Elementstandardlösungen hergestellt werden. Es ist besonders darauf zu achten, daß die Eichlösungen jeweils hinsichtlich Säureart und -konzentration mit der Probelösung übereinstimmen. Für die Einstellung des Nullpunktes verwendet man eine Blindlösung, die mit Ferrum reductum nach der Arbeitsvorschrift hergestellt wird. Die Einstellung des Eichpunktes erfolgt im linearen Bereich der Eichkurve mit den erwähnten synthetischen Lösungen, nur für V verwendet man mit SRM's hergestellte Eichlösungen.

### 9.5.3.4 Unlegierter und legierter Stahl

*Arbeitsbereich:* Al, Co, Cr, Cu, Mn, Mo, Ni, Pb, Sn, Ti, V, W.

In einer anderen Arbeit [184] werden abweichend von der vorliegenden Vorschrift alle Elemente mit der Luft/$C_2H_2$-Flamme bestimmt und der Probelösung Oxin und $NH_4Cl$ zugesetzt, um die Störung des Fe auf Cr und Mo zu beseitigen.

B (%): 0,05–8 Al, 0,02–0,5 Co, 0,1–24 Cr, 0,05–5 Cu, 0,05–0,9 Mn, 0,05–2,5 Mo, 0,1–11 Ni, 0,01–0,2 Pb, 0,02–0,1 Sn, 0,1–1 Ti, 0,05–2 V, 0,2–20 W.

**Arbeitsvorschrift** [183]

*a) Bestimmung von Al, Co, Cr, Cu, Mn, Mo, Ni, Pb, Sn, Ti, V.* 1,0 g Probematerial löst man in einem 250 ml-Becherglas unter Erwärmen mit 10 ml HCl (1,19) und 5 ml $HNO_3$ (1,40), fügt nach der ersten Reaktion 10 ml $HClO_4$ (60%) hinzu, dampft bis zum Auftreten der $HClO_4$-Nebel ein, raucht 5 min ab, kühlt etwas ab und gibt 50 ml Wasser hinzu. Die Lösung wird in einen 100 ml-Meßkolben filtriert, mit Wasser zur Marke aufgefüllt und in die Flamme eingesprüht. Messung: siehe Absatz c).

*b) Bestimmung von W und > 0,5% Mo.* 1,0 g Probematerial löst man in einem 250 ml-Becherglas unter Erwärmen mit 50 ml $HClO_4$/$H_3PO_4$/$H_2SO_4$-Gemisch [300 ml Wasser + 100 ml $HClO_4$ (60%) + 100 ml $H_3PO_4$ (1,75) + 100 ml $H_2SO_4$ (1,84)], oxidiert tropfenweise mit $HNO_3$ (1,40), dampft bis zum Auftreten der $HClO_4$-Nebel ein, kühlt ab, verdünnt mit Wasser auf 50 ml, filtriert in einen 100 ml-Meßkolben, füllt mit Wasser zur Marke auf und sprüht die Lösung in die Flamme ein. Messung: siehe Absatz c).

*c) Messung*
Analysenlinien: Al 309,3, Co 240,7, Cr 357,9, Cu 324,8, Mn 279,5, Mo 313,3, Ni 232,0, Pb 217,0, Sn 224,0, Ti 364,3, V 318,4, W 255,1. Spaltbreite (mm): 0,03 für Mn, 0,1 für Sn, 0,05 für übrige Elemente. Flamme: Luft/$C_2H_2$ für Co, Cu, Mn, Ni, Pb; $N_2O/C_2H_2$ für übrige Elemente.

*d) Eichkurven*
Eichkurvenbereich (%): 0,02–0,5 Al, Co, Sn; 0,05–12 Cr; 0,01–0,2 Cu, Mn, Pb; 0,02–1 Mo; 0,02–0,4 Ni; 0,05–1 Ti, V; 0,2–4 W. Die Eichkurven werden nach der Arbeitsvorschrift mit Ferrum reductum unter Zusatz von Elementstandardlösungen hergestellt. Für die Bestimmung von über dem Eichkurvenbereich liegenden Gehalten wird die Probelösung verdünnt und entsprechend mit Fe-Stammlösung [5 g Ferrum reductum löst man in 40 ml HCl (1,19) + 5 ml $HNO_3$ (1,40), fügt 20 ml $HClO_4$ (60%) hinzu, raucht ab und verdünnt mit Wasser auf 100 ml] versetzt, so daß die verdünnte Lösung stets 1% Fe und die Säuremenge der unverdünnten Probelösung enthält.

### 9.5.3.5 Ferrosilicium

*Arbeitsbereich:* Al, Ca, Mn, Ti.

B: 0,01–1% Mn.

**Arbeitsvorschrift [185]**

1,0 g Probematerial befeuchtet man in einem Platintiegel mit einigen Tropfen Wasser, fügt kontinuierlich 6 ml HF (40%) hinzu, versetzt dann mit etwa 5 Tropfen $HNO_3$ (1,40) und nach Beendigung der Reaktion mit weiteren 10 Tropfen $HNO_3$ (1,40). Die Lösung wird bis zum vollständigen Lösen erhitzt, 5 ml $HClO_4$ (70%) zugesetzt und bis zum Auftreten der $HClO_4$-Nebel eingedampft. Nach dem Abkühlen führt man den Rückstand in ein 400 ml-Becherglas über, versetzt mit 50 ml 2 Vol.%iger HCl, kocht bis die Lösung klar ist und filtriert einen unlöslichen Rückstand ab. Dieser wird in einem Platintiegel mit 1 g $Na_2CO_3$ bei 1000°C 15 min aufgeschlossen, die erkaltete Schmelze im Filtrat gelöst, 10 ml HCl (1,19) hinzugefügt, die Lösung unter Nachwaschen mit 2 Vol.%iger HCl in einen 250 ml-Meßkolben übergeführt und mit 2 Vol.%iger HCl zur Marke aufgefüllt. Je nach dem Elementgehalt wird die Lösung für jedes einzelne Element mit 2 Vol.%iger HCl in einem gesonderten 100 ml-Meßkolben entsprechend verdünnt, für die Ti-Bestimmung 3,2 ml $AlCl_3$-Lösung (5 mg Al/ml) bzw. für die Ca-Bestimmung 10 ml $SrCl_2$-Lösung (50 mg Sr/ml) zugefügt und mit 2 Vol.%iger HCl zur Marke aufgefüllt. Analysenlinien: Al 309,3, Ca 422,7, Mn 279,5, Ti 365,3. Flamme: Luft/$C_2H_2$ für Ca, Mn; $N_2O/C_2H_2$ für Al, Ti.

Für die Eichkurven verwendet man Eichlösungen, die mit Elementstandardlösungen hergestellt werden unter Zusatz von Fe und $Na_2CO_3$ entsprechend dem Gehalt der Probelösung (mit 2 Vol.%iger HCl aufgefüllt).

## 9.5.4 Mineralstoffe

### 9.5.4.1 Silicatgestein

*Arbeitsbereich:* Al, Ca, Fe, K, Mg, Mn, Na, Ti, V, Zr.

Mn und die übrigen Elemente werden mittels Kationenaustauscher getrennt und in den Eluatfraktionen die einzelnen Elemente mittels AAS und nach anderen Methoden bestimmt. Das Verfahren gestattet eine genaue Silicatanalyse. Die Ausbeute beträgt bei höheren Gehalten für Al, Ca, Fe, Mg, Mn und V 100,0 ± 0,1%, für K, Na und Ti 100,0 ± 0,2%. Die Ausbeute des Zr liegt bei ~98%, da Hf nicht zusammen mit Zr eluiert wird. $ZrO_2$-haltiges, in HF/$HClO_4$ teilweise unlösliches Material läßt sich nach diesem Verfahren nur teilweise befriedigend analysieren, da nach dem Aufschluß des säureunlöslichen Rückstandes mit HF/$HClO_4$/$H_3PO_4$ ein großer Teil des Zr in das V-Eluat und der Rest des Zr in das Ti-Eluat geht. Die Na- und K-Eluate sind hingegen frei von Zr. Falls Zr mitbestimmt werden soll, muß der Aufschluß mit HF/$HClO_4$/$H_3PO_4$ unterbleiben. Für die Analyse von in HF/HCl/$HClO_4$ teilweise unlöslichem Material empfiehlt es sich daher, den säureunlöslichen Teil mit $Li_2B_4O_7$ aufzuschließen und gesondert zu analyseren.

B: bis zu den angegebenen Maximalgehalten $\leq$ 30% $Al_2O_3$, $\leq$ 20% CaO, $\leq$ 20% $Fe_2O_3$, $\leq$ 10% $K_2O$, $\leq$ 20% MgO, $\leq$ 4% MnO, $\leq$ 6% $Na_2O$, $\leq$ 4% $TiO_2$, $\leq$ 2% V, $\leq$ 1% $ZrO_2$. $F_r$: ± 0,1–0,2%.

**Arbeitsvorschrift [186]**

*Austauschersäule.* Die Vorbereitung der Säule ist in Arbeitsvorschrift 4.3.1.1. (s. S. 43) beschrieben.

*Reagentien.* Die für den Aufschluß verwendete $H_3PO_4$ reinigt man, indem man 1 Teil $H_3PO_4$ (85%) mit 4 Teilen Wasser verdünnt, die verdünnte Säure durch eine Austauschersäule AG 50W–X8 schickt und in einer Kunststoffflasche aufbewahrt.

*Aufschluß.* 0,50 g fein gepulvertes Probematerial wird in einem 100 ml-Teflonbecher mit einem Gemisch von HF (40%), HCl (1,19) und $HClO_4$ (70%) unter Erwärmen auf einem Luftheizbad gelöst, abgeraucht (HF muß restlos entfernt sein), auf 1 ml $HClO_4$ eingeengt und mit Wasser auf 100 ml verdünnt. Einen unlöslichen Rückstand filtriert man ab, stellt das Filtrat für die Kolonnentrennung zur Seite, löst den Rückstand in einem Platintiegel durch Erhitzen mit einem Gemisch von HF (40%), $HClO_4$ (70%) und $H_3PO_4$ (mit Austauscher gereinigt) bis sich eine viskose, transparente Masse von Polyphosphorsäure gebildet hat. Die Schmelze wird in 10 ml 0,1 M $HClO_4$/0,03% $H_2O_2$ gelöst und für die Kolonnentrennung verwendet.

*Kolonnentrennung.* Man gibt zuerst die Lösung der Schmelze auf die Austauschersäule und dann das Filtrat, dem man unmittelbar vor der Aufgabe auf die Kolonne 1 ml $H_2O_2$ (3%) zugesetzt hat, und fährt mit der Elution der Elemente nach Arbeitsvorschrift 4.3.1.1 (s. S. 43) fort.

*Bestimmung.* In den einzelnen Eluatlösungen werden die Elemente bestimmt. Gehalte von < 1% MnO (< 5 mg Mn) bestimmt man mittels AAS mit der Linie Mn 279,5 und der Luft/ $C_2H_2$-Flamme. Die Bestimmung von > 1% MnO (> 5 mg Mn) erfolgt komplexometrisch nach Arbeitsvorschrift 6.7.1.4 (s. S. 78). Ein über das ganze Verfahren mitgeführter Blindwert wird abgezogen. Für die übrigen Elemente finden die in Tabelle 10 angeführten Methoden Anwendung.

**Tabelle 10.** Verwendete Bestimmungsmethoden

| Element | Bestimmungsmethode |
| --- | --- |
| Al | komplexometrisch: Zusatz von Überschuß an CDTA, Rücktitration bei pH 5,5 mit $ZnSO_4$-Lösung und Xylenolorange-Indikator.<br>< 2 mg Al: photometrisch mit Alizarinrot S. |
| Ca | komplexometrisch mit EDTA und Methylthymolblau-Indikator.<br>< 4 mg Ca: AAS, Luft/$C_2H_2$-Brenner, Linie 422,7. |
| Fe | komplexometrisch: Zusatz von Überschuß an CDTA, Rücktitration wie bei Al.<br>< 6 mg Fe: AAS, Luft/$C_2H_2$-Brenner, Linie 248,3. |
| K, Na | AAS, Luft/Propan-Butan-Brenner, Linien Na 589 und K 766,5. |
| Mg | komplexometrisch mit EDTA bei pH 10 und 40° C mit Eriochromschwarz T-Indikator.<br>< 2 mg Mg: AAS, Luft/$C_2H_2$-Brenner, Linie 285. |
| Ti | photometrisch mit $H_2O_2$ in 1,5 M $H_2SO_4$. |
| V | titrimetrisch mit $Fe^{2+}$-Lösung in $HClO_4$/$H_3PO_4$-Lösung mit Diphenylaminsulfonat-Indikator.<br>< 5 mg V: photometrisch mit 4-(2-Pyridylazo)resorcinol. |
| Zr | photometrisch mit Xylenolorange in 0,25 M $H_2SO_4$. |

### 9.5.4.2 Silicatgestein, Bodenproben

*Arbeitsbereich:* Al, Ba, Ca, Fe, K, Mg, Mn, Na, Si, Ti.

Das Probematerial wird mit $LiBO_2$/$HNO_3$ aufgeschlossen und das Mn in der Probelösung direkt bestimmt. Zur Beseitigung von Interferenzen werden K, Na und Sr als spektrale Puffer zugesetzt, vor allem K für die Eliminierung der Störung bei der Ba-Bestimmung, Na für die störungsfreie K- und Sr für die Ca-Bestimmung.

B (%): 14,5–70 $SiO_2$, 3,3–20 $Al_2O_3$, 0,6–3 $TiO_2$, 0,03–0,3 MnO, 0,07–0,4 BaO, 1,4–70 $Fe_2O_3$, 0,4–3 MgO, 0,6–5 $Na_2O$, 0,6–4,5 $K_2O$, 1,4–7 CaO.

**Arbeitsvorschrift** [48]

0,10 g Probematerial (Körnung < 0,1 mm) wird in einem 10 ml-Platintiegel mit 0,70 g $LiBO_2$ bei 900–950°C 10 min unter mehrmaligem Umschwenken über dem Brenner aufgeschlossen, die Schmelze unter Drehen des Tiegels erkalten gelassen, der kalte Tiegel in ein 50 ml-Becherglas gesetzt und mit 30–35 ml Wasser gerade bedeckt, die erkaltete Schmelze unter Magnetrühren nach Zugabe von 4,0 ml $HNO_3$ (1,40) 60–90 min gelöst, die Lösung in einen 100 ml-Meßkolben übergeführt und mit Wasser zur Marke aufgefüllt (Lösung 1).
50,0 ml von Lösung 1 werden in einen 100 ml-Meßkolben übergeführt, 10,0 ml 2,4%ige $K^+$-Lösung (45,77 g KCl in 1 l 0,35%iger $LiBO_2$/4 Vol.%iger $HNO_3$-Lösung) sowie 4,0 ml $HNO_3$ (1,40) hinzugefügt und mit Wasser zur Marke aufgefüllt (Lösung 2). Lösung 2 wird in die $N_2O/C_2H_2$-Flamme eingesprüht und die Linien Mn 279,5, Al 309,2, Ba 553,5, Si 251,7 und Ti 364,3 gemessen.
5,0 ml Lösung 1 versetzt man in einem 100 ml-Meßkolben mit 10,0 ml 2,4%iger $K^+$-Lösung (siehe oben), füllt mit 0,35%iger $LiBO_2$/4 Vol.% $HNO_3$-Lösung zur Marke auf (Lösung 3) und sprüht Lösung 3 für die Messung der Linien Fe 248,3 und Mg 285,1 in die $N_2O/C_2H_2$-Flamme bzw. der Linie Na 589,0 (flammenphotometrische Messung) in die Luft/$C_2H_2$-Flamme ein.
5,0 ml Lösung 1 versetzt man in einem 100 ml-Meßkolben mit 10,0 ml 1%ige $Na^+$-Lösung (25,42 g NaCl in 1 l 0,35%iger $LiBO_2$/4 Vol.% $HNO_3$-Lösung) sowie 5,0 ml 5%iger $Sr^{2+}$-Lösung (152,15 g $SrCl_2 \cdot 6 H_2O$ in 1 l 0,35%iger $LiBO_2$/4 Vol.% $HNO_3$-Lösung), füllt mit 0,35%iger $LiBO_2$/4 Vol.% $HNO_3$-Lösung zur Marke auf (Lösung 4) und sprüht Lösung 4 für die Messung der Linie Ca 422,8 in die $N_2O/C_2H_2$-Flamme bzw. der Linie K 766,4 (flammenphotometrische Messung) in die Luft/$C_2H_2$-Flamme ein.
Für außerhalb des Meßbereiches liegende Gehalte wird die Probelösung analog zur Arbeitsvorschrift stärker verdünnt. Die Eichkurven werden nach der Arbeitsvorschrift mit Elementstandardlösungen aufgestellt.

### 9.5.4.3 Zement

*Arbeitsbereich:* Al, Ca, Fe, K, Mg, Mn, Na, Si, Sr, Zn.

Nach dem Lösen der Probe werden die Elemente direkt in der Lösung bestimmt. Si vermindert das Meßsignal von Al, Ca, Fe, Mg und Zn, Al jenes von Ca und Mg. Ca erhöht das Meßsignal von K und Sr, während Ca, Al und Fe jenes von Si erhöhen. Alle diese Störeinflüsse werden durch zugesetztes La beseitigt. Der Probelösung wird $H_3BO_3$ zugefügt, um freie HF zu binden und eine Fällung von $LaF_3$ zu verhindern.
B (%): 0,5–5 $Al_2O_3$, 10–80 CaO, 0,5–5 $Fe_2O_3$, 0,1–1 $K_2O$, 0,5–5 MgO, 0,01–0,1 $Mn_2O_3$, 0,05–0,5 $Na_2O$, 5–30 $SiO_2$, 0,05–0,5 SrO, 0,002–0,02 ZnO. $s_r$: ± 1%.

**Arbeitsvorschrift** [187]

0,50 g fein gepulvertes Probematerial versetzt man in einem 100 ml-Teflonbecher mit 20 ml Wasser und fügt unter Rühren 10 ml HCl (1,19) hinzu. Nach dem Lösen der Probe wird der Rührstab abgespült, 1,0 ml HF (40%) hinzugefügt, bis zum Lösen der Kieselsäure umgeschwenkt und 50,0 ml 4%ige $H_3BO_3$-Lösung zugegeben. Man führt die Lösung in einen 200 ml-Meßkolben über, fügt 20,0 ml 5%ige $La^{3+}$-Lösung [58,6 g $La_2O_3$ werden in 800 ml HCl (1 + 1) unter Erwärmen gelöst und mit Wasser auf 1 l aufgefüllt] und füllt mit Wasser zur Marke auf (Lösung 1). 10,0 ml Lösung 1 versetzt man in einem 100 ml-Meßkolben mit 9,0 ml 5%ige $La^{3+}$-Lösung und füllt mit Wasser zur Marke auf (Lösung 2). Lösung 1 wird für die Bestimmung von Al, Fe, Mn, Na, Si, Sr und Zn verwendet, Lösung 2 für Ca, K und Mg. Analysenlinien: Al 309,3, Ca 422,7, Fe 248,3, K 766,5, Mg 285,2, Mn 279,5, Na 589,0, Si 251,6, Sr 460,7, Zn 213,9. Flamme: Luft/$C_2H_2$ für Ca, Fe, K, Mg, Mn, Na und Zn, bei Ca und Mg Brenner mit 1 cm-Absorptionsschichtdicke (Flammenschicht); $N_2O/C_2H_2$ für Al, Si und Sr.
Die Eichkurven werden analog zur Arbeitsvorschrift mit Elementstandardlösungen aufgestellt.

### 9.5.5 Verschiedenes

#### 9.5.5.1 Reinstphosphor

*Arbeitsbereich:* Ca, Cd, Cu, K, Mg, Mn, Na, Pb, Zn.

Mn und andere Spurenelemente werden mittels Kationenaustauscher isoliert und im Eluat bestimmt. Die Analyse ist unter spurenanalytischen Bedingungen [21] durchzuführen. Die Bestimmung von Co und Pb wird durch die anwesenden mg-Mengen von Ca und Fe gestört, was entsprechend berücksichtigt werden muß.

B: 10–20 µg/g Ca, Cd, Cu, K, Mg, Mn, Na, Pb, Zn. $s_r$: ± 3–13%.

**Arbeitsvorschrift** [188]

*Austauschersäule.* Kationenaustauscher Dowex 50W–X8 (50–100 mesh, $H^+$-Form; Säule 1,0 cm Ø x 6,0 cm), Säule mit 50 ml HCl (1 + 1) und dann mit Wasser gespült.

*Ausführung.* 1,0 g Probematerial löst man in einem 250 ml-Becherglas mit 15 ml $HNO_3$ (1,40), versetzt mit 5 ml HCl (1,19) und dampft ein bis keine Säuredämpfe mehr entweichen. Nach Zusatz von 5 ml $HNO_3$ (1,40) wird wieder eingedampft, 5 ml Ameisensäure (1 + 4) hinzugefügt und eingedampft. Nach dem Erkalten fügt man ~ 120 ml Wasser hinzu, löst die $H_3PO_4$ durch Umschwenken, schickt die Lösung durch die Austauschersäule mit einer Durchflußrate von 3–4 ml/min und spült mit 100 ml Wasser die restliche $H_3PO_4$ aus. Die Elemente werden mit 40 ml HCl (1 + 1) eluiert (2–3 ml/min), mit ~ 20 ml Wasser nachgewaschen und das gesammelte Eluat zur Trockene eingedampft. Den Trockenrückstand löst man mit 1 ml HCl (1 + 1) sowie ~ 5 ml Wasser, füllt mit Wasser in einem 10 ml-Meßkolben (oder ein anderes Endvolumen) zur Marke auf und bestimmt in dieser Lösung das Mn (Luft/$C_2H_2$-Flamme, Linie 279,5) und die übrigen Elemente unter Standardbedingungen.

In der Arbeit [188] werden mit getrennten Einwaagen noch Al und Fe durch Extraktion mit Oxin-Butylamin/$CHCl_3$ sowie As durch Bromid-Extraktion isoliert und bestimmt.

#### 9.5.5.2 Natriumdiuranat

*Arbeitsbereich:* Ba, Ca, Cd, Co, Cr, Cu, Fe, Mg, Mn, Ni, Pb, Rb, Sr, Zn.

Nach dem Lösen des Probematerials (yellow cake) werden die Spurenelemente mittels Kationenaustauscher von der Uranmatrix abgetrennt und im Eluat bestimmt.

B (µg/g):  0,5–2,5 Cd, Rb, Sr, 1–15 Co, Cr, 10–30 Cu, Mn, 20–90 Ni, Pb, Zn, 50–400 Ba, Mg, 0,1–1% Ca, Fe.

**Arbeitsvorschrift** [189]

*Austauschersäule.* Kationenaustauscher Dowex 50–X8 (100–200 mesh, $H^+$-Form), Säulenvorbereitung siehe Arbeitsvorschrift 8.3.5.1 (s. S. 98).

*Ausführung.* 0,50 g Probematerial versetzt man in einem Kunststoffbecher mit 15 ml HF (40%) sowie 10 ml $HNO_3$ (1,40), dampft auf dem Wasserbad zur Trockene ein, löst den Rückstand mit 10 ml $HNO_3$ (1,40), fügt 100 mg $H_3BO_3$ hinzu und dampft wieder zur Trockene ein. Der Eindampfrückstand wird mit 10 ml 12 M $HNO_3$ versetzt, auf dem Wasserbad 5 min erwärmt, nach dem Abkühlen 80 ml MIBK und 10 ml Aceton hinzugefügt, wobei infolge der hohen Ionenkonzentration in dem sonst homogenen salpetersauren Lösungsmittelgemisch eine Phasentrennung auftritt. Es bildet sich eine „Flüssigkeitsblase" von etwa 0,3 ml, in der ein bei der Zugabe des MIBK ausgefällter Niederschlag suspendiert ist. Nach dem Dekantieren der homogenen überstehenden Lösung (= Sorptionslösung) wird die „Flüssigkeitsblase" 2mal mit je 10 ml MIBK/Aceton/12 M $HNO_3$-Gemisch (8 + 1 + 1) gewaschen und die Waschlösungen mit der Sorptionslösung vereinigt (Lösung 1). Die restliche „Flüssigkeitsblase" wird nun nach Zusatz von 10 ml 2 M $HNO_3$ mittels Infrarotstrahler eingedampft und der Rückstand mit 10 ml 2 M $HNO_3$ unter gleichzeitigem Erwärmen mittels Infrarotstrahler gelöst (Lösung 2). Lösung 2 wird unmittelbar vor der Elution mit 2 M $HNO_3$ in die Austauschersäule gebracht.

Die 120 ml Sorptionslösung werden durch die Austauschersäule geschickt (Durchlaufgeschwindigkeit $\sim 0,4$ ml/min), zur Entfernung von restlichem U mit 40 ml MIBK/Aceton/12 M $HNO_3$-Gemisch $(8 + 1 + 1)$ nachgewaschen und der in der Säule verbliebene Rest dieser Waschlösung mit 2 ml 0,1 M $HNO_3$ entfernt. Hierauf werden die 10 ml Lösung 2 auf die Austauschersäule gegeben und gleich danach die adsorbierten Elemente mit 150 ml 2 M $HNO_3$ eluiert (160 ml Eluat). Das Eluat dampft man mittels Infrarotstrahler zur Trockene ein, löst den Rückstand mit 15–20 ml 2 M $HNO_3$, füllt in einem 25 ml-Meßkolben mit 2 M $HNO_3$ zur Marke auf und bestimmt in dieser Lösung Mn (Linie 279,5, Luft/$C_2H_2$-Flamme) und die übrigen Elemente unter Standarbedingungen. Für die Bestimmung von Ca, Fe, Mg und Zn muß die Probelösung 25fach verdünnt werden.

### 9.5.5.3 Luftstaub

*Arbeitsbereich:* Al, Ca, Cr, Cu, Fe, K, Mg, Mn, Na, Ni, Pb, Zn.

Nach dem Lösen der Probe werden die Elemente in der Lösung direkt bestimmt.

B: $\geqq 10$ µg Mn.

**Arbeitsvorschrift** [190, 191]

*Vorschrift 1* [190]

Das Membranfilter mit gesammelter Staubprobe löst man in einem 25 ml-Platintiegel mit 1 ml Aceton, dampft zur Trockene ein, verascht dann 1 Std bei 550°C, löst den Veraschungsrückstand unter Erwärmen mit 5 ml $HNO_3$ $(1 + 1)$, füllt in einem 25 ml-Meßkolben zur Marke auf und bestimmt in dieser Lösung Mn (Linie 279,5, Luft/$C_2H_2$-Flamme) und die übrigen Elemente unter Standardbedingungen.

*Vorschrift 2* [191]

Das Papierfilter mit der gesammelten Staubprobe gibt man in einen 50 ml-Teflonbecher, stellt diesen in eine Polypropylen-Kammer (3,8 l Inhalt, z. B. Exsiccator oder Chromatographiekammer), in welcher sich eine offene Schale mit 50 ml $HNO_3$ $(1,40)$/HF $(40\%)$-Gemisch $(3 + 2)$ befindet, und läßt die Säuredämpfe über Nacht auf das Filter einwirken. Dazu wird die Kammer etwas erwärmt (beispielweise setzt man sie an den Rand eines auf 100°C erhitzten Sandbades). Am nächsten Tag wird das Filter in einem 30 ml-Becherglas mit 3 ml $HNO_3$ $(1,40)$ und 2 ml $HClO_4$ $(70\%)$ naß verascht, zur Trockene eingedampft, der Rückstand mit 0,50 ml $HNO_3$ $(1,40)$ unter Erwärmen gelöst, in einem 25 ml-Meßkolben mit Wasser aufgefüllt und die Bestimmung wie bei Vorschrift 1 durchgeführt.

# 9.6 Anwendungen

Die nachfolgende Übersicht informiert über weitere Arbeiten mit Anwendung von AAS, FL-AAS und AFS zur Analyse verschiedener Probematerialien. Die Bestimmung des Mn erfolgt meist zusammen mit einer mehr oder weniger großen Zahl anderer Elemente, wobei im Falle der AAS die Luft/$C_2H_2$-Flamme und die Linie Mn 279,5 in der Regel Verwendung finden.

## 9.6.1 AAS[1]

*1. Wasser* (Gehaltsbereich in µg Mn/l). Grund-, Fluß-, Meer- und Schneewasser [4–240; Isol: Ex NaDDTC/Aceton-$CHCl_3$ (2:5) pH 5 und IoA Dowex 1X8] [167],

---

[1] Abkürzungen s. S. XV

Trink-, Fluß-, See- und Abwasser (5–50; Isol: Ex 0,1 M TTA/MIBK pH 9,5) [192], Wasser [5–500; Isol: Ex α-(2-Carboxyanilino)benzylphosphonsäure-monooctyl-ester/MIBK pH 4,5–5,5] [162], Wasser (200–5000; Zusatz von La + Cs) [51], Wasser, Meerwasser ($\geq$ 1; Isol: Ex) [166, 167], (1–250; Isol: Flg) [169].

*2. Organisches Material* (Gehaltsbereich in μg/g, ml). Pflanzenmaterial ($\geq$ 0,3) [170], Nahrungsmittel (0,5–170) [176], Tierisches Gewebe (0,7–20) [61, 154], Zähne (0,5–0,8) [193], Garnelen (5–8) [194], Leber (1–20) [178, 195, 196], Blut (0,01–0,03; Mikroanalyse mit 2 ml Probe; Isol: Ex Oxin/MIBK pH 9–9,5, Trennungsgang) [164], Blut (0,02) [197], Urin (2–4 ng/ml; Isol: Ex) [163]. Vitaminpräparat (Isol: IoA) [198], Treibstoff, Heizöl (> 0,1; Isol: Ex HCl) [199], Kohle (5–50) [60], Kohle (30; Zusatz von La + Cs) [51].

*3. Metalle und Legierungen* (Gehaltsbereich in % Mn). Aluminium (0,01–1; Isol: IoA Dowex 1, Ex 8-Hydroxychinaldin/CHCl$_3$ pH 12) [200], Al-legierungen (0,06–0,7; Zusatz von La + Cs) [51], Bor (0,005–0,035) [201], Cu-legierungen (0,2–2,2; Zusatz von La + Cs) [51], Eisen, Stahl (0,001–5) [184, 202, 203], Eisen, Stahl (0,4–1,8; Zusatz von La + Cs) [51], Stahlgefügebstandteile (0,05–10) [204–206], Li-B-legierung (0,01–0,02) [207], Magnesium (0,0004; Isol: Sorption auf Aktivkohle) [208], Mg-legierungen (0,1–0,3) [209], Molybdän (0,001–0,15) [210], Natrium (0,0001–0,001; Isol: Flg) [211], Plutonium ($\geqq$ 0,00025) [212], Wolfram (0,0005–0,15) [210].

*4. Mineralstoffe* (Gehaltsbereich in % Mn). Sulfiderz (0,04–0,12) [62]. Bauxit (0,3–0,4; Isol: IoA, Ex 8-Hydroxychinaldin/CHCl$_3$ pH 12) [200], Pyrolusit (23–58) [213], Magnesit (0,3) [152], Mn-Knollen (19–30; Isol: IoA) [214], geologisches Material (0,01–0,2 MnO) [52, 139], Sediment (0,5–1,5) [215], geologisches Material ($\geq$ 0,05; Isol: Ex NaDDTC/MIBK, Trennungsgang) [216], Stahleinschlüsse (> 0,1 MnO) [217], Silicatgestein (0,003–0,4 MnO) [47, 143], Bodenextrakte (0,0008–0,005) [64, 218], Zement (0,03–0,2) [219, 220], Glas (0,004–0,03; Einwaage 250–500 μg) [214], Eisenerz, Manganerz, Kalkstein, Magnesit, Feldspat, Zement, Silicastein, Chromitstein und Glas (0,004–49; Zusatz von La + Cs) [51], Bauxit ($\geq$ 0,003 MnO) [145].

*5. Verschiedenes* (Gehaltsbereich in μg Mn/g, ml). Alkalisalze (0,1–10; Isol: Ex 1-Phenyl-3-methyl-4-benzoylpyrazolon/MIBK) [221], CaCl$_2$-, NaCl-Lösung (0,04–2; Isol IoA) [222], CaSO$_4$ (2–60; Isol Flg Cd-Spurenfänger + Oxin/Tanninsäure/Thionalid) [223], AgCl (0,5–10; Isol: Ex Oxin/MIBK) [224], NiO (1000; Zusatz von La + Cs) [51], Kohlenasche (500) [225].

### 9.6.2 FL-AAS[1]

*1. Wasser.* Reinstwasser [96, 99], Wasser [226–228], Wasser (Isol: Ex NaDDTC/Diisobutylketon) [101], Abwasser [227], Meerwasser [72, 93, 123–125, 229–231], Meerwasser (Isol: Ex Oxin/CHCl$_3$) [232], Meerwasser (Isol: Ex APCD-NaDDTC/CHCl$_3$) [233], Meerwasser (Isol: Ex APCD-Oxin/MIBK) [229], Meerwasser (Isol: Ex APCD/MIBK) [79], Meerwasser (Isol: IoA) [229, 234, 235], Meerwasser [Isol: reverse phase-Chromatographie der Oxinate auf Silicagel (C$_{18}$ chemically bonded silica gel, Bondapak Porasil B)] [236].

---

[1] Abkürzungen s. S. XV

*2. Organisches Material.* Blut, Serum [197, 237–239], Zerebrospinalflüssigkeit [237], Haar [240], tierisches Gewebe [241, 242], biologisches Material [243, 244], biologisches Material (Isol: Ex Cupferron/MIBK) [245], Leber [246], Fischmehl [246], Urin [238], Urin (Isol: Ex 2,2,6,6-Tetramethylheptan-3,5-dion/MIBK) [249], Erdöl, Erdölprodukte [250, 251], Heizöl [136], Treibstoff [106], Schmieröl [106], Papier und Zellstoff [252, 253].

*3. Metalle und Legierungen.* Aluminium, Al-legierungen [254], Stahl [255, 256], Reinstgallium (Isol: Abtrennung des Ga durch Chloridextraktion mit Diisopropylether) [257], Galliumarsenid [258] und Uran [259].

*4. Mineralstoffe.* Glas, $CaCO_3$ (Isol: Ex NaDDTC/MIBK) [260].

*5. Verschiedenes.* Luftstaub [261–264], $H_2SO_4$, HF, $NH_3$ [265], $Na_2CO_3$ (Isol: Ex NaDDTC/MIBK) [260], NaCl (Isol: Ex 1-Phenyl-3-methyl-4-benzoylpyrazolon-5/MIBK) [266], Lichtleitersubstanzen ($SiO_2$, $Na_2CO_3$, $Li_2CO_3$, $Cs_2CO_3$, $K_2CO_3$, $PbO_2$, $B_2O_3$, $H_3BO_3$; Isol: Dest) [267, 268], CdS (Isol: Dest) [268] und $SiCl_4$ (Isol: Dest) [269].

### 9.6.3 AFS[1]

Meerwasser [Isol: automatische Extraktion mit NaDDTC/Butanol-MIBK (2+1) bei pH 5,5] [270], Erdöl, Erdölprodukte [128], Al-legierungen [271], Stahl (Isol: Ex Amylacetat) [272] und Bodenextrakte [133].

## Literatur


1. Walsh A, Spectrochim Acta 7 (1955) 108
2. Alkemade CTJ, Milatz JMW, Apl Sci Res Sect B 4 (1955) 289
3. Alkemade CTJ, Milatz JMW, J Opt Soc Am 45 (1955) 583
4. Dittrich K, Atomabsorptionsspektrometrie. Akademie-Verlag, Berlin (1982)
5. Cantle JE, Atomic absorption spectrometry. Elsevier, Amsterdam (1982)
6. Van Loon JC, Analytical atomic absorption spectroscopy. Academic Press, New York (1980)
7. Cresser MS, Sharp BL, Annual reports on analytical atomic spectroscopy, Vol 10. The Royal Society of Chemistry, London (1981)
8. Dawson JB, Sharp BL, Annual reports on analytical atomic spectroscopy, Vol 9. The Royal Society of Chemistry, London (1980)
9. Dawson JB, Sharp BL, Annual reports on analytical atomic spectroscopy, Vol 8. The Royal Society of Chemistry, London (1979)
10. Thompson KC, Reynolds RJ, Atomic absorption, fluorescence and flame emission spectroscopy – a practical approach. Griffin, London (1978); Wiley, New York (1979)
11. Slavin M, Atomic absorption spectroscopy. Wiley, New York (1978)
12. Welz B, Atomic absorption spectroscopy. Verlag Chemie International, New York (1976); Atom-Absorptions-Spektroskopie. Verlag Chemie, Weinheim (1975)
13. Winefordner JD, Trace analysis. Spectroscopic methods for elements. Wiley, New York (1976)
14. May L, Spectroscopic tricks. Plenum, New York (1974)
15. Dean JA, Rains TC, Flame emission and atomic absorption spectrometry, Vol 3. Dekker, New York (1975)
16. Dean JA, Rains TC, Flame emission and atomic absorption spectrometry, Vol 2. Dekker, New York (1971)


---

[1.] Abkürzungen s. S. XV

17. Dean JA, Rains TC, Flame emission and atomic absorption spectrometry, Vol 1. Dekker, New York (1969)
18. Kirkbright GF, Sargent M, Atomic absorption and fluorscence spektroscopy. Academic Press, New York (1974)
19. Schrenk WG, Analytical atomic spectroscopy. Plenum, New York (1975)
20. Pinta M, Atomic absorption spectrometry. Hilger, London (1975)
21. Koch OG, Koch-Dedic GA, Handbuch der Spurenanalyse. Springer, Berlin Heidelberg New York (1974)
22. Winefordner JD, Fitzgerald JJ, Omenetto N, Appl Spectrosc 29 (1975) 369
23. Angino EA, Billings GK, Atomic absorption spectrometry in geology. Elsevier, New York (1972)
24. Price WJ, Analytical atomic absorption spectrometry. Heyden, London (1972)
25. Slavin W, Atomic absorption spectroscopy. Interscience, New York (1968)
26. Ramirez-Munoz J, Atomic absorption spectroscopy. Elsevier, Amsterdam (1968)
27. Elwell WT, Gidley JAF, Atomic absorption spectrophotometry. Pergamon, Oxford (1967)
28. Robinson JW, Atomic absorption spectroscopy. Dekker, New York (1966)
29. Slavin W, Appl Spectrosc 20 (1966) 281
30. Slavin W, Slavin S, Appl Spectrosc 23 (1969) 421
31. Johnson WM, Maxwell JA, Rock and mineral analysis. Wiley, New York (1981)
32. Reeves RD, Brooks RR, Trace element analysis of geological materials. Wiley, New York (1978)
33. Hofstader RA, Milner OI, Runnels JH, Analysis of petroleum for trace metals. American Chemical Society, Washington (1976)
34. Burrell DC, Atomic spectrometric analysis of heavy metal pollutants in water. Ann Arbor Science, Ann Arbor (1974)
35. Gilbert Jr PT, Anal Chem 34 (1962) 210R
36. Sribner BF, Margoshes M, Anal Chem 36 (1964) 329R
37. Margoshes M, Scribner BF, Anal Chem 38 (1966) 297R
38. Winefordner JD, Vickers TJ, Anal Chem 42 (1970) 206 R; 44 (1972) 150R; 46 (1974) 192R
39. Hieftje GM, Copeland TR, de Olivares DR, Anal Chem 48 (1976) 142R
40. Hieftje GM, Copeland TR, Anal Chem 50 (1978) 300R
41. Horlick G, Anal Chem 52 (1980) 290R; 54 (1982) 276R
42. Scholes PH, Analyst 93 (1968) 197
43. Langmyhr FJ, Talanta 24 (1977) 277
44. Rubeška I, Anal Chim Acta 40 (1968) 187
45. Uchida T, Iida C, Kojima I, Anal Chim Acta 113 (1980) 361
46. Allan JF, Spectrochim Acta 10 (1959) 800
47. Van Loon JC, Parissis CM, Analyst 94 (1969) 1057
48. Verbeek AA, Mitchell MC, Ure AM, Anal Chim Acta 135 (1982) 215
49. Platte JA, Marcy VM, Atom Absorpt Newsl 4 (1965) 289
50. Husler JW, Atom Absorpt Newsl 10 (1971) 60
51. Schinkel H, Fesenius Z Anal Chem 317 (1984) 10
52. Sanzolone RF, Chao TT, Talanta 25 (1978) 287
53. Bernas B, Anal Chem 40 (1968) 1682
54. French WJ, Adams SJ, Anal Chim Acta 66 (1973) 324
55. Harnly JM, Anal Chem 54 (1982) 1043
56. Miller-Ihli NJ, O'Haver TC, Harnly JM, Anal Chem 54 (1982) 799
57. Bower NW, Ingle Jr JD, Anal Chem 51 (1979) 72
58. Kornahrens H, Cook KD, Armstrong DW, Anal Chem 54 (1982) 1325
59. Hilderbrand DC, Pickett EE, Anal Chem 47 (1975) 424
60. O'Reilly JE, Hicks DG, Anal Chem 51 (1979) 1905
61. Mohamed N, Fry RC, Anal Chem 53 (1981) 450
62. Willis JB, Anal Chem 47 (1975) 1752
63. Issaq HJ, Morgenthaler LP, Anal Chem 47 (1975) 1668
64. Ure AM, Berrow ML, Anal Chim Acta 52 (1970) 247
65. Bryant DR, Hodges AR, Anal Chem 44 (1972) 405
66. Gough DS, Anal Chem 48 (1976) 1926

67. Ishizuka T, Uwamino Y, Sunahara H, Anal Chem 49 (1977) 1339
68. Aldous KM, Mitchell DG, Jackson KW, Anal Chem 47 (1975) 1034
69. Jackson KW, Aldous KM, Mitchell DG, Appl Spectrosc 28 (1974) 569
70. Welz B, CZ-Chemie-Technik 1 (1972) 455
71. Welz B, Wiedeking E, Fresenius Z Anal Chem 252 (1970) 111
72. McArthur JM, Anal Chim Acta 93 (1977) 77
73. Cruz RB, Van Loon JC, Anal Chim Acta 72 (1974) 231
74. Culver BR, Surles T, Anal Chem 47 (1975) 920
75. Dolinšek F, Štupar J, Analyst 98 (1973) 841
76. Dudas MJ, Atom Absorpt Newsl 13 (1974) 109
77. Fuller CW, Anal Chim Acta 62 (1972) 442
78. Hauck G, Fresenius Z Anal Chem 267 (1973) 337
79. Paus PE, Fresenius Z Anal Chem 264 (1973) 118
80. Posma FD, Balke J, Herber RFM, Stuik EJ, Anal Chem 47 (1975) 834
81. Robinson JW, Hindman GD, Slevin PJ, Anal Chim Acta 66 (1973) 165
82. Robinson JW, Wolcott DK, Slevin PJ, Hindman GD, Anal Chim Acta 66 (1973) 13
83. Smeyers-Verbeke J, Michotte Y, Van den Winkel P, Massart DL, Anal Chem 48 (1976) 125
84. Smeyers-Verbeke J, Michotte Y, Massart DL, Anal Chem 50 (1978) 10
85. Alger D, Anderson RG, Maines IS, West TS, Anal Chim Acta 57 (1971) 271
86. Ebdon L, Kirkbright GF, West TS, Anal Chim Acta 61 (1972) 15
87. Jackson KW, West TS, Balchin L, Anal Chim Acta 64 (1973) 363
88. Johnson DJ, West TS, Dagnall RM, Anal Chim Acta 66 (1973) 171
89. Brachaczek WW, Butler JW, Pierson WR, Appl Spectrosc 28 (1974) 585
90. Seiji Y, Hitoo K, Japan-Analyst 23 (1974) 406
91. Volland G, Kölblin G, Tschöpel P, Tölg G, Fresenius Z Anal Chem 284 (1977) 1
92. Gomišček S, Lengar Z, Černetič J, Hudnik V, Anal Chim Acta 73 (1974) 97
93. Montgomery JR, Peterson GN, Anal Chim Acta 117 (1980) 397
94. Lundberg E, Johansson G, Anal Chem 48 (1976) 1922
95. Lundberg E, Frech W, Anal Chem 53 (1981) 1437
96. Pickford CJ, Rossi G, Analyst 98 (1973) 329
97. Alder JF, Alger D, Samuel AJ, West TS, Anal Chim Acta 87 (1976) 301
98. Kantor T, Clyburn SA, Veillon C, Anal Chem 46 (1974) 2205
99. Pickford CJ, Rossi G, Analyst 97 (1972) 647
100. Carnrick GR, Slavin W, Manning DC, Anal Chem 53 (1981) 1866
101. Shigematsu TT, Matsui M, Fujino O, Kinoshita K, Anal Chim Acta 76 (1975) 329
102. West TS, Williams XK, Anal Chim Acta 45 (1969) 27
103. Alder JF, West TS, Anal Chim Acta 51 (1970) 365
104. Ebdon L, Kirkbright GF, West TS, Anal Chim Acta 58 (1972) 39
105. Garnys VP, Smythe LE, Anal Chem 51 (1979) 959
106. Everett GL, West TS, Williams RW, Anal Chim Acta 70 (1974) 204
107. Takeuchi T, Yanagisawa M, Suzuki M, Talanta 19 (1972) 465
108. Hwang JY, Mokeler CJ, Ullucci PA, Anal Chem 44 (1972) 2018
109. Lagesson HV, Mikrochim Acta (1974) 527
110. Newton MP, Davis DG, Anal Chem 47 (1975) 2003
111. West MH, Molina JF, Yuan CL, Davis DG, Chauvin JV, Anal Chem 51 (1979) 2370
112. Manning DC, Slavin W, Anal Chim Acta 118 (1980) 301
113. Sturgeon RE, Chakrabarti CL, Langford CH, Anal Chem 48 (1976) 1792
114. Sturgeon RE, Chakrabarti CL, Anal Chem 49 (1977) 1100
115. Woodriff R, Marinkovic M, Howald RA, Eliezer I, Anal Chem 49 (1977) 2008
116. Wegscheider W, Knapp G, Spitzy H, Fresenius Z Anal Chem 283 (1977) 9
117. Hydes DJ, Anal Chem 52 (1980) 959
118. Suzuki M, Ohta K, Yamakita T, Anal Chem 53 (1981) 9
119. Chakrabarti CL, Wan CC, Hamed HA, Bertels PC, Anal Chem 53 (1981) 444
120. Abbey S, Anal Chem 54 (1982) 136
121. Chakrabarti CL, Wan CC, Hamed HA, Bertels PC, Anal Chem 54 (1982) 137
122. Slavin W, Carnrick GR, Manning DC, Anal Chem 54 (1982) 621

123. Sturgeon RE, Berman SS, Desaulniers A, Russell DS, Anal Chem 51 (1979) 2364
124. Segar DA, Cantillo AY, Anal Chem 52 (1981) 1766
125. Sturgeon RE, Berman SS, Desaulniers A, Russell DS, Anal Chem 52 (1980) 1767
126. Gough DS, Meldrum JR, Anal Chem 52 (1980) 642
127. Demers DR, Allemand CD, Anal Chem 53 (1981) 1915
128. Brinkman DW, Whisman ML, Goetzinger JW, Appl Spectrosc 33 (1979) 245
129. Johnson DJ, Winefordner JD, Anal Chem 48 (1976) 341
130. Johnson DJ, Plankey FW, Winefordner JD, Anal Chem 47 (1975) 1739
131. Clyburn SA, Bartschmid BR, Veillon C, Anal Chem 46 (1974) 2201
132. Ebdon L, Kirkbright GF, West TS, Talanta 17 (1970) 965
133. Dagnall RM, Kirkbright GF, West TS, Wood R, Anal Chem 43 (1971) 1765
134. Ebdon L, Kirkbright GF, West TS, Talanta 19 (1972) 1301
135. Brinkman DW, Sacks RD, Anal Chem 47 (1975) 1279
136. Staufenberger O, Perkin-Elmer Angew Atomabsorptions-Spektrosk (1977) H. 5
137. Vigler MS, Gaylor VF, Appl Spectrosc 28 (1974) 342
138. Althaus E, N Jahrb Miner Mh 9 (1966) 259
139. Galle OK, Appl Spectrosc 22 (1968) 404
140. Trent DJ, Slavin W, Atom Absorpt Newsl 3 (1964) 17, 118
141. Billings GK, Adams JAS, Atom Absorpt Newsl 3 (1964) 65
142. Grobenski Z, Perkin-Elmer Analysentech Ber (1974) H. 31
143. Langmyhr FJ, Paus PE, Anal Chim Acta 43 (1968) 397
144. Langmyhr FJ, Paus PE, Anal Chim Acta 43 (1968) 506
145. Langmyhr FJ, Paus PE, Anal Chim Acta 43 (1968) 508
146. Langmyhr FJ, Paus PE, Atom Absorpt Newsl 7 (1968) 103
147. Suhr NH, Ingamells CO, Anal Chem 38 (1966) 730
148. Ingamells CO, Anal Chem 38 (1966) 1228
149. Medlin JH, Suhr NH, Bodkin JB, Atom Absorpt Newsl 8 (1969) 25
150. Yule JW, Swanson GA, Atom Absorpt Newsl 8 (1969) 30
151. Boar PL, Ingram LK, Analyst 95 (1970) 124
152. Freudiger TW, Kenner CT, Appl Spectrosc 26 (1972) 302
153. Sebastiani E, Ohls K, Riemer G, Fresenius Z Anal Chem 264 (1973) 105
154. Uchida T, Kojima I, Iida C, Anal chim Acta 116 (1980) 205
155. Berndt H, Jackwerth E, Spectrochim Acta 30B (1975) 169
156. –
157. Berndt H, Jackwerth E, Fresenius Z Anal Chem 290 (1978) 105
158. Kinrade JD, Van Loon JC, Anal Chem 46 (1974) 1894
159. Yanagisawa M, Suzuki M, Takeuchi T, Anal Chim Acta 43 (1968) 500
160. Roberts RF, Anal Chem 49 (1977) 1862
161. Tweeten TN, Knoeck JW, Anal Chem 48 (1978) 64
162. Mandić M, Mesarić Š, Fresenius Z Anal Chem 313 (1982) 403
163. Van Ormer DG, Purdy WC, Anal Chim Acta 64 (1973) 93
164. Delves HT, Shepherd G, Vinter P, Analyst 96 (1971) 260
165. Dornemann A, Kleist H, Fresenius Z Anal Chem 291 (1978) 349
166. Weiss HV, Kenis PR, Korkisch J, Steffan I, Anal Chim Acta 104 (1979) 337
167. Korkisch J, Sorio A, Anal Chim Acta 69 (1975) 207
168. Smith Jr RG, Anal Chem 46 (1974) 607
169. Hiraide M, Yoshida Y, Mizuike A, Anal Chim Acta 81 (1976) 185
170. Bradfield EG, Analyst 99 (1974) 403
171. Oelschläger W, Schmidt S, Bestenlehner L, Landwirtsch Forsch 29 (1976) 70
172. Oelschläger W, Schmidt S, Lautenschläger W, Landwirtsch Forsch 29 (1976) 211
173. Oelschläger W, Bestenlehner L, Landwirtsch Forsch 29 (1976) 224
174. Alkemade CTJ, Anal Chem 38 (1966) 1252
175. Cresser MS, Lab Pract 26 (1977) 171
176. Evans WH, Dellar D, Lucas BE, Jackson FJ, Read JI, Analyst 105 (1980) 529
177. Heanes DL, Analyst 106 (1981) 182
178. Locke J, Anal Chim Acta 104 (1979) 225
179. Eider NG, Appl Spectrosc 25 (1971) 313

180. Koch OG, unveröffentlicht (1981)
181. Capacho-Delgado L, Manning DC, Atom Absorpt Newsl 5 (1966) 1
182. Koch OG, unveröffentlicht (1975; 1976)
183: Thomerson DR, Price WJ, Analyst 96 (1971) 825
184. Nall WR, Brumhead D, Whitham R, Analyst 100 (1975) 555
185. Damiani M, Del Monte Tamba MG, Bianchi F, Analyst 100 (1975) 643
186. Strelow FWE, Liebenberg CJ, Victor AH, Anal Chem 46 (1974) 1409
187. Ross JTH, Price WJ, Analyst 94 (1969) 89
188. Wunderlich E, Hädeler W, Fresenius Z Anal Chem 284 (1977) 19
189. Korkisch J, Hübner H, Mikrochim Acta (1976 I) 279
190. Hwang JY, Feldman FJ, Appl Spectrosc 24 (1970) 371
191. Stolzenburg TR, Andren AW, Anal Chim Acta 118 (1980) 377
192. Kato K, Talanta 24 (1977) 503
193. Langmyhr FJ, Lind T, Jonsen J, Anal Chim Acta 80 (1975) 297
194. Knauer GA, Analyst 95 (1970) 476
195. Johnson CA, Anal Chim Acta 81 (1976) 69
196. Iida, C, Uchida T, Kojima I, Anal Chim Acta 113 (1980) 365
197. Ward NI, Stephens R, Ryan DE, Anal Chim Acta 110 (1979) 9
198. Korkisch J, Hübner H, Mikrochim Acta (1976 II) 311
199. von Lehmden DJ, Jungers RH, Lee Jr RE, Anal Chem 46 (1974) 239
200. Calkins RC, Appl Spectrosc 20 (1966) 146
201. Bedrosian AJ, Lerner MW, Anal Chem 40 (1968) 1104
202. Belcher CB, Kinson K, Anal Chim Acta 30 (1964) 483
203. Hubbard DP, Monks HH, Anal Chim Acta 47 (1969) 197
204. Bosch H, Büchel E, Grygiel H, Lohau K, Arch Eisenhüttenwes 45 (1974) 699
205. Sauer KH, Nitsche M, Arch Eisenhüttenwes 40 (1969) 891
206. Stahlberg R, Steglich F, Ziegler M, Fresenius Z Anal Chem 306 (1981) 365
207. DeVries LE, Gubner E, Anal Chem 50 (1978) 694
208. Kimura M, Egawa S, Talanta 29 (1982) 329
209. Mansell RE, Emmel HW, McLaughlin EL, Appl Spectrosc 20 (1966) 231
210. Neumann GM, Fresenius Z Anal Chem 259 (1972) 337
211. Scarborough JM, Bingham CD, DeVries PF, Anal Chem 39 (1967) 1394
212. Vienney J, Anal Chim Acta 55 (1971) 37
213. Mukhopadhyay S, Chatterjee BP, Anal Chim Acta 89 (1977) 213
214. Korkisch J, Hübner H, Steffan I, Arrhenius G, Fisk M, Frazer J, Anal Chim Acta 83 (1976) 83
215. Agemian H, Chau ASY, Anal Chim Acta 80 (1975) 61
216. Hannaker P, Hughes TC, Anal Chem 49 (1977) 1485
217. Gomišček S, Špan M, Lavrić T, Hudnik V, Mikrochim Acta (1974) 567
218. Nadirshaw M, Cornfield AH, Analyst 93 (1968) 475
219. Takeuchi T, Suzuki M, Talanta 11 (1964) 1391
220. Capacho-Delgado L, Manning DC, Analyst 92 (1967) 553
221. Ivanova E, Mareva S, Jordanov N, Fresenius Z Anal Chem 303 (1980) 378
222. Galle OK, Appl Spectrosc 25 (1971) 664
223. Husler JW, Cruft EF, Anal Chem 41 (1969) 1688
224. Edwards JW, Lominac GD, Buck RP, Anal Chim Acta 57 (1971) 257
225. Silberman D, Fisher GL, Anal Chim Acta 106 (1979) 299
226. Epstein MS, Rains TC, Brady TJ, Moody JR, Barnes IL, Anal Chem 50 (1978) 874
227. Welz B, Wiedeking E, Fresenius Z Anal Chem 264 (1973) 110
228. Manning DC, Slavin W, Appl Spectrosc 37 (1983) 1
229. Sturgeon RE, Berman SS, Desaulniers A, Russell DS, Talanta 27 (1980) 85
230. Sperling KR, Fesenius Z Anal Chem 283 (1977) 30
231. Sperling KR, Bahr B, Fresenius Z Anal Chem 299 (1979) 206
232. Klinkhammer GP, Anal Chem 52 (1980) 117
233. Lo JM, Yu JC, Hutchinson FI, Wal CM, Anal Chem 54 (1982) 2536
234. Kingston HM, Barnes IL, Brady TJ, Rains TC, Champ MA, Anal Chem 50 (1978) 2064
235. Corsini A, Chiang S, DiFruscia R, Anal Chem 54 (1982) 1433

236. Sturgeon RE, Berman SS, Willie SN, Talanta 29 (1982) 167
237. D'Amico DJ, Klawans HL, Anal Chem 48 (1976) 1469
238. Halls DJ, Fell GS, Anal Chim Acta 129 (1981) 205
239. Kirkbright GF, Ward AF, Talanta 21 (1974) 1145
240. Alder JF, Samuel AJ, West TS, Anal Chim Acta 87 (1976) 313
241. Paynter DI, Anal Chem 51 (1979) 2086
242. Rorsman P, Berggren P, Anal Chim Acta 140 (1982) 325
243. Schramel P, Anal Chim Acta 67 (1973) 69
244. Lundgren G, Johansson G, Talanta 21 (1974) 257
245. Belling GB, Jones GB, Anal Chim Acta 80 (1975) 279
246. Langmyhr FJ, Aamodt J, Anal Chim Acta 87 (1976) 483
247. Raptis SE, Kaiser G, Tölg G, Anal Chim Acta 138 (1982) 93
248. Langmyhr FJ, Kjuus I, Anal Chim Acta 100 (1978) 139
249. Lekehal N, Hanocq M, Anal Chim Acta 83 (1976) 93
250. Robbins WK, Anal Chem 46 (1974) 2177
251. Runnels JH, Merryfield R, Fisher HB, Anal Chem 47 (1975) 1258
252. Langmyhr FJ, Thomassen Y, Massoumi A, Anal Chim Acta 68 (1974) 305
253. Simon PJ, Giessen BC, Copeland TR, Anal Chem 49 (1977) 2285
254. Matsusaki K, Yoshino T, Yamamoto Y, Anal Chim Acta 144 (1982) 189
255. Ottaway JM, Shaw F, Anal Chim Acta 99 (1978) 217
256. Takada K, Hirokawa K, Fresenius Z Anal Chem 312 (1982) 109
257. Ramamurty CK, Kaiser G, Tölg G, Mikrochim Acta (1980 I) 79
258. Schelpakowa IR, Judelewitsch IG, Soltan SA, Schtscherbakowa OI, Talanta 25 (1978) 243
259. Patel BM, Goyal N, Purohit P, Dhobale AR, Joshi BD, Fresenius Z Anal Chem 315 (1983)
     42
260. Fuller CW, Whitehead J, Anal Chim Acta 68 (1974) 407
261. Thomassen Y, Solberg R, Hanssen JE, Anal Chim Acta 90 (1977) 279
262. Geladi P, Adams F, Anal Chim Acta 105 (1979) 219
263. Begnoche BC, Risby TH, Anal Chim Acta 47 (1975) 1041
264. Chen GH, Risby TH, Anal Chem 55 (1983) 943
265. Langmyhr FJ, Håkedal JT, Anal Chim Acta 83 (1976) 127
266. Havezov I, Ivanova E, Fresenius Z Anal Chem 315 (1983) 26
267. Bächmann K, Spachidis C, Weitz A, Fresenius Z Anal Chem 301 (1980) 3
268. Spachidis C, Weitz A, Bächmann K, Fresenius Z Anal Chem 306 (1981) 268
269. Kometani TY, Anal Chem 49 (1977) 2289
270. Jones M, Kirkbright GF, Ranson L, West TS, Anal Chim Acta 63 (1973) 210
271. Dagnall RM, Kirkbright GF, West TS, Wood R, Analyst 97 (1972) 245
272. Norris JD, West TS, Anal Chim Acta 59 (1972) 474

# 10 Flammenemissionsspektrometrie

Die Flammenemissionsspektrometrie (FES) – in der Literatur häufig auch Flammenspektrometrie, – spektrophotometrie oder am häufigsten Flammenphotometrie genannt – hatte in der Vergangenheit eine gewisse, jedoch begrenzte Bedeutung für die Bestimmung des Mn. Soweit der Einsatz spektroskopischer Methoden aus bestimmten Gründen notwendig ist, wurde und wird der Emissionsspektralanalyse mit der energiereicheren Bogen- oder Funkenanregung gegenüber der FES der Vorzug gegeben. Hinzu kommt, daß seit der Einführung der AAS (s. S. 123) Anfang der sechziger Jahre die FES weitgehend durch die AAS für die Mn-Bestimmung abgelöst worden ist. Die FES dürfte daher derzeit für die Bestimmung des Mn nur dann Anwendung finden, wenn einerseits im Laboratorium keine andere Analysenmethode bzw. -einrichtung zur Verfügung steht und andererseits einfach zusammengesetzte, mit der FES problemlos analysierbare Probematerialien vorliegen.
Der erwähnte Stand in der Wahl der Analysenmethoden und deren Anwendungshäufigkeit ist wohl teilweise auf die länger zurückliegenden Erfahrungen mit der FES mit unzureichenden Geräten zurückzuführen, ist aber zum Teil auch durch die Entwicklung des Gerätemarktes beeinflußt und gibt kein reelles Bild der tatsächlichen Leistungsfähigkeit der FES. So wurde in einer Arbeit am Beispiel der Stahlanalyse (s. Arbeitsvorschrift 10.1.1) gezeigt, daß man mit einer handelsüblichen AAS-Einrichtung mit der FES im Vergleich zur AAS gleichwertige Analysenergebnisse erhalten kann [1]. Dies ist insofern von Interesse, als AAS-Geräte in der Regel sowohl für Absorptions- als auch für Emissionsmessungen eingerichtet sind.
Weitere und eingehendere Informationen über die FES findet man in der Literatur [2–23].

## 10.1 Analysenverfahren

### 10.1.1 Unlegierter und legierter Stahl

*Arbeitsbereich:* Al, Co, Cr, Cu, Mn, Nb, V.

Mn und andere Elemente werden direkt in der Probelösung bestimmt.

B (%): 0,0025–0,2 Al, 0,005–1 Co, 0,002–1 Cr, 0,01–0,5 Cu, 0,02–2 Mn, 0,005–0,5 Ni, 0,01–0,5 V.

$s_r$: bei Gehalten von 0,04–0,08% an Al $\pm$ 0,1%, Cr und Cu $\pm$ 1%, Ni $\pm$ 2% und V $\pm$ 4%, von 0,1–0,2% an Co $\pm$ 2% und Mn $\pm$ 0,8%.

**Arbeitsvorschrift [1]**

*Apparatur:* Jarrell-Ash 0,5 m-Monochromator 82000, Gitter 1180 Striche/mm, Dispersion 160 nm/mm in 1. Ordnung; $N_2O/C_2H_2$-Brenner Perkin-Elmer; Meßwertanzeige digital und über

Schreiber; Integrationszeit 8 sec für Linien und Untergrund. Analysenlinien: Al 396,15, Co 345,35, Cr 357,87, Cu 324,75, Mn 403,08, Ni 351,51, V 437,92.

*Ausführung.* 1,0 g Probematerial wird mit 30 ml HCl (1 + 1) und 5 ml $HNO_3$ (1,40) gelöst, fast zur Trockene eingedampft, 5 min bei 200°C geröstet, der Rückstand mit 10 ml HCl (1,19) gelöst, mit Wasser auf 200,0 ml aufgefüllt und diese Lösung in den $N_2O/C_2H_2$-Brenner eingesprüht. Für die Untergrund(Blindwert)-Messung stellt man nach der Vorschrift eine Blindlösung mit 0,5 g Ferrum reductum her. Man mißt jeweils Linie und Untergrund mit den beiden Lösungen an der eingestellten Wellenlänge mit Hilfe des Schreibers oder über die Digitalanzeige und verwendet die Nettointensitäten für die Auswertung. Die Eichkurven stellt man mit Standardproben ähnlicher Zusammensetzung her, wodurch vorhandene Störeinflüsse eliminiert werden.

## 10.2 Anwendungen

Aus dem eingangs Gesagten ist verständlich, daß in der Literatur eine relativ geringe Zahl von Arbeiten aufscheint, welche die Bestimmung von Mn mittels FES zum Gegenstand haben. Nachfolgend ist eine Reihe von Arbeiten angeführt, in denen über die materialbezogene Anwendung der FES berichtet wird[1]:
Lösung (0,1–1000 ppm Mn) [24, 25], Wasser (0,05–1 ppm Mn) [26], Pflanzenmaterial (0,001–0,1 % Mn) [27], Stahl, Ni-legierungen, Bronze (0,7–16% Mn) [28], Al-legierungen (0,04–0,7% Mn; Isol: Ex) [29], Stahl, Al-, Cu-, Zn-legierungen (0,02–1% Mn; Isol: Ex) [30, 31], Bor (0,005–0,035% Mn) [32], Magnesit (0,4% Mn) [28], Glas (0,02–0,05% Mn) [33], Zement (0,01–0,6% Mn) [34], Hochofenschlacke (0,5–4% Mn) [35], Elektrolytlösung von Stahlgefügeisolierung [36].

## Literatur


1. Fassel VA, Slack RW, Kniseley RN, Anal Chem 43 (1971) 186
2. Alkemade GTJ, Herrmann R, Fundamentals of analytical flame spectroscopy. Hilger, Bristol (1979); Wiley, New York (1979)
3. Schrenk WG, Analytical atomic spectroscopy. Plenum, New York (1975)
4. Dean JA, Rains TC, Flame emission and atomic absorption spectrometry, Vol 3. Dekker, New York (1975)
5. Dean JA, Rains TC, Flame emission and atomic absorption spectrometry, Vol 2. Dekker, New York (1971)
6. Dean JA, Rains TC, Flame emission and atomic absorption spectrometry, Vol 1. Dekker, New York (1969)
7. Thompson KC, Reynolds RJ, Atomic absorption, fluorescence and flame emission spectroscopy – a practical approach. Griffin, London (1978); Wiley, New York (1979)
8. Mavrodineanu R, Analytical flame spectroscopy. Selected topics. Macmillan, London (1970)
9. Schuhknecht W, Die Flammenspektralanalyse. Enke, Stuttgart (1961)
10. Herrmann R, Alkemade CTJ, Flammenphotometrie. Springer, Berlin Göttingen Heidelberg (1960)
11. Koch OG, Koch-Dedic GA, Handbuch der Spurenanalyse. Springer, Berlin Heidelberg New York (1974)
12. Reeves RD, Brooks RR, Trace element analysis of geological materials. Wiley, New York (1978)


---

[1]Abkürzungen s. S. XV

13. Cresser MS, Sharp BL, Annual reports on analytical atomic spectroscopy, Vol. 10. The Royal Society of Chemistry, London (1981)
14. Dawson JB, Sharp BL, Annual reports on analytical atomic spectroscopy, Vol 9. The Royal Society of Chemistry, London (1980)
15. Dawson JB, Sharp BL, Annual reports on analytical atomic spectroscopy, Vol 8. The Royal Society of Chemistry, London (1979)
16. Dean JA, Analyst 85 (1960) 621
17. Margoshes M, Anal Chem 34 (1962) 221R
18. Scribner BF, Margoshes M, Anal Chem 36 (1964) 329R
19. Margoshes M, Scribner BF, Anal Chem 38 (1966) 297R; 40 (1968) 223R
20. Winefordner JD, Vickers TJ, Anal Chem 42 (1970) 206R; 44 (1972) 150R; 46 (1974) 192R
21. Hieftje GM, Copeland TR, de Olivares DR, Anal Chem 48 (1976) 142R
22. Hieftje GM, Copeland TR, Anal Chem 50 (1978) 300R
23. Horlick G, Anal Chem 52 (1980) 290R; 54 (1982) 276R
24. Zacha K, Winefordner JD, Anal Chem 38 (1966) 1537
25. Bush KW, Howell NG, Morrison GH, Anal Chem 46 (1974) 575
26. Podobnik B, Dular M, Korošin J, Mikrochim Acta (1966) 713
27. Kick H, Fresenius Z Anal Chem 151 (1956) 406
28. Dippel WA, Bricker CE, Anal Chem 27 (1955) 1484
29. Dean JA, Cain Jr C, Anal Chem 29 (1957) 530
30. Smith GW, Palmby AK, Anal Chem 31 (1959) 1798
31. Johnson D, Lott PF, Anal Chem 35 (1963) 1705
32. Bedrosian AJ, Lerner MW, Anal Chem 40 (1968) 1104
33. Roy N, Anal Chem 28 (1956) 34
34. Diamond JJ, Anal Chem 28 (1956) 328
35. Neuberger A, Schöffmann E, Herkenhoff K, Arch Eisenhüttenwes 29 (1958) 35
36. Wever F, Koch W, Wiethoff G, Arch Eisenhüttenwes 24 (1953) 383

# 11 Bogen-/Funken-Emissionsspektroskopie

## 11.1 Allgemeines

Die optische Emissionsspektralanalyse (OES) mit Bogen- und Funkenanregung gehört zu den „alten" Analysenmethoden. Vom Anfang der 30er Jahre ausgehend führte die Entwicklung der OES zu ihrer breiten Anwendung in praktisch allen Materialbereichen der analytischen Chemie, wobei bis heute noch die Registrierung der Linienspektren sowohl photographisch mit Hilfe von Spektrographen (OESG) als auch elektrometrisch mit Hilfe von Spektrometern (OESM) erfolgt. Unter den physikalischen bzw. instrumentellen Analysenmethoden wurde und wird derzeit die OES mit Bogen- und Funkenanregung am häufigsten angewandt. Die in der „Einleitung" (s. S. 1) erwähnten Veränderungen des Anwendungsbereiches der verschiedenen Analysenmethoden hatten und haben aber auch auf die OES ihre Auswirkungen. Vor allem die Analyse von Lösungen wurde zum erheblichen Teil von der AAS, im Falle der Bestimmung von Einzelelementen oder einer niedrigen Zahl von Elementen, und der Plasmaspektrometrie, im Falle von Multielementanalysen, übernommen. Aber auch die Analyse fester Probematerialien wird aus verschiedenen Gründen in zunehmendem Maße auf die AAS und die Plasmaspektrometrie verlagert. Hier dürfte künftig u. a. auch ein Teil des Einsatzbereiches der OES mit Bogenanregung allmählich auf die Plasmaspektrometrie übergehen [1]. Diese Entwicklung ist noch nicht abgeschlossen und weitere Veränderungen des Anwendungsbereiches und -umfanges dürften in den kommenden Jahren wohl zu erwarten sein.
Die OES ist eine sehr vielseitig anwendbare Methode, da sie neben ihren übrigen Vorzügen (Multielementanalyse, Empfindlichkeit, geringer Zeitbedarf usw.) durch Anwendung einer Reihe von Arbeitsvarianten die Analyse des Probematerials in verschiedenen Zustandsformen gestattet (kompaktes oder zerkleinertes Material sowie in Form von Lösungen). Sie eignet sich primär für die Bestimmung mittlerer und niedriger Elementgehalte sowie von Spurengehalten.
Die OES von Metallen erfolgt in der Industrie weitgehend mit Hilfe von Spektrometern. Die Verwendung von Spektrographen, d. h. Geräten mit photographischer Auswertung, ist daher eher die Ausnahme und beschränkt sich auf Sonderfälle, die verschiedene Ursachen haben können:
a) wenn in einem Material Elemente bestimmt werden sollen, für die im Mehrkanalspektrometer die Meßkanäle fehlen,
b) wenn ein Analysenproblem nur oder besser spektrographisch zu lösen ist,
c) wenn Laboratorien über keine Spektrometerausrüstung verfügen.
Die Entwicklung der Emissionsluft- und Emissionsvakuumspektrometer aus den 50er und 60er Jahren bis zum gegenwärtigen Stand erhielt entscheidende Impulse vor allem von der Stahlindustrie und teilweise auch von der übrigen Metallindustrie. Der industrielle Einsatz dieser Spektrometer führte zu zahlreichen Publikationen, von denen hier einige beispielhaft genannt seien, die sich mit der Analyse von Stahl

befassen und in diesem Zusammenhang berichten über Grundlagenuntersuchungen mit Luft- [2–11] bzw. Vakuumspektrometern [12–29], Betriebserfahrungen mit Luft- [30–42] bzw. Vakuumspektrometern [12, 24, 40, 43–52] sowie das Reinigen von Ar-Schutzgas [22, 53].

Als Ergebnis der langjährigen Erfahrungen sind die im Handel erhältlichen Spektrometer weitgehend ausgereift und werden gegenwärtig von den Herstellern komplett mit brauchbaren Verfahrensvorschriften, mit Analysenprogrammen, mit fest eingebauten Analysenlinien, mit Rechner und zugehöriger Software für die Meßwertverarbeitung, ja teilweise sogar mit allen Eichkurven und Interferenzkorrekturen geliefert. Hinzu kommt schließlich in der Regel eine individuelle Einweisung und problemorientierte Unterstützung der Geräteanwender durch die Applikationslaboratorien der Gerätehersteller. Die Behandlung von Arbeitsvorschriften für die spektrometrische Analyse von Metallen erscheint daher wenig sinnvoll, weshalb darauf im vorliegenden Rahmen verzichtet und auf die entsprechende Literatur [54] verwiesen sei. Die nachfolgenden Ausführungen dieses Abschnittes sind hiernach im wesentlichen auf jene Analysenverfahren beschränkt, bei denen eine entsprechende Probenvorbereitung bzw. Anreicherungs- und Trennungsverfahren erforderlich sind.

Soweit Mn neben anderen Elementen als Testelement mituntersucht wurde, berichtete eine Reihe von Arbeiten über Teilgebiete der OES, unter anderem über: Anregung mit Hilfe der Glimmentladungslampe [29, 55, 56], Einfluß von Spannungsschwankungen des Gleichstrombogens [57], Anregung durch elektrische Verdampfung von Metallfolien [58–60], Eichungs- und Auswertungsverfahren [61], Verminderung der Matrixeffekte bei Werkzeugstahl durch Anregung unter Schutzgas [62], Analyse von Roheisen [63], Stahl [64], Bestimmung von P in Stahl [65], Reinheit, Gleichmäßigkeit und Reinigung vorgeformter Graphitelektroden [66], Herstellung von $CuF_2 \cdot 2\,H_2O$ als Trägersubstanz für die Trägerdestillationsmethode [67], Lösungsanalyse mit der porous-cup-Elektrode [68] sowie mit der Radelektrode [69, 70].

Eine Reihe von Arbeiten befaßte sich in zum Teil recht umfangreichen Untersuchungen mit der Analyse von Mineralstoffen mit Hilfe der Lichtbogenanregung. So wurden Silicatgestein und andere Mineralstoffe mit $LiBO_2$ oder $Na_2B_4O_7$ aufgeschlossen und die gemahlene Schmelze mit Graphit vermischt und Co als innerem Standard unter $CO_2$-Atmosphäre im Gleichstrombogen angeregt [71]. Analog wurde in einer anderen Arbeit analysiert, jedoch Li als innerer Standard verwendet [72]. Die Analyse von Silicatgestein erfolgte aber auch in differenzierter Form: für die schwerflüchtigen Elemente wurde ein Probe/Graphit-Gemisch mit Pd als innerer Standard unter $O_2$/Ar-Atmosphäre angeregt, zur Bestimmung der leichtflüchtigen Elemente ein Probe/Graphit/$Na_2CO_3$-Gemisch mit In als innerer Standard verwendet [73]. Aufgrund der ermittelten optimalen Analysenparameter erfolgte die Analyse von Silicatgestein und anderer Mineralien mit einem Probe/Graphit-Gemisch ohne inneren Standard [74]. In einer eingehenden Untersuchung wird die schnelle spektrometrische Analyse silicatischer Mineralien beschrieben, bei der die Probe mit Graphit/$Na_2CO_3$(7:1)-Puffer sowie Pd und In als innere Standards gemischt wird und die Anregung in $O_2$/Ar (20:80)-Atmospäre erfolgt. Eine spätere Arbeit berichtet ebenfalls über die schnelle spektrometrische Analyse geologischer Materialien: die Probe wurde mit Graphit/LiF (4:1)-Puffer mit 0,03% $GeO_2$ als innerer Standard gemischt, wonach die Mischung unter $O_2$/Ar-Atmosphäre verdampft wurde [76]. Eine eingehende Arbeit untersuchte vergleichend die verschiedenen Varianten der Gleichstrombogenverfahren, nämlich mit und ohne Aufschluß der Probe sowie mit und ohne innerem Standard [77]. Ein Aufschluß der Probe führt bei den mäßig flüchtigen Elementen zu einer höheren Genauigkeit, die Arbeitsweise ohne Aufschluß hingegen bei den leicht flüchtigen Elementen. Insgesamt aber weist die Bogenanregung eine geringe Reproduzierbarkeit und Genauigkeit auf.

Obwohl die erwähnten Arbeiten zu einer Verbesserung bzw. Optimierung führten, ändert dies nichts am Hauptnachteil der Bogenanregung, nämlich der geringen Reproduzierbarkeit und Genauigkeit von etwa ± 10–20%. Trotz der sonst vorhandenen Vorteile (Empfindlichkeit, einfache und geringe Probenvorbereitung) ist dies ein deutlicher Mangel, weshalb die Bogenanregung auf lange Sicht zumindest teilweise durch die Plasmaspektrometrie ersetzt werden dürfte (s. S. 186 und 152). Wegen der wesentlich größeren Reproduzierbarkeit und Genauigkeit werden Mineralstoffanalysen meist am zweckmäßigsten mit Hilfe der RFA durchgeführt.

Eine Entwicklung in diesem Sinne war in den Laboratorien der Eisen- und Stahlindustrie zu beobachten. In der Hauptphase der Erprobung und Anwendung der Emissionsspektrometrie für die Analyse von Eisen und Stahl (s. S. 152) wurden auch Versuche durchgeführt und Verfahren ausgearbeitet für die emissionsspektrometrische Analyse der in der Eisenhüttenindustrie anfallenden Mineralstoffe. So wurde über ein Schnellverfahren für die Analyse von Stahlwerks- und Hochofenschlacke, Eisenerzsinter, Eisenerz und Kalkstein mittels OESM berichtet: das Probematerial wurde mit $Li_2B_4O_7$ aufgeschlossen, die Schmelze gemahlen, mit Graphit vermischt zu einer Tablette gepreßt und im Hochspannungsfunken angeregt, wobei Co und Be als innere Standards dienen [78]. Eine analoge Arbeitsweise fand für die Analyse kleiner Mengen (500 µg) von Mineralstoffen Anwendung [79]. In diesem Zusammenhang wurden die Fehlerquellen untersucht [80] und das Verfahren optimiert [81]. Die Schlackenanalyse erfolgte aber auch ohne Schmelzaufschluß, indem das Probematerial mit Graphit und Co als innerer Standard gemischt zu einer Tablette gepreßt und diese abgefunkt wurde [82]. Mit der zunehmenden Einführung der RFA in den Laboratorien der Eisenhüttenindustrie und anderer Bereiche wurde die Analyse der Mineralstoffe zum großen Teil auf die RFA umgestellt.

Weitere und eingehendere Informationen zu dieser Analysenmethode findet man in der Literatur [54, 83–118].

## 11.2 Analysenlinien, spektrale Interferenzen

Für die Bestimmung des Mn steht eine ausreichende Zahl von Analysenlinien zur Verfügung, so daß für die einzelnen analytischen Aufgaben entsprechend geeignete Linien benützt werden können, auch wenn dabei oft Kompromißbedingungen unvermeidlich sind. So findet man in der Literatur Hinweise, die sich seltener auf Linieninterferenzen des Mn dafür aber häufiger auf allgemeine Matrixeffekte beziehen.

### 11.2.1 Analysenlinien

Für die Bestimmung des Mn wird eine größere Zahl verschiedener Analysenlinien verwendet, die sich schon aus der großen Materialpalette ergibt. Unter diesen werden die Linien Mn 257,6 mit größerer Häufigkeit und Mn 279,5 etwas weniger häufig benützt, die auch in der Plasmaspektrometrie und AAS Anwendung finden. Nachfolgend sind einige Analysenlinien in Verbindung mit dem jeweiligen inneren Standard angeführt, die in den einzelnen Materialgruppen Anwendung fanden.

*Wasser:* Mn 294,9/Untergrund [119], Mn 257,6, 259,4/Be 265,1, Mn 294,9/Be 313,0 [120], Mn 294,9/Pd 328,7 [121], Mn 257,6, 293,3/Ge 269,1, 270,9, 303,9 [122].

*Organisches Material:* Mn 260,6/V 268,7 [123], Mn 259,4/In 303,9, 325,6 [124], Mn 257,6, 293,3/Lu 270,2, 290,0 [125, 126], Mn 280,1, 259,4/Sn 284,0 270,7 [127], Mn 257,6/Co 304,4 [128], Mn 260,6/Ge 282,9 [129], Mn 280,1/Pd 342,1 [130], Mn 403,1 [131, 132], Mn 293,3/Co 345,3 [133].

*Metalle:* Mn 279,8 [134], Mn 257,6/Y 324,2 [135, 136].

*Mineralstoffe:* Mn 257,6/Co 228,6 [69], Mn 257,6/Co 340,5 [70], Mn 259,4/Co 351,9 [78], Mn 192,1/Co 228,6 [82].

*Verschiedenes:* Mn 280,1/La 310,5 [137], Mn 257,6/Pd 244,8 [138], Mn 257,6/Co 242,5 [139], Mn 279,5/Mo 313,3 [140], Mn 279,5/Ga 294,4 [141], Mn 260,6/Ni 263,0 [142], Mn 260,6/Ge 265,2 [143], Mn 257,6/Ag 338,3 [144], Mn 260,5/Ga 265,9 [145].

Weitere Hinweise über verwendete Analysenlinien sind den Abschnitten 11.4 und 11.5 (s. S. 158 und 179) sowie den Tabellenwerken und der erwähnten Literatur (s. S. 154) zu entnehmen.

## 11.2.2 Matrixeffekte

Man findet in der Literatur häufig Hinweise auf bestehende Matrixeffekte, die sich auf praktisch alle Materialien mit einem höheren Salz- oder Oxidgehalt erstrecken. So wurde festgestellt, daß mit steigendem Salzgehalt konzentrierter Wasserproben die Linienintensität von Mn und anderen Elementen vermindert wird [119]. Die Matrixelemente Ca, Fe, K, Mg und P von tierischem Gewebe haben einen erheblichen Einfluß auf die Meßwerte von Mn und anderen Spurenelementen, weshalb die Matrixzusammensetzung der Eichproben jener der Analysenproben möglichst angeglichen werden muß [146]. Bei der Bestimmung von 2–15 µg Mn/g in MgO mit der Linie Mn 257,6 wurde ein Matrixeffekt durch > 10 µg/g Ca und Ni beobachtet und dafür eine rechnerische Korrektur angegeben [147].
Zur Beseitigung oder Verminderung von Matrixeffekten und Schwankungen der Probenzusammensetzung wurden verschiedene spektrographische Puffersubstanzen bzw. -gemische verwendet, die vor allem bei Proben mit hohem Gehalt anorganischer Salze oder Oxide notwendig sind. Den Puffersubstanzen werden weiterhin oft Trägersubstanzen zur Erhöhung der Nachweisempfindlichkeit und einzelne Elemente als innerer Standard beigemischt. In den einzelnen Stoffbereichen fanden dazu u. a. die nachfolgenden Substanzen Anwendung (s. a. S. 153).

*Wasser:* für die angereicherten Spurenelemente In [121], Verdünnung des Eindampfrückstandes mit Graphitpulver im Verhältnis (1:6) [122].

*Organisches Material:* $Li_2CO_3$ [123], Graphit [125, 126], Graphit/$K_2SO_4$ (2:1) [127], Graphit/$Al_2(SO_4)_3$/$K_2SO_4$ (2:1:1) [129], Graphit/$Li_2CO_3$/$La_2(SO_4)_3$ (6,8:1,5:1,7) [130], Graphit/NaCl (93:7) [148].

*Aschelösung:* 0,9% $NH_4Cl$ [131], 1,8% $NH_4Cl$ [132], 0,5% LiCl [133].

*Metalloxide, Mineralstoffe:* $Li_2CO_3$ [137], $LiBO_2$/Graphit [71, 72], $Na_2B_4O_7$/Graphit [71], Graphit [73, 74, 82], Graphit/$Na_2CO_3$ [73, 75], Graphit/LiF [76], $Ga_2O_3$/$SrF_2$ [149–151].

*Verschiedenes:* Graphit/NaCl (9:1) [139, 152], Graphit/NaF (4:1) [141].

Weitere Hinweise zum vorliegenden Thema sind dem Abschnitt 11.4 (s. S. 158) und der erwähnten Literatur (s. S. 154) zu entnehmen.

## 11.3 Probenvorbereitung, Anreichungs- und Trennungsverfahren

### 11.3.1 Wasser, Lösungen

Für die Bestimmung von Mn und anderen Spurenelementen in Wässern ist in der Regel eine Voranreicherung der Elemente erforderlich. Die verwendeten Anreichungsverfahren sind jenen für die AAS und Plasmaspektrometrie (s. S. 127 ff. und 199) und teilweise auch jenen für die RFA (s. S. 219) analog, weshalb auf die entsprechenden Abschnitte verwiesen sei (s. auch S. 88). Daneben wurden Wasserproben auch eingedampft und die konzentrierte Lösung mittels Radelektrode [119] oder der Eindampfrückstand mit Graphitpulver vermischt [122] abgefunkt.
Die Anreicherung von Mn und anderen Elementen aus Wasser erfolgte beispielsweise durch Extraktion mit NaDDTC-Oxin-Dz/$CHCl_3$, wonach der organische Extrakt mineralisiert und die erhaltene wäßrige Lösung auf Stabelektroden aufgebracht und abgefunkt wurde [120]. In einer anderen Arbeit fand die Spurenfällung mit Oxin/Tanninsäure/ Thionalid und In als Spurenfänger für die Anreicherung von Mn und anderen Elementen Anwendung [121].
Lösungen werden nach verschiedenen Methoden direkt abgefunkt, beispielsweise mittels porous-cup-Elektrode nach Feldman [68], Radelektrode, reservoir-cupped-centerpost-Elektrode [153] oder vacuum-cup-Elektrode nach Zink. Daneben werden die Lösungen auch zur Trockene eingedampft und die Trockensubstanz wie die Asche organischer Materialien (s. unten) oder wie Mineralstoffe (s. S. 158) in geeigneter Weise abgefunkt.

### 11.3.2 Organisches Material

Getrocknetes organisches Material kann direkt abgefunkt werden [125, 154]. In der Regel wird es aber verascht (s. S. 17) und die Asche direkt analysiert [154]. Die Asche-probe wird dabei entweder als Lösung oder als Pulvergemisch mit Graphitpulver und spektrographischen Puffersubstanzen auf die Elektrode aufgebracht. Vom Gesichtspunkt der anschließenden Analyse aus erscheint die trockene Veraschung zweckmäßiger, da sich die erhaltene Asche einfacher verarbeiten läßt (Mischen mit Puffersubstanz, Zusatz eines internen Standards) unabhängig davon, ob die Analyse mit dem Aschepulver oder mit der Aschelösung durchgeführt wird [154]. Die Probe-lösung wird direkt abgefunkt, z. B. mittels Radelektrode [133], oder vor dem Abfunken auf Stabelektroden [131, 132] bzw. Graphitpulver [128] eingetrocknet. Bei asche-reichen Materialien erfolgt aber auch eine Isolierung des Mn und anderer Elemente mittels geeigneter Trennungs- und Anreicherungsverfahren. Auf die entsprechenden Abschnitte wurde bereits im Abschnitt 11.3.1 (s. oben) verwiesen.

Die durch trockene Veraschung erhaltene Asche wurde mit einem LiOH/LiF/ LiNO$_3$-Gemisch (4,6+1,6+0,2) aufgeschlossen und die Schmelze abgefunkt [124]. Für die Bestimmung von Fe, Mn, Mo und Zn in Milch wurden die Elemente nach trockener Veraschung durch Extraktion mit APCD/CHCl$_3$ bei pH 4–5 von den Matrixelementen abgetrennt, der organische Extrakt mineralisiert und abgefunkt [129].

### 11.3.3 Metalle und Legierungen

Für die Metallanalyse werden vorwiegend kompakte Proben in Stift- oder Scheibenform verwendet. Die Scheibenform hat sich insbesondere in der Eisen- und Stahlindustrie wegen des geringen Probenahme- und Probenvorbereitungsaufwandes durchgesetzt. Während des Schmelzbetriebes können kompakte Proben mit geeigneten Abmessungen mittels Löffel und Kokille oder mittels Tauchsonden erhalten werden, deren Oberfläche vor der Analyse lediglich noch angefräst und/oder geschliffen (Korund- oder Siliciumcarbidpapier, Körnung 40–60) werden muß.
Wenn nur Späne zur Verfügung stehen, so kann man damit Spänebriketts herstellen und diese wie kompakte Proben weiterbehandeln. Besser werden die Späne in einem Lichtbogenofen unter Argon als Schutzgas umgeschmolzen [155] und die so erhaltenen Knopfproben (ca. 30 mm ⌀) wie kompakte Proben weiterverarbeitet. Auf diesem Wege wurden Späne umgeschmolzen beispielsweise von Roh- und Gußeisen [156], unlegiertem und legiertem Stahl [155] und Kupferlegierungen [155]. Der beim Umschmelzen eintretende geringe Verdampfungsverlust an Mn von ca. 2%rel. läßt sich durch Eichkorrektur und Anwendung einer möglichst niedrigen Stromstärke entsprechend berücksichtigen. Weiterhin lassen sich die Verdampfungsverluste vermindern, wenn man die Späne vor dem Umschmelzen mittels einer Brikettpresse zu einem Brikett (ca. 30 mm ⌀) verpreßt [155].
Die Emissionsspektralanalyse ist bekanntlich bei kompakten Metallproben eine Punktanalyse, bei der nur wenig Material verdampft wird. Deshalb führt diese bei inhomogenem Probematerial (geseigerte Fertigprodukte) zu mehr oder weniger großen Analysenfehlern. Für die Analyse inhomogenen Materials – insbesondere bei Stahl – setzt man daher verschiedene Arbeitstechniken ein, um ausreichend befriedigende, repräsentative Durchschnittsanalysen zu erhalten:
a) Herstellung von Spanpreßlingen [157–164] [Preßkörper 15–30 mm ⌀, Preßkraft etwa 250–1400 kN (25–140 t)],
b) Umschmelzen der Späne [165–167] (~ 35 g Späne, umgeschmolzene Scheibenprobe mit ~ 35 mm ⌀, ~ 5 mm dick),
c) Mehrfleckanfunken der kompakten Probe [162].
Das Verfahren b) liefert im Vergleich zu Verfahren a) homogenere und vor allem kompakte Proben, weshalb es vorzuziehen ist. Das Umschmelzen läßt sich mit verschiedenen Schmelzofentypen durchführen: Lichtbogenofen [155, 165, 166, 168, 169], HF-Induktionsofen und HF-Induktionszentrifugalgießofen (HF-Schleuderofen) [167]. Dem letztgenannten Ofen ist der Vorzug zu geben, da er die homogeneren Proben liefert. Der Zentrifugalschmelzofen ist im Handel von mehreren Herstellern erhältlich.
Ferrolegierungen werden analog wie Stahlspäne unter Zusatz von Armcoeisen oder unlegiertem Stahl als Verdünnungsmittel umgeschmolzen [170, 171] und die so er-

haltene Schmelzprobe wie üblich weiterbehandelt (s. auch S. 216). Der Hauptbestandteil der Umschmelzproben wird zweckmäßig mittels RFA, die Nebenbestandteile emissionsspektrometrisch bestimmt.

Kleine Gehalte ($L_Q$ = 0,02–0,5 µg/g) von Ag, Co, Cr, Cu, Fe, Mn, Ni und Pb wurden in Reinstaluminium mittels OESG bestimmt, nachdem vorher das Al als Aluminiumethylbromid im Vakuum abdestilliert worden war [172].

### 11.3.4 Mineralstoffe und Salze

Mineralstoffe werden in der Regel als Gemisch mit Graphitpulver und spektrographischen Puffersubstanzen auf die Elektrode gebracht und abgefunkt. Zur Bestimmung von Spurengehalten finden daneben auch Anreicherungsverfahren Anwendung, auf die schon im Abschnitt 11.3.1 (s. S. 156) verwiesen wurde.

Für die Lösungsanalyse von Mineralstoffen erscheint der Aufschluß mit $LiBO_2$ und Lösen der Schmelze in $HNO_3$ am zweckmäßigsten [69], da man auf relativ einfache Weise rasch eine stabile Probelösung erhält. Der Aufschluß ist in Arbeitsvorschrift 11.4.4.1 (s. S. 171) beschrieben. Quarzit u. a. Material mit >92% $SiO_2$ wurde mit NaOH aufgeschlossen und die erhaltene Lösung nach Zufügen von Co als innerer Standard für die Lösungsanalyse (Radelektrode) mittels OESM verwendet [70]. Daneben wird das Probematerial auch aufgeschlossen, die Schmelze gemahlen und mit Graphitpulver und spektroskopischen Puffersubstanzen gemischt, teilweise unter Zusatz eines inneren Standards. Für diesen Aufschluß wurden u. a. verwendet: $Li_2CO_3/H_3BO_3$ [173], $LiBO_2$ [71, 72], $Na_2B_4O_7$ [71], $Li_2B_4O_7$ [78, 79]. Geschmolzenes $Al_2O_3$ und $SnO_2$ wurden mit $Na_2CO_3/Na_2B_4O_7$ aufgeschlossen und die damit erhaltene Probelösung auf einer planen Stabelektrode eingetrocknet [140]. Für die Bestimmung von Mn und anderen Elementen in $CaSO_4$ fand die Spurenfällung mit Oxin/Tanninsäure/Thionalid und Al als Spurenfänger Anwendung [174].

## 11.4 Analysenverfahren

### 11.4.1 Wasser

Für die Bestimmung von Mn (0,1–20 mg/l) und 18 anderen Elementen in Naturwässern wurden die Proben durch Eindampfen auf einen Substanzgehalt von 100 mg/5 ml konzentriert und die konzentrierte Lösung mittels Radelektrode abgefunkt (Anregung Hochspannungsfunke, Linie Mn 294,9, Untergrund als innerer Standard) [119]. Mn (0,01–5 mg/l) und 36 weitere Elemente wurden in Industrieabwässern mittels OESG bestimmt, indem der Eindampfrückstand von 100 ml Probe mit Graphit in Verhältnis (1:6) unter Zusatz von Ge als innerer Standard gemischt und mit dem Gleichstrombogen (15 A, 290 V) verdampft wurde (Linien Mn 257,6, 293,3/Ge 269,1, 270,9, 303,9) [122].

#### 11.4.1.1 Naturwässer

*Arbeitsbereich:* Al, Be, Bi, Cd, Co, Cr, Cu, Fe, Ga, Ge, Mn, Mo, Ni, Pb, Ti, V, Zn.

Die Elemente werden durch Spurenfällung mit Oxin/Tanninsäure/Thionalid und In als Spurenfänger angereichert und anschließend spektrographisch bestimmt. B: ≧ 1 ppb. $F_r$: ± 5–15%.

**Arbeitsvorschrift** [121]

*Spektrographische Arbeitsbedingungen*

Elektroden: Graphit (National Carbon); obere: L-3951; untere: Probenelektrode, L-3909, als
   Anode.
Elektrodenabstand: 4 mm.
Anregung: Gleichstrombogen, 240 V, 6 A.
Spektrograph: Jarrell-Ash, 2,4 m-Wadsworth, 15 000 Strich/Zoll-Gitter.
Belichtungszeit: 10 sec bei 5,5 A, dann 20 sec bei 6 A.
Photographische Emulsion: Kodak S.A.1.
Innerer Standard: Pd.
Analysen-Linienpaare[1]: Al 265,25 (5–100), Be 313,11 (2–10), Bi 306,77 (5–10), Cd 298,06
   (10–250), Co 340,92 (5–50), Cr 278,07 (10–100), Cu 282,44 (10–250), Fe 282,33 (10–50), Ga
   245,01 (10–250), Ge 265,16 (2–25), Mn 294,92 (5–50), Mo 320,88 (2–10), Ni 341,48 (2–10), Pb
   283,31 (5–25), Ti 323,90 (2,5–25), V 311,07 (2–20) und Zn 334,50 (50–125); für alle Linien
   wird Pd 328,72 als innerer Standard verwendet.
Von dem durch ein Membranfilter (Porenweite 0,5 μm) filtrierten Wasser wird ein aliquoter
Teil von 100–1000 ml (2–500 μg der Elemente enthaltend) mit 5 ml 6 M HCl versetzt, auf
~ 100 ml eingedampft, in ein 400 ml-Becherglas übergeführt, der Reihe nach 15,00 ml In-Lösung
(2,0 mg In/ml), 5,00 ml Pd-Lösung (0,20 mg Pd/ml) und 10 ml Oxin-Lösung (5%ig in 2 M Essigsäure) hinzugefügt und mit 6 M $NH_3$ auf pH 1,8 eingestellt. Man versetzt der Reihe nach mit
45 ml 2 M Ammoniumacetat-Lösung, 2 ml Tanninsäure-Lösung (10%ig in 2 M Ammoniumacetat) sowie 2 ml Thionalid-Lösung (1%ig in Essigsäure), stellt mit 6 M $NH_3$ auf pH 5,2 ein
und läßt über Nacht stehen. Der Niederschlag wird mit einem aschefreien Filter abfiltriert, mit
verdünnter Oxin-Lösung (mit Ammoniumacetat auf pH 5,2 eingestellt) gewaschen, in einem
Quarztiegel bei 450°C verascht (zweckmäßig über Nacht), zur erkalteten Asche Graphitpulver
bis zu einem Gesamtgewicht von 70 mg (Asche + Graphitpulver) hinzugefügt, das Gemisch in
einer Mixerkugelmühle (z. B. Wig-L-Bug) 30 sec gemischt, mit der Mischung 2 Elektroden
(Doppelanalyse) gestopft und abgefunkt.


## 11.4.2  Organisches Material

### 11.4.2.1  Pflanzliches und tierisches Material

*Arbeitsbereich:* s. Tab. 11 (s. S. 160).

Das getrocknete, nicht veraschte Probematerial wird direkt abgefunkt. Das Verfahren fand zur Analyse von pflanzlichem Material, tierischem Gewebe, Blutserum,
Knochen, Faeces Anwendung.
B: ~ ≧ (100 $L_D$) ppm bei 1% Aschegehalt, s. Tab. 11 (z. B. 0,2 ppm Ag). $F_r$:
± 5–15%.


**Arbeitsvorschrift** [125]

*Spektrographische Arbeitsbedingungen*

Elektroden: Graphit (National Carbon); obere: Typ L-3951; untere: Probenelektrode, Typ
   L-3900, als Anode; Atmosphäre: 20% $O_2$/80% He, Strömungsgeschwindigkeit 7,5 l/min.
Elektrodenabstand: 4 mm.
Anregung: Jarrell-Ash varisource 40–750; Gleichstrombogen 25 A.
Spektrograph: Jarrell-Ash 3,4 m-Ebert (Modell 71–000), 30000 Strich/Zoll-Gitter, Spaltbreite
   0,050 mm, rotierender 8-Stufen-Sektor; 2 mm der Bogenmitte werden ausgeblendet und ab-
   gebildet.

---

[1] In Klammer Meßbereich, μg auf der Elektrode.

Belichtungszeit: 20 sec ohne Vorfunkzeit.
Photographische Emulsion: Kodak 103-0.
Entwickeln: Kodak D 19, 3 min; Unterbrechen: 30 sec im fließenden Wasser; Fixieren: Kodak Rapidfixier-Härter-Bad, 3 min; Wässern: 10 min in fließendem Wasser, 1 min in dest. Wasser.
Innerer Standard: Lu und Y.
Analysenlinien: s. Tab 11; die Linien Lu 270,17, Lu 290,03, Lu 347,25, Y 319,56, Y 320,33 sowie andere Lu- und Y-Linien werden als innerer Standard verwendet.

**Tabelle 11.** Analysenlinien, Nachweisgrenzen

| Analysenlinie | Nachweisgrenze[a, b, c] $L_D$ | Analysenlinie | Nachweisgrenze[a, b, c] $L_D$ |
|---|---|---|---|
| Ag  328,07 | 0,002 | Na  330,30 | (0,1) |
| Al  308,22 | 0,004 | Nb  309,42 | (> 2,5) |
| As  234,98 | 1,0 | Nd  430,36 | 0,4 |
| Au  242,80 | 0,05 | Ni  341,48 | 0,008 |
| B  249,77 | 0,05 | P  253,57 | 0,05 |
| Ba  233,55 | (0,4) | Pb  283,31 | 0,02 |
| Be  234,86 | 0,0002 | Pd  340,46 | 0,3 |
| Bi  306,77 | 0,005 | Pr  425,55 | 0,3 |
| Ca  300,69 | (0,1) | Pt  306,47 | 0,1 |
| Cd  346,62 | (0,1) | Re  346,05 | 0,3 |
| Ce  446,02 | 0,5 | Rh  343,49 | 0,1 |
| Co  345,35 | 0,01 | Ru  343,67 | 0,3 |
| Cr  283,56 | (0,01) | Sb  287,79 | 0,03 |
| Cu  284,44 | < 0,001 | Sc  361,38 | 0,02 |
| Dy  400,05 | 0,07 | Si  251,61 | 0,01 |
| Er  369,26 | 0,07 | Sm  442,43 | 0,2 |
| Eu  397,20 | (0,02) | Sn  284,00 | 0,01 |
| Fe  302,40 | (0,01) | Sr  346,45 | (0,03) |
| Ga  294,36 | 0,005 | Ta  331,12 | (> 2,5) |
| Gd  342,25 | 0,07 | Tb  367,64 | 0,4 |
| Ge  265,12 | 0,02 | Te  238,56 | 0,8 |
| Hf  313,47 | 0,5 | Th  339,20 | (> 2,5) |
| Hg  253,65 | 0,3 | Ti  336,12 | 0,005 |
| Ho  345,60 | 0,06 | Tl  276,79 | 0,03 |
| In  325,61 | 0,01 | Tm  346,22 | 0,1 |
| Ir  322,08 | 0,07 | U  294,19 | (> 2,5) |
| La  394,91 | 0,07 | V  318,40 | 0,02 |
| Li  323,26 | (1,0) | W  272,44 | (> 2,5) |
| Mg  277,98 | (0,002) | Yb  369,42 | 0,02 |
| Mn  257,61 | 0,003 | Zn  334,50 | (0,005) |
| Mo  313,26 | 0,01 | Zr  339,20 | 0,03 |

[a] µg auf der Elektrode.
[b] Verhältnis Analysenlinie/Untergrund = 1,3.
[c] Werte in Klammer = nicht die empfindlichste Linie verwendet.

Man mischt sorgfältig 25,0 mg getrocknetes[1], pulverisiertes Probematerial mit 25,0 mg Standard-Gemisch (pelletisierbares Graphitpulver, National Carbon SP-1C, je 60 ppm Lu und Y als Oxide enthaltend) und 25,0 mg Graphitpulver (nicht pelletisierbares Graphitpulver, National Carbon SP-2X), stellt mit dem Gemisch 2 Tabletten von 0,18″ ∅ (= 4,5 mm ∅) mit Hilfe einer Handpresse her, setzt die Tabletten in 2 untere Elektroden ein, versieht die Tabletten mittels eines Stiftes (rostfreier Stahl) in der Mitte mit einer Bohrung von 1 mm ∅ (für die entweichenden Gase) und funkt ab.

Zur Aufstellung der Eichkurven werden Standardgemische abgefunkt, die man durch Mischen von p-Nitrobenzolazoresorcinol (anstelle des Probematerials) mit Standard-Oxidgemisch und Graphitpulver und entsprechendes Verdünnen mit Graphitpulver herstellt.

### 11.4.2.2 Pflanzliches und tierisches Material

*Arbeitsbereich:* Wie bei Verfahren 11.4.2.1 (s. S. 159)

Die Asche des Probematerials wird direkt abgefunkt.

B: $\sim$ $\geq$ $(2 L_D)$ ppm bei 1% Aschegehalt, s. Tab 11 (z. B. 0,004 ppm Ag). $F_r = \pm$ 10–20%.

**Arbeitsvorschrift [126]**

*Spektrographische Arbeitsbedingungen*

Elektroden: Graphit (National Carbon); obere: Typ SP-1009; untere: Probenelektrode, Typ L-3903, als Anode; Atmosphäre: wie bei Verfahren 11.4.2.1 (s. S. 159).
Übrige Daten wie bei Verfahren 11.4.2.1 (s. S. 159), davon abweichend jedoch Gleichstrombogen 28 A, Spaltbreite 0,030 mm, Belichtungszeit 30 sec ohne Vorfunkzeit, Analysenlinien Ba 455,4, Cr 425,4 und Sr 460,7.

Man mischt sorgfältig 10,0 mg trockene, fein pulversisierte Probenasche mit 10,0 mg Standard-Gemisch (pelletisierbares Graphitpulver, National Carbon SP-1 C, 74 ppm Lu und 25 ppm Y als Oxide enthaltend) und 20,0 mg Graphitpulver (nicht pelletisierbares Graphitpulver, National Carbon SP-2 X), stopft mit dem Gemisch 2 Probenelektroden und funkt ab.

### 11.4.2.3 Pflanzenmaterial

*Arbeitsbereich:* B, Ca, Cu, Fe, K, Mg, Mn, P, Zn.

Die nach trockener Veraschung erhaltene Probelösung wird unter Verwendung von Radelektrode und Funkenanregung mittels OESM analysiert, wobei Co als innerer Standard und Li als spektroskopischer Puffer dienen.

B: µg/g 5–60 B, Zn, 2–25 Cu, 50–600 Fe, 20–200 Mn; % 0,3–4 Ca, K, 0,1–1,2 Mg, 0,04–0,4 P.

**Arbeitsvorschrift [133]**

*Spektrometrische Arbeitsbedingungen*

Elektroden: Graphit (National Carbon); obere: L-3806, 4,57 mm ∅, 45°–Spitze hemisphärisch; untere: Radelektrode L-4072, 12,5 mm ∅ × 5,08 mm, 30 U/min
Elektrodenabstand: 3 mm.
Anregung: Hochsprannungsfunke 0,005 µF, 4 A, 155 µH, Restwiderstand.
Spektrometer: Jarrell-Ash 750, 0,75 m, 2400 Strich/mm, Spaltbreite 0,025 mm.
Vorfunkzeit: 10 sec; Belichtungszeit: 30 sec.
Innerer Standard: Co 345,4.
Analysenlinien: B 249,8 (2. Ordn.), Ca 393,4, Cu 327,4, Fe 259,9, K 404,4, Mg 383,2, Mn 293,3, P 214,9 (2. Ordn.), Zn 213,9.

---

[1] Möglichst durch Gefriertrocknung getrocknet, da man damit im Vergleich zur Trockenschranktrocknung eine günstigere Brenncharakteristik erzielt.

*Ausführung.* 2,0 g Probematerial werden bei 450°C trocken verascht, zur erkalteten Asche 5,00 ml Standardlösung (0,2% Co und 0,5% Li enthaltend: zu 800 ml Wasser fügt man 150 ml 12 M HCl, 4,0375 g $CoCl_2 \cdot 6\,H_2O$ sowie 30,50 g LiCl und füllt mit Wasser auf 1 l auf) hinzugefügt, die Mischung 30 min stehen gelassen und danach abgefunkt. Die Eichung erfolgt mit abgestuften Einwaagen von SRM (z. B. NBS-SRM 1571) nach der Arbeitsvorschrift.

### 11.4.2.4 Blutserum

*Arbeitsbereich:* Al, Ba, Cd, Cr, Cs, Cu, Fe, Mn, Mo, Ni, Pb, Sn, Sr, Zn.

Nach nasser Veraschung wird die Probelösung auf der Elektrode eingetrocknet und mittels OESM analysiert.

B: 1–250 µg/ml.

**Arbeitsvorschrift** [131]

*Spektrometrische Arbeitsbedingungen*

Elektroden: Graphit; obere: ASTM P-1; untere: Probenelektrode, ASTM C-5
Elektrodenabstand: 4 mm
Anregung: Jarrell-Ash Spectro Varisource, Gleichstrombogen 10 A, 230 V
Spektrometer: Jarrell-Ash 1,5 m Atomcounter, Spaltbreite 0,025 mm
Vorfunkzeit: —; Belichtungszeit: 50 sec
Analysenlinien: Al 396,2, Ba 553,6, Cd 228,8, Cr 425,4, Cs 455,5, Cu 324,8 (2. Ordn.), Fe 302,1,
    Mn 403,1, Mo 319,4, Ni 341,5, Pb 283,3, Sn 326,2, Sr 460,7, Zn 213,9.

*Ausführung.* 2,00 ml Blutserum werden in einem Veraschungsröhrchen (20 Ø × 150 mm) mit 1,00 ml $HNO_3(1,40)$ und 0,25 ml $HClO_4(70\%)$ versetzt, in einem Heizblock langsam erhitzt, 5–6 Std bei 130°C verascht und die farblose Lösung auf 180°C bis zur Trockene erhitzt (~ 5–6 Std). Die abgekühlte Probe versetzt man mit 1 ml HCl(1,19) und dampft bei 130°C zur Trockene ein. Der erkaltete Rückstand wird mit 1,00 ml 0,9%iger $NH_4Cl$-Lösung (in 3 M HCl) gelöst, davon 0,20 ml auf die Probenelektrode gegeben, im Vakuumexsiccator eingetrocknet und dann abgefunkt. Für die Eichung verwendet man Elementstandardlösungen in Matrixlösung (3,3% NaCl + 0,193% $K_2HPO_4$ + 0,108% $CaCl_2$).

## 11.4.3 Metalle und Legierungen

### 11.4.3.1 Aluminium

*Arbeitsbereich:* siehe Text.

Die Spurenelemente werden durch Extraktion mit $APCD-Dz/CHCl_3$ angereichert und anschließend spektrographisch bestimmt (bei Spektrographen größerer Dispersion verwendet man zweckmäßig anstelle des Be ein linienreicheres Element als inneren Standard. Mit der Extraktion werden die folgenden Elemente erfaßt: Ag, As, Au, Bi, Cd, Co, Cr, Cu, Fe, Ga, Hg, In, Mn, Mo, Ni, Pb, Pd, Pt, Sb, Se, Sn, Te, Tl, U, V und Zn.

B: $\geq$ 0,1 µg/g. $F_r$:$\pm$ 5–15%.

**Arbeitsvorschrift** [177]

*Spektrographische Arbeitsbedingungen*

Elektroden: Graphit RW I (Ringsdorff-Werke), 5 mm Ø, plan;
Elektrodenabstand: 2 mm;
Anregung: Feussner-Funkenerzeuger; 220/10 000 V, 4,8 A, 0,2 µF, 0,24 mH,
    100 Entladungen/sec.;

Spektrograph: Zeiss Q 24 mit 3-Stufenfilter (100/50/10%), Spaltbreite 0,020 mm;
Vorfunkzeit: keine, Belichtungszeit: 3 min;
Photographische Emulsion: Ilford ordinary plates;
Entwickeln: Agfa 1 Metol-Hydrochinon, 5 min bei 18°C; Fixieren: saures Fixierbad, 10 min;
  Wässern: 30 min in fließendem Wasser, Nachspülen mit dest. Wasser.;
Innerer Standard: Be;
Analysen-Linienpaare: Al 308,22 und Al 309,27/Be 313,04; Co 236,38 und Co 238,89/Be
  234,86, Co 258,09/Be 265,08; Cu 236,99/Be 234,86, Cu 324,75 und Cu 327,40/Be 313,04; Fe
  238,20 und Fe 239,56/Be 234,86; Mn 257,61 und Mn 259,37/Be 265,08, Mn 294,92/Be
  313,44; Mo 267,28 und Mo 281,62/Be 265,08, Mo 284,82/Be 313,04; Ni 241,61 und Ni
  243,79/Be 234,86, Ni 300,25/Be 313,04; Pb 261,42 und Pb 283,31/Be 265,08; V 252,62 und
  V 268,31/Be 265,08, V 292,40 und V 310,23/Be 313,04; Zn 255,80/Be 265,08, Zn 330,26/Be
  313,44; Zn 334,50/Be 332,11.

1,0 g Probematerial wird in einer Quarzschale (50 ml Volumen) mit Ausguß mit einigen Millilitern Königswasser unter Erwärmen auf dem Wasserbad gelöst. Nach dem vollständigen Lösen
wird zur Trockene eingedampft, der Rückstand mit 0,5–1 ml 6 N HCl und 25–30 ml Wasser versetzt, schwach erwärmt und die überstehende klare Lösung in einen 500 ml-Schütteltrichter
übergeführt. Dieser Lösevorgang wird so oft wiederholt, bis der gesamte Eindampfrückstand
in den Schütteltrichter übergeführt ist (Gesamtvolumen 200–250 ml). Zur Lösung fügt man nun
26 ml 25%ige Ammoniumtartrat-Lösung hinzu, stellt durch tropfenweisen Zusatz von 6 N NH$_3$
auf pH 3,0 ein, versetzt mit 2 ml 5%ige APCD-Lösung, schüttelt 10 sec und extrahiert dann
1 min mit 15 ml 0,01%ige Dz-Lösung (in CHCl$_3$). Nach der Phasentrennung wird der CHCl$_3$-
Extrakt in einen 500 ml-Erlenmeyerkolben mit Schliff abgelassen, der pH-Wert geprüft und
notfalls korrigiert. Die Extraktion wird bei pH 3 noch 2–3mal wiederholt, bis die CHCl$_3$-Phase
grün bleibt. Nun wird die Probelösung im Schütteltrichter mit 26 ml 25%ige Ammoniumtartrat-
Lösung versetzt, mit 6 N NH$_3$ auf pH 5,0 eingestellt und das Ausschütteln auf dieselbe Weise
wie bei pH 3,0 vorgenommen. Anschließend wird mit 6 N NH$_3$ auf pH 7,0 gebracht und je 1mal
mit 2 ml APCD-Lösung und 15 ml Dz-Lösung bzw. mit 2 ml APCD-Lösung und 15 ml CHCl$_3$
ausgeschüttelt. Schließlich wird noch mit 6 N NH$_3$ auf pH 9,0 eingestellt und 1mal mit 2 ml
APCD- und 15 ml Dz-Lösung extrahiert. Die CHCl$_3$-Fraktionen der einzelnen pH-Stufen werden alle im Schliff-Erlenmeyerkolben gesammelt und aus dem vereinigten CHCl$_3$-Extrakt das
Lösungsmittel nach Aufsetzen eines Liebigkühlers bis auf einen Rückstand von 5–10 ml abdestilliert. In eine Quarzschale (~ 30 ml Volumen) werden 10 µl Be-Bezugslösung (wäßrige
Be(NO$_3$)$_2$-Lösung, 0,1%ig an Be und 1%ig an KNO$_3$) mittels einer Mikrobürette vorgelegt und
unter dem Quarzoberflächenverdampfer zur Trockene verdunstet. Den eingeengten Extrakt
führt man unter 2maligem Nachspülen mit wenigen Millilitern CHCl$_3$ in die Quarzschale über
und verdampft das restliche CHCl$_3$ wie vorher. Der Rückstand der Metallkomplexe kann nun
auf trockenem oder nassem Wege verascht werden. Im ersteren Fall erfolgt die Veraschung im
elektrischen Muffelofen durch langsames Erhitzen bis 350°C. Im zweiten Fall fügt man zu dem
Rückstand in der Quarzschale 2 ml HNO$_3$ (1,40), sowie 0,5 ml HClO$_4$ (70%) und raucht auf
dem Sandbad ab; das Abrauchen wird bis zur restlosen Veraschung nach Bedarf wiederholt.
Auch eine Kombination beider Veraschungsmethoden ist möglich und oft von Vorteil. In diesem Fall beginnt man die Veraschung auf trockenem und vollendet sie auf nassem Wege. Danach werden die Elemente durch Abrauchen mit 1 ml Königswasser auf dem siedenden Wasserbad in Chloride übergeführt, mit 2–3 Tropfen HCl (1,19) befeuchtet und mittels einer
100 µl-Auswaschpipette mit Membranpumpe [97] unter Zusatz einiger Tropfen 6 N HCl und
Nachwaschen mit schwach salzsaurem Wasser auf 100 µl aufgefüllt. Die Lösung wird in einen
Quarzglas-Spitzbecher mit Schliffstopfen ausgeblasen. Nachdem man vorher die Graphitelektroden abgefunkt hat (Leerspektrum), werden von dieser Lösung 20 µl mit einer Capillarpi-
pette [97] auf die untere, mit Hilfe eines Mikroheizblockes mit Spezialaufsatz [97] auf ~ 125°C
erhitzte Elektrode aufgebracht und die Elektrode mit der Probe erneut abgefunkt (Probenspek-
trum).

### 11.4.3.2 Wismut

*Arbeitsbereich:* Cr, Fe, Mg, Mn, Mo, Ni, Zr.

Nach dem Lösen des Probematerials wird die Lösung direkt mittels OESM unter Anwendung einer Radelektrode analysiert.

B: 10–500 µg/g. $s_r$: ± 2–12%.

**Arbeitsvorschrift** [135, 136]

*Spektrometrische Arbeitsbedingungen*

*Spektrometrische Arbeitsbedingungen*

Elektroden: Graphit (National Carbon); obere: 3 mm $\varnothing$, Ende plan; untere: Radelektrode
   L-4072, 12,5 mm $\varnothing$ × 5,08 mm
Elektrodenabstand: 3 mm
Anregung: Jaco Varisource, Hochspannungsfunke, 0,005 µF, 1250 µH, 3 Ω, 18000 V, 3 A
Spektrometer: Baird-Atomic 3 m GX-1, Spaltbreite 0,050 mm
Vorfunkzeit: 30 sec; Belichtungszeit: 60 sec
Innerer Standard: Y 324,2
Analysenlinien: Cr 267,7, Fe 259,9, Mg 280,3, Mn 257,6, Mo 313,3, Ni 305,1, Zr 339,2.

*Ausführung.* Man löst die entsprechende Probemenge mit $HNO_3(1+1)$, so daß die aufgefüllte Probelösung 10%ig an Bi in $HNO_3(1+1)$ ist. Von dieser Lösung führt man einen aliquoten Teil von 10,0 ml in einen 25 ml-Kolben über, fügt 1,0 ml Y-Lösung (0,5 mg Y/ml) hinzu, mischt gut durch und funkt ab.


### 11.4.3.3 Kupfer

*Arbeitsbereich:* s. Tab. 12.

B: s. Tab. 12. $s_r$: ± 6,5%.

**Arbeitsvorschrift** [134]

*Spektrographische Arbeitsbedingungen*

Elektroden: Graphit (Ultra Cabon U-1); obere: Typ ASTM C 5; untere: Probenelektrode,
   4,76 mm $\varnothing$, 33 mm lang, mit Bohrung 3,5 mm $\varnothing$/4,5 mm tief, als Anode.
Elektrodenabstand: 4 mm.
Anregung: Gleichstrombogen, 14 A.
Spektrograph: Jarrell-Ash, 3,4 m Ebert, 600 Strich/mm-Gitter, 2. Ordnung, Spaltbreite
   0,035 mm, keine Filter.
Belichtungszeit: 10 sec.
Photographische Emulsion: Kodak S.A. 1.
Entwickeln: Kodak D 19, 5 min.
Analysen-Linien: s. Tab. 12, ohne inneren Standard, mit Untergrundkorrektur.

$CuF_2 \cdot 2\,H_2O$; 50 g Cu (99,999%) werden in einem Polyethylenbecher mit 200 ml HF (48%) + 30 ml $H_2O_2$ (30%)-Gemisch (in kleinen Anteilen zugesetzt und dekantiert) gelöst, die vereinigte Lösung auf dem Dampfbad bis zur Kristallbildung eingeengt und auf dem Eisbad gekühlt. Man dekantiert die Lösung und engt weiter ein. Die erhaltenen Kristalle werden 3mal mit Wasser und 4mal mit Aceton gewaschen, mit Diethylether gespült, getrocknet, zerkleinert und abgesiebt auf eine Körnung von 20 bis 40 mesh.

Vom zerkleinerten Probematerial entfernt man zunächst Fett mit Diethylether, dann Oberflächenverunreinigungen mit HCl (1 + 1) und einigen Tropfen $HNO_3$ (1,40), wäscht dann der Reihe nach mit Wasser, Aceton und Diethylether. Dann wird die mit 5 mg $CuF_2 \cdot 2\,H_2O$ beschickte Elektrode durch 8 sec dauerndes Vorfunken gereinigt. Auf die vorgereinigte Elektrode gibt man zunächst 5 mg $CuF_2 \cdot 2\,H_2O$, darauf 1–60 mg Probematerial und funkt ab.

**Tabelle 12.** Analysen-Linien und Nachweisgrenze $L_D$

| Analysen-Linie | $L_D$, ppm[a] | Analysen-Linie | $L_D$, ppm[a] |
|---|---|---|---|
| Al  308,22 | 0,05 | Mg[b]  277,98 | 0,1 |
| As  278,02 | 0,5 | Mn  279,83 | 0,01 |
| B   249,76 | 0,01 | Ni  305,08 | 0,02 |
| Be  313,04 | 0,005 | Pb  283,31 | 0,03 |
| Co[b]  252,14 | 0,05 | Sb  259,81 | 0,1 |
| Cr[b]  284,33 | 0,02 | Si  288,16 | 0,01 |
| Fe  302,06 | 0,02 | Sn  286,33 | 0,05 |
| Ga  294,36 | 0,01 | Zn  330,26 | 0,8 |
| Ge  265,12 | 0,015 | Zr[b]  267,86 | 0,02 |

[a] Auf eine Probemenge von 60 mg bezogen.
[b] Nicht die empfindlichste Linie verwendet.

### 11.4.3.4 Gallium

Den meisten Verfahren zur Bestimmung der Spurengehalte in Gallium ist der Grundvorgang gemeinsam, nach dem Lösen der Probe das Ga durch Etherextraktion aus 6–7 N HCl zu entfernen und in der eingeengten wäßrigen Lösung die zurückgebliebenen Elemente spektrographisch zu bestimmen ($\geq$ 0,02 µg Mn/g) [97, 180]. In der nachfolgenden Vorschrift wird davon abweichend das Probematerial direkt angeregt.

*Arbeitsbereich:* s. Tab. 13 (S. 166).

B: s. Tab. 13. $F_r$: $\pm$ 10–30%.

**Arbeitsvorschrift [66]**

*Spektrographische Arbeitsbedingungen*

Elektroden: Graphit (Ultra Carbon): obere: Typ 105 U; untere: Probenelektrode, Typ 7267 (analog zu Typ 7250), als Anode; Elektroden durch Vorfunken (2 min, 15 A, unter 2,5–4 l Ar/min) gereinigt; Atmosphäre: $Ar/O_2$ (3:1), 3,7 l/min.
Elektrodenabstand: 3 mm, kontinuierlich eingestellt.
Anregung: Gleichstrombogen, 25 A.
Spektrograph: Jarrell-Ash 3,4 m Ebert, 15 000 Strich/Zoll-Gitter, 1. Ordnung, Spaltbreite 0,020 mm, Spalthöhe 2,5 mm, 10%-Splitfilter; 2 mm der Bogenmitte ausgeblendet.
Belichtungszeit: bis zum vollständigen Abbrand, Plattenkamera alle 20 sec (Belichtungsperiode, s. Tab. 13) weitergestellt.
Photographische Emulsion: Kodak S.A. 1.
Entwickeln: Kodak D 19, 3 min bei 20°C.
Analysen-Linien: s. Tab. 13, ohne inneren Standard, mit Untergrundkorrektur.

Die Probenahme erfolgt zweckmäßig aus dem flüssigen Metall ($\sim$ 50°C) mit Hilfe einer 2 ml-Injektionsspritze mit Teflonnadel, die mit Königswasser und Wasser gereinigt und danach getrocknet wurde. 100 $\pm$ 1 mg Probematerial werden in die vorgereinigte Elektrode gegeben und abgefunkt, wobei die Kamera (Photoplatte) 7mal (7 Belichtungsperioden) alle 20 sec zur Aufnahme eines neuen Spektrums weitergestellt wird. Voraussetzung für eine befriedigende Reproduzierbarkeit der Analysen ist eine möglichst gute Übereinstimmung und Gleichmäßigkeit der Abmessungen und Gewichte der einzelnen Probenelektroden (Gewichtskontrolle; eine Gewichtsübereinstimmung von $\pm$ 1% ist befriedigend).
Zur Aufstellung der Eichkurven werden 0,3–1 mg Oxidgemisch ($Ga_2O_3$ + Oxide der anderen Elemente) in die vorgereinigte Elektrode gegeben, mit 100 mg Ga bedeckt und dann wie bei der Analyse abgefunkt.

**Tabelle 13.** Analysen-Linien und Bestimmungsbereich

| Analysen-Linie | Bestimmungsbereich, ppm | Belichtungsperiode |
| --- | --- | --- |
| Cd  228,80 | 0,1   –1,0 | 1 |
| Si   251,61 | 0,01 –1,0 | 1 |
| Hg  253,65 | 0,1   –1,0 | 1 |
| Mn  279,48 | 0,005–1,0 | 4 |
| Mg  279,55 | 0,001–0,2 | 1 |
| Pb  283,31 | 0,1   –1,0 | 1 |
| Sn  284,00 | 0,01 –1,0 | 7 |
| Cr  284,33 | 0,01 –1,0 | 7 |
| Fe  302,06 | 0,05 –1,0 | 7 |
| Ni  305,08 | 0,03 –0,8 | 7 |
| Ge  303,91 | 0,04 –1,0 | 7 |
| Pt  306,47 | 0,05 –1,0 | 7 |
| Al  308,22 | 0,01 –1,0 | 2 |
| Mo  317,04 | 0,05 –1,0 | 7 |
| V   318,54 | 0,03 –1,0 | 7 |
| Sb  326,75 | 0,03 –0,8 | 7 |
| In  325,61 | 0,01 –0,5 | 3 |
| Cu  327,40 | 0,001–0,2 | 7 |
| Ag  328,07 | $<$ 0,001–0,05 | 6 |
| Zn  334,50 | 0,1   –1,0 | 1 |
| Ti  334,91 | 0,001–0,2 | 7 |
| Zr  339,20 | 0,05 –1,0 | 7 |
| Ca  393,37 | 0,01 –0,5 | 7 |

### 11.4.3.5  Galliumarsenid

Die Analyse von Galliumarsenid erfolgt weitgehend analog zu jener von Gallium.
Zur Bestimmung von Mn ($\geq$ 0,02 µg/g) und elf weiteren Elementen wurde das As
verflüchtigt, das Ga mit Diisopropylether extrahiert und anschließend die verbliebenen Elemente spektrographisch erfaßt [97, 181]. In der nachfolgenden Vorschrift
wird das Probematerial hingegen direkt abgefunkt.

*Arbeitsbereich:* wie bei Arbeitsvorschrift 11.4.3.4 (s. S. 165) jedoch ohne Hg, Pt, Sb,
Zr.

B: s. Tab. 13. $F_r$: $\pm$ 10–30%.

**Arbeitsvorschrift** [182]

Die Analyse wird wie bei Arbeitsvorschrift 11.4.3.4 (s. S. 165) durchgeführt. Von den Daten in
Tab. 13 (s. o.) abweichend sind die Belichtungsperioden: man verwendet Belichtungsperiode
1 für Cd, Mg, Pb, Si und Zn, Belichtungsperiode 2 für Al und In, Belichtungsperiode 4 für Ag
und Mn, Belichtungsperiode 5 für die übrigen Elemente. Man gibt entweder 50 mg Probematerial in die Elektrode Typ 7267 oder 100 mg in Typ 7423.

### 11.4.3.6  Natrium

*Arbeitsbereich:* Co, Cr, Fe, Mn und Ni quantitativ, andere Elemente (s. unten) halbquantitativ.

Die Elemente werden mit La(OH)$_3$ als Spurenfänger ausgefällt und spektrographisch
bestimmt (die oben angeführten Elemente Co-Ni quantitativ, die übrigen Elemente

halbquantitativ). Die Bestimmung kann gestört werden: bei Cr durch die $\geq$ 10fache Menge Re, bei Fe die gleiche Menge Hf, Lu und die $\geq$ 10fache Menge Cr, Ru, Zr, bei In durch die gleiche Menge Ge, bei Co durch die $\geq$ 10fache Menge U, W, bei Ni durch die $\geq$ 10fache Menge Hf und Tm.

B: $\geq$ 0,01 ppm Mn, $\geq$ 0,1 ppm In, Mg, $\geq$ 0,2 ppm Ag, Al, Au, Be, Co, Cu, Ga, Ni, Ti, $\geq$ 0,3 ppm Cr, $\geq$ 0,5 ppm Fe, Mo, Rh, Sn, V, Y, $\geq$ 1 ppm Pb, Ru, Sc, Si, $\geq$ 2 ppm Ca, Sb, Tl, $\geq$ 5 ppm Bi, Cd, Nb, Zn, $\geq$ 10 ppm As, Zr, $\geq$ 20 ppm P, W. $F_r$: $\pm$ 13%.

**Arbeitsvorschrift [185]**

*Spektropgraphische Arbeitsbedingungen*

Elektroden: Graphit (National Carbon); obere: Typ SP 9006; untere: Probenelektrode, Typ 9036, als Anode, mit Apiezon L-Lösung (1%ig in Petrolether) abgedichtet.
Elektrodenabstand: 3 mm.
Anregung: Gleichstrombogen, 11 A.
Spektrograph: Bausch und Lomb, Littrow.
Belichtungszeit: 30 sec.
Photographische Emulsion: Kodak S.A. 1.
Innerer Standard: In.
Analysen-Linienpaare: Co 304,40, Cr 284,33, Fe 302,06, Mn 260,57, Ni 305,08, alle Linien mit In 303,94 als Bezugslinie.

Das Probematerial wird mit Methanol gelöst, mit HCl(1,19) bzw. 6 N HCl neutralisiert und durch Erhitzen die Hauptmenge an Methanol vertrieben. Einen aliquoten Teil der Lösung von 10,0 ml (1 g Na enthaltend) führt man in ein Polypropylenzentrifugenrohr über, in dem 100,0 µl In/La-Lösung (5 µg In/ml, 100 g La/l; $In_2O_3$ und $La_2O_3$ werden in HCl und Wasser gelöst) vorgelegt sind, fällt die Elemente mit 6 N NaOH aus (Farbumschlag von m-Kresolpurpur nach Purpur), trennt den Niederschlag durch Zentrifugieren und Dekantieren ab, löst den Niederschlag in 6 N HCl, wiederholt die Fällung und löst den Niederschlag in 1,00 ml 5 N HCl. Von der Lösung werden 100,0 µl auf die abgedichtete Elektrode gegeben und abgefunkt.

## 11.4.3.7 Nickel

*Arbeitsbereich:* Al, Co, Cr, Cu, Fe, Mg, Mn, Pb, Si, Sn, Ti, Zn.

Zur spektrographischen Bestimmung der Elemente wird das Probematerial ohne chemische Vorbehandlung unmittelbar in einer Argon- bzw. Stickstoffatmosphäre abgefunkt.

B: s. Tab. 14. $s_r$: $\pm$ 12–20%.

**Arbeitsvorschrift [186]**

*Spektrographische Arbeitsbedingungen*

Elektroden: (Ultra-Carbon); obere: Graphit Typ 5770; untere: Probenelektrode, Kohle Typ C-423, als Anode; Atmosphäre: jeweils Spülzeit 3 min und Strömungsgeschwindigkeit 600 ml/min, Argon bei der Bestimmung von Mg, Mn, Pb und Zn, gereinigter Stickstoff bei der Bestimmung von Al, Co, Cr, Cu, Fe, Si, Sn und Ti, in einer Schutzgas-Glaskammer (7,8 cm hoch, 11,5 cm $\varnothing$) mit Quarzfenster;
Elektrodenabstand: 3 mm;
Anregung: Jarrell-Ash varisource unit, Gleichstrombogen, 14 A.
Spektrograph: Jarrell-Ash, 3,4 m-Ebert-Spektrograph, 15 000 Strich/Zoll-Gitter, 1. Ordnung, Spaltbreite 0,015 mm, rotierender Stufensektor (1:2), die ersten 2 mm des Bogens über der Anode werden ausgeblendet und abgebildet;
Belichtungszeit: 10 sec;

Photographische Emulsion: Kodak 103–0; Entwickeln: Kodak D-19, 3 min bei 20°C; Fixieren:
  saures Fixier-Härter-Bad, 10 min bei 20°C; Wässern: 10 min in fließendem Wasser;
Innerer Standard: Ni;
Analysen-Linienpaare: s. Tabelle 14.

**Tabelle 14.** Analysenlinien und Bestimmungsbereich

| Element | Bestimmungsbereich, % | Analysenlinie[1] |
|---|---|---|
| Al | 0,0001 –0,01 | 309,27 |
| Co | 0,0003 –0,01 | 340,51 |
| Cr | 0,0002 –0,002 | 425,44 |
| Cu | 0,00004–0,001 | 327,40 |
| Fe | 0,003  –0,01 | 302,06 |
| Mg | 0,00003–0,003 | 277,98 |
| Mn | 0,00003–0,003 | 257,61 |
| Pb | 0,00003–0,003 | 288,31 |
| Si | 0,002  –0,01 | 288,16 |
| Sn | 0,0001 –0,003 | 317,50 |
| Ti | 0,001  –0,01 | 334,94 |
| Zn | 0,00002–0,001 | 334,50 |

[1] Für Cr die Linie Ni 424,4, für alle übrigen Elemente Ni
288,13 als inneren Standard verwendet.

Das Probematerial wird in Form von Pulver oder Spänen in die Elektrode gestopft (etwa ¾ gefüllt) und nach den angegebenen Arbeitsbedingungen abgefunkt.
Zur Herstellung der Standardproben wurde Mond Carbonylnickel-Pulver [Körnung
0,006–0,009 mm; Verunreinigungen (in µg/g): Al (1,6), Co (< 3), Cr (2,0), Cu (0,4), Fe (26),
Mg (< 0,3), Mn (0,2), Pb (< 0,1), Si (19), Sn (< 1,0) Ti (< 10), Zn (0,2)] mit abgestuften Mengen der Elemente gemischt. Hierzu diente ein Stammgemisch der Oxide der Elemente (außer
Si) und von metallischem Si-Pulver; jedes der Elemente war mit einem Gehalt von 0,57% darin
enthalten. Die gewünschten Gehalte wurden durch stufenweises Verdünnen der Pulver in einer
Mischmaschine mit Glasmischbehältern durchgeführt.

### 11.4.3.8 Selen

Mehrere Arbeiten befaßten sich mit der Bestimmung der Verunreinigungen in Selen
[97]. In einer von diesen wurden die Spurenelemente durch Extraktion mit Oxin-
Dz/CHCl$_3$ bei pH 3–9 angereichert und anschließend spektrographisch bestimmt
($\geq$ 0,01 µg Mn/g) [97, 187]. Mit der erwähnten Extraktion können außer Mn noch
29 weitere Elemente erfaßt werden.
In der nachfolgenden Vorschrift wird das Se verflüchtigt und der Rückstand nach
Zusatz von NaCl als Trägersubstanz und Pd als innerer Standard mittels OESG analysiert.

*Arbeitsbereich:* Al, As, Ba, Bi, Ca, Cd, Co, Cr, Cu, Fe, Hg, Mg, Mn, Mo, Ni, Pb, Sb,
Sn, Te, Ti, V, Zn, Zr.

B (ng/g): 50–2000 Al, Ca, 250–5000 As, Hg, 100–2000 Ba, Mg, Zn, 5–200 Bi, Mn,
  Mo, V, 25–1000 Cd, Co, Cr, Fe, Pb, Ti, Zr, 125–1000 Cu, 10–2000 Ni,
  125–5000 Sb, 20–2000 Sn, 50–20000 Te.
$s_r$: $\pm$ 7–18%.

**Arbeitsvorschrift** [188]

*Spektrographische Arbeitsbedingungen*

Elektroden: Graphit (Ultra Carbon); obere: Graphit U-40-2,  3,2 mm $\varnothing$, gespitzt; untere: Probenelektrode, Graphit U-50-2,  6,2 mm $\varnothing$, Krater 4,8 mm $\varnothing$ und 1,5 mm tief
Elektrodenabstand: 5 mm
Anregung: Hilger Source Unit FS 131, Gleichstrombogen, 13 A
Spektrograph: Hilger 3,4 m Ebert E-546, 600 Srich/mm, Spaltbreite 0,050 mm
Belichtungszeit: 45 sec
Photographische Emulsion: Kodak S.A. 1
Entwickeln: Kodak D19, 3,5 min bei 18°C
Innerer Standard: Pd 244,8 und 302,8
Analysenlinien: Al 257,5, As 234,9, Ba 307,2, Bi 306,8, Ca 317,9, Cd 326,1, Co 242,5, Cr 283,6, Cu 282,4, Fe 278,8, Hg 253,7, Mg 278,1, Mn 257,6, Mo 313,3, Ni 305,1, Pb 283,3, Sb 259,8, Sn 284,0, Te 238,6, Ti 294,2, V 318,4, Zn 328,2, Zr 328,5.

*Ausführung.* 1,0 g Probematerial wird mit 10 ml $HNO_3$(1,40), 2,5 ml $H_2SO_4$(1,84) sowie 2,0 µg Pd (Standardlösung) versetzt, unter Erwärmen gelöst und bei ~ 300°C zur Trockene eingedampft (Verflüchtigung des Se). Den Rückstand löst man mit wenig 6 M HCl, führt die Lösung unter Nachwaschen auf die mit 10,0 mg Trägergemisch (90% Graphitpulver + 10% NaCl) beschickte Probenelektrode, nachdem das Trägergemisch vorher mit 1 Tropfen Ethanol benetzt wurde, dampft zur Trockene ein und regt im Gleichstrombogen an. Die Anregung erfolgt in einer glove-box wegen der Toxizität des Se.

### 11.4.3.9  Silicium

**Verfahren 1** [97]

1–10 g Probematerial werden in einem Teflonbecher mit HF(40%) und $HNO_3$(1,40) gelöst, nach Zusatz von Graphitpulver, 2 Tropfen $H_2SO_4$(1,84), In-Lösung und 0,5 ml Mannitollösung nach Verfahren 11.4.5.1 (s. S. 172) eingedampft und der OESG unterzogen

**Verfahren 2**

*Arbeitsbereich:* Al, B, Ca, Cr, Cu, Fe, Mg, Mn, Ni, Pb, Sn, Ti, V, Zn.

Das Probematerial wird nach Zugabe von Graphit und NaF (Verbesserung des Linie/Untergrund-Verhältnisses) direkt angeregt. Das Verfahren fand zur Analyse von Solarzellensilicium Anwendung.

B (µg/g): 2–250, Al, B, Mg, Mn, Ni, Pb, Sn, Ti, V, 2–100 Cu, 10–250 Ca, Cr, 25–270 Fe, Zn. $s_r$: ± 9–24%.

**Arbeitsvorschrift** [189]

*Spektrographische Arbeitsbedingungen*

Elektroden: Graphit; obere: 3,18 mm $\varnothing$, gespitzt; untere: Probenelektrode, 6,35 mm $\varnothing$, Bohrung für 40 mg Substanz; Atmosphäre: Stickstoff (stallwood jet)
Elektrodenabstand: 4 mm
Anregung: Jarrell-Ash Varisource, Gleichstrombogen, 12 A
Spektrograph: Hilger Littrow, Spaltbreite 0,020 mm
Belichtungszeit: 25 sec
Photographische Emulsion: Kodak S.A. 1
Innerer Standard: Si 256,9
Analysenlinien: Al 308,2, B 249,8, Ca 317,9, Cr 284,3, Cu 327,4, Fe 259,9, Mg 277,9, Mn 260,6, Ni 305,1, Pb 283,3, Sn 284,0, Ti 319,9, V 318,5, Zn 328,2.

*Ausführung.* Das zerkleinerte (Achatmörser, Versprödung mit flüssigem Stickstoff, s. S. 17 und [97]) Probematerial (Körnung < 0,074 mm) mischt man im (1:1)-Verhältnis mit Graphitpulver, fügt 2% NaF hinzu, mischt, stopft 40 mg der Mischung in die Probenelektrode und verdampft im Gleichstrombogen.

### 11.4.3.10  Tantal

*Arbeitsbereich:* Al, Cr, Cu, Fe, Mg, Mn, Ni, Pb, Si, Sn, Ti, V.

Das Probematerial wird in Oxid übergeführt, mit $Ag/AgCl/BaF_2$ als Destillationsträger vermischt und im Gleichstrombogen angeregt.

B ($\mu g/g$): 20–1000 Al, Cr, Ni, V, 5–50 Cu, 10–5000 Fe, 8–200 Mg, 15–400 Mn, 30–800 Pb, 100–1500 Si, 15–1000 Sn, 20–5000 Ti. $s_r$: ± 3–9%.

**Arbeitsvorschrift [190]**

*Spektrographische Arbeitsbedingungen*

Elektroden: Graphit (Ultra Carbon); obere: UCP 1992, gespitzt; untere: Probenelektrode, UCP 1990 auf UCP 1964
Elektrodenabstand: 4 mm
Anregung: Baird Source Power Unit, Gleichstrombogen, 10 A
Spektrograph: 3 m Baird, Eintrittsspalt 0,025 mm
Belichtungszeit: 90 sec
Photographische Emulsion: Kodak S.A. 1
Entwickeln: Kodak D19, 5 min bei 20°C
Analysenlinien: Al 308,2, 257,5, 266,0, Cr 302,1, 284,3, 278,0, Cu 324,7, Fe 302,1, 283,2, 274,4, 259,8, Mg 280,2, Mn 257,6, Ni 300,3, Pb 283,3, Si 288,1, 251,9, 252,4, Sn 284,0, Ti 308,6, 307,8, 259,9, V 318,5, 310,2.

*Ausführung.* Das Probematerial wird zuerst in einer Platinschale über dem Brenner oxidiert, anschließend 0,5–2 Std im Muffelofen bei 900°C geglüht und nach dem Abkühlen gemahlen. 210,0 mg gepulvertes Probematerial mischt man mit 90 mg Trägergemisch [30% Ag-Pulver (Körnung $\leqq$ 0,05 mm) + 20% $BaF_2$ + 50% AgCl], stopft von dieser Mischung 100 mg in die Probenelektrode, sticht in die Mitte der Füllung ein Loch für die entweichenden Gase und verdampft im Gleichstrombogen.

### 11.4.3.11  Titan

*Arbeitsbereich:* wie bei Verfahren 11.4.3.1 (s. S. 162).

Bei der nachfolgenden Arbeitsvorschrift sind Arbeitsweise, Bestimmungsbereich und relativer Fehler dieselben wie bei Verfahren 11.4.3.1 (s. S. 162).

**Arbeitsvorschrift [191]**

*Spektrographische Arbeitsbedingungen und Reagentien:* wie bei Verfahren 11.4.3.1.

1,0 g Probematerial wird in einer Quarzschale mit HCl (1,19) auf dem siedenden Wasserbad gelöst. Dabei ist darauf zu achten, daß die Lösung keinesfalls zu stark eingeengt wird, da sonst unlösliche Titansäure ausfällt und so zu einem Spurenelementverlust führt. Andernfalls muß die Probe verworfen und von einer neuen Einwaage ausgegangen werden. Die gelöste Probe wird unter Nachspülen mit 6 N HCl und Wasser in einen Schütteltrichter übergeführt, mit 95 ml Ammoniumtartrat-Lösung versetzt und mit 6 N $NH_3$ auf pH 3,0 eingestellt. Man verfährt dann mit der Extraktion mit APCD- und Dz-Lösung bei pH 3, 5, 7 und 9 wie bei Verfahren 11.4.3.1 (s. S. 162), wobei jedoch vor dem Einstellen auf pH 5 keine Ammoniumtartrat-Lösung mehr zugegeben wird. Anschließend werden die Verarbeitung des organischen Extraktes und die spektrographische Bestimmung mit Be als Bezugselement unter Anwendung eines Endvolumens von 100 $\mu$l wie bei Verfahren 11.4.3.1 durchgeführt.

### 11.4.3.12 Zirkonium

*Arbeitsbereich:* wie bei Verfahren 11.4.3.1 (s. S. 162).

Arbeitsweise, Bestimmungsbereich und relativer Fehler sind dieselben wie bei Verfahren 11.4.3.1.

**Arbeitsvorschrift** [193]

*Spektrographische Arbeitsbedingungen und Reagentien:* Wie bei Verfahren 11.4.3.1.

1,0 g zerkleinertes Probematerial wird in einer Platinschale mit Ausguß mit 10 ml $H_2SO_4$ (1 + 1) versetzt, hierauf tropfenweise sehr vorsichtig HF (40%; evtl. 1 + 1 verdünnt) in der Kälte hinzugefügt und auf dem Sandbad langsam erhitzt. Nach beendeter Reaktion erhitzt man bis zum Auftreten der $SO_3$-Dämpfe und läßt erkalten. Dann wird unter gelindem Erwärmen auf dem Wasserbad mit 6 N HCl und Wasser aufgenommen und die Lösung in einen 500 ml-Schütteltrichter übergeführt. Zur Lösung fügt man 20 ml Ammoniumtartrat-Lösung, stellt mit 6 N $NH_3$ auf pH 3,0 ein und verfährt mit der Extraktion mit APCD- und Dz-Lösung bei pH 3, 5, 7 und 9 wie bei Verfahren 11.4.3.1 (s. S. 162), wobei jedoch vor der Einstellung auf pH 5,0 15 ml Ammoniumtartrat-Lösung zugesetzt werden. Anschließend erfolgen Verarbeitung des organischen Extraktes und die spektrographische Bestimmung unter Anwendung eines Endvolumens von 100 µl wie bei Verfahren 11.4.3.1.

## 11.4.4 Mineralstoffe

### 11.4.4.1 Silicate

*Arbeitsbereich:* Al, Ba, Ca, Cr, Cu, Fe, Mg, Mn, Ni, Sr, Ti, V, Zn, Zr.

Das Probematerial wird mit $LiBO_2$ aufgeschlossen, die Schmelze in $HNO_3$ gelöst und die Lösung abgefunkt.

B (%): $\geq$ 0,003 MnO, $\geq$ 0,005 BaO, SrO, $\geq$ 0,02 CaO, MgO, $TiO_2$, $\geq$ 0,05 $Al_2O_3$, $Cr_2O_3$, CuO, NiO, $V_2O_5$, ZnO, $ZrO_2$, $\geq$ 0,1 $Fe_2O_3$.

$s_r$: $\pm$ 2% bei 0,1% MnO, $\pm$ 1–3% bei > 0,5% der übrigen Elemente.

**Arbeitsvorschrift** [69]

*Spektrometrische Arbeitsbedingungen*

Elektroden: Graphit (National Carbon); obere: L-3955, 4,57 mm $\varnothing$; untere: Radelektrode L-4075 (D-2), 12,5 mm $\varnothing$, 5,05 mm dick, 10 U/min
Elektrodenabstand: 3 mm
Anregung: Hochspannungsfunke, 0,005 µF, 25 µH, 5,7 A
Spektrometer: Consolidated Elektrodynamics, Spaltbreite 0,040 mm
Vorfunkzeit: 30 sec; Belichtungszeit: 30 sec
Innerer Standard: Co 345,4 für Al, Cr, Cu, Si und Zn, Co 228,6 für übrige Elemente
Analysenlinien: Al 396,2, Ba 455,4, Ca 317,9, Cr 425,4, Cu 327,4, Fe 275,6, Mg 279,6, Mn 257,6, Ni 239,5, Sr 407,8, Ti 334,9, V 310,2, Zn 213,9, Zr 339,2.

*Ausführung.* 0,100 g Probematerial (Körnung $\leq$ 0,07 mm) mischt man mit 0,500 g $LiBO_2$, führt die Mischung in einen vorgeglühten Graphittiegel über und schließt 10–15 min in einem Muffelofen bei 950°C auf. In einen 200 ml-Teflon- oder Polypropylenbecher werden 50,0 ml Co-Standardlösung [a) Co-Stammlösung: 113,0 g $Co(NO_3)_2 \cdot 6\ H_2O$ werden mit Wasser auf 1 l aufgefüllt. b) Verdünnte Co-Lösung: 50,00 ml Co-Stammlösung verdünnt man mit Wasser auf 1 l. c) Co-Standardlösung: 50,00 ml verdünnte Co-Lösung mischt man mit 30 ml $HNO_3$ (1,40) und verdünnt mit Wasser auf 1 l] pipettiert, ein teflonüberzogener Magnetrührer dazugegeben, bei Aufschlußende der Tiegel aus dem Ofen genommen, Schmelze-Tropfen durch Umschwenken gesammelt und in den Becher gegossen. Man bedeckt den Becher, um Verdampfungsverluste zu vermeiden, rührt ohne zu erhitzen bis zum vollständigen Lösen der Schmelze und funkt die Lösung anschließend ab.

### 11.4.4.2  Böden

*Arbeitsbereich:* Ba, Co, Cr, Cu, Mn, Ni, Pb, V, Zn.

Das Probematerial wird mit Graphit und Sn/Pd als innerer Standard vermischt und im Gleichstrombogen angeregt.

B ($\mu$g/g): 40–800 Ba, 5–500 Co, Cr, V, 40–2000 Cu, Mn, Zn, 15–500 Ni, 10–500 Pb. $s_r$: $\pm$ 8–15%.

**Arbeitsvorschrift** [194]

*Spektrographische Arbeitsbedingungen*

Elektroden: Graphit (Ultra Carbon); obere: 3,05 mm $\varnothing$, gespitzt; untere: Probenelektrode
  (Anode), UCC 1989, 6,15 mm $\varnothing$
Elektrodenabstand: 3 mm
Anregung: Jarrell-Ash Varisource, Gleichstrombogen, 15 A, 230 V
Spektrograph: 3,4 m Jarrell-Ash, Spaltbreite 0,010 mm
Belichtungszeit: 15 sec
Photographische Emulsion: Kodak S.A. 1
Entwickeln: Kodak D19, 3 min bei 20°C
Innerer Standard: Pd 292,2 für Cr, Ni, V, Zn, Sn 278,5 für Ba, Co, Cu, Mn, Pb
Analysenlinien: Ba 233,5, Co 252,1, Cr 301,5, Cu 282,4, Mn 279,9, Ni 305,1, Pb 266,3, V 318,3,
  Zn 334,5.

*Ausführung.* 1 g fein gepulvertes Probematerial wird bei 450°C 1 Std geglüht, die erkaltete Probe gemahlen, davon 1 Teil mit 5 Teilen Graphit/Standard-Mischung (0,05% Pd und 0,05% Sn enthaltend) gemischt, 40 mg Mischung in die Probenelektrode gestopft und im Gleichstrombogen verdampft.

## 11.4.5  Verschiedenes

### 11.4.5.1  Säuren

Für die Bestimmung von Mn ($\geqq$ 2 ng/ml) und 16 weiteren Elementen in Säuren wurde in einer Arbeit das Probematerial eingedampft und der Eindampfrückstand spektrographisch mit Cu als innerem Standard analysiert [198]. Analog ist die Arbeitsweise in der nachfolgenden Vorschrift.

*Arbeitsbereich:* s. Tab. 15.

Der Eindampfrückstand der Säuren wird direkt abgefunkt. Verluste durch Verflüchtigung bei B, Sb und Sn werden durch Zusatz von Mannitol und eine möglichst niedrige Eindampftemperatur vermieden. Die Ausbeute beträgt bei allen Elementen und Säuren 80–120%. Das Verfahren eignet sich zur Analyse von Essigsäure, HF, HCl, $HNO_3$, $HClO_4$ und $H_2SO_4$.
Das Eindampfen der Säuren wird im geschlossenen System [97] mit Unter- und Oberhitze unter Durchleiten von gefiltertem Stickstoff ausgeführt. Die Abdeckglocke ist bei HF aus Polymethylpenten, bei den übrigen Säuren aus Glas. Beim Eindampfen dürfen die Proben nicht sieden, außer bei HCl, die zu Beginn nur mit Oberhitze eingedampft wird.

B: s. Tab. 15. $F_r$: $\pm$ 10–20%.

**Tabelle 15.** Analysenlinien und Nachweisgrenzen $L_D$

| Analysenlinie | $L_D$, ppb | Analysenlinie | $L_D$, ppb |
|---|---|---|---|
| Ag 328,07 | 0,1 | Li 323,26 | 50 |
| Al 308,22 | 0,5 | Mg 285,21 | 0,05 |
| Au 267,60 | 1 | Mn 257,61 | 0,1 |
| B 249,77 | 1 | Mo 317,04 | 1 |
| Ba 455,40 | 0,2 | Nb 309,42 | 1 |
| Be 313,04 | 0,05 | Na 330,23 | 10 |
| Bi 306,77 | 1 | Ni 341,48 | 1 |
| Ca 422,67 | 0,1 | Pb 283,31 | 1 |
| 317,93 | 5 | Sb 259,81 | 5 |
| Cd 326,11 | 1 | Si 288,16 | 0,1 |
| Co 345,35 | 1 | Sn 284,00 | 1 |
| Cr 283,56 | 1 | Sr 407,77 | 1 |
| Cu 324,55 | 0,1 | Ti 334,94 | 1 |
| Fe 302,06 | 1 | Tl 276,79 | 5 |
| Ga 294,36 | 2 | V 309,31 | 1 |
| Hg 253,65 | 10 | Zn 334,50 | 1 |
| K 404,41 | 10 | Zr 339,20 | 1 |

**Arbeitsvorschrift** [199]

*Spektrographische Arbeitsbedingungen*

Elektroden: Graphit (National Carbon); obere: Typ L-3960; untere: Probenelektrode, Typ L-3903, als Anode; Atmosphäre: 70% Ar/30% $O_2$, 4 l/min.
Elektrodenabstand: 4 mm, kontinuierlich eingestellt.
Anregung: Gleichstrombogen, 15 A.
Spektrograph: Baird 3 m, Spaltbreite 0,025 mm, Spalthöhe 5 mm.
Belichtungszeit: 90 sec ohne Vorfunkzeit.
Photographische Emulsion: Kodak S.A. 1.
Entwickeln: Kodak D 19, 4 min bei 21°C.
Innerer Standard: In.
Analysen-Linienpaare: s. Tab. 15, bei allen Elementen In 325,61 als Bezugslinie verwendet.

100,0 g Säure werden in einem 100 ml-Teflonbecher mit 10 mg Graphitpulver, 2 Tropfen $H_2SO_4$ (1,84) sowie 1,00 ml In-Lösung (10 µg In/ml 0,02 N HCl) versetzt (bei der Analyse von HCl oder HF fügt man zusätzlich noch 0,5 ml 5%ige Mannitollösung hinzu), zur Trockene eingedampft (bei HF auf dem Wasserbad bei 80°C), der Eindampfrückstand in die Elektrode gestopft und abgefunkt.

### 11.4.5.2 Aluminiumverbindungen

Arbeitsbereich, Arbeitsweise, Bestimmungsbereich und relativer Fehler sind dieselben wie bei Verfahren 11.4.3.1 (s. S. 162).

**Arbeitsvorschrift** [177]

*Spektrographische Arbeitsbedingungen:* wie bei Verfahren 11.4.3.1.

*a) Aluminiumoxid*

1,0 g pulverisiertes Probematerial wird in einem Platintiegel mit Ausguß mit der 5fachen Menge Aufschlußgemisch $Na_2CO_3/K_2CO_3/Na_2B_4O_7$(3:3:4) aufgeschlossen, die erkaltete Schmelze mit 6 N HCl und Wasser gelöst, die Lösung in einen Schütteltrichter übergeführt und mit der Anreicherung und spektrographischen Bestimmung wie bei Verfahren 11.4.3.1 (s. S. 162) fortgefahren.

*b) Aluminiumsalze*

Die 1,0 g Al äquivalente Menge der betreffenden Verbindung wird in Wasser gelöst, in einen Schütteltrichter übergeführt und wie unter a) fortgefahren.

### 11.4.5.3  Siliciumcarbid

*Arbeitsbereich:* Ag, As, Bi, Ga, Hg, In, Mn, P, Pb, Sb, Sn, Tl, Zn.

Zur spektrographischen Bestimmung der Elemente wird das Probematerial ohne chemische Vorbehandlung unmittelbar in Argonatmosphäre abgefunkt.

B: s. Tabelle 16. $F_r$: ± 20–30%.

**Arbeitsvorschrift** [201]

*Spektrographische Arbeitsbedingungen:* wie bei Verfahren 11.4.3.7 (s. S. 167), jedoch in nachfolgenden Daten davon abweichend:

Atmosphäre: Argon bei allen Elementen, Spülzeit 5 min;
Elektrodenabstand: 4 mm;
Anregung: Gleichstrombogen, 20 A;
Spektrograph: Spaltbreite 0,020 mm bei Elementgruppe I, 0,010 mm bei Elementgruppen II-V;
Belichtungszeit: Destillationszeit-Intervalle der einzelnen Elementgruppen gemäß der nachfolgenden Aufstellung:

| Elementgruppe | Elemente | Destillationszeit-Intervall, sec |
|---|---|---|
| I | As, Bi, Cd, Ga, Hg, In, Na, P, Pb Sb, Sn, Tl, Zn | 0– 6 |
| II | Ag, Al, Be, Ca, Cr, Cu, Ge, Mn | 0–25 |
| III | Co, Fe, Mg, Ni, Ti, V | 0–60 |
| IV | Mo | 15–35 |
| V | Zr | 35–50 |

Entwickeln: 5 min;
Innerer Standard: Ge;
Analysen-Linienpaare: s. Tab. 16.

**Tabelle 16.** Analysenlinien und Bestimmungsbereich

| Element | Bestimmungsbereich, % | Elementlinie[a] |
|---|---|---|
| Ag | 0,000001–0,0001 | 328,29 |
| As | 0,00003 –0,001 | 278,02 |
| Bi | 0,00001 –0,001 | 306,77 |
| Ga | 0,00001 –0,001 | 294,36 |
| Hg | 0,00003 –0,001 | 253,65 |
| In | 0,00001 –0,001 | 325,61 |
| Mn | 0,000003–0,0001 | 257,61 |
| P | 0,00003 –0,001 | 253,57 |
| Pb | 0,00003 –0,001 | 283,31 |
| Sb | 0,00003 –0,001 | 259,81 |
| Sn | 0,00003 –0,001 | 317,50 |
| Tl | 0,00003 –0,001 | 276,79 |
| Zn | 0,00001 –0,001 | 334,50 |

[a] Für Ag und Mn die Linie Ge 265,12, für alle übrigen Elemente Ge 274,04 als innerer Standard verwendet.

Das Probematerial wird in Form von Pulver mit $GeO_2$ als innerem Standard versetzt (in einer Konzentration von 0,001% $GeO_2$ in der Probe), in die Elektrode gestopft und nach den angegebenen Arbeitsbedingungen abgefunkt. Ge dient als innerer Standard für die Elementgruppen I und II. Für die Elementgruppen III bis V kann Si als innerer Standard verwendet werden.

Zur Herstellung der Standardproben wurde reinstes Siliciumcarbid in einer Borcarbidreibschale (mit hochpolierter Oberfläche) pulverisiert und mit abgestuften Mengen der Elemente versetzt. Hierzu diente ein Stammgemisch der Elementoxide (mit einem Gehalt von jeweils 0,14%) in Siliciumcarbid, das durch Mischen von letzterem mit einem im Handel erhältlichen Oxidgemisch (Spex Mix) erhalten wurde. Die gewünschten Gehalte wurden wie bei Verfahren 11.4.3.7 (s. S. 167) hergestellt.

### 11.4.5.4 Titanverbindungen

Arbeitsbereich, Arbeitsweise, Bestimmungsbereich und relativer Fehler sind dieselben wie bei Verfahren 11.4.3.1 (s. S. 162).

**Arbeitsvorschrift** [191]

*Spektrographische Arbeitsbedingungen:* Wie bei Verfahren 11.4.3.1

*a) Titandioxid, Bariumtitanat*

1,0 g fein pulverisiertes Probematerial wird wie bei Verfahren 11.4.5.2 aufgeschlossen und weiterbehandelt (s. S. 173)

*b) Titansalze*

Die 1,0 g Ti äquivalente Probemenge wird in Wasser oder Mineralsäure gelöst und wie unter a) fortgefahren.

### 11.4.5.5 Uranoxid

Eine der Arbeitsvorschrift 11.4.5.5-Verfahren 2 (s. S. 176) analoge Arbeitsweise fand in einer anderen Arbeit [149] für die Bestimmung von Mn (4–400 µg/g) und 22 weiteren Elementen in $U_3O_8$ Anwendung, wobei dem Probematerial 6% $Ga_2O_3$/$SrF_2$ (2:1) als Trägersubstanz und 0,01% Pd als innerer Standard zugemischt und von dieser Mischung 50 mg im Gleichstrombogen angeregt wurde (Analysenlinien Mn 257,6, 294,9 und Pd 244,8).

**Verfahren 1**

*Arbeitsbereich:* s. Tab. 17.

Das Probematerial wird nach der „carrier-distillation"-Methode direkt der Emissionsspektralanalyse unterzogen. Das Verfahren fand zur Analyse von $UO_2$ Anwendung, eignet sich aber auch für $U_3O_8$.

B: s. Tab. 17. $s_r$: ± 4–14%.

**Arbeitsvorschrift** [206]

*Spektrographische Arbeitsbedingungen*

Elektroden: Graphit (National Carbon); obere: 3,2 mm $\varnothing$, plan; untere: Probenelektrode, Typ L-3918 und L-3919, als Anode, vor dem Füllen durch Abfunken (30 sec bei 10 A) gereinigt.
Elektrodenabstand: 4 mm.
Anregung: Gleichstrombogen, 10 A.
Spektrograph: Hilger Littrow, Spaltbreite 0,015 mm.
Vorfunkzeit: 5 sec; Belichtungszeit: 40 sec.
Photographische Emulsion: Ilford ordinary.
Innerer Standard: Co, Ga.

Analysen-Linienpaare: s. Tab. 17; als Bezugslinien dienen Co 252,14 und Ga 262,48 für alle Elemente. Die Bestimmung des Co-Gehaltes erfolgt in einer getrennten Probe ohne Co-Zusatz.

**Tabelle 17.** Analysenlinien und Nachweisgrenzen $L_D$[1]

| Analysenlinien | $L_D$, ppm | Analysenlinien | $L_D$, ppm |
|---|---|---|---|
| Ag  328,07 | 0,2 | Mn  257,61 | 0,5 |
| Al  308,22 | 1 | Mo  313,26 | 2 |
| As  286,05 | 10 | Ni  305,08 | 1 |
| Au  267,60 | 0,5 | P  253,57 | 8 |
| B  249,68 | 0,5 | Pb  280,20 | 1 |
| Be  313,04 | 0,3 | Pd  324,27 | 10 |
| Bi  306,77 | 0,5 | Sb  259,81 | 5 |
| Cd  326,11 | 7 | Si  288,16 | 5 |
| Co  252,14 | 4 | Sn  303,41 | 0,5 |
| Cr  283,56 | 1 | Ti  323,45 | 300 |
| Cu  324,75 | 2 | Tl  276,79 | 0,3 |
| Fe  259,96 | 2 | V  318,40 | 5 |
| Ge  265,12 | 0,4 | W  294,70 | 150 |
| In  325,61 | 1 | Zn  334,50 | 20 |
| Mg  280,27 | 2 | | |

[1] Für $UO_2$.

6,80 mg CoO werden mit 100,0 mg $Ga_2O_3$ durch Mahlen vermischt. 6,41 mg CoO/$Ga_2O_3$-Mischung mischt man in einer Mixermühle mit 294,0 mg Probematerial ($UO_2$), so daß die Probenmischung 1000 ppm Co aufweist. Von der Mischung werden jeweils 100,0 mg in 3 Probenelektroden gestopft, abgefunkt und der Mittelwert aus den 3 Einzelanalysen berechnet.
Da die Intensität der Analysenlinien von der Matrix teilweise beeinflußt wird, müssen gesonderte Eichkurven sowohl für $UO_2$- als auch $U_3O_8$-Matrix mit Hilfe von Oxidmischungen aufgestellt werden.

**Verfahren 2**

*Arbeitsbereich:* Ag, Al, As, B, Cd, Co, Cr, Cu, Fe, Mg, Mn, Mo, Ni, Si, Sn, V.

Das Probematerial wird mit $Ga_2O_3$/$SrF_2$ (2:1) gemischt und im Gleichstrombogen angeregt.

B ($\mu g/g$): 0,1–10 Ag, B, Cd, 1–250 Al, Si, 5–100 As, 2–200 Co, 2–100 Cr, V, 0,5–100 Cu, Sn, 4–500 Fe, 1–100 Mg, Mn, 4–100 Mo, 5–500 Ni. $s_r$: ± 10%.

**Arbeitsvorschrift** [150]

*Spektrometrische Arbeitsbedingungen*

Elektroden: Graphit (National Carbon); obere: 3,05 mm ⌀, gespitzt, L 4036; untere: L 4024 auf L 4042.
Elektrodenabstand: 4 mm.
Anregung: Yaco Varisource, Gleichstrombogen 15 A.
Spektrometer: Jaco Compact Atomcounter 1,5 m, Spaltbreite 0,025 mm.
Vorfunkzeit: Gruppe A 3 sec, Gruppe B 25 sec.
Belichtungszeit: Gruppe A 20 sec, Gruppe B 25 sec.
Analysenlinien: Ag 338,3 (2. Ord.), Al 309,3, As 234,9 (2. Ord.), B 249,8 (2. Ord.), Cd 228,8, Co 345,5, Cr 425,4, Cu 327,4 (2. Ord.), Fe 239,6, Mg 285,2 (2. Ord.), Mn 257,6, Mo 319,4, Ni 300,3 (2. Ord.), Si 251,6, Sn 284,0, V 318,4 (2. Ord.).

*Ausführung.* Das Probematerial wird in einem Quarztiegel bei 850°C geglüht, um es in $U_3O_8$ überzuführen. Nach dem Abkühlen mahlt man es auf eine Körnung ≤ 0,07 mm und mischt davon 480,0 mg mit 20,0 mg $Ga_2O_3/SrF_2$(2:1)-Trägergemisch. Von der Probenmischung werden 100 mg in die Probenelektrode gestopft, in die Mitte der Probenfüllung ein Loch für die Gasentwicklung gestochen und im Gleichstrombogen angeregt. Vorfunk- und Belichtungszeit: Gruppe A umfaßt die Elemente Ag, Al, As, B, Cd, Cu, Mg, Mo, Si, Sn und V. Gruppe B die Elemente Co, Cr, Fe, Mn und Ni.

### 11.4.5.6 Zirkoniumverbindungen

Arbeitsbereich, Arbeitsweise, Bestimmungsbereich und relativer Fehler sind dieselben wie bei Verfahren 11.4.3.1 (s. S. 162). Die Analyse von Zirkoniumdioxid, Bariumzirkonat und Zirkoniumsalzen erfolgt wie bei Arbeitsvorschrift 11.4.5.4 (s. S. 175) [191].

### 11.4.5.7 Luftstaub

Eine Reihe von Arbeiten beschreibt die Analyse von Luftstaubproben, deren Varianten sich im wesentlichen durch die Art der Probenahme und Probenverarbeitung unterscheiden. In einer Arbeit wurde die Staubprobe mit einem Silbermembranfilter gesammelt, das Filter mit $HNO_3$ gelöst, das Ag als AgCl abgetrennt und der Eindampfrückstand mit Graphitpulver und In + Co als innere Standards vermischt im Gleichstrombogen (10 A) angeregt [207]. Mit diesem Verfahren wurden 0,025–0,5 µg $Mn/m^3$ (Analysenlinien Mn 280,1/Co 304,4) sowie Al, Bi, Cd, Cr, Fe, Pb, Mo, Ni, V und Zn in Luftstaub bestimmt. Zur Entnahme einer Staubprobe diente auch ein Membranfilter, das man mit Aceton löste und die Staubprobe abzentrifugierte, wonach sie mit Graphit/NaF (1:1) sowie In + Ta als innere Standards vermischt im Gleichstrombogen (15 A) angeregt wurde (Analysenlinien Mn 304,5/Ta 301,3) [208]. Mehrere Arbeiten verwenden Glasfaserfilter zum Sammeln der Staubprobe, die anschließend mit $HF/H_2SO_4$ oder HF gelöst werden. Letzteres geschieht entweder auf der Elektrode [209] oder im Teflonbecher [210], wonach der Rückstand mit $CaF_2/$ Graphit als spektroskopischem Puffer sowie Co und In [209] als innere Standards gemischt im Gleichstrombogen angeregt wird (Analysenlinien Mn 304,5/Co 304,4 [209] mit Meßbereich 0,02–1,7 µg $Mn/m^3$ bzw. Mn 280,1/Pd 324,3 [210] mit Meßbereich 0,05–1,5 µg $Mn/m^3$). Weiterhin wurde die Staubprobe mit $HCl/HNO_3$ vom Glasfaserfilter abgelöst und die Lösung mittels Radelektrode zur Bestimmung von Mn und 23 weiteren Elementen abgefunkt (Mn 257,6, 0,09–149 µg $Mn/m^3$) [211]. Für das Sammeln der Staubproben wurden auch Graphitfilter verwendet, die anschließend direkt mittels Hochspannungsfunken oder Gleichstrombogen zur Bestimmung von Mn und 16 anderen Elementen angeregt wurden (Mn 257,6, 0,02–2 µg $Mn/m^3$) [212]. Filter mit Staubprobe werden schließlich auch naß oder trocken [213] verascht und die veraschte Probe für die OES verwendet.

### Verfahren 1

*Arbeitsbereich:* s. Tab. 11 (S. 160) bzw. 15 (S. 173)

B: $\geq$ 10 $L_D$ (nach Tab. 11 bzw. 15). $F_r$: ± 5–20%.

### Arbeitsvorschrift [97]

*Reagentien und spektrographische Arbeitsbedingungen:* wie bei Verfahren 11.4.2.1 (s. S. 159) bzw. 11.4.5.1 (s. S. 172).

*Ausführung.* Man saugt 100 l Luft durch ein Filter (5–25 l/min), verascht das Filter mit $HNO_3$ (1,40), fügt zur Probelösung 10,0 oder 20,0 mg Graphitpulver sowie den entsprechenden inneren Standard hinzu, dampft die Lösung zur Trockene ein, stopft den Eindampfrückstand in die Probenelektrode und funkt ab. Wahlweise erfolgen dabei Anregung und Auswertung nach Verfahren 11.4.2.1 oder 11.4.5.1.

## Verfahren 2

*Arbeitsbereich:* Ag, Al, Cr, Cu, Fe, Ga, Mn, Mo, Ni, Pb, Sn, Ti, V, Zn.

Filter mit Staubprobe wird trocken verascht, die Asche mit Graphit (spektroskopischer Puffer), $In_2O_3$ (Trägersubstanz) und Pd (innerer Standard) vermischt im Gleichstrombogen angeregt.

B $(\mu g/g)^{1,\ 2}$: 0,5–100 Ag, 200–2000 Al, 5–2000 Cr, Pb, 2–200 Cu, 200–5000 Fe, 50–2000 Ga, Zn, 5–500 Mn, V, 2–500 Mo, 10–2000 Ni, Sn, 20–2000 Ti. $s_r$: ± 2–15%.

**Arbeitsvorschrift** [213]

*Spektrographische Arbeitsbedingungen*

Elektroden: Graphit (National Carbon); obere: 6 mm $\varnothing$, gespitzt; untere: Probenelektrode, Krater 3 mm $\varnothing$ und 3 mm tief, Typ L-4309
Elektrodenabstand: 2 mm
Anregung: Shimazu universal source unit, Gleichstrombogen 7,5 A
Spektrograph: Shimazu Littrow QL-170, Spaltbreite 0,010 mm
Belichtungszeit: 20 sec
Photographische Emulsion: Kodak S.A. 1
Entwickeln: FD 131, 2 min bei 20°C
Innerer Standard: Pd 324,3
Analysenlinien: Ag 328,0, Al 256,8, Cr 284,3, Cu 327,4, Fe 258,6, Ga 287,4, Mn 279,5, Mo 317,0, Ni 300,3, Pb 283,3, Sn 284,0, Ti 337,3, V 318,4, Zn 328,2.

*Ausführung.* Die Staubprobe wird über ein Membranfilter (Gelman GA-3, Porenweite 1,2 µm, 110 mm $\varnothing$; Gelman Instrumental Co., USA) gesammelt. Vor Gebrauch reinigt man das Membranfilter wie folgt in der angegebenen Reihenfolge: 6 Std in 2 M $HNO_3$ einweichen, mit Wasser waschen, 6 Std in 2 M Essigsäure einweichen, auf ein Glasfaserfilter gelegt mehrfach mit Wasser waschen.
Das Filter mit der Staubprobe wird bei 105°C getrocknet, mittels Tieftemperaturveraschung (s. S. 18) mineralisiert und die Asche gewogen. Von der durchmischten Asche verdünnt man einen aliquoten Teil 5fach mit $In_2O_3$ (für die Bestimmung von Ag, Ga, Mo, Ni, Sn und V) und einen zweiten aliquoten Teil 30fach mit $In_2O_3$ (für die Bestimmung von Al, Cr, Cu, Fe, Mn, Pb, Ti und Zn). Jede der beiden Verdünnungen wird jeweils mit der gleichen Menge (Mischungsverhältnis 1:1) Graphitpulver (50 µg Pd/g enthaltend; als spektralreines PdO dem Graphitpulver zugemischt) gemischt. Von jeder Probenmischung stopft man jeweils 12 mg in die Probenelektrode und verdampft im Gleichstrombogen.
Für die Herstellung der Eichproben verwendet man das im Handel erhältliche Oxidgemisch (Spex Mix No. 1000, Spex Inc., USA), das je 1,27% von 48 Elementen enthält. Abgewogene Mengen Spex Mix verdünnt man stufenweise mit $In_2O_3$ (Reinheit > 99,999%), um von jedem Element die folgende Konzentrationsreihe herzustellen (µg/g): 0,2, 0,5, 1, 2, 5, 10, 20, 50, 100, 200, 500, 1000, 2000, 5000 und 10 000. Die so erhaltenen sythetischen Proben werden nach der Arbeitsvorschrift weiterbehandelt.

---

[1] In der Probenasche.
[2] Arbeitsbereich mit Seidel-Transformation.

## 11.5 Anwendungen

Zu Beginn des Abschnitts 11 wurde bereits erwähnt, daß die OES praktisch in allen Stoffbereichen der Analytischen Chemie eine sehr breite Anwendung findet. Aus der Fülle an Veröffentlichungen sei nachfolgend beispielhaft eine Anzahl von Arbeiten angeführt. Weitere Informationen über die praktische, materialbezogene Anwendung der OES findet man in der schon eingangs zitierten Literatur (s. S. 154).

*1. Wasser*[1,2]
Industrieabwasser (1–500 µg Mn/100 ml; Isol: Eindampfrückstand; DCA, Mn 257,6, 293,3) [122], Wasser ($\geq$ 0,1 µg Mn/l; Isol: Ex; HVS, Mn 257,6) [120].

*2. Organisches Material (Gehaltsbereich in µg Mn/g, ml)*[1, 2]
Blätter (50–500; HVS, Mn 259,4) [124], Pflanzenmaterial (30–26 000 in der Asche; DCA, Mn 403,5, 257,6) [128, 214, 215], Pflanzenmaterial (0,5–200; DCA, Niederspannungsfunke, Mn 257,6) [216, 217], Pflanzenmaterial ($\geq$ 1; Isol: Ex; HVS, Mn 257,6) [175], biologisches Material ($\geq$ 1; Isol: Ex; DCA, Mn 279,8, 291,4, 293,3, 304,5) [176], Schimmelpilzkonidien ($\geq$ 1; Isol: Ex; HVS, Mn 257,6) [218], Bakteriensporen ($\geq$ 112; DCA, Mn 260,6) [123], Blut (10–200; ACA, Mn 280,1) [219], tierisches Gewebe ($\geq$ 0,01; DCA, Mn 403,1) [132], Haar (5; Mn 260,6) [220], Milch ($\geq$ 2; Isol: Ex; DCA, Mn 260,1) [129], Zellwolle ($\geq$ 0,01; Isol: Ex; HVS, Mn 259,4) [221], Kautschuk (0,005–1% Mn; DCA, Mn 280,1) [130], Treibstoff, Schweröl (0,005–1) [222], Kohle (2–20 in der Kohle bzw. $\geq$ 100 in der Asche; DCA, Mn 403,5) [222, 223], Pflanzenasche (60–10 000; DCA, Mn 280,1) [127].

*3. Metalle und Legierungen (Gehaltsbereich in % Mn)*[1, 2]
Reinstaluminium ($\geq$ 0,000007; Isol: Dest; DCA) [172], Al-legierungen (0,04–0,8; ACA, Mn 280,1 und HVS, Mn 346,0) [239, 240], Arsen (0,0000005–0,00002; Isol: Dest; DCA, Mn 257,6, 277,9, 279,8, 280,3 293,3) [178, 241], Gold ($\geq$ 1; DCA, Mn 403,1) [242], ($\geq$ 0,000001; Isol: Ex; ACA, Mn 279,8) [179], Bor (0,07–1,3; ACA, Mn 293,3, 257,6) [243], Beryllium, Berylliumverbindungen (0,001–0,1; DCA, Mn 279,4, 280,1, 293,3) [244], Kupfer (0,00001–0,0004; DCA, Mn 257,6) [245], Eisen, Stahl (0,1–1,7; ACA, Mn 293,3, 291,5, 288,7) [246, 247, 248], Stahl (0,01–2; HVS, Mn 293,3, 255,8 und DCA, Mn 257,6) [249, 250, 251, 252], Germanium ($\geq$ 2,5 ng/g; Isol: Dest; HVS, Mn 257,6) [183], Quecksilber ($\geq$ 0,00001; DCA, Mn 279,5) [253], Magnesium (0,0002–0,005; DCA, Mn 257,6) [254], Mg-legierungen (0,0001–0,01; HVS, Mn 259,4) [255], Molybdän ($\geq$ 0,0005; DCA, Mn 257,6) [184], Natrium ($\geq$ 0,000001; Isol: Flg; DCA, Mn 280,1) [97], Niob (0,001–0,01; DCA, Mn 260,6) [137], Ni-legierungen (0,1–1; HVS, Mn 259,4, 293,3) [256, 257], Pt-Rh-legierungen (0,0005–0,05; DCA, Mn 293,3) [258], Tantal (0,0005–0,1; DCA, Mn 280,1) [259], Titan (0,01–0,2; Niederspannungsfunke, Mn 259,4, 257,6) [260, 261], Hartmetalle (NbC, TaC, TiC, WC) (0,02–0,2; HVS, Mn 279,5) [262], Uran, Plutonium ($>$ 0,000002; Isol: IoA; DCA, Mn 260,6, HVS) [192, 263], Neptunium (0,0001–0,1; Isol: IoA; DCA, Mn 259,4) [264], Plutonium ($>$ 0,00005; DCA, Mn 279,5) [265].

---

[1]Abkürzungen s. S. XV. [2]Hier verwendete Abkürzungen: DCA = Gleichstrombogen; ACA = Wechselstrombogen; HVS = Hochspannungsfunke.

*4. Mineralstoffe (Gehaltsbereich in % Mn)*[1, 2]
Eisenerz (0,7–14; HVS, Mn 293,3) [224, 225], Eisenerz, Flugstaub (2–3; HVS, Mn 293,3) [226], Eisenerz, Eisenerzsinter, Schlacken (2–6 MnO; HVS, Mn 259,4) [78, 79], Fe-haltiges Material (> 0,0001; DCA, Mn 280,1) [227], Schlacken (1–10 MnO; Niederspannungsfunke, Mn 293,3) [82, 228], Silicate (0,01–0,2; DCA, Mn 257,6, 279,9) [73, 75, 76, 229], Silicatgestein (0,03–0,1; Glimmentladungslampe, Mn 259,4) [56], Silicatgestein (0,02–3 MnO; HVS, Mn 257,6) [173], Silicatgestein, Mineralien (0,01–0,3 MnO; DCA, Mn 257,6, 267,3, 293,3, 294,9, 403,4) [71, 72, 74], Quarzit und anderes Material mit > 92% $SiO_2$ (0–0,25 $Mn_2O_3$; HVS, Mn 257,6) [70], Kalkstein, Böden (> 0,0025; DCA, Mn 257,6, 294,9) [230], $GeO_2$ ($\geq$ 0,0025; Isol: Dest; HVS, Mn 257,6) [97], Bodenextrakt (10–100 µg/ml; HVS, Mn 293,3) [231], Zement (0,03–3 $Mn_2O_3$; DCA, Mn 403,1 404,1) [232].

*5. Verschiedenes (Gehaltsbereich in µg Mn/g, ml)*[1, 2]
Graphit (0,05–50; DCA und HVS, Mn 257,6) [138, 233], Schwefel (0,005–0,2; Isol: Dest; DCA, Mn 257,6) [139], geschmolzenes $Al_2O_3$ und $SnO_2$ (10–1000; DCA, Mn 279,5) [140], $B_2O_3$ (2–100; DCA, Mn 279,5) [141], $Co_3O_4$ (10–300; DCA, Mn 280,1) [234], (0,0001–0,7; Isol: Ex; DCA, Mn 279,8, 291,4, 293,3, 304,5) [176, 195, 196], NiO (1–20; DCA, Mn 260,6) [142], $Dy_2O_3$ (2–100; DCA, Mn 260,6) [143], $Y_2O_3$ (1–15; DCA, Mn 257,6) [144], $ThO_2$, $ZrO_2$ (25–200; DCA, Mn 259,4) [235], $U_3O_8$ (> 2; DCA, Mn 257,6) [236], Pu-verbindungen (10–200; DCA, Mn 257,6, 294,9) [151, 205], (0,5–5; Isol: IoA; DCA, Mn 260,6) [192], KCl, Alkalisalze (0,04; Isol: Flg; DCA, Mn 280,1) [200], Düngemittel (1–7000; Isol: Ex; DCA, Mn 279,8, 291,4, 293,3, 304,5) [176], Oxid- bzw. Schlackeneinschlüsse aus Stahl (1–100% MnO; HVS, Mn 293,3) [97, 202, 203], $H_2TeO_4$ (0,2–10; DCA, Mn 280,1) [152], $CaSO_4$ (0,1–3; Isol: Flg; DCA, Mn 257,6) [174], $PCl_3$, $POCl_3$ (5–100; Isol: Dest, Flg; DCA, Mn 260,5) [145], Kohlenasche (1000–20000; HVS, Mn 293,3) [237], Lignitasche (10–5000; DCA, Mn 344,2) [238], Flugasche (150–500; HVS, DCA) [222].

## Literatur


1. Boumans PWJM, Fresenius Z Anal Chem 299 (1979) 337
2. Feldkirchner H, Krempl H, Arch Eisenhüttenwes 27 (1956) 621
3. Diebel H, Hanke W, Arch Eisenhüttenwes 28 (1957) 127
4. Hartleif G, Stahl u Eisen 77 (1957) 1497
5. Krempl H, Scheibe G, Arch Eisenhüttenwes 28 (1957) 135
6. Thorn F, Arch Eisenhüttenwes 28 (1957) 133
7. Diebel H, Arch Eisenhüttenwes 29 (1958) 275
8. Graue G, Eckhard S, Marotz R, Arch Eisenhüttenwes 29 (1958) 629
9. Nordmeyer M, Arch Eisenhüttenwes 30 (1959) 11
10. Diehl W, Arch Eisenhüttenwes 32 (1961) 11
11. Laffolie H de, Arch Eisenhüttenwes 32 (1961) 145
12. Piper E, Kern H, Arch Eisenhüttenwes 32 (1961) 375
13. Eckhard S, Graue G, Marotz R, Arch Eisenhüttenwes 33 (1962) 145


---

[1]Abkürzungen s. S. XV. [2]Hier verwendete Abkürzungen: DCA = Gleichstrombogen; ACA = Wechselstrombogen; HVS = Hochspannungsfunke.

14. Eckhard S, Kern H, Arch Eisenhüttenwes 33 (1962) 151
15. Graue G, Marotz R, Eckhard S, Fresenius Z Anal Chem 192 (1963) 137
16. Laffolie H de, DEW-Techn Ber 5 (1965) 36
17. Lounamaa N, Jerkontorets Ann 149 (1965) 12
18. Dickens P, König P, Jaensch P, Arch Eisenhüttenwes 37 (1966) 127
19. Ohls K, Koch KH, Becker G, Fresenius Z Anal Chem 240 (1968) 289
20. Ohls K, Koch KH, Becker G, Fresenius Z Anal Chem 249 (1970) 100
21. Koch KH, Ohls K, Spectrochim Acta 23B (1968) 427
22. Slickers K, Spectrochim Acta 27B (1972) 265
23. Slickers K, Spectrochim Acta 28B (1973) 441
24. Höller P, Thoma C, Brost U, Mattner H, Meller G, Arch Eisenhüttenwes 42 (1971) 559
25. Schwarz W, Arch Eisenhüttenwes 42 (1971) 627
26. Slickers K, Arch Eisenhüttenwes 43 (1972) 49
27. Slickers K, Vorpe JP, Arch Eisenhüttenwes 43 (1972) 819
28. Slickers K, Geiseler J, Marsen E, Arch Eisenhüttenwes 47 (1976) 363
29. Radmacher HW, Swardt MC de, Spectrochim Acta 30B (1975) 353
30. Brand A, Berstermann W, Arch Eisenhüttenwes 30 (1959) 541
31. Bruch J, Arch Eisenhüttenwes 30 (1959) 715
32. Dickens P, Bähr A, Arch Eisenhüttenwes 30 (1959) 489
33. Graue G, Marotz R, Arch Eisenhüttenwes 30 (1959) 595
34. Hartleif G, Kornfeld H, Arch Eisenhüttenwes 30 (1959) 485
35. Hildebrand H, Diehl W, Arch Eisenhüttenwes 30 (1959) 659
36. Höller P, Arch Eisenhüttenwes 30 (1959) 589
37. Manecke H, Brokopf W, Arch Eisenhüttenwes 30 (1959) 545
38. Mathien W, Lacomble M, Charlet L, Arch Eisenhüttenwes 30 (1959) 493
39. Pack A, Zischka B, Arch Eisenhüttenwes 30 (1959) 407
40. Willmer TK, Liedtke W, Arch Eisenhüttenwes 30 (1959) 713
41. Wollweber G, Fehle R, Arch Eisenhüttenwes 30 (1959) 635
42. Willmer TK, Liedtke W, Arch Eisenhüttenwes 35 (1964) 401
43. Dickens P, König P, Dippel T, Arch Eisenhüttenwes 32 (1961) 369
44. Dickens P, König P, Dippel T, Arch Eisenhüttenwes 34 (1963) 243
45. Takahashi T, J Spect Soc Japan 12 (1964) 224
46. Kipsch D, Neue Hütte 10 (1965) 240
47. Bruch J, Fresenius Z Anal Chem 215 (1966) 332
48. Picard K, Neue Hütte 11 (1966) 176
49. Herberg G, Höller P, Köster-Pflugmacher A, Spectrochim Acta 23B (1967/68) 101, 363
50. Höller P, Spectrochim Acta 23B (1967/68) 1
51. Mayer H, Arch Eisenhüttenwes 40 (1969) 631
52. Koch KH, Ohls K, Becker G, Arch Eisenhüttenwes 41 (1970) 25
53. Slickers K, Spectrochim Acta 33B (1978) 839
54. Slickers K, Die automatische Emissions-Spektralanalyse. Brühlsche Universitätsdruckerei, Lahn-Gießen (1977)
55. Grimm W, Spectrochim Acta 23B (1968) 443
56. ElAlfy S, Laqua K, Massmann H, Fresenius Z Anal Chem 263 (1973) 1
57. Mellichamp JW, Anal Chem 37 (1965) 1211
58. Ling CS, Sacks RD, Anal Chem 47 (1975) 2074
59. Duchane DV, Sacks RD, Anal Chem 50 (1978) 1765
60. Goldberg J, Sacks R, Anal Chem 54 (1982) 2179
61. Churchill JR, Anal Chem 16 (1944) 653
62. Majkowski RF, Schreiber TP, Spectrochim Acta 16 (1960) 1200
63. Frick C, Lauer KF, Arch Eisenhüttenwes 27 (1956) 557
64. Eckhard S, Koch W, Arch Eisenhüttenwes 28 (1957) 731
65. Eckhard S, Arch Eisenhüttenwes 29 (1958) 89
66. Wang MS, Appl Spectrosc 24 (1970) 60
67. Dabeka RW, Tymchuk P, Russell DS, Appl Spectrosc 34 (1980) 43

68. Feldman C, Anal Chem 21 (1949) 1041
69. Suhr NH, Ingamells CO, Anal Chem 38 (1966) 730
70. Eardley RP, Clarke HS Appl Spectrosc 19 (1965) 186
71. Joensuu OI, Suhr NH, Appl Spectrosc 16 (1962) 101
72. Webber GR, Jellema JU, Appl Spectrosc 16 (1962) 133
73. Thompson G, Bankston DC, Spectrochim Acta 24B (1969) 335
74. Avni R, Harel A, Brenner IB, Appl Spectrosc 26 (1972) 641
75. Timperley MH, Spectrochim Acta 29B (1974) 95
76. Watson AE, Russell GM, Spectrochim Acta 33B (1978) 143
77. Maessen FJMJ, Elgersma JW, Spectrochim Acta 31B (1976) 179
78. Reckziegel M, Staats G, Arch Eisenhüttenwes 35 (1964) 633
79. Reckziegel M, Staats G, Brück H, Fresenius Z Anal Chem 206 (1964) 113
80. Reckziegel M, Staats G, Fresenius Z Anal Chem 211 (1965) 173
81. Staats G, Fresenius Z Anal Chem 219 (1966) 250
82. Bramhall PS, Scholes PH, Analyst 94 (1969) 945
83. Grove EL, Applied atomic spectroscopy. Plenum, New York (1978)
84. Straughan BP, Walker S, Spectroscopy. Chapman and Hall, London (1976)
85. Barnes RM, Emission spectroscopy. Halsted, Wiley, New York (1976)
86. Winefordner JT, Trace analysis. Spectroscopic methods for elements. Wiley, New York (1976)
87. Török T, Mika J, Gegus E, Emission spectrochemical analysis. Hilger, Bristol (1978)
88. Schrenk WG, Analytical atomic spectroscopy. Plenum, New York (1975)
89. Mannkopf G, Friede G, Grundlagen und Methoden der chemischen Emissionsspektralanalyse. Verlag Chemie, Weinheim (1975)
90. Robinson JW, The handbook of spectroscopy. CRC Press, Cleveland (1974)
91. Slavin M, Emission spectrochemical analysis. Wiley, New York (1971)
92. May L, Spectroscopic tricks. Plenum, New York (1974)
93. May L, Spectroscopic tricks. Plenum, New York (1971)
94. May L, Spectroscopic tricks. Hilger, London (1968)
95. Boumans PWJM, Theory of spectrochemical excitation. Hilger, London (1966)
96. Ahrens LH, Taylor SR, Spectrochemical analysis. Pergamon, London (1961)
97. Koch OG, Koch-Dedic GA, Handbuch der Spurenanalyse. Springer, Berlin Heidelberg New York (1974)
98. Reeves RD, Brooks RR, Trace element analysis of geological materials. Wiley, New York (1978)
99. Johnson WM, Maxwell JA, Rock and mineral analysis. Wiley, New York (1981)
100. Cresser MS, Sharp BL, Annual reports on analytical atomic spectroscopy, Vol 10. The Royal Society of Chemistry, London (1981)
101. Dawson JB, Sharp BL, Annual reports on analytical atomic spectroscopy, Vol 9. The Royal Society of Chemistry, London (1980)
102. Dawson JB, Sharp BL, Annual reports on analytical atomic spectroscopy, Vol 8. The Royal Society of Chemistry, London (1979)
103. Hofstader RA, Milner OI, Runnels JH, Analysis of petroleum for trace metals. American Chemical Society, Washington (1976)
104. Harrison GR, Massachusetts Institute of Technology Wavelength Tables. Wiley, New York (1960); MIT Press, Cambridge (1969)
105. Meggers WF, Corliss CH, Scribner BF, Tables of spectral lines. NBS Monograph No. 145. US Dept of Commerce, Washington (1975)
106. Saidel AN, Prokofjew WK, Raiski SM, Spektraltabellen, VEB Verl Technik, Berlin (1955)
107. Zaidel AN, Prokof'ev VK, Raiskii SM, Slavnyi VA, Shreider EY, Tables of spectral lines. Plenum, New York (1970)
108. Kuba J, Kučera L, Plzák F, Dvořák M, Mráz J, Koinzidenztabellen der Atomspektroskopie. Verlag der Tschechoslowakischen Adademie der Wissenschaften, Prag (1964)
109. Kelly RL, A table of emission lines in the vaccum ultra-violet for all elements (6 Angstroms to 2000 Angstroms). UCRL 5612, University of California Lawrence Radiation Laboratory, Livermore (1959)

110. Phleps III FM, M.I.T. Wavelength tables, Vol 2: Wavelength by elements. MIT Press, Cambridge (1982)
111. Meggers WF, Anal Chem 28 (1956) 616
112. Scribner BF, Anal Chem 30 (1958) 596; 32 (1960) 229R; 34 (1962) 200R
113. Scribner BF, Margoshes M, Anal Chem 36 (1964) 329R
114. Margoshes M, Scribner BF, Anal Chem 38 (1966) 297R; 40 (1968) 223R
115. Margoshes M, Scribner BF, Anal Chem 42 (1970) 398R
116. Barnes RM, Anal Chem 44 (1972) 122R; 46 (1974) 150R; 48 (1976) 106R; 50 (1978) 100R
117. Boyko WJ, Keliher PN, Malloy JM, Anal Chem 52 (1980) 53R
118. Boyko WJ, Keliher PN, Patterson III JM, Anal Chem 54 (1982) 188R
119. Kopp JF, Kroner RC, Appl Spectrosc 19 (1965) 155
120. Pohl FA, Fresenius Z Anal Chem 139 (1953) 241
121. Silvey WD, Brennan R, Anal Chem 34 (1962) 784
122. LeRoy VM, Lincoln AJ, Anal Chem 46 (1974) 369
123. Cohen SP, Wiener DA, Appl Spectrosc 8 (1954) 23
124. Rosza JT, Golland JD, Appl Spectrosc 7 (1953) 125
125. Bedrosian AJ, Skogerboe RK, Morrison GH, Anal Chem 40 (1968) 854
126. Morrison GH, Skogerboe RK, Bedrosian AJ, Rothenberg AM, Appl Spectrosc 23 (1969) 349
127. Thompson JW, Analyst 86 (1961) 829
128. Braun EH, Anal Chem 30 (1958) 1076
129. Voth JL, Anal Chem 35 (1963) 1957
130. Ng SK, Lai PT, Appl Spectrosc 26 (1972) 369
131. Niedermeier W, Griggs JH, Johnson RS, Appl Spectrosc 25 (1971) 53
132. Webb J, Niedermeier W, Griggs JH, James TN, Appl Spectrosc 27 (1973) 342
133. Chaplin MH, Dixon AR, Appl Spectrosc 28 (1974) 5
134. Tymchuk P, Mykytiuk A, Russell DS, Appl Spectrosc 22 (1968) 268
135. Forrest J, Finston HL, Appl Spectrosc 14 (1960) 127
136. Forrest J, Finston HL, Talanta 6 (1960) 71
137. Fornwalt DE, Healy MK, Appl Spectrosc 13 (1959) 38
138. Bangia TR, Dhawale BA, Kartha KNK, Joshi BD, Fresenius Z Anal Chem 308 (1981) 452
139. Joshi BD, Bangia TR, Dalvi AGS, Mikrochim Acta (1974) 829
140. Owens EB, Appl Spectrosc 16 (1962) 86
141. Venkatasubramanian R, Dixit RM, Saranathan TR, Fresenius Z Anal Chem 271 (1974) 357
142. Karanjikar NP, Saksena MD, Talanta 21 (1974) 652
143. Kamat MJ, Kaimal R, Saranathan TR, Fresenius Z Anal Chem 307 (1981) 19
144. Osumi Y, Kato A, Miyake Y, Fresenius Z Anal Chem 255 (1971) 103
145. Kamat MJ, Sugandhi V, Saranathan TR, Fresenius Z Anal Chem 302 (1980) 59
146. Niedermeier W, Griggs JH, Webb J, Appl Spectrosc 28 (1974) 1
147. Rokosz A, Strycharski P, Fresenius Z Anal Chem 313 (1982) 316
148. Tripković M, Todorović M, Vukanović V, Simić M, Fresenius Z Anal Chem 306 (1981) 362
149. Page AG, Godbole SV, Kulkarni MJ, Shelar SS, Joshi BD, Fresenius Z Anal Chem 297 (1979) 388
150. Day GT, Serin PA, Heykoop K, Anal Chem 40 (1968) 805
151. Ko R, Appl Spectrosc 32 (1978) 325
152. Zmbova B, Teofilovski Č, Talanta 20 (1973) 217
153. Flickinger LC, Polley EW, Galletta FA, Anal Chem 30 (1958) 502
154. Smith IL, Yeager E, Kaufman N, Hovorka F, Kinney TD, Appl Spectrosc 9 (1955) 167
155. Prince LA, Ellgren AJ, DeGlopper TJ, Appl Spectrosc 20 (1966) 372
156. Cummings JP, Hall RH, Plenzler RJ, Appl Spectrosc 25 (1971) 342
157. Stoll N, Wagner A, CNRM Met Rep 5 (1965) 73
158. Eckhard S, Fresenius Z Anal Chem 208 (1965) 241

159. Eckhard S, Fresenius Z Anal Chem 208 (1965) 401
160. Koch KH, Becker G, Fresenius Z Anal Chem 231 (1967) 173
161. Ohls K, Koch KH, Becker G, Fresenius Z Anal Chem 241 (1968) 155
162. Ohls K, Koch KH, Becker G, Fresenius Z Anal Chem 250 (1970) 369
163. Mayer H, Fresenius Z Anal Chem 249 (1970) 375
164. Koch OG, Anal Chim Acta 76 (1975) 371
165. Höller P, Fresenius Z Anal Chem 209 (1965) 259
166. Höller P, Arch Eisenhüttenwes 37 (1966) 483
167. Kemp N, Fresenius Z Anal Chem 240 (1968) 303
168. Fahlbusch WA, Appl Spectrosc 17 (1963) 72
169. Brachfeld B, Appl Spectrosc 27 (1973) 369
170. Schmitz L, Loose W, Koch KH, Fresenius Z Anal Chem 266 (1973) 186
171. Schmitz L, Loose W, Koch KH, Fresenius Z Anal Chem 276 (1975) 111
172. Neeb KH, Fresenius Z Anal Chem 221 (1966) 200
173. Landergren S, Muld W, Mikrochim Acta (1955) 245
174. Cruft EF, Husler J, Anal Chem 41 (1969) 175
175. Pohl FA, Fresenius Z Anal Chem 139 (1953) 423
176. Scharrer K, Judel GK, Fresenius Z Anal Chem 156 (1957) 340
177. Koch OG, Mikrochim Acta (1958) 92
178. Mack DL, Analyst 88 (1963) 481
179. Cordis V, Sigartau G, Pop I, Fresenius Z Anal Chem 279 (1976) 355
180. Oldfield JH, Bridge EP, Analyst 86 (1961) 267
181. Oldfield JH, Mack DL, Analyst 87 (1962) 778
182. Wang MS, Appl Spectrosc 26 (1972) 364
183. Morris JM, Pink FX, ASTM Spec Tech Publ No 221 (1958), 39
184. Morris WF, Worden EF, Appl Sprectrosc 25 (1971) 305
185. Ko R, Anderson P, Anal Chem 41 (1969) 177
186. Rupp RL, Klecak GL, Morrison GH, Anal Chem 32 (1960) 931
187. Koch OG, Mikrochim Acta (1958) 402
188. Joshi BD, Bangia TR, Dalvi AGI, Fresenius Z Anal Chem 260 (1972) 107
189. Sethumadhavan A, Murty PS, Mikrochim Acta (1982 I) 213
190. Laib RD, Appl Spectrosc 17 (1963) 160
191. Koch OG, Mikrochim Acta (1958) 151
192. Dhumwald RK, Joshi MV, Patwardhan AB, Anal Chim Acta 42 (1968) 334
193. Koch OG, Mikrochim Acta (1958) 347
194. Bellary VP, Anantharama Sarma Y, Fresenius Z Anal Chem 302 (1980) 278
195. Scharrer K, Judel GK, Z Pflanzenernähr Düngg Bodenkunde 73 (1956) 107
196. Scharrer K, Judel GK, Spectrochim Acta 11 (1957) 377
197. Pohl FA, Fresenius Z Anal Chem 141 (1954) 81
198. Oldfield JH, Bridge EP, Analyst 85 (1960) 97
199. Kershner NA, Joy EF, Barnard Jr AJ, Appl Spectrosc 25 (1971) 542
200. Farquhar MC, Hill JA, English MM, Anal Chem 38 (1966) 208
201. Morrison GH, Rupp RL, Klecak GL, Anal Chem 32 (1960) 933
202. Meyer S, Koch OG, Spectrochim Acta 15 (1959) 549
203. Meyer S, Koch OG, Arch Eisenhüttenwes 31 (1960) 651
204. Meyer S, Koch OG, Spectrochim Acta 12 (1958) 278
205. Page AG, Godbole SV, Deshkar S, Babu Y, Jishi BD, Fresenius Z Anal Chem 287 (1977) 304
206. Birks FF, Weldrick GJ, Thomas AM, Analyst 89 (1964) 36
207. Sugimae A, Appl Spectrosc 28 (1974) 458
208. Sugimae A, Anal Chem 46 (1974) 1123
209. Sugimae A, Anal Chim Acta 78 (1975) 107
210. Sugimae A, Anal Chem 47 (1975) 1840
211. Scott DR, Loseke WA, Holboke LE, Thompson RJ, Appl Spectrosc 30 (1976) 392
212. Sugimae A, Skogerboe RK, Anal Chim Acta 97 (1978) 1
213. Imai S, Kusaka Y, Tsuji H, Hishiya Y, Anal Chim Acta 108 (1979) 103
214. Farmer CV, Spectrochim Acta 4 (1950) 224

215. Mitchell RL, Scott RO, Appl Spectrosc 11 (1957) 6
216. O'Connor RT, Heinzelman DC, Anal Chem 24 (1952) 1667
217. Zeeman PB, Coetzer FJ, Appl Spectrosc 15 (1961) 161
218. Koch OG, Dedic GA, Zbl Bakteriol II, 110 (1957) 178
219. Wolff H, Biochem Z 318 (1948) 521
220. Chandola LC, Microchem J 28 (1983) 87
221. Koch OG, Dedic GA, Chemist-Analyst 46 (1957) 88
222. Lehmden DJ von, Jungers RH, Lee Jr RE, Anal Chem 46 (1974) 239
223. Radmacher W, Hessling H, Fresenius Z Anal Chem 167 (1959) 172
224. Prăvčeva C, Fresenius Z Anal Chem 239 (1968) 303
225. Prăvčeva C, Ninow E, Ganev P, Fresenius Z Anal Chem 239 (1968) 307
226. Pflugmacher A, Schäfer K, Fresenius Z Anal Chem 185 (1962) 419
227. Morello B, DeGregorio P, Savastano G, Appl Spectrosc 28 (1974) 14
228. Graue G, Lückerath W, Marotz R, Fresenius Z Anal Chem 200 (1964) 401
229. Harvey CO, Murray KLH, Analyst 83 (1958) 136
230. Spackova A, Al-Bassam K, Mirza N, Ibrahim R, Salman G, Spectrochim Acta 37B (1982) 745
231. Schüller H, Mikrochim Acta (1956) 393
232. Hanna ZG, Ibrahim JM, Fresenius Z Anal Chem 208 (1965) 276
233. Goleb JA, Faris JP, Meng BH, Appl Spectrosc 16 (1962) 9
234. McClure JH, Kitson RE, Anal Chem 25 (1953) 867
235. Avni R, Spectrochim Acta 24B (1969) 133
236. Avni R, Spectrochim Acta 23B (1968) 619
237. Dixon K, Analyst 83 (1958) 362
238. O'Neil RL, Suhr NH, Appl Spectrosc 14 (1960) 45
239. Hyman HM, Weisberger S, Appl Spectrosc 9 (1955) 98
240. Matocha CK, Petit J, Appl Spectrosc 22 (1968) 562
241. Joshi BD, Fresenius Z Anal Chem 266 (1973) 125
242. Zmbova B, Marinković M, Talanta 20 (1973) 647
243. Lader S, Appl Spectrosc 12 (1958) 85
244. Carpenter L, Lewis RW, Hazen KA, Appl Spectrosc 20 (1966) 44
245. Forssén HG, Fresenius Z Anal Chem 288 (1977) 44
246. Weisberger S, Pristera F, Reese EF, Appl Spectrosc 9 (1955) 19
247. Gordon Jr NE, Jacobs RM, Rickel MC, Anal Chem 25 (1953) 1031
248. Hullings RS, Appl Spectrosc 9 (1955) 26
249. Pagliasotti JP, Anal Chem 28 (1956) 1774
250. Fry DL, Schreiber TP, Appl Spectrosc 11 (1957) 1
251. Waggoner CA, Appl Spectrosc 13 (1959) 31
252. Woodruff JF, Thomas AH, Appl Spectrosc 16 (1962) 29
253. Pahl HR, Appl Spectrosc 26 (1972) 453
254. Murty PS, Geetha NS, Marathe SM, Fresenius Z Anal Chem 314 (1983) 152
255. Mansell RE, Appl Spectrosc 15 (1961) 70
256. Marlow Jr FS, Appl Spectrosc 19 (1965) 35
257. Mohan PV, Schreiber TP, Appl Spectrosc 12 (1958) 6
258. Münx M, Talanta 24 (1977) 425
259. Nohe JD, Appl Spectrosc 21 (1967) 364
260. Peterson MJ, Anal Chem 22 (1950) 1398
261. Wagner F, Arch Eisenhüttenwes 39 (1968) 759
262. Kántor T, Erdey L, Szabó-Ákos Z, Talanta 17 (1970) 1199
263. Brody K, Paris JF, Buchanan RF, Anal Chem 30 (1958) 1909
264. Wheat JA, Appl Spectrosc 16 (1962) 108
265. Avni R, Boukobza A, Daniel B, Appl Spectrosc 24 (1970) 406

# 12 Plasmaemissionsspektrometrie

Die Plasmaemissionsspektrometrie, im allgemeinen kürzer Plasmaspektrometrie genannt, ist eine noch relativ junge Methode sowohl unter den Analysenmethoden im allgemeinen als auch unter jenen des engeren Bereiches der Spektroskopie. Obwohl die ersten Arbeiten über Plasmen schon eine lange Zeitspanne zurückliegen, erschienen systematische Untersuchungen über ihre Erzeugung und die analytische Anwendung der Plasmaanregung in der heutigen Bedeutung und Anwendungsform erst im Jahre 1964 [1–4]. Trotzdem verstrich danach noch einige Zeit, bis die eigentliche, recht stürmische Entwicklung auf diesem Gebiete einsetzte. Bis jetzt ist ein schon beachtlicher Entwicklungsstand erreicht worden, so daß mehrere kommerzielle Geräte mit Plasmaanregung zur Verfügung stehen und die Plasmaspektrometrie zunehmend im Routinebetrieb eingesetzt wird. Diese Entwicklung scheint aber noch nicht abgeschlossen zu sein, manches ist noch im Fluß, die hohe Zahl an Veröffentlichungen hält an und ist eher im Steigen begriffen. Dies ist vor allem darauf zurückzuführen, daß man die Leistungsfähigkeit dieser Analysenmethode und ihre vielversprechenden Anwendungsmöglichkeiten erkannt hat.
Von den verschiedenen Plasmaarten wird vorwiegend das induktiv gekoppelte Plasma (ICP) (s. S. 187) als Anregungsquelle in Verbindung mit der optischen Emissionsspektroskopie (OES) eingesetzt und für diese Analysenmethode in der Literatur häufig die Abkürzung ICP-OES verwendet.
Gegenüber anderen Analysenmethoden weist die Plasmaspektrometrie einige Vorteile auf: direkte Analyse von Lösungen, Möglichkeit zur Multielementanalyse, niedrige Nachweisgrenzen (Eignung für Spurenanalysen), großer über 3–5 Zehnerpotenzen reichender Konzentrationsbereich (Eichkurvenbereich), befriedigende Reproduzierbarkeit und Genauigkeit der Analysen. Die Plasmaspektrometrie wird deshalb aufgrund der bisherigen Erfahrungen derzeit als *die ideale Analysenmethode* schlechthin bezeichnet. Ein Vergleich der Plasmaspektrometrie mit anderen Multielementmethoden zeigt, daß sie diesen gegenüber in mehrfacher Hinsicht vorteilhafter bzw. überlegen ist [5]. Die Bogenemissionsspektrometrie weist eine einfachere Probenvorbereitung und geringere Gefahren der Kontamination auf, dafür ist dieser gegenüber die Plasmaspektrometrie hinsichtlich Nachweisvermögen, Reproduzierbarkeit und Genauigkeit überlegen. Die Funkenemissionsspektrometrie ist nur im Bereich der Routineanalyse kompakter Metallproben auf Haupt- und Nebenbestandteile vorteilhafter, in allen übrigen Kriterien (Einzel- oder Sonderanalysen, Spurenanalysen, Lösungen) ist die Plasmaspektrometrie zweckmäßiger. Für die Routineanalyse fester Proben, die Bestimmung hoher Elementgehalte und eine geforderte Genauigkeit von < 1%rel. ist der Röntgenspektrometrie der Vorzug zu geben, für Spurenanalysen und Routineanalysen von Lösungen besitzt aber die Plasmaspektrometrie die größere Leistungsfähigkeit und Zweckmäßigkeit. Auch ein Ver-

gleich mit der AAS fällt zugunsten der Plasmaspektrometrie aus. Die AAS ist vorzuziehen, wenn eine begrenzte Zahl von Elementen in einer begrenzten Zahl verschiedener Materialien mit bekannter Zusammensetzung zu bestimmen ist. Der Plasmaspektrometrie ist aber der Vorzug zu geben im Falle von Multielementanalysen im Routinebetrieb, Übersichtsanalysen unbekannter Proben, wechselnden Einzelelementbestimmungen in einer großen Zahl unterschiedlicher Materialien.

Seit den sechziger Jahren ist eine Fülle von Arbeiten erschienen, die sich mit den Grundlagen der Methode, dem Einfluß der verschiedenen Parameter der Arbeitsbedingungen und der praktischen Anwendung befassen. Soweit Mn neben anderen Elementen als Testelement diente, untersuchten zahlreiche Arbeiten theoretische und praktische Grundlagen sowie Teilbereiche der Plasmaspektrometrie, so unter anderem theoretische und praktische Grundlagen [5–20], Nachweisgrenzen [6, 10, 20–22], Arbeitsbedingungen [6, 10], Geräte- und Meßtechnik [6,10, 12–14, 23–31], Gerätestabilität [32], Vergleich mit anderen Methoden [5, 33, 34], Vergleich verschiedener Anregungsquellen [35, 36], Probenverdampfung [31, 37, 38], Zerstäuber [15, 21, 39–42], Zerstäubungssystem [6, 13], Torch [10, 22, 43], spektrale Interferenzen [30, 32, 34, 44, 45], Matrixeffekte [7, 11, 30, 34–36, 44–47], Erfahrungs- und Übersichtsberichte [5, 17–19, 48–58], ICP [6, 10, 14, 17, 21, 22, 25–29, 32, 34, 35, 39, 43, 59], MIP [7, 11, 12, 24, 35, 46, 60], DCP [23, 36], CMP [16, 61], Detektorsystem für Gas- oder Flüssigkeitschromatographie [59, 60, 62], Materialverdampfung mittels Laser [24].

Im folgenden Abschnitt werden die Grundlagen und instrumentellen Komponenten der Plasmaspektrometrie kurz besprochen. Weitere und eingehendere Informationen zu dieser Analysemethode findet man in der Literatur [48–50, 63–78].

## 12.1 Allgemeines

Grundlagen und Ablauf von Analyse und Meßvorgang sowie instrumenteller Aufbau sind weitgehend analog zu jenem von Flammen- und Bogen-/ Funkenemissionsspektrometrie. Der wesentliche Unterschied besteht nur in der zur Anregung verwendeten Lichtquelle: statt der Brenngasflamme oder des elektrischen Funkens bzw. Lichtbogens wird hier ein Inertgasplasma verwendet. Ein besonderer Vorteil des Gasplasmas ist dessen hohe Temperatur im Bereich von 5000–10 000°K, wodurch tiefe Nachweisgrenzen und eine starke Verminderung oder Beseitigung von Matrixeffekten erreicht werden. Das Plasmaspektrometer besteht grundsätzlich aus folgenden drei Teilen:
a) Energiequelle zur Erzeugung des Gasplasmas,
b) Brennkammer mit Plasmabrenner (Torch) und Zerstäubersystem,
c) Registriereinrichtung.

### 12.1.1 Plasmaarten

Man unterscheidet nach Ausführung und Erzeugung mehrere Plasmaarten, für die in der Literatur verschiedene Bezeichnungen verwendet werden und deren Wichtigste nachfolgend angeführt sind:
a) stromführendes Gleichstromplasma (gasstabilisierte Bögen; direct current plasma, dc plasma, DCP) [79–82],

b) Mikrowellenplasma ($>500$ MHz) mit kapazitiver Leistungsübertragung, kapazitiv gekoppeltes Mikrowellenplasma (capacitively-coupled microwave plasma, CMP) [77, 78, 83–91],

c) Mikrowellenplasma mit induktiver Leistungsübertragung, mikrowelleninduziertes Plasma (microwave-induced plasma, MIP) [78, 92–104],

d) Hochfrequenzplasma ($<300$ MHz) mit kapazitiver Leistungsübertragung (capacitively-coupled plasma, CCP) [83],

e) Hochfrequenzplasma mit induktiver Leistungsübertragung, induktiv gekoppeltes Hochfrequenzplasma (radiofrequency inductively-coupled plasma, inductively-coupled plasma, ICP) [3, 4, 105–110].

Bei den angewandten Energiequellen unterteilt man in Mikrowellen ($>500$ MHz) und Radiofrequenz (500 kHz — 500 MHz). Der Vollständigkeit halber sei hier darauf hingewiesen, daß bei der Anwendung von Radiofrequenz- oder Mikrowellenplasma die einwandfreie Abschirmung der Geräte bzw. der Schutz vor der Strahlung zu beachten ist [78, 111].

Von den angeführten Plasmaarten wurde das ICP bis jetzt am eingehendsten untersucht. In mehreren Untersuchungen wurden DCP und ICP [17] sowie CMP und ICP [112] miteinander verglichen und festgestellt, daß das ICP tiefere Nachweisgrenzen, geringere Matrixeffekte und eine bessere Reproduzierbarkeit aufweist. Ein Vergleich von ICP und MIP für die Analyse geologischer Materialien in einer anderen Arbeit ergab, daß sich dafür nur das ICP eignet, beim MIP dagegen erhebliche Störungen durch Matrixeffekte vorliegen [35]. Diese Störungen lassen sich nur durch große Mengen an Ionisationspuffer [z. B. $Sr(NO_3)_2$] beseitigen, während beim ICP ein Puffer nicht erforderlich ist. Im Gegensatz zum ICP ist das MIP für die Bestimmung von Spurengehalten wenig geeignet [35]. Neben dem ICP kann das MIP bei bestimmten analytischen Aufgaben mit Vorteil eingesetzt werden, vor allem bei begrenzter Probenmenge. Nach einer vergleichenden Untersuchung [103] der analytischen Leistungsfähigkeit von MIP, CMP und ICP nimmt das MIP eine Mittelstellung ein: die Nachweisgrenzen sind beim ICP am besten, während jene vom MIP gegenüber dem CMP bei etwa 50% der untersuchten Elemente besser sind; Matrixeinflüsse bzw. -interferenzen sind beim ICP am geringsten, beim MIP stärker und beim CMP am ausgeprägtesten.

Aus den Ergebnissen der erwähnten Vergleichsuntersuchungen sowie zahlreicher anderer Arbeiten geht hervor, daß das ICP den anderen Plasmaarten vor allem in den folgenden Punkten deutlich überlegen ist:

1. größeres Nachweisvermögen,
2. höhere Empfindlichkeit,
3. bessere Reproduzierbarkeit,
4. geringere Matrixeffekte,
5. mögliche Multielementanalyse unterschiedlicher Materialien unter gleichen Kompromiß—Arbeitsbedingungen.

Wegen der gebotenen günstigsten analytischen Möglichkeit wird das ICP derzeit am häufigsten eingesetzt.

## 12.1.2 Induktiv gekoppeltes Plasma (ICP)

Das Prinzip des induktiv gekoppelten Plasmas (ICP) ist anhand der Abb. 1 nachfolgend kurz erläutert. Ein aus 3 konzentrisch angeordneten Rohren zusammengesetzter Brenner (Torch) wird in eine wassergekühlte Hochfrequenz(HF)—Spule (2–3 Windungen, 23–24 mm i-$\varnothing$ zentral-axial montiert. Die Oberkante des Brenneraußenrohres befindet sich wenige Millimeter über der HF-Spulenoberkante. Der durch die HF-Spule fließende HF-Strom induziert ein Magnetfeld, das in einem strömenden, elektrisch leitenden Gas einen HF-Strom erzeugt. Wenn man durch Außen- und Innenrohr des Torch Argon leitet, das HF-Feld einschaltet und das Argon mittels Tesla-Induktor elektrisch leitend macht („Zündung"), so bildet sich ein Plasma (ICP), das optisch einer Brenngasflamme ähnelt. Das ICP bleibt durch das kontinuierliche induktive Heizen bzw. die fortwährende Ionisation des strömenden Gases erhalten. Unter bestimmten experimentellen Bedingungen (Brennerkonstruktion, Gasströmungsgeschwindigkeit, Frequenz) hat der in der Spulenzone befindliche Teil des Plasmas die Form eines Toroids. Hier ist die axiale Zone relativ kühler als die Außenzone. Die toroidale Form des Plasmas hängt mit dem Skineffekt des Hochfrequenzstromes und mit aerodynamischen Faktoren zusammen. Mit der induktiven Hochfrequenzerhitzung läßt sich hiernach ein Plasma erzeugen, durch welches ein Gasstrahl (Innengas) von 1–2 mm $\varnothing$ unter Bildung eines Plasmatunnels geschickt werden kann, ohne das Plasma zu zerstören. Auf diese Weise wird die Probe in Form eines Aerosols mit Hilfe des Innengases durch den Plasmatunnel in die oberhalb der HF-Spule liegende Plasmazone transportiert, wo die Toroidstruktur des Plasmas allmählich verschwindet und das Plasma die Form einer Flamme annimmt. Die Temperatur im Plasmatunnel ist ausreichend hoch, um die Probensubstanz während des Durchganges zu verflüchtigen und zu atomisieren.

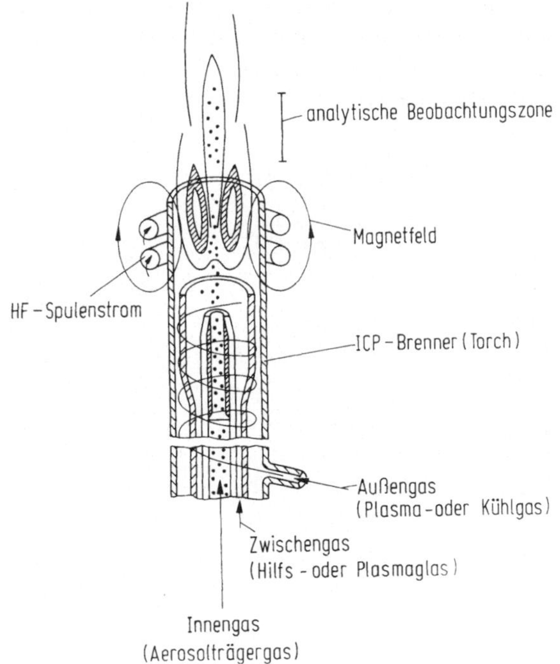


Abb. 1.
Schematische Darstellung
des ICP-Brenners (Torch)
mit toroidalem ICP [5].

Für das hohe Nachweisvermögen des ICP scheinen mehrere Ursachen wirksam zu sein: der durch die Toroidstruktur bedingte hohe Wirkungsgrad des Aerosol-Einbringens in das Plasma, die relativ lange Verweilzeit von $\sim 1$ msec der Aerosolpartikel im Plasmatunnel mit einer Temperatur von $\sim 5000°$ K, der durch die Verweilzeit verursachte hohe Atomisierungsgrad und schließlich ein hoher Ionisierungsgrad. Verweilzeit und Atomisierungsgrad hängen von der HF-Eingangsleistung und der Strömungsgeschwindigkeit des Trägergases ab.

Der Torch ist normalerweise aus Quarzglas hergestellt ($\sim 20$ cm lang, Außenrohr $\sim$ 2 cm $\varnothing$), wobei die Rohre miteinander verschmolzen sind, doch gibt es auch Torch-Modelle, die für spezielle Zwecke aus anderen Materialien bestehen und/oder zerlegbar sind. Bei den Versorgungsgasen unterscheidet man (s. Tab. 18) zwischen Außengas (auch Plasmagas oder Kühlgas genannt), Zwischengas (auch Hilfsgas oder Plasmagas genannt) und Innengas (auch Aerosol-Trägergas genannt). Für das Außengas wird Argon oder Stickstoff, für Zwischen- und Innengas stets Argon benützt. Beim Niederleistungs-Ar-ICP wird das Zwischengas nicht immer verwendet. Wenn sich das Torchaußenrohrende wenige Millimeter über der HF-Spulenoberkante befindet, so verwendet man im allgemeinen für die spektralanalytischen Messungen als Beobachtungszone die Höhe zwischen 10 und 20 mm oberhalb der HF-Spulenoberkante.

Trotz der z. Zt. verwendeten größeren Zahl von Varianten kann man grundsätzlich zwischen zwei ICP-Haupttypen unterscheiden, dem Niederleistungs-Ar-ICP [3, 4, 8, 18, 21, 107, 110, 113–117] und dem Hochleistungs-$N_2$/Ar-ICP [118–122] (für weitere Literaturhinweise s. S. 187). Typische Betriebsdaten der beiden ICP-Arten sind aus Tab. 18 ersichtlich. Beim Niederleistungs-Ar-ICP verwendet man meist eine Eingangsleistung von 1,0–1,5 kW für wäßrige und 1,5–2,5 kW für organische Lösungen. Die mit beiden ICP's mit der Linie Mn 257,6 erhaltenen Nachweisgrenzen unterscheiden sich nicht wesentlich [123]: mit dem Ar-ICP 0,001 µg Mn/ml, mit dem $N_2$/Ar-ICP 0,0003 µg Mn/ml. Von den beiden ICP's dürfte sich auf längere Sicht das Niederleistungs-Ar-ICP durchsetzen, da dieses vom Gasverbrauch und vom Generator her mit geringeren Kosten verbunden ist.

**Tabelle 18.** Betriebsdaten von Niederleistungs-Ar-ICP und Hochleistung-
-$N_2$/Ar-ICP

| Betriebsmittel | Ar-ICP | $N_2$/Ar-ICP |
| --- | --- | --- |
| Außengas | Ar | $N_2$ |
| Strömungsgeschwindigkeit (l/min) | 10–20 | 20–70 |
| Zwischengas | Ar | Ar |
| Strömungsgeschwindigkeit (l/min) | 0–1 | 10–35 |
| Innengas (Aerosolträgergas) | Ar | Ar |
| Strömungsgeschwindigkeit (l/min) | 0,5–1,5 | 2–3 |
| Frequenz (MHz) | 27–50 | 7–27 |
| Leistung (Eingang, kW) | 1–2,5 | 4–7 |

### 12.1.3 Funktionsteile des Plasmaspektrometers

#### 12.1.3.1 HF-Generator

Als Energiequelle finden HF-Generatoren verschiedener Ausführung Anwendung, was teilweise auf das Marktangebot zurückzuführen ist. Die Unterschiede bestehen beim Oscillatortyp (konstante oder gleitende Frequenz), bei der Eingangsleistung (0,5–7 kW), der Frequenz (7–50 MHz), der Leistungsregelung (manuell oder automatisch) und der Abstimmungseinrichtung. Man kann hauptsächlich zwischen zwei Generatorarten unterscheiden: einerseits den Generatoren mit konstanter Frequenz und variabler Leistung und andererseits jenen mit stabilisierter Leistung und freilaufender Frequenz.

#### 12.1.3.2 Plasmabrenner

Es werden Plasmabrenner (Torch) mit unterschiedlichen Abmessungen und Ausführungen verwendet. Es gibt hauptsächlich den integrierten, vom Hersteller fest justierten Torch, sowie den zerlegbaren und justierbaren Torch. Auf den Torch und die Plasmagase wurde bereits im Abschnitt 12.1.2 (s. S. 189) eingegangen.

#### 12.1.3.3 Zerstäubungssystem

Die dem Zerstäuber zugeführten Lösungen sollten einen Substanzgehalt von $\leq 1\%$ haben, da der Zerstäuber bei höheren Salzgehalten keine konstante Leistung aufweist und mit zunehmender Betriebsdauer verstopft (s. auch S. 194 und 196). Für die Erzeugung des Aerosols finden verschiedene *Zerstäuber* Anwendung: pneumatischer konzentrischer Zerstäuber, pneumatischer Querstromzerstäuber, Glasfrittenzerstäuber, Babington-Zerstäuber, Ultraschallzerstäuber u.a.m., alle mit und ohne Kombination mit einer peristaltischen Pumpe, mit fester oder variabler Einstellung der Kapillarenanordnung. Von diesen findet der pneumatische konzentrische Glaszerstäuber (z.B. J.E. Meinhard Assoc., P.O.Box 9, Tustin, Calif. 92680, USA) breite Anwendung. Daneben verwenden Laboratorien verschiedentlich auch noch Eigenbaumodelle. Den konzentrischen Glaszerstäuber kann man im Bedarfsfall auch selbst im Laboratorium herstellen. Das Herstellungsverfahren findet man in der Literatur beschrieben [124]. Ultraschallzerstäuber bieten gegenüber dem pneumatischen Zerstäuber eine um den Faktor 0,5–0,1 niedrigere Nachweisgrenze, sind dafür aber kostspieliger und in der Handhabung etwas umständlicher.
Beim Zerstäuben von Lösungen mit hohem Salzgehalt von $> 1\%$ mittels des konzentrischen Zerstäubers entstehen schon nach kurzer Betriebszeit Schwierigkeiten in Form teilweise verstopfter Zerstäuber durch die entstehenden Salzablagerungen im gasführenden Kapillarteil des Zerstäubers. Hier sind folgende Gegenmaßnahmen möglich:
a) den Zerstäuber mit einem hydrophoben Überzug versehen,
b) vor der Zerstäuberspitze an das gasführende Außenrohr ein Rohr ansetzen, durch das zwischen den Proben Waschflüssigkeit eingeführt wird,
c) das Argon—Zerstäubergas mit Wasserdampf sättigen.
Für das Zerstäuben von Lösungen mit hohem Salzgehalt ist der Querstromzerstäuber gegenüber dem konzentrischen Zerstäuber besser hinsichtlich der Stabilität von Saugrate und Aerosolproduktion [125]. Höhere Salzgehalte sind mit einem speziellen Torch [126] und Ultraschallzerstäuber tolerierbar.

Zwischen Zerstäuber und Torch ist eine *Zerstäuberkammer* angeordnet, um grobe Flüssigkeitstropfen des Aerosols niederzuschlagen. Auch hier gibt es verschiedene Ausführungen, die sich sowohl in den Abmessungen als auch in der Form (zylindrisch, konisch, kugelförmig) unterscheiden. Neben den im Handel erhältlichen kompletten Zerstäubungssystemen, aus Zerstäuber, Zerstäuberkammer und Torch bestehend, werden auch aus verschiedenen Komponenten selbst zusammengestellte Anordnungen verwendet [19].

Die Zufuhr der Probelösung zum Zerstäuber erfolgt entweder automatisch bei den pneumatischen Zerstäubern (Venturiprinzip) oder mit Hilfe einer peristaltischen Pumpe. Letztere ist bei Ultraschallzerstäubern obligatorisch. Bei pneumatischen Zerstäubern ist eine Pumpe nützlich, um den Einfluß physikalischer Eigenschaften der Probelösung (Dichte, Viskosität) auf den Flüssigkeitsdurchsatz und die Aerosolpartikel-Größenverteilung zu vermindern. Für die Routineanalyse stets annähernd gleich zusammengesetzter Probelösungen, z.B. Stahllösungen, ist aber eine peristaltische Pumpe nicht erforderlich und deren Einsatz bei Massenanalysen von Nachteil. Eingehende, vergleichende Untersuchungen bei der Analyse von Stahllösungen mit dem pneumatischen Glaszerstäuber (Meinhard) sowohl ohne als auch mit peristaltischer Pumpe ergaben über eine Laufzeit von 6–8 Std praktisch keinen Unterschied in der Reproduzierbarkeit und Langzeitstabilität [127]. Dagegen war die Analysenzeit mit Pumpe deutlich verlängert, da die Vorspülzeit ohne Pumpe 7 sec und mit Pumpe 40 sec betrug, was bei einer Gesamtanalysenzeit von 37 sec (7 sec Vorspülen, 2 × 15 sec Integrationszeit) erheblich ins Gewicht fällt.

### 12.1.3.4 Registriereinrichtung

Für die Messung der Analysensignale werden in der Regel die bei der Flammen- und Bogen-/Funkenemissionsspektrometrie üblichen photoelektrischen Registriergeräte (Monochromator, Mehrkanalspektrometer) mit entsprechender Elektronikausrüstung in Verbindung mit geeigneten Computern eingesetzt. Vereinzelt wurden aber für die Registrierung der Linienspektren auch Spektrographen verwendet [128, 129].

## 12.1.4 Spektrale Interferenzen, Analysenlinien, Nachweisgrenze

### 12.1.4.1 Spektrale Interferenzen

Das ICP liefert linienreichere Spektren mit entsprechend vermehrten spektralen Interferenzen, die sich von den bekannten Bogen- und Funkenspektren deutlich unterscheiden. Deshalb können bei bestimmten analytischen Problemen unerwartete bzw. unbekannte spektrale Interferenzen auftreten, deren Art und Ausmaß vom verwendeten Spektralgerät abhängen. Diese Interferenzen lassen sich durch den Einsatz eines Spektrometers mit hoher Dispersion und Auflösung vermindern, wozu sich neben anderen Geräten ein Spektrometer mit Echelle-Gitter gut eignet [130]. Zu Beginn der Entwicklung der Plasmaspektrometrie mußten daher häufig erst geeignete Analysenlinien gesucht werden, die in den bekannten Tabellenwerken nicht enthalten waren.

In Abhängigkeit von dem gestellten Analysenproblem wird die Wahl einer geeigneten Analysenlinie nicht nur von deren Nachweisempfindlichkeit sondern auch von den möglichen Interferenzen beeinflußt. Zu letzteren sind das Studium der Tabellenwerke [67–69, 70, 131–137] und oft auch entsprechende Vorversuche erforderlich. Aufgrund bestehender Interferenzen wird man nicht immer die empfindlichste Analysenlinie verwenden können, sondern als Kompromiß auf andere Linien ausweichen müssen. Außerdem muß auf Störungen durch Streulicht geachtet werden [34, 139, 140]. Für genaue Spurenanalysen ist weiterhin eine Untergrundkorrektur unerläßlich, für die eine Untergrundmessung nahe der Analysenlinie erfolgen sollte. Die besonders bei der Bestimmung von Spurengehalten bzw. kleinen Elementmengen störenden Schwankungen des Untergrundes werden vor allem durch Schwankungen der HF-Energie und des Zerstäubungssystems verursacht [141]. Geeignete Gegenmaßnahmen sind eine Regelung der HF-Energie auf mindestens 0,5–1%rel. und eine Kontrolle des Zerstäubungssystems durch Messung der Intensität einer Ar-Linie als Referenzlinie. Die hohe Stabilität des ICP, die Möglichkeit spektrale Interferenzen durch geeignete Maßnahmen auf ein Minimum zu reduzieren sowie der große lineare dynamische Bereich von 3–5 Zehnerpotenzen des Analyten-Nettosignals ermöglichen es insgesamt, spektrale Interferenzen von Störelementen unter Anwendung eines entsprechenden Rechnerprogrammes in befriedigender Weise quantitativ zu korrigieren, wenn die Störelemente in der Multielementanalyse mitgemessen werden [34, 142].

### 12.1.4.2 Analysenlinien, Nachweisgrenze

Die vorhin erwähnten Schwierigkeiten bei der Auswahl und Anwendung geeigneter Analysenlinien führten zur Herausgabe neuer Analysenlinen-Tabellen [67–70, 131, 138, 143–145]. Eine Auswahl prominenter (leistungsfähiger) Analysenlinien des Mn

**Tabelle 19.** Prominente Analysenlinien des $Mn^a$ [138]

| Ionisierungsstufe[b], Wellenlänge nm | Ratio[c] $I_n/I_b$ | $L_D$ µg/ml[d] |
|---|---|---|
| II 257,610 | 220,0 | 0,0014 |
| II 259,373 | 190,0 | 0,0016 |
| II 260,569 | 145,0 | 0,0021 |
| II 294,920 | 39,0 | 0,0077 |
| II 239,930 | 29,0 | 0,010 |
| I 279,482 | 24,0 | 0,012 |
| II 293,306 | 22,0 | 0,013 |
| I 279,827 | 18,0 | 0,016 |
| I 280,106 | 14,0 | 0,021 |
| I 403,076 | 6,8 | 0,044 |
| II 344,199 | 6,6 | 0,045 |
| I 403,307 | 6,3 | 0,047 |
| II 191,510 | 5,8 | 0,051 |

[a] Ermittelt mit 10 ppm Mn, 1 m-Monochromator, 1,1 kW Ar-ICP, 27 MHz.
[b] I = neutrales Atom, II = einfache ionisiertes Atom.
[c] Intensitätsverhältnis von Liniennettosignal $I_n$ zu Untergrundsignal $I_b$.
[d] $L_D = 3s_B \approx 0,01 \cdot I_b$; $s_B$ = Standardabweichung des Untergrundsignals.

zeigt Tab. 19 (s. S. 193), in der zu jeder Analysenlinie die mit dieser erreichbare, aus dem Untergrundsignal berechnete Nachweisgrenze $L_D = 3s_B$ mit angegeben ist. In der Literatur findet man recht unterschiedliche, zum Teil stark voneinander abweichende Angaben des $L_D$ für Mn. Für die einzelnen Plasmaarten seien zur Orientierung einige Werte für $L_D$ ($= 2s_B$) angeführt (in ng Mn/ml): für DCP 20–200 [81, 82, 146], für CMP 150 [89], für MIP 0,05–0,3 [98, 147] und 1–50 [94, 147–149], für ICP 0,01 [150, 151], 0,02–1 [106, 110, 130, 138, 152, 153], 0,06 mit pneumatischem Zerstäuber und 0,01 mit Ultraschallzerstäuber [151]. Alle diese Zahlenangaben sind mit größter Vorsicht und Zurückhaltung zu interpretieren, da sie mit reinen Lösungen ohne Matrix und unter „überoptimierten" Bedingungen ermittelt wurden, die in der Praxis nicht erreicht werden können (s. hierzu auch S. 9).

### 12.1.5 Fehlerquellen

#### 12.1.5.1 Zerstäubungs- und Aerosoltransporteffekte

Zerstäubungs- und Aerosoltransporteffekte sind unspezifische physikalische Effekte, die auf Viskositätsunterschiede der Probelösungen und deren Zusammensetzung zurückzuführen sind. Diese beeinflussen die Tropfengröße sowie die Tropfengrößenverteilung im Aerosol, wodurch die Verdampfung und das Transportverhalten des Analyten in das Plasma beeinflußt werden. Von diesen hängt der Atomisierungsgrad und die Verteilung des Analyten im Plasma ab, so daß Schwankungen oder Unterschiede dieser Einflußgrößen die Ursache für unterschiedliche Meßsignalhöhen und Interferenzen sind. Vor allem Schwankungen des Säuregehaltes sind möglichst klein zu halten, da diese die Zerstäuberleistung beeinflussen [30, 34, 120, 127, 154], weshalb große Sorgfalt der Herstellung der Probelösungen zu widmen ist (s. auch S. 196). So konnte in Versuchsreihen mit dem Testelement Mn festgestellt werden, daß bei der Herstellung 1%iger Stahllösungen eine Änderung der Säurekonzentration von 15 ml auf 23 ml $HNO_3(3+2)$ in 100 ml Meßlösung, d.h. von 1,3 M $HNO_3$ auf 2,1 M $HNO_3$, den Meßwert um 10%rel. vermindert [127]. Nachdem eine Erhöhung der Säurekonzentration um $+0,8$ ml $HNO_3(3+2)/100$ ml, d.h. um $+0,07$ M $HNO_3$, eine Meßwertverminderung von $-1$%rel. zur Folge hat, muß bei einem angestrebten Analysenfehler von $\pm$ 0,5%rel. die Säurekonzentration beim Lösen des Probematerials auf $\pm$ 0,4 ml $HNO_3(3+2)/100$ ml, d.h. $\pm$ 0,036 M $HNO_3$, konstant gehalten werden (s. auch S. 204). Nach anderen Untersuchungen verursacht eine Schwankung von $\pm$ 0,4 Masse-% $HClO_4$ ($= \pm 0,04$ M $HClO_4$) in Lösungen mit einem Gehalt von 3,5 Masse-% $HClO_4$ ($= 0,36$ M $HClO_4$) einen Fehler von bis zu $\pm$ 1,3%rel. [30, 154]. Bei 1,0 M HCl-Wasserproben verursachten Schwankungen des Säuregehaltes von $\pm$ 0,1 M HCl hingegen einen kleineren Analysenfehler von < 1%rel. [155].

Schwankungen des Gesamtsalzgehaltes einer Lösung wirken sich im Vergleich zu Schwankungen des Säuregehaltes in relativ geringerem Maße aus. Beispielsweise führte die Änderung der Salzkonzentration der Asche (trockene Veraschung) von 1 g Pflanzenblättern (NBS orchard leaves SRM 1571) in 1,25 M HCl von 1 g Probematerial/10 ml auf 1 g/160 ml zu folgenden Erhöhungen der Meßwerte [34]: $+18$%rel. bei P, im Durchschnitt $+9$%rel. bei Ca, Cu, Fe, K, Mg, Mn, P, Pb, Sr und Zn, im Durchschnitt < $+6$%rel. bei Cu, Fe, Mn, Pb und Sr (jeweils über die genannten Elemente gemittelt).

Die größten Fehler verursachen Änderungen der Saugrate des Zerstäubers [34, 120]. Zur Kompensation von Schwankungen der Saugrate kann man zwar einen inneren Standard verwenden. Für Routineanalysen ist jedoch die Arbeitsweise mit innerem Standard nicht zu empfehlen, da damit keine Verbesserung sondern sogar eine Verschlechterung von Reproduzierbarkeit und Genauigkeit erzielt werden, wenn innerer Standard und Analyt nicht ein identisches Verhalten aufweisen [34, 127]. In der Praxis der Multielementanalyse ist letzteres aber schwer zu realisieren. Die erwähnten möglichen Störungen lassen sich ohne Schwierigkeiten beherrschen, wenn man den Säure- und Substanzgehalt der Lösungen genau kontrolliert und reproduzierbar konstant hält.

### 12.1.5.2 Matrixeffekte

Die im ICP vorliegenden Bedingungen, nämlich die inerte Argonatmosphäre, die hohe Temperatur und die relativ lange Verweilzeit der Probenbestandteile im ICP, beseitigen in hohem Grade die Interelement- und Matrixeffekte, die man im allgemeinen bei Flammen- und Bogen-/Funkenanregung beobachtet [109]. Beispielsweise erhielt man sowohl mit einer NaCl-freien als auch mit einer 3,5% NaCl enthaltenden Elementlösung mit der Linie Mn 257,6 das gleiche Nettomeßsignal, während andere Elemente sich ähnlich verhielten oder nur geringe Intensitätsänderungen zeigten [114]. Die Matrixeffekte sind deshalb beim ICP im allgemeinen relativ gering, wenn man die entsprechenden optimalen Arbeitsbedingungen anwendet. Die drei variierbaren Hauptparameter für die Optimierung der Analysenbedingungen bei einer gegebenen Meßanordnung sind die HF-Eingangsleistung, die Beobachtungshöhe (über der HF-Spule) und die Strömungsgeschwindigkeit des Trägergases. Bei Einzelelementbestimmungen läßt sich beispielsweise durch Änderung der Strömungsgeschwindigkeit des Trägergases der Matrixeinfluß beeinflussen [18]. Das hohe Nachweisvermögen des ICP ermöglicht es weiterhin bei der Bestimmung von Haupt- und Nebenbestandteilen einer Probe, einen etwa vorhandenen Matrixeffekt durch Verdünnen der Probelösung zu vermindern oder zu beseitigen [18, 54].

### 12.1.5.3 Betriebsstörquellen

Die Hauptfehlerquellen bzw. „Schwachstellen" beim Betrieb eines Plasmaspektrometers liegen beim Zerstäuber und bei der Argongasversorgung. Im Gegensatz zu den konventionellen AAS-Zerstäubern muß der Gasstrom hier wesentlich niedriger sein ($\sim 1$ l/min), der für die Zerstäubung der Probelösung und den Transport des Aerosols in das Plasma notwendig ist. Deshalb sind dafür spezielle Zerstäuber mit niedrigem Gasdurchsatz und entsprechend engerer Kapillare erforderlich [156], die gegen Verstopfungen störanfälliger sind. Der niedrige Gasstrom ist eine der Ursachen für Intensitätsschwankungen, insbesondere für die Langzeitdrift (Stabilität), da bereits kleine Änderungen des Gasstromes starke Veränderungen der Linienintensität verursachen [157]. Aus diesem Grunde muß der Gasstrom sehr konstant gehalten werden. An den Gasflaschen ist deshalb eine dreistufige Druckregelung notwendig: 2-stufiger Gasflaschendruckminderer mit nachgeschaltetem Feindruckregler. Eine Verminderung von Druckschwankungen auf der Vordruckseite läßt sich weiterhin durch Verwendung von Flüssigargon erreichen. Als letzte Stufe der Gasdruckregelung verwendet man Gasmengenregler, die an der Plasmakammer (Brennerkammer) montiert sind.

Weiterhin hat auch die Geometrie bzw. Ausführung der Zerstäuberkammer einen deutlichen Einfluß auf die Zerstäuberergiebigkeit, Reinigungszeit der Zerstäuberkammer nach stattgefundener Analyse (Spülzeit bis zum Erreichen des Untergrundsignals), sowie auf Intensität und Zeitstabilität des Meßsignals [158].

Kleine Unterschiede in den Abmessungen und der Geometrie, insbesondere der Zentrierung der Quarzrohre, der einzelnen Exemplare desselben Plasmatorch-Modells führen zu einer beachtlichen Differenz des Gasstromes und damit zu einer Veränderung der analytischen Charakteristik der ICP-Entladung. Dies läßt sich mit Hilfe eines zerlegbaren und justierbaren Torch vermeiden [19, 159], der in Verbindung mit einer an anderer Stelle beschriebenen [107] Zerstäuberkammer mit einem „Eppendorf"-Zerstäuber (Netheler u. Hinz Co., Hamburg) eine befriedigende Stabilität brachte: die Fe-Referenzlinie (innerer Standard) einer Stahllösung wies eine Schwankung von weniger als 0,8%rel. über 8 Std auf [159].

Eine weitere Ursache für Intensitätsschwankungen bzw. eine Langzeitdrift sind Probenablagerungen in der Kapillare des Plasmatorch. Eine Verringerung solcher Ablagerungen erreicht man durch entsprechende Wahl der Mineralsäure: sie sind beispielsweise bei Stahllösungen mit $HNO_3$ geringer als mit $HCl/HNO_3$ oder $HCl$ [127, 160] (s. S. 204). Eine allgemein angewandte Maßnahme zum Ausgleich von Instabilitäten ist schließlich die in bestimmten Zeitabständen wiederholte Kalibrierung des Spektrometers.


## 12.2 Probenvorbereitung

Die Plasmaspektrometrie ist grundsätzlich eine Methode für die Analyse wäßriger Lösungen mit einem Substanzgehalt von maximal 1% (s. S. 191). Für die Probenvorbereitung gelten daher auch hier die Ausführungen für die AAS (s. S. 127).

Zur Vermeidung des Zeitaufwandes und der Fehlerquellen der nassen Veraschung wurden die Proben landwirtschaftlicher Feldfrüchte (Kartoffel, Salat, Spinat, Sojabohnen, Erdnüsse, Mais, Weizen) mit 6 M HCl bei 80°C in verschlossenen Flaschen aus linearem Polyethylen unter Druck gelöst [161]. In Verbindung mit einer Eichung mit Realproben (SRM's) unter Zusatz von Elementstandardlösung stimmten die gefundenen Werte mit den SRM-Sollwerten von Be, Ca, Cd, Cr, Cu, Fe, K, Mg, Mn, Mo, Ni, P, Pb und Zn befriedigend überein.

Die bei der Naßchemie und beispielsweise Photometrie übliche Arbeitsweise für die Herstellung der Probelösungen muß grundlegend geändert werden, da Substanz- und Säuregehalt der Probelösungen sehr konstant gehalten werden müssen (s. dazu S. 194). Dies gilt — wie schon früher erwähnt — vor allem für den Säuregehalt, der einen erheblichen Einfluß auf das Meßsignal hat und nur durch sehr sorgfältige Arbeitsweise beim Lösen, z.B. von Stahlproben, konstant gehalten werden kann (s. S. 204) [127].

Für das Lösen bzw. den Aufschluß von Umweltmaterialien mit $HNO_3/HClO_4$ bzw. $HNO_3/HF/HClO_4$ wurden die nachfolgenden Arbeitsvorschriften angegeben, mit welchen einheitlich ein möglichst konstanter Säuregehalt von 3,5 Masse-% $HClO_4$ sowie ein Gesamtsalzgehalt unter 0,5% angestrebt wird [154]. Die Reproduzierbarkeit der Verfahren geht aus den Tab. 20 und 21 hervor, wonach der damit verursachte Analysenfehler bis zu ± 1,3% beträgt (s. S. 194). Die $HClO_4$ wird erst nach der $HNO_3$

bzw. $HNO_3/HF$ zugefügt, um einen konstanten Säuregehalt zu erreichen. Eine Überprüfung der Verfahren mit SRM's zeigte befriedigende Ergebnisse. Nur bei Al, Fe und Mn in Bodenproben traten Minderbefunde infolge eines unvollständigen Aufschlusses auf: die Ausbeuten betrugen bei Al 71%, bei Fe 91% und bei Mn 81%. Bei solchen Probenarten dürfte daher ein analoger Druckaufschluß in der Teflon-bombe zweckmäßig sein.

**Tabelle 20.** Streuung des Säuregehaltes bei 7-fachem Aufschluß derselben Probe [154]

| Probematerial | $HClO_4$[a] % |
|---|---|
| Wasser | $3,57 \pm 0,09$ |
| Luftstaub | $3,60 \pm 0,07$ |
| Pflanzliches/tierisches Material | $3,33 \pm 0,11$ |
| Boden | $3,45 \pm 0,10$ |
| Pflanzliches/tierisches Material[b] | $3,48 \pm 0,12$ |
| Boden[b] | $3,51 \pm 0,09$ |

[a] Masse-%.  [b] Aufschluß mit $HNO_3/HF/HClO_4$.

**Tabelle 21.** Streuung des Säure- und Salzgehaltes beim Aufschluß von je 10 Einzelproben der einzelnen Probematerialarten [154]

| Probematerial | $HClO_4$[a] % | Salzgehalt % |
|---|---|---|
| Wasser | $3,59 \pm 0,14$ | $0,03 \pm 0,007$ |
| Luftstaub | $3,58 \pm 0,22$ | $0,02 \pm 0,005$ |
| Pflanzliches/tierisches Material | $3,44 \pm 0,26$ | $0,44 \pm 0,09$ |
| Boden | $3,51 \pm 0,21$ | $0,48 \pm 0,19$ |
| Pflanzliches/tierisches Material[b] | $3,46 \pm 0,23$ | $0,43 \pm 0,07$ |
| Boden[b] | $3,51 \pm 0,15$ | $0,42 \pm 0,17$ |

[a] Masse-%.  [b] Aufschluß mit $HNO_3/HF/HClO_4$.

**Arbeitsvorschrift** [154]

*Wasser.* 100,0 ml Probe werden in einem 150 ml-Becherglas nach Zusatz von 5 ml $HNO_3$(1,40) auf einer Heizplatte (250°C) auf ~ 5 ml eingedampft, mit 5 ml $HNO_3$(1,40) versetzt, fast zur Trockene eingedampft, 5,50 ml $HClO_4$(72%) hinzugefügt, bis zum Auftreten der $HClO_4$-Nebel erhitzt, sobald sich die Farbe der Lösung aufgehellt hat von der Heizplatte genommen, abgekühlt, mit Wasser auf 100,0 ml aufgefüllt und durch ein Filter (Whatman No. 42) abfiltriert.

*Pflanzliches und tierisches Material.* 1,0 g homogenisiertes, getrocknetes Probematerial versetzt man in einem 150 ml-Becherglas mit 15 ml $HNO_3$(1,40), dampft fast zur Trockene ein, wiederholt den Vorgang mit 10 ml $HNO_3$(1,40) und fährt mit dem Zusatz von 5,50 ml $HClO_4$(72%) nach der Vorschrift für Wasser fort. Wenn eine Gesamtanalyse erforderlich ist, so schließt man das Probematerial in einem Teflonbecher nach der vorliegenden Vorschrift auf, setzt aber nach dem zweiten Eindampfen mit $HNO_3$(1,40) 5,0 ml HF(42%) hinzu, dampft erneut fast zur Trockene ein und fährt mit dem Zusatz von 5,50 ml $HClO_4$(72%) nach der Vorschrift für Wasser fort.

*Luftstaub.* 2 Rundfilter (46 mm $\varnothing$) mit der gesammelten Stauprobe versetzt man in einem 150 ml-Becherglas mit 10 ml $HNO_3$(1,40), dampft fast zur Trockene ein und fährt mit dem Zusatz von 5,50 ml $HClO_4$(72%) nach der Vorschrift für Wasser fort.

Mit Hilfe der Plasmaspektrometrie werden vorwiegend wäßrige Lösungen anorganischer Stoffe analysiert. Man kann aber auch organische Stoffe enthaltende wäßrige Lösungen und Lösungen organischer Lösungsmittel analysieren, doch müssen dann die Betriebsbedingungen und gegebenenfalls die Ausführung von Zerstäuber und Torch entsprechend angepaßt bzw. geändert werden [113, 162, 163]. Auf diese Weise kann man beispielsweise den Gehalt an Metallabrieb in Ölen direkt bestimmen, wenn man das Öl mit MIBK [113] oder Xylol [164] im Verhältnis 1:10 verdünnt. Schließlich ist auch die Analyse gasförmiger (z.B. Metallhydride, metallorganische Verbindungen) und fester Stoffe möglich. Metallhydride werden in der von der AAS her bekannten Weise erzeugt und in den Ansauggasstrom des Zerstäubungssystems eingeleitet [165, 166]. Metallorganische Komplexe wurden nach gaschromatographischer Trennung in das Plasma eingeleitet [123]. Feste Stoffe werden als Pulver oder Suspension direkt [3, 118] oder getrennt verdampft [167, 168] in das Plasma eingeblasen. Zweckmäßiger und einfacher erscheint ein Verfahren, bei dem feste Stoffe (30 mg Stahlspäne, Eindampfrückstände von 5–10 µl Lösung u.a.m) direkt in die Plasmaflamme eingeführt werden [20, 123, 166, 169]. Dafür ist eine geänderte Ausführung des Torch erforderlich [123, 166]: anstelle des zentralen Kapillarrohres im Torch dient ein Quarzglasstab mit aufgesetztem Glaskohlenstoffstab für die Probenzufuhr, auf den ein kleiner Graphittiegel mit zentrisch durchbohrtem Deckel als Probenbehälter aufgesetzt ist; der Tiegel wird mittels Quarzglasstab von unten in die Plasmaflamme eingeführt.

## 12.3  Analyse kleiner Lösungsvolumina

Kleine, begrenzte Mengen an Lösung von anorganischen und organischen Stoffen bzw. Elementen lassen sich nach dem Injektionsverfahren (s. a. S. 129) mit dem ICP-Spektrometer analysieren [123, 153, 170, 171]. Bei einer Injektion von 10 µl Lösung erhält man ~40%, von 50 µl Lösung ~ >50% und von 200 µl Lösung ~100% der Meßsignalhöhe der konventionellen Arbeitsweise (kontinuierliches Ansaugen) [123]. Mit entsprechender Arbeitsweise kann man aber auch mit 50 µl Lösung fast die Signalhöhe des kontinuierlichen Einsprühens erreichen [171]. Mit der Injektionstechnik (Lösung mittels Mikroliterpipette oder -spritze in die Ansaugkapillare des Zerstäubers eingegeben) wurden beispielsweise bestimmt [170]: 0–100 ppm von Al, Cr, Cu, Fe, Mg, Mn, Ni und Ti in 25 µl-Proben von Ölen (mit Xylol 1:2 verdünnt), 3–500 ppm Al und Mg in Organophosphor-Verbindungen (mit Methanol 1:9 verdünnt), 0,05–350 ppm Ag, Al, Cu, Fe, Mg, P, Pb und Si in 25 µl Blut. Analog wurden Cu, Fe und Mg in 50 µl Serum bestimmt [171]. Das Injektionsverfahren fand auch in halbautomatischer Ausführung Anwendung [172], indem 40 µl Probelösung mit Hilfe einer Injektionsspritze über ein Injektions-T-Stück in die Ansaugleitung des konzentrischen Glaszerstäubers eingespritzt und mittels Argon dem Zerstäuber zugeführt wurden. Die Nachweisgrenze wird mit dieser Arbeitsweise im Vergleich zum üblichen kontinuierlichen Ansaugen der Probelösung um den Faktor 2–6 verbessert. Analog wurden 10–500 µl Probelösung in den Flüssigkeitsstrom (dest. Wasser) einer peristaltischen Pumpe injiziert und durch letztere dem Zerstäuber zugeführt [173]. Die dabei durch die Transportflüssigkeit stattfindende Probenverdünnung verursacht aber gegenüber dem kontinuierlichen Zerstäuben der Probelösung eine Verschlechterung der Nachweisgrenze um den Faktor 2–3.

## 12.4 Anreicherungs- und Trennungsverfahren

Trotz des hohen Nachweisvermögens der ICP-OES ist eine Isolierung bzw. Anreicherung der zu bestimmenden Elemente aus verschiedenen Gründen oft erforderlich. Dies trifft zu, wenn die Konzentration der Spurenelemente in der flüssigen Probe, z.B. Wasser, unterhalb $L_Q$ der ICP-OES liegt. Auch die Begrenzung des Substanzgehaltes der Analysenlösung auf $\leq 1\%$ (s. S. 191) setzt der Bestimmbarkeit niedriger Elementgehalte fester Probematerialien bestimmte Grenzen. Dies gilt auch für organische Materialien, bei denen die übliche trockene oder nasse Veraschung in der Regel zu einer Verdünnung der Probe bzw. Verminderung der Elementkonzentration führt, z.B. Veraschung von 2 g Probematerial und Lösen der Asche in einem Volumen von 50 ml Probelösung. In bestimmten Fällen gelingt es, diese Verdünnung niedrig zu halten, beispielsweise 1 g Probematerial in 10 ml Probelösung [34] (s. Arbeitsvorschrift 12.5.2.1, S. 203). Oft ist aber eine so hohe Stoffkonzentration in der Probelösung nicht erreichbar infolge der begrenzten Löslichkeit der anorganischen Matrixelemente, z.B. Alkali- und Erdalkalipyrophosphate bei trockener Veraschung oder Alkali- und Ammoniumperchlorate bei nasser Veraschung mit $HNO_3/HClO_4$ [34]. Letztere begrenzt die Substanzkonzentration auf 1 g Probe/50 ml Probelösung. Ähnliche Schwierigkeiten bestehen bei Probematerialien mit hohem Alkali- und Erdalkaligehalt. Neben dem erwähnten Einfluß auf $L_Q$ können die Matrixelemente spektrale Interferenzen verursachen (s. S. 192) und zu Schwierigkeiten beim Zerstäubungssystem führen (s. S. 194).
Aus den erwähnten Gründen fanden Anreicherungs- und Trennungsverfahren in einer Reihe von Arbeiten Anwendung, von denen nachfolgend einige Beispiele angeführt sind.

### 12.4.1 Fällung

Mn und andere Elemente wurden aus Wasser und Meerwasser durch Spurenfällung mit $In(OH)_3$ als Spurenfänger angereichert [174].

### 12.4.2 Ionenaustauscher

Die Isolierung von Mn und anderen Elementen aus Meerwasser erfolgte mit Ionenaustauscherfilter [175], Chelataustauscher [33, 39] und der reverse phase-Chromatographie unter Anwendung von Oxin/Silicagel [176] (s. S. 53). Mittels Chelataustauscher Chelex-100 wurden die Spurenelemente aus organischem Material nach vorangegangener nasser Veraschung isoliert [177].

### 12.4.3 Extraktion

Die durch Extraktion angereicherten Spurenelemente [178] können wie bei der AAS direkt im organischen Extrakt bestimmt werden [163, 164], indem man diesen in die Plasmaflamme einsprüht. Der organische Extrakt von Metallcarbamaten in 2%iger

**Tabelle 22.** Einsprühen von organischen Lösungsmitteln in das ICP[a] [179]

| Verbindung | Kp °C | Dampfdruck bei 20 °C mm Hg | Schwierigkeit des Einsprühens[b] | Reflektierte Leistung W |
|---|---|---|---|---|
| Methanol | 64,7 | 105 | 0 | |
| Ethanol | 78,3 | 120 | − | 27 |
| Propanol | 97,5 | 15 | + | 13 |
| Isopropanol | 82,4 | 24 | + | 21 |
| Butanol | 117,5 | 5 | + | ≈ 7 |
| Hexanol | 157,9 | 1 | + + | < 5 |
| Ethylacetat | 76,8 | 74 | 0 | − |
| Butylacetat | 126,3 | | + | 12 |
| Isobutylacetat | 118 | 15 | + | 20 |
| Amylacetat | 148,8 | | + | ≈ 5 |
| Isoamylacetat | 142 | 4 | + | 9 |
| Aceton | 56,3 | 175 | 0 | − |
| MIBK | 115,8 | 5 | + | 15 |
| Diisopropylketon | 125 | | + + | < 5 |
| Diisobutylketon | 168 | | + + | < 5 |
| Acetylaceton | 137,0 | | + | 8 |
| Essigsäure | 117,8 | 12 | + + | < 5 |
| Hexan | 68,8 | 120 | 0 | − |
| 2-Butoxyethanol | 171,2 | | + + | < 5 |
| Dimethylsulfoxid | 189 | | + + | < 5 |
| Dioxan | 101,4 | 30 | 0 | − |
| Chloroform | 61,2 | 105 | − | 7[c] |
| Tetrachlorkohlenstoff | 76,7 | 86 | + + | ≈ 5 |
| Benzol | 80,1 | 76 | 0 | |
| Toluol | 110,8 | 21 | − | 20 |
| Xylol | 140,6 | 4 | + + | < 5 |
| Nitrobenzol | 210,9 | 1 | + + | < 5 |
| Anilin | 184,6 | 1 | + + | < 5 |
| Pyridin | 115,5 | 16 | + + | < 5 |
| Benzylalkohol | 205,4 | 1 | + + | < 5 |
| Cyclohexan | 80,8 | 82 | 0 | |
| Tributylphosphat | 180 | | + + | < 5 |
| Wasser | 100 | 18 | + + | < 5 |

[a] Leistung 1,6 kW, Kühlgas (Ar) 14 l/min, Plasmagas (Ar) 0,9 l/min, Zerstäubergas (Ar) 0,7 l/min, konzentrischer Zerstäuber.
[b] + + sehr leicht, + leicht, − schwierig, 0 unmöglich.
[c] Instabil

DADDTC/Heptan-2-on-Lösung läßt sich ohne Schwierigkeiten in die Plasmaflamme einsprühen, wenn man HF-Leistung und Argongasstrom der Standard-Betriebsbedingungen (in der Arbeit am benützten ARL-Spektrometer ICPQ 137) entsprechend erhöht [163]: HF-Leistung von 1,6 kW auf 2,1 kW, Kühlgas (Ar) von 10 l/min auf 15 l/min, Plasmagas (Ar) von 1 l/min auf 1,4 l/min, Zerstäubergas (Ar) 1 l/min unverändert. Unter diesen Bedingungen vermeidet man ein Verlöschen der Plasmaflamme und Kohlenstoffablagerungen im Torch. Für die Bestimmung von Cd, Cu, Fe, Mn und Zn in Abwasser wurden diese mit APCD/MIBK bei pH 3 extrahiert und der organische Extrakt in die ICP-Flamme eingesprüht [164].
Keine Schwierigkeiten entstehen offensichtlich bei der ICP-spektrometrischen

Analyse kleiner Mengen (z.B. 25μl) von Lösungen organischer Stoffe mit der Injektionstechnik [170] (s. S. 198).

Man kann jedoch nicht jedes beliebige organische Lösungsmittel direkt in die ICP-Flamme einsprühen, da eine Reihe von Lösungsmitteln Schwierigkeiten in Form von Plasmadejustierung oder -verlöschen verursacht. Deshalb ist unter den möglichen organischen Lösungsmitteln eine Auswahl zu treffen. Eine Untersuchung von 32 organischen Lösungsmitteln hinsichtlich ihrer Eignung für das direkte Einsprühen in das ICP ergab (s. Tab. 22), daß sich von diesen neben einigen anderen Lösungsmitteln vor allem Diisobutylketon dafür am besten eignet [179]. Dieses ist auch günstiger als das häufig verwendete MIBK. Nach der Plasmajustierung mit Wasser kann anschließend sofort Diisobutylketon ohne Schwierigkeit in das Plasma eingesprüht werden, auch wenn der HF-Generator keine automatische Abstimmung besitzt.

## 12.5 Analysenverfahren

### 12.5.1 Wasser

Das Nachweisvermögen der ICP-OES ist ausreichend hoch, um noch Spurenelementgehalte von Trinkwasser und anderen Wässern, die unterhalb der offiziellen maximalen Konzentrationen liegen, direkt in der Probe ohne Voranreicherung zu bestimmen. Dies konnte unter Verwendung eines handelsüblichen ICP-Spektrometers (ARL QVAC 127 und ICPQ QA137) unter Analysenstandardbedingungen für die Bestimmung von Mn (Linien 257,6 und 403,1, $L_D = 0,1$–$0,7$ μg Mn/l) und mehr als 20 anderen Elementen in weichem und hartem Wasser sowie Salinenwasser gezeigt werden [114]. Die Bestimmung des Mn in weichem Wasser und Salinenwasser ist störungsfrei. Bei harten Wässern führt das durch hohe Ca- und Mg-Gehalte verursachte Streulicht zu Störungen, die bei Mn geringer und bei anderen Elementen höher sind, weshalb sie entsprechend berücksichtigt werden müssen. Diese Störungen sind bei einzelnen Spektrometertypen verschieden hoch und sollten deshalb experimentell überprüft werden. Der hohe Alkaligehalt im Salinenwasser stört die Bestimmung des Mn nicht (s. S. 195).

Zur Erzielung tieferer Nachweisgrenzen bei der Bestimmung von Spurenelementen in Süßwasser wurde die Probe 10fach eingeengt und diese Lösung für die Analyse mittels ICP verwendet [13, 155]. In der einen Arbeit [155] wurden dazu 10,0 ml Wasserprobe in einem graduierten 15 ml-Zentrifugenglas nach Zusatz von 1,00 ml La-Lösung (10 μg La/ml in 1 M HCl) als innerer Standard (zur Korrektur von Schwankungen des aufgefüllten Probenendvolumens) in einem Aluminiumheizblock (mit 250 Bohrungen für die Zentrifugengläser) bei 99°C auf $\leq 1$ ml eingedampft und die mit Wasser auf 1,00 ml aufgefüllte Lösung in die ICP-Flamme eingesprüht. Die Analysen wurden mit dem ICP-Spektrometer ARL 34 000C unter Standardbedingungen durchgeführt: 1,25 kW HF-Eingangsleistung, Glaszerstäuber Meinhard TR-30-3A (Saugrate 0,9 ml/min), Ar-Aerosolträgergas 1,0 l/min, Ar-Kühlgas 12 l/min, Ar-Plasmagas 0,4 l/min. Außer Mn (Linie 257,6, 2.Ordn. $L_D = 1$–$2$ μg Mn/l) wurden noch 15 weitere Elemente bestimmt. Die Bestimmung des Mn wird durch 200 mg Ca/l und 30 mg Mg/l nicht gestört [155].

Im allgemeinen werden aber die Spurenelemente vor der Bestimmung angereichert, um Störungen (Verstopfen des Zerstäubers, spektrale Interferenzen und Matrixeffekte) zu vermeiden. So erfolgte die Anreicherung von Cd, Cr, Cu, Mn, Ni und Pb aus Wasser und Meerwasser ($\geq$ 1 µg/l) durch Spurenfällung mit In(OH)$_3$ als Spurenfänger mit anschließender Abtrennung des Niederschlages mittels Flotation [174]. Weiterhin wurden aus Meerwasser ($\geq$ 1µg/l) Cu, Fe, Mn, Ni und Zn mittels Chelataustauscher Chelex-100 angereichert [39,181].

### 12.5.1.1  Meerwasser

*Arbeitsbereich:* Cd, Cu, Fe, Mn, Ni, Pb, V, Zn.

Die Elemente werden durch Extraktion mit NaDDTC/CHCl$_3$ angereichert und der organische Extrakt mineralisiert. Die Ausbeute beträgt für V 83%, für die übrigen Elemente 97–99%.

B (µg/l): $\geq$ 0,25 Cd, $\geq$ 0,5 Cu, $\geq$ 0,25 Fe, $\geq$ 0,06 Mn, $\geq$ 0,5 Ni, $\geq$ 2,5 Pb, $\geq$ 0,38 V, $\geq$ 0,13 Zn.

**Arbeitsvorschrift** [180]

*Spektrometrische Arbeitsbedingungen*

Spektrometer: 1 m-ARL QA-137, 1920 Striche/mm, Ein-/Austrittsspalt 0,020/0,050 mm
Plasma: HF-Generator Henry Radio 3000 PGC/27, 27,12 MHz, Eingangsleistung 1600 W, reflektierte Leistung < 10W
  Außengas (Kühlgas) 11,0 l/min Ar
  Zwischengas (Plasmagas) 1,3 l/min Ar
  Aerosolträgergas 1,0 l/min Ar
  Pneumatischer Glaszerstäuber
Analysenlinien: Cd 226,5, Cu 324,8, Fe 259,9, Mn 257,6, Ni 231,6, Pb 220,4, V 311,1, Zn 202,6.

*Ausführung.* 1,0 l Wasserprobe (mit HCl auf pH 1 angesäuert) wird in einem 1 l-Becherglas auf 400 ml eingedampft, in einen 1 l-Schütteltrichter übergeführt und mit Wasser auf 500 ml verdünnt. Nach Zusatz einiger Tropfen Bromkresol-Indikatorlösung fügt man 25 ml 10%ige Ammoniumcitrat-Lösung hinzu, stellt mit NaOH auf pH 5,5–6,0 (Farbumschlag auf hellblau) ein und versetzt mit 30 ml Acetatpufferlösung (pH 6,2), wonach die Lösung pH 6,2 aufweisen soll. Es werden 20 ml 2%ige NaDDTC-Lösung zugefügt, gemischt und mit 100 ml CHCl$_3$ 10 min extrahiert (Schüttelmaschine). Die organische Phase filtriert man in einen 200 ml-Erlenmeyerkolben. Man extrahiert 1 min mit 10 ml CHCl$_3$ und vereinigt die organischen Extrakte. Der vereinigte organische Extrakt wird fast zur Trockene eingedampft, 12 ml HNO$_3$(1,40) und 4 ml HCl(1,19) hinzugefügt, zur Trockene eingedampft, der Trockenrückstand mit 5 ml HNO$_3$(1+9) gelöst, in einem 25 ml-Meßkolben mit Wasser zur Marke aufgefüllt und die Lösung in die ICP-Flamme eingesprüht.

### 12.5.1.2  Wasser

*Arbeitsbereich:* Al, As, Ba, Ca, Cd, Cr, Cu, Fe, Mg, Mn, Mo, Ni, P, Pb, Sr, Zn.

Die Probe wird nach Vorbehandlung mit HNO$_3$/HClO$_4$ in die ICP-Flamme eingesprüht.

B (µg/ml Meßlösung):  0,02–500 Al, Ca, 0,05–20 As, Ni, 0,01–20 Ba, Cd, Cr, Cu, Sr, 0,01–500 Fe, 0,1–200 Mg, 0,01–50 Mn, Zn, 0,01–5 Mo, 0,5–200 P, 0,1–20 Pb

**Arbeitsvorschrift** [30, 154]

*Spektrometrische Arbeitsbedingungen*

Spektrometer: 1 m-ARL QA-137, 1920 Striche/mm
Plasma: HF-Generator 27,12 MHz, Eingangsleistung 1600 W

Außengas 10,5 l/min Ar
Zwischengas 1,5 l/min Ar
Aerosolträgergas 1,1 l/min Ar
pneumatischer Zerstäuber

Analysenlinien: Al 396,2, As 193,8, Ba 455,4, Ca 422,7, Cd 226,5, Cr 283,6, Cu 324,8, Fe 259,9, Mg 279,1, Mn 257,6, Mo 281,6, Ni 231,6, P 213,6, Pb 220,4, Sr 407,8, Zn 213,9.

*Ausführung.* Die nach der Arbeitsvorschrift [154] auf S. 197 erhaltene Probelösung wird in die ICP-Flamme eingesprüht.

## 12.5.2 Organisches Material

### 12.5.2.1 Pflanzenmaterial

*Arbeitsbereich:* Al, Ba, Ca, Co, Cr, Cu, Fe, K, Mg, Mn, Ni, P, Pb, Sr, V, Zn.

Das Probematerial wird trocken verascht mit $HNO_3$ als Veraschungshilfe und die erhaltene Probelösung für die plasmaspektrometrische Analyse verwendet.

B: (%) 0,01–4,5 Ca, 0,5–2,5 K, 0,02–0,6 Mg, P; (µ/g) 100–1000 Al, Fe, 0,1–100 Ba, 0,1–20 Co, 1–5 Cr, 3–800 Cu, 10–600 Mn, 1–200 Ni, 2–45 Pb, 0,1–200 Sr, 0,2–3 V, 10–150 Zn.

**Arbeitsvorschrift [34]**

*Spektrometrische Arbeitsbedingungen*

Spektrometer und Plasma: wie bei Arbeitsvorschrift 12.5.1.2 (s. S. 202)
Analysenlinien: Ca 393,4, Co 238,9, K 766,5, V 311,1, Zn 202,5, übrige Linien wie bei Arbeitsvorschrift 12.5.1.2
Spektrale Interferenzen: durch Ca auf Al, Cr, Cu, V und Zn, durch Fe auf Cd, Co und Cr, durch Mg auf Cr und Zn.

*Ausführung.* 2,0 g Probematerial (lyophilisiert oder getrocknet und zerkleinert) werden 14 Std im elektrischen Muffelofen bei 500°C trocken verascht, die abgekühlte Asche mit 5 ml $HNO_3(1,40)$ versetzt, langsam zur Trockene eingedampft und erneut 30 min im Muffelofen auf 500°C erhitzt. Den abgekühlten Veraschungsrückstand löst man unter Erwärmen mit 5 ml $HCl(1,19)$, kühlt ab, füllt in einem 50 ml-Meßkolben mit Wasser zur Marke auf und sprüht die Lösung in die ICP-Flamme ein.
Wahlweise kann die Asche von 1,0 g Probematerial nach analoger Behandlung in einem Endvolumen von 10,0 ml 1,25 M HCl gelöst werden. Für die Aufstellung der Eichkurven verwendet man Lösungsgemische aus Elementstandardlösung mit gleichem Säuregehalt wie die Probelösung, d.h. 1,25 M HCl. Eine Korrektur der spektralen Interferenzen ist gegebenenfalls in Abhängigkeit von Probenzusammensetzung und verwendetem Spektrometer erforderlich.

### 12.5.2.2 Pflanzliches und tierisches Material

*Arbeitsbereich:* wie bei der Arbeitsvorschrift 12.5.1.2 (s. S. 202)

Die nach Arbeitsvorschrift [154] auf S. 197 erhaltene Probelösung analysiert man nach Arbeitsvorschrift 12.5.1.2 [30] (s. S. 202).

### 12.5.2.3 Tierisches Gewebe

*Arbeitsbereich:* wie bei Arbeitsvorschrift 12.5.2.1 (s. oben).

Die Analyse wird nach Arbeitsvorschrift 12.5.2.1 [34] (s. oben) durchgeführt.

### 12.5.2.4 Schmieröl, Mineralölprodukte

Für die Bestimmung von Mn und anderen Elementen in Schmieröl und Erölprodukten wurde die Probe mit Xylol [182] oder MIBK [113] 10fach verdünnt, die verdünnte Probelösung in die ICP-Flamme eingesprüht und die Linie Mn 257,6 gemessen. Die Meßbedingungen waren in der einen Arbeit [182] HF-Engangsleistung 1,7 kW, Außengas 10,5 l/min Ar, Aerosolträgergas 0,7 l/min Ar, Saugrate 1,8 ml/min und in der anderen Arbeit [113] HF-Eingangsleistung 2,1 kW, Außengas 17,0 l/min Ar, Zwischengas 1,0 l/min Ar, Aerosolträgergas 1,0 l/min Ar, pneumatischer Zerstäuber. Die Eichung erfolgt mit metallorganischen Standardproben (Conostand Standards), die wie die Proben mit organischem Lösungsmittel gelöst werden.

## 12.5.3 Metalle und Legierungen

Nach den Untersuchungen einer Arbeit [183] vermindert sich die Intensität der Linie Mn 257,6 mit steigender Fe-Konzentration der Probelösung, während jene von Mn 403,07 zunimmt. Die Intensität der Linie Mn 279,48 hingegen bleibt konstant, weshalb diese Linie für die Bestimmung von Mn in Eisen und Stahl empfohlen wird [183]. Für die Analyse von Stahl mittels ICP-OES fand ein Naßveraschungsautomat VAO [184] (s. S. 18) Anwendung [185] (Auflösungszeit 15 min, Probendurchsatz 80 Proben/Std).

### 12.5.3.1 Unlegierter und niedrig legierter Stahl

*Arbeitsbereich:* Al, Bi, Cr, Cu, Mn, Mo, Ni, P, Pb, Si, Te.

Das Probematerial wird in Mineralsäure gelöst, die Lösung filtriert und in die ICP-Flamme eingesprüht. Auf die Ansaugkapillare des Zerstäubers ist ein Ansaugkopf zum Abfiltrieren von Filterfasern aufgesetzt, um nach längerer Betriebszeit auftretende Verstopfungen des Zerstäubers zu verhindern.

B (%): 0–0,2 Al, Bi, P, 0–2,5 Cr, 0–0,5 Cu, Pb, 0–1,5 Mn, 0–1,0 Mo, Si, 0–2,0 Ni, 0–0,1 Te.

**Arbeitsvorschrift** [160]

*Spektrometrische Arbeitsbedingungen*

Spektrometer: Jobin-Yvon JY 48P, 2160 Striche/mm, Spülzeit 15 sec, Integrationszeit 10 sec
Plasma: HF-Generator Plasma-Therm HFP 1500D, 27,12 MHz, Eingangsleistung 1100 W, reflektierte Leistung 0–2 W
    Außengas 15,5 l/min Ar
    Zwischengas 0
    Aerosolträgergas 0,83 l/min Ar
    pneumatischer Zerstäuber Meinhard T-230-A3
    Saugrate 2,2–2,5 ml/min
    Ansaugkapillare mit Ansaugkopf für A- und B-Zerstäuber[1]
Analysenlinien: Al 394,4, Bi 306,7, Cr 267,7, Cu 327,4, Mn 293,3, Mo 202,0, Ni 341,4, P 213,6, Pb 405,7, Si 288,1, Te 225,9.
Spektrale Interferenzen: Cu und Mo auf P, Mo auf Bi.

---

[1]Best.Nr. 0722007.514 bei: Eppendorf Gerätebau, Netheler u. Hinz GmbH, Postf. 650670, D-2000 Hamburg 65.

*Ausführung*

a) *Lösungsvorschrift 1* (HNO$_3$-lösliches Material; Probematerial: unlegierter Stahl, Automatenstahl). Zu 1,0 g Probematerial fügt man in einem 100 ml-Meßkolben 20,0 ml HNO$_3$(3 + 2) und läßt den Meßkolben zunächst vor der Heizplatte ~ 10 min in der Kälte stehen. Nachdem die Hauptreaktion in der Kälte beendet ist, wird der Meßkolben auf den Rand der auf mäßige Hitze eingestellten Heizplatte gestellt, ~ 10 min erhitzt und nach dem Abklingen der Hauptreaktion in die Mitte der Heizplatte gestellt. Man kocht ~ 5 min, fügt 5 Tropfen H$_2$O$_2$(30%) hinzu, kocht weitere ~ 5 min, kühlt ab und füllt mit Wasser zur Marke auf. Von der Lösung werden ~ 30 ml durch ein trockenes mittelporiges Filter (Ederol Nr. 2, 12,5 cm ∅) in ein 50 ml-Becherglas filtriert. Zum Filtrieren wird das gefaltete Filter unmittelbar auf das Becherglas aufgesetzt. Die so filtrierte Lösung wird in die ICP-Flamme eingesprüht. Eine Korrektur der spektralen Interferenzen ist erforderlich.
Sollte die Lösungsreaktion zu heftig sein, so darf kein Wasser zugefügt werden. Zur Dämpfung der Reaktion kann der Meßkolben kurzfristig von der Heizplatte genommen werden.

b) *Lösungsvorschrift 2* (HNO$_3$/HCl-lösliches Material; Probematerial: niedrig legierter Stahl, Se-haltiger Stahl). Zu 1,0 g Probematerial fügt man in einem 100 ml-Meßkolben 20,0 ml HNO$_3$(3 + 2), läßt den Meßkolben zunächst vor der Heizplatte ~ 5 min in der Kälte stehen, versetzt dann mit 10,0 ml HCl(1 + 1) und läßt weitere ~ 5 min stehen. Nachdem die Hauptreaktion in der Kälte beendet ist, wird der Meßkolben auf den Rand der Heizplatte gestellt und nach Lösungsvorschrift 1 fortgefahren.

Die Aufstellung der Eichkurven erfolgt nach der Arbeitsvorschrift mit Ferrum reductum unter Zusatz von Elementstandardlösungen.

### 12.5.3.2  Unlegierter und legierter Stahl

*Arbeitsbereich:* Al, As, Co, Cr, Cu, Mn, Mo, Ni, P, Pb, Si, Sn, Ti, V.

Nach dem Lösen der Probe wird der unlösliche Rückstand mit Na$_2$CO$_3$/ Na$_2$B$_4$O$_7$ aufgeschlossen und die Aufschlußlösung mit dem Filtrat für die Analyse vereinigt.

B (%): 0,005–0,2 Al, Cu, 0,005–0,05 As, 0,02–0,2 Co, V, 0,02–5 Cr, 0,1–1,5 Mn, 0,02–1,5 Mo, 0,02–4 Ni, 0,005–0,08 P, 0,01–0,2 Pb, 0,1–1 Si, 0,005–0,02 Sn, 0,01–0,8 Ti, 0,02–0,5 V.

**Arbeitsvorschrift [186]**

*Spektrometrische Arbeitsbedingungen*

Spektrometer: 1 m ARL ICP 34 000, 1440 Striche/mm
Plasma: pneumatischer Zerstäuber mit peristaltischer Pumpe
Analysenlinien (Wellenlänge × Ordnung): Al 237,3×3, As 189,0×3, Co 228,6×3, Cr 267,7×3, Cu 324,8×2, Mn 257,6×3, Mo 202,0×2, Ni 231,6×2, P 178,3×3, Pb 220,4×2, Si 288,2×2, Sn 190,0×3, Ti 336,1×2, V 292,4×2.
Spektrale Interferenzen: > 0,6% Mn u. > 0,2% Mo auf P, > 0,2% Mo auf As, > 2% Cr auf Al.

*Ausführung.* 2,0 g Probematerial werden in einem 300 ml-Quarzerlenmeyerkolben unter Erwärmen mit 20 ml HNO$_3$(1,20) und 30 ml HCl(1,19) gelöst, durchgekocht, anteilweise vorsichtig 5 ml Ameisensäure hinzugefügt, durchgekocht und durch ein Membranfilter (Porenweite 0,45 µm) unter Nachwaschen in einen 200 ml-Meßkolben filriert. Filter mit Rückstand verascht man in einem Platintiegel, schließt mit 0,3 g Na$_2$CO$_3$ + 0,3 g Na$_2$B$_4$O$_7$ im elektrischen Muffelofen 10 min bei 1000°C auf, löst die erkaltete Schmelze unter Erwärmen mit 15 ml Wasser, fügt 10 ml HCl(1,12) hinzu, vereinigt die Lösung mit dem Filtrat, füllt mit Wasser zur Marke auf und sprüht die Lösung in die ICP-Flamme ein.

### 12.5.3.3  Bor

*Arbeitsbereich:* Al, Ba, Ca, Cd, Cr, Cu, Dy, Fe, Ga, Gd, In, La, Mg, Mn, Mo, Nb, Ni, Pb, Ru, Sr, Ti, V, Y, Zn, Zr.

Das Matrixelement B wird mit HF als $BF_4$ verflüchtigt.

B ($\mu g/g$):  1,5–100 Sr, Ti, V, 1,5–200 Ba, Gd, 3–100 Dy, 3–200 Nb, Y, 3–500 Ca, Cr,
              Cu, Fe, La, Mn, Zn, Zr, 3–1000 Ni, 15–500 Mg, Ru, 15–200 Ga, 15–1000
              Al, Mo, 30–1000 In, 30–2000 Pb, 300–2000 Cd.

$L_D$ ($\mu g/g$):  0,3 Sr, 0,5 Ba, Gd, Ti, V, 1 Ca, Cr, Cu, Dy, Fe, La, Mn, Nb, Ni, Y, Zn,
              Zr, 3 Ru, 5 Al, Ga, Mg, Mo, 10 In, Pb, 100 Cd.

$s_r$: ± 10–15%.

**Arbeitsvorschrift** [187]

*Spektrographische Arbeitsbedingungen*

Spektrograph: 3,4 m Ebert, 15000 Striche/Zoll, Spaltbreite 0,020 mm
Plasma: HF-Generator International Plasma Corp., Modell 120–27,27,12 MHz, Eingangslei-
        stung 1500 W; reflektierte Leistung 1 W
        Außengas 15 l/min Ar
        Zwischengas 0
        Aerosolträgergas 1,1 l/min Ar
        pneumatischer Querstromzerstäuber TN-1 (Plasma-Therm)
Belichtungszeit: 120 sec
Photographische Emulsion: Kodak S.A.1 für 220–340 nm, S.A.3 für 340–460 nm
Innerer Standard: Co 306,2
Analysenlinien: Al 308,2, Ba 455,4, Ca 315,8, Cd 228,8, Cr 283,6, Cu 327,9, Dy 353,2, Fe 259,9,
        Ga 294,4, Gd 335,0, In 303,9, La 333,7, Mg 383,2, Mn 294,9, Mo 313,3, Nb 313,1, Ni 305,1,
        Pb 283,3, Ru 267,6, Sr 421,5, Ti 323,6, V 309,3, Y 332,8, Zn 328,3, Zr 343,8.

*Ausführung.* 2,0 g Probematerial werden in einem 150 ml-Erlenmeyerkolben tropfenweise mit
15 ml redestillierter $HNO_3$(1,40) versetzt und nach Beendigung der heftigen Reaktion 3 Std
unter Rückfluß erhitzt. Die Lösung führt man unter Nachwaschen in einen Platintiegel (oder
-schale) über, versetzt mit genügend HF(40%) und dampft zur Trockene ein. Der Eindampfrückstand wird mit 2 ml 3%iger $HClO_4$ gelöst, 2,5 ml $Co(NO_3)_2$-Lösung (1000 $\mu g$ Co/ml) hinzugefügt, in einem 25 ml-Meßkolben mit Wasser zur Marke aufgefüllt und die Probelösung in die
ICP-Flamme eingesprüht. Parallel wird ein Reagentienblindwert mitgeführt.
Für die Eichung werden synthetische Multielement-Standardlösungen mit dem Konzentrationsbereich 0,1–50 $\mu g/ml$ und 100 $\mu g$ Co/ml als innerer Standard verwendet.


### 12.5.3.4 Titanlegierungen

*Arbeitsbereich:* Al, Mn, Mo, Si, Sn, V, Zr.

Nach dem Lösen des Probematerials mit HF wird die freie HF mit $H_3BO_3$ gebunden.

B: 0,02–> 1%.

**Arbeitsvorschrift** [188]

*Spektrometrische Arbeitsbedingungen*

Spektrometer: 0,5 m Nippon Jarell-Ash JE-50, 1200 Striche/mm
Plasma: HF-Generator Nippon Jarell-Ash ICAP-1, Eingangsleistung 1400 W
        Außengas 14,0 l/min Ar
        Zwischengas 1,0 l/min Ar
        Aerosolträgergas 0,85 l/min Ar
        Querstromzerstäuber mit Platinkapillare
        Saugrate 1,0 ml/min
Analysenlinien: Al 394,4, Mn 257,6, Mo 287,1, Si 288,1, Sn 224,6, V 310,2, Zr 349,6.

*Ausführung.* 0,10 g Probematerial wird in einem 50 ml-Polyethylenbecher bei Raumtemperatur
mit 10 ml $HNO_3$(1+2) und 1,5 ml HF(47%) gelöst. Anschließend fügt man 50 ml 2%ige

$H_3BO_3$-Lösung hinzu, füllt mit Wasser auf 100,0 ml auf und sprüht die Lösung in die ICP-Flamme ein. Die Eichlösungen werden mit Elementstandardlösungen nach der Arbeitsvorschrift hergestellt.

## 12.5.4 Mineralstoffe

### 12.5.4.1 Silicatgestein

*Arbeitsbereich:* Al, Ba, Ca, Co, Cr, Cu, Fe, K, Li, Mg, Mn, Na, Ni, P, Si, Sr, Ti, V, Y, Zn, Zr.

Das Probematerial wird sowohl mit $LiBO_2$ als auch mit $HF/HClO_4$ aufgeschlossen, wobei in letzterem Fall $SiO_2$ verflüchtigt wird. Bei einigen Refraktärmineralien (z.B. Chromit, Rutil, Kassiterit und Zirkon) kann der Aufschluß mit $HF/HClO_4$ fallweise unvollständig sein, weshalb eine genaue Kontrolle ratsam ist.

B (%): 40–75 $SiO_2$, 0,3–17 $Al_2O_3$, 1,3–17 $Fe_2O_3$, 0,05–42 MgO, 0,3–12 CaO, 0,01–3 $Na_2O$, 0,2–15 $K_2O$, 0,01–0,2 MnO, $TiO_2$, 0,01–0,1 $P_2O_5$.

$L_D$ (µg/g) der Spurenelemente: 2 Y, 3 Ba, Sr, 4 Li, 5 Cu, Zr, 10 Co, Cr, Zn.

**Arbeitsvorschrift** [189]

*Spektrometrische Arbeitsbedingungen*

Spektrometer: 1,5 m Philips PV 8210
Plasma: HF-Generator PV 8490, 50 MHz, Eingangsleistung 1200 W
        Außengas 17 l/min Ar
        Aerosolträgergas 1,2 l/min Ar
        Saugrate 2,3 ml/min
Analysenlinien: Al 308,2, Ba 455,4, Ca 315,8 (2.Ordn.), Co 228,6, Cr 425,4, Cu 324,8, Fe 259,9, K 766,5, Li 670,8, Mg 383,8, Mn 257,6, Na 588,9, Ni 231,6, P 213,6, Si 288,2, 252,9, Sr 407,8, Ti 337,3, V 290,9, Y 371,0, Zn 202,6, Zr 339,2.

*Ausführung.*

*a) Aufschluß mit $LiBO_2$.* 0,50 g fein gepulvertes Probematerial werden in einem Platintiegel mit 2,0 g $LiBO_2$ (Spectroflux 100A, Johnson u. Matthey, Royston, England) gemischt, über einem Mekerbrenner 30 min unter Schwenken aufgeschlossen und nach dem Abkühlen in einen 250 ml-Polyethylenbecher gestellt, in dem 200 ml kalte 5 Vol.%ige $HNO_3$ vorgelegt sind. Die Schmelze wird unter Magnetrühren 1–2 Std gelöst, die Lösung dann mit Wasser auf 250,0 ml aufgefüllt und in die ICP-Flamme eingesprüht. Die Lösung ist mehrere Monate stabil und eignet sich für die Bestimmung der Haupt- und Nebenbestandteile sowie einiger nachweisempfindlicher Spurenelemente.

*b) Aufschluß mit $HF/HClO_4$.* 0,50 g fein gepulvertes Probematerial versetzt man in einem Platintiegel mit 4 ml $HClO_4$(60%) und 15 ml HF(40%), dampft auf dem Sandbad fast zur Trockene ein, fügt nach dem Abkühlen 4 ml $HClO_4$(60%) sowie 15 ml Wasser hinzu und erwärmt schwach bis die Salze gelöst sind. Die Lösung wird abgekühlt, mit Wasser auf 50,0 ml aufgefüllt und in die ICP-Flamme eingesprüht. Diese Lösung wird für die Bestimmung der Spurenelemente verwendet, doch können damit auch die Hauptbestandteile bestimmt werden.

### 12.5.4.2 Zement

*Arbeitsbereich:* Al, Ca, Cr, Fe, K, Mg, Mn, Na, P, Si, Sr, Ti.

B (%): 67 CaO, 21 $SiO_2$, 5,5 $Al_2O_3$, 3,5 $Fe_2O_3$, 0,2 $Na_2O$, 0,5 $K_2O$, 0,7 MgO, 0,08 $Mn_2O_3$, 0,3 $TiO_2$, 0,2 $P_2O_5$, 0,2 SrO, 0,007 $Cr_2O_3$.

**Arbeitsvorschrift** [191]

*Spektrometrische Arbeitsbedingungen*

Spektrometer: 1 m Jobin-Yvon JY 48P, 1800 Striche/mm
Plasma: HF-Generator Durr JY 3848, 55–56 MHz, Eingangsleistung 1600 W
        Außengas 16 l/min Ar
        Zwischengas 0,33 l/min Ar
        Saugrate 2 ml/min
Analysenlinien: Al 308,2, Ca 317,9, Cr 267,7, Fe 259,9, K 766,5, Mg 280,3, Mn 257,6, Na 588,9,
  P 213,6, Si 288,2, Sr 407,8, Ti 337,3.

*Ausführung.* 0,25 g Probematerial werden mit HCl(1 + 7) gelöst, filtriert und mit HCl(1 + 7) auf
500,0 ml aufgefüllt. Der unlösliche Rückstand darf 0,2% nicht überschreiten. Die Lösung wird
in die ICP-Flamme eingesprüht.

### 12.5.5  Verschiedenes

#### 12.5.5.1  Luftstaub

*Arbeitsbereich:* wie bei Arbeitsvorschrift 12.5.1.2 (s. S. 202).

Die nach der Arbeitsvorschrift [154] auf S. 197 erhaltene Probelösung analysiert man
nach Arbeitsvorschrift 12.5.1.2 [30] (s. S. 202).

## 12.6  Anwendungen

Die Plasmaspektrometrie fand vielfach Anwendung für die Bestimmung von Mn —
in der Regel neben anderen Elementen — in zahlreichen Materialien, worüber
nachfolgend beispielhaft eine Anzahl von Arbeiten angeführt ist.

*1. Wasser (Gehaltsbereich in µg Mn/1)*[1]
Natürliche Wässer (60–160; DCP) [36], (30–250; ICP) [192], Süßwasser ($\geq$ 1;
ICP)[13], Trink- und Abwasser (1–100; ICP)[41], Meerwasser ($\geq$ 1; Isol: IoA;
ICP)[33, 175], ($\geq$ 1; Isol: reverse phase-Chromatographie Oxin/Silicagel; ICP)[176],
Salinenwasser (1000–10 000; DCP)[47], Abwasser ($\geq$ 1; Isol: Ex APCD/MIBK;
ICP)[164].

*2. Organisches Material (Gehaltsbereich in µg Mn/g)*[1]
Pflanzenmaterial (40–4000; ICP)[161, 193, 194], pflanzliches und tierisches Material
(0,1–700; ICP)[177, 195], biologisches Material (0,05–700; ICP)[38, 44], (10–80;
MIP)[37], Nahrungsmittel (0,3–170; ICP)[196], Knochen (0,8; Isol: IoA, Polydithiocarbamat-Chelatharz; ICP)[197], Kohle, Flugasche ($\geq$ 40; ICP)[198], Kohle, Heizöl
(0,2–28; Isol: IoA, Polydithiocarbamat-Chelatharz; ICP)[199], Schmieröl ($\geq$ 1; ICP,
Verdünnung 1:10 mit Xylol)[164].

*3. Metalle und Legierungen (Gehaltsbereich in % Mn)*[1]
Al-legierungen (0,002–1; ICP)[200–202], Eisen, Stahl ($\geq$ 0,002–2; ICP)[110, 203],
Stahl, Al- und Cu-legierungen (0,0001–1,6; ICP) [204], Ni-legierungen (0,05–0,3;
ICP)[129], Molybdän ($\geq$ 0,005; ICP)[205], (< 0,005; Isol: Flg mit La/Oxin;
ICP)[205], Natrium (0,000005; Isol: Dest; ICP)[206], Ferromangan (77; ICP)[207,
208].

*4. Mineralstoffe (Gehaltsbereich in % Mn)*[1]
Silicatgestein (0,05–0,2 MnO; CMP)[61], (0,02–0,2; ICP)[190], geologisches Material

---

[1]Abkürzungen s. S. 187 und XV.

(0,01–0,15; ICP)[26], Phosphoriterz (0,02 MnO; ICP)[209], Sulfidkonzentrat (>0,0001; ICP)[210], Meeressediment (0,02–0,05; ICP)[211], Ferromanganschlacke, Chromerz (0,2–33 MnO; ICP)[207, 208], Extrakte von geologischem Material (0,02–0,035; ICP)[212], Böden (ICP)[30], Schlamm, Böden (0,02–0,1; ICP)[213], Bodenextrakt (0,0025; ICP)[34], Glas ($\leq$0,0225; ICP; Einwaage 200–500 μg)[214].

*5. Verschiedenes*[1]
Luftstaub (20–250 ng Mn/m$^3$; ICP)[215, 216], Stahleinschlüsse (0,007–0,14% Mn; ICP)[217], Uran(VI)-fluorid (0,1–10 μg Mn/g; Isol: Ex Tri-(2-ethylhexyl)phosphat/Hexan; ICP)[218].

# Literatur


1. Reed TB, J Appl Phys 32 (1961) 821
2. West CD, Hume DN, Anal Chem 36 (1964) 412
3. Greenfield S, Jones IL, Berry CT, Analyst 89 (1964) 713
4. Wendt RH, Fassel VA, Anal Chem 37 (1965) 920
5. Boumans PWJM, Fresenius Z Anal Chem 299 (1979) 337
6. Dickinson GW, Fassel VA, Anal Chem 41 (1969) 1021
7. Kawaguchi H, Atsuya I, Vallee BL, Anal Chem 49 (1977) 266
8. Boumans PWJM, de Boer FJ, Spectrochim Acta 30B (1975) 309
9. Boumans PWJM, de Boer FJ, Spectrochim Acta 31B (1976) 335
10. Genna JL, Barnes RM, Allemand CD, Anal Chem 49 (1977) 1450
11. Atsuya I, Kawaguchi H, Veillon C, Vallee BL, Anal Chem 49 (1977) 1489
12. Zander AT, Hieftje GM, Anal Chem 50 (1978) 1257
13. Goulden PD, Anthony DHJ, Anal Chem 54 (1982) 1278
14. Schmidt GJ, Slavin W, Anal Chem 54 (1982) 2491
15. Ohls K, Koch KH, Grote H, Fresenius Z Anal Chem 287 (1977) 10
16. Disam A, Tschöpel P, Tölg G, Fresenius Z Anal Chem 310 (1982) 131
17. Boumans PWJM, Fresenius Z Anal Chem 279 (1976) 1
18. Boumans PWJM, Bastings LC, de Boer FJ, van Kollenburg LWJ, Fresenius Z Anal Chem 291 (1978) 10
19. Ohls K, Koch KH, Grote H, Fresenius Z Anal Chem 284 (1977) 177
20. Sommer D, Ohls K, Fresenius Z Anal Chem 304 (1980) 97
21. Olsen KW, Haas Jr WJ, Fassel VA, Anal Chem 49 (1977) 632
22. Kawaguchi H, Ito T, Rubi S, Mizuike A, Anal Chem 52 (1980) 2440
23. Felkel Jr HL, Pardue HL, Anal Chem 50 (1978) 602
24. Ishizuka T, Uwamino Y, Anal Chem 52 (1980) 125
25. Floyd MA, Fassel VA, Winge RK, Katzenberger JM; D'Silva AP, Anal Chem 52 (1980) 431
26. Floyd MA, Fassel VA, D'Silva AP, Anal Chem 52 (1980) 2168
27. Black MS, Browner RF, Anal Chem 53 (1981) 249
28. Wolnik KA, Fricke FL, Hahn MH, Caruso JA, Anal Chem 53 (1981) 1030
29. McCarthy JP, Jackson ME, Ridgway TH, Caruso JA, Anal Chem 53 (1981) 1512
30. McQuaker NR, Klucker PD, Chang GN, Anal Chem 51 (1979) 888
31. Nixon DE, Fassel VA, Kniseley RN, Anal Chem 46 (1974) 210
32. Botto RI, Anal Chem 54 (1982) 1654
33. Sturgeon RE, Berman SS, Desaulniers JAH, Mykytiuk AP, McLaren JW, Russell DS, Anal Chem 52 (1980) 1585
34. Dahlquist RL, Knoll JW, Appl Spectrosc 32 (1978) 1
35. Burman J, Boström K, Anal Chem 51 (1979) 516


---

[1]Abkürzungen s. S. 187 und XV.

36. Johnson GW, Taylor HE, Skogerboe RK, Spectrochim Acta 34B (1979) 197
37. Aziz A, Broekaert JAC, Leis F, Spectrochim Acta 37B (1982) 381
38. Aziz A, Broekaert JAC, Leis F, Spectrochim Acta 37B (1982) 369
39. Berman SS, McLaren JW, Willie SN, Anal Chem 52 (1980) 488
40. Wohlers CC, ICP Inform Newsl 3 (1977) 37
41. Taylor CE, Floyd TL, Appl Spectrosc 35 (1981) 408
42. Dobb DE, Jenke DR, Appl Spectrosc 37 (1983) 379
43. Allemand CD, Barnes RM, Wohlers CC, Anal Chem 51 (1979) 2392
44. Schramel P, Xu-Li-giang, ICP Inform Newsl 7 (1982) 429
45. Schramel P, Klose BJ, Hasse S, Fresenuis Z Anal Chem 310 (1982) 209
46. Vanderstappen MG, Van Grieken RE, Talanta 25 (1978) 653
47. Eastwood D, Hendrick MS, Sogliero GL, Spectrochim Acta 35B (1980) 421
48. Greenfield S, McGeachin HM, Smith PB, Talanta 22 (1975) 1
49. Greenfield S, McGeachin HM, Smith PB, Talante 22 (1975) 553
50. Greenfield S; McGeachin HM, Smith PB, Talanta 23 (1976) 1
51. —
52. Fassel VA, ASTM Spec Tech Publ No 618, Amer Soc for Testing Materials. Philadelphia (1977) p. 22
53. Bates PJ, Jordon B, Thompson GR, ICP Inform Newsl 4 (1978) 14
54. Boumans PWJM, Mikrochim Acta (1978 I) 399
55. Barnes RM, Anal Chem 50 (1978) 100R
56. Ward AF, ICP Inform Newsl 5 (1979) 448
57. Ohls K, Koch KH, ICP Inform Newsl 3 (1977) 192
58. Boumans PWJM, ICP Inform Newsl 5 (1979) 181
59. Hausler DW, Taylor LT, Anal Chem 53 (1981) 1223
60. Quimby BD, Uden PC, Barnes RM, Anal Chem 50 (1978) 2112
61. Govindaraju K, Mevelle G, Chouard C, Anal Chem 48 (1976) 1325
62. Morita M, Mehiro T, Fuwa K, Anal Chem 52 (1980) 349
63. Barnes RM, Applications of plasma emission spectrochemistry. Heyden, Philadelphia
    (1979)
64. Barnes RM, Applications of inductively coupled plasmas to emission spectroscopy.
    Franklin Institute Press, Philadelphia (1978)
65. Barnes RM, Emission spetroscopy. Halsted, Wiley, New York (1976)
66. Boumans PWJM, Analysis by inductively plasma atomic emission spectrometry. Wiley, New York (1981/83 in preparation)
67. Boumans PWJM, Line coincidence table for inductively coupled plasma atomic emission spectrometry. Pergamon, Oxford (1980/81)
68. Parsons ML, Foster A, Anderson D, An atlas of spectral interference in ICP spectroscopy. Plenum, New York (1980)
69. Winge RK, Fassel VA, Peterson VJ, Floyd MJ, Atlas of spectral information for inductively coupled plasma-atomic emission spectroscopy. Environmental Protection Agency
    EPA-80-D-X0584, Springfield (1982)
70. Winge RK, Peterson VJ, Fassel VA, Inductively coupled plasma—atomic emission
    spectroscopy: prominent lines. Environmental Protection Agency EPA-600/4-79-017,
    Springfield (1979)
71. Cresser MS, Sharp BL, Annual reports on analytical atomic spectroscopy, Vol 10. The
    Royal Society of Chemistry, London (1981)
72. Dawson JB, Sharp BL, Annual reports on analytical atomic spectroscopy, Vol 9. The
    Royal Society of Chemistry, London (1980)
73. Dawson, JB, Sharp BL, Annual reports on analytical atomic spectroscopy, Vol 8. The
    Royal Society of Chemistry, London (1979)
74. Barnes RM, Anal Chem 44 (1972) 122R; 46 (1974) 150R; 48 (1976) 106R; 50 (1978)
    100R
75. Boyko WJ, Keliher PN, Malloy JM, Anal Chem 52 (1980) 53R
76. Boyko WJ, Keliher PN, Patterson III JM, Anal Chem 54 (1982) 188R
77. Dahmen J, ICP Inform Newsl 6 (1981) 576
78. Dahmen J, ICP Inform Newsl 7 (1982) 441

79. Margoshes M, Scribner BF, Spectrochim Acta 15 (1959) 138
80. Korolev VV, Vainshtein EE, Zh Anal Khim 14 (1959) 658
81. Skogerboe RK, Urasa IT, Coleman GN, Appl Spectrosc 30 (1976) 500
82. Keirs CD, Vickers TJ, Appl Spectrosc 31 (1977) 273
83. Mavrodineanu R, Hughes RC, Spectrochim Acta 19 (1963) 1309
84. Tappe W, van Calker J, Fresenius Z Anal Chem 198 (1963) 13
85. Jecht U, Kessler W, Fresenius Z Anal Chem 198 (1963) 27
86. Kessler W, Gebhardt F, Glastech Ber 40 (1967) 194
87. Goto H, Hirokawa K, Suzuki M, Fresenius Z Anal Chem 225 (1967) 130
88. Yamamoto M, Murayama S, Spectrochim Acta 23A (1967) 773
89. Murayama S, Matsuno H, Yamamoto M, Spectrochim Acta 23B (1968) 513
90. Murayama S, Spectrochim Acta 25B (1970) 191
91. Feuerbacher H, ICP Inform Newsl 6 (1981) 571
92. Runnels JH, Gibson JH, Anal Chem 39 (1967) 1398
93. Layman LR, Hieftje GM, Anal Chem 47 (1975) 194
94. Kawaguchi H, Vallee BL, Anal Chem 47 (1975) 1029
95. Fricke FL, Rose O, Caruso JA, Anal Chem 47 (1975) 2018
96. Taylor HE, Gibson JH, Skogerboe RK, Anal Chem 42 (1970) 876
97. Kawaguchi H, Hasegawa M, Mizuike A, Spectrochim Acta 27B (1972) 205
98. Lichte FE, Skogerboe RK, Anal Chem 45 (1973) 399
99. Skogerboe RK, Coleman GN, Appl Spectrosc 30 (1976) 504
100. Beenakker CIM, Spectrochim Acta 31B (1976) 483
101. Beenakker CIM, Spectrochim Acta 32B (1977) 173
102. Beenakker CIM, Boumans PWJM, Spectrochim Acta 33B (1978) 53
103. Beenakker CIM, Bosman B, Boumans PWJM, Spectrochim Acta 33B (1978) 373
104. Zander AT, Hieftje GM, Appl Spectrosc 35 (1981) 357
105. Hoare HC, Mostyn RA, Anal Chem 39 (1967) 1153
106. Fassel VA, Kniseley RN, Anal Chem 46 (1974) 1110A
107. Scott RH, Fassel VA, Kniseley RN, Nixon DE, Anal Chem 46 (1974) 75
108. Kniseley RN, Amenson H, Butler CC, Fassel VA, Appl Spectrosc 28 (1974) 285
109. Larson GF, Fassel VA, Scott RH, Kniseley RN, Anal Chem 47 (1975) 238
110. Butler CC, Kniseley RN, Fassel VA, Anal Chem 47 (1975) 825
111. Golightly DW, ICP Inform Newsl 3 (1977) 14
112. Boumans PWJM, de Boer FJ, Dahmen FJ, Hölzel H, Meier A, Spectrochim Acta 30B
     (1975) 449
113. Fassel VA, Peterson CA, Abercrombie FN, Kniseley RN, Anal Chem 48 (1976) 516
114. Winge RK, Fassel VA, Kniseley RN, De Kalb E, Haas Jr WJ, Spectrochim Acta 32B
     (1977) 327
115. Boumans PWJM, de Boer FJ, Spectrochim Acta 27B (1972) 391
116. Abdallah MH, Diemiaszonek R, Jarosz J, Mermet JM, Robin J, Trassy C, Anal Chim
     Acta 84 (1976) 271
117. Abdallah MH, Mermet JM, Trassy C, Anal Chim Acta 87 (1976) 329
118. Dagnall RM, Smith TJ, West TS, Greenfield S, Anal Chim Acta 54 (1971) 397
119. Greenfield S, Jones IL, McGeachin HM, Smith PB, Anal Chim Acta 74 (1975) 225
120. Greenfield S, McGeachin HM, Smith PB, Anal Chim Acta 84 (1976) 67
121. Watson AE, Russel GM, Report No 1907, National Institute for Metallurgy, Rand-
     burg, South Africa (1977); ICP Inform Newsl 3 (1977) 273
122. Russell GM, Watson AE, Report No 1934, National Institute for Metallurgy, Rand-
     burg, South Africa (1977); ICP Inform Newsl 3 (1978) 409
123. Ohls K, Mikrochim Acta Suppl 9 (1981) 49
124. Scott RH, ICP Inform Newsl 3 (1977) 425
125. Gustavsson A, ICP Inform Newsl 5 (1979) 312
126. Mermet JM, Trassy C, Appl Spectrosc 31 (1977) 237
127. Koch OG, unveröffentlicht (Jan/Juni 1980)
128. Newland BTN, Mostyn RA, ICP Inform Newsl 1 (1976) 183
129. Newland BTN, Mostyn RA, ICP Inform Newsl 2 (1976) 135
130. Fernando LA, Spectrochim Acta 37B (1982) 859

131. Winge RK, Fassel VA, Peterson VJ, Floyd MA, Appl Spectrosc 36 (1982) 210
132. Harrison GR, Massachusetts Institute of Technology Wavelength Tables. Wiley, New York (1960); MIT Press, Cambridge (1969)
133. Meggers WF, Corliss CH, Scribner BF, Tables of spectral line intensities. NBS Monograph No 145. US Dept of Commerce, Washington (1975)
134. Saidel AN, Prokofjew WK, Raiski SM, Spektraltabellen. VEB Verl Technik, Berlin (1955)
135. Zaidel AN, Prokof'ev VK, Raiskii SM, Slavnyi VA, Shreider EY, Tables of spectral lines. Plenum, New York (1970)
136. Kuba J, Kučera L, Plžak F, Dvořák M, Mŕaz J, Koinzidenztabellen der Atmospektroskopie. Verlag der Tschechoslowakischen Akademie der Wissenschaften, Prag (1964)
137. Phelps III FM, M.I.T. Wavelength tables, Vol 2: Wavelength by elements. MIT Press, Cambridge (1982)
138. Winge RK, Peterson VJ, Fessel VA, Appl Spectrosc 33 (1979) 206
139. Allemand C, ICP Inform Newsl 1 (1976) 238
140. Larson GF, Fassel VA, Winge RK, Kniseley RN, Appl Spectrosc 30 (1976) 384
141. Demers DR, Priede AI, ICP Inform Newsl 3 (1977) 221
142. Boumans PWJM, Spectrochim Acta 31B (1976) 147
143. Boumans PWJM, Bosveld M, Spectrochim Acta 34B (1979) 59
144. Boumans PWJM, Spectrochim Acta 36B (1981) 169
145. Boumans PWJM, Spectrochim Acta 38B (1983) 747
146. Skogerboe RK, Urasa IT, Appl Spectrosc 32 (1978) 527
147. Zander AT, Hieftje GM, Anal Chem 50 (1978) 1257
148. Skogerboe RK, Coleman GN, Anal Chem 48 (1976) 611A
149. Beenakker CIM, Bosman B, Boumans PWJM, Spectrochim Acta 33B (1978) 373
150. Fassel VA, ICP Inform Newsl 1 (1976) 267
151. Boumans PWJM, Barnes RM, ICP Inform Newsl 3 (1978) 445
152. Boumans PWJM, DeBoer FJ, Proc Anal Div Chem Soc 12 (1975) 140
153. Kniseley RN, Fassel VA, Butler CC, Clin Chem 19 (1973) 807
154. McQuaker NR, Brown DF, Kluckner PD, Anal Chem 51 (1979) 1082
155. Thompson M, Ramsey MH, Pahlavanpour B, Analyst 107 (1982) 1330
156. Kniseley RN, ICP Inform Newsl 1 (1975) 38
157. Kniseley RN, ICP Inform Newsl 1 (1975) 92
158. Schutyser P, Janssens E, Spectrochim Acta 34B (1979) 443
159. Ohls K, Krefta K, ICP Inform Newsl 1 (1976) 168
160. Koch OG, unveröffentlicht (Jan 1981)
161. Kuennen RW, Wolnik KA, Fricke FL, Caruso JA, Anal Chem 54 (1982) 2146
162. Boumans PWJM, Lux-Steiner MC, Spectrochim Acta 37B (1982) 97
163. Warren J, ICP Inform Newsl 2 (1977) 262
164. Broekaert JAC, Leis F, Laqua K, Talanta 28 (1981) 745
165. Broekaert JAC, Leis F, Fresenius Z Anal Chem 300 (1980) 22
166. Sommer D, Ohls K, Koch A, Fresenius Z Anal Chem 306 (1981) 372
167. Kleinmann I, Svoboda V, Anal Chem 41 (1969) 1029
168. Kleinmann I, Cajko J, Spectrochim Acta 25B (1970) 657
169. Salin ED, Horlick G, Anal Chem 51 (1979) 2284
170. Greenfield S, Smith PB, Anal Chim Acta 59 (1972) 341
171. Broekaert JAC, Leis F, Laqua K, Fresenius Z Anal Chem 301 (1980) 105
172. Ito T, Nakagawa E, Kawaguchi H, Mizuike A, Mikrochim Acta (1982 I) 423
173. Alexander PW, Finlayson RJ, Smythe LE, Thalib A, Analyst 107 (1982) 1335
174. Hiraide M, Ito T, Baba M, Kawaguchi H, Mizuike A, Anal Chem 52 (1980) 804
175. Kerfoot WB, Crawfort RL, ICP Inform Newsl 2 (1977) 289
176. Watanabe H, Goto K, Taguchi S, McLaren JW, Berman SS, Russell DS, Anal Chem 53 (1981) 738
177. Jones JW, Caspar SG, O'Haver TC, Analyst 107 (1982) 353
178. Koch OG, Koch—Dedic GA, Handbuch der Spurenanalyse. Springer, Berlin Heidelberg New York (1974)
179. Miyazaki A, Kimura A, Bansho K, Umezaki Y, Anal Chim Acta 144 (1982) 213

180. Sugimae A, Anal Chim Acta 121 (1980) 331
181. Kingston HM, Barnes IL, Brady TJ, Rains TC, Champ MA, Anal Chem 50 (1978) 2064
182. Merryfield RN, Loyd RC, Anal Chem 51 (1979) 1965
183. Atsuya I, Akatsuka K, Anal Chim Acta 81 (1976) 61
184. Knapp G, Fresenius Z Anal Chem 274 (1975) 271
185. Wagner A, Petin J, Hein J, Bentz F, in: Koch KH, Massmann H, 13. Spektrometertagung. de Gruyter, Berlin New York (1981)
186. Petesch P, persönl. Mitteilung (1981; interne Laborvorschrift 1981)
187. Hulmston P, Anal Chim Acta 155 (1983) 247
188. Iwasaki K, Uchida H, Tanaka K, Anal Chim Acta 135 (1982) 369
189. Walsh JN, Spectrochim Acta 35B (1980) 107
190. Uchida H, Uchida T, Iida C, Anal Chim Acta 108 (1979) 87
191. Degré JP, ICP Inform Newsl 7 (1982) 384
192. Garbarino JR, Taylor HE, Appl Spectrosc 33 (1979) 220
193. Scott RH, Strasheim A, Anal Chim Acta 76 (1975) 71
194. Schramel P, Li—qiang Xu, Fresenius Z Anal Chem 314 (1983) 671
195. Munter RC, Grande RA, Ahn PC, ICP Inform Newsl 5 (1979) 368
196. Evans WH, Dellar D, Analyst 107 (1982) 977
197. Mahanti HS, Barnes RM, Anal Chim Acta 151 (1983) 409
198. Nadkarni RA, Anal Chem 52 (1980) 929
199. Mahanti HS, Barnes RM, Anal Chim Acta 149 (1983) 395
200. Kirkbright GF, Ward AF, Talanta 21 (1974) 1145
201. Barnes RM, Fernando L, Lu Shang Jing, Mahanti HS, Appl Spectrosc 37 (1983) 389
202. Page AG, Madraswala KH, Godbole SV, Mallapurkar VS, Joshi BD, Fresenius Z Anal Chem 316 (1983) 713
203. Ohls K, Sommer D, ICP Inform Newsl 4 (1978) 247
204. Ward AF, Marciello LF, Anal Chem 51 (1979) 2264
205. Nakashima R, Sasaki S, Anal Chim Acta 85 (1976) 75
206. Berry T, Macleod KC, Christie AC, Cunningham JA, Analyst 108 (1983) 189
207. Russell GM, Watson AE, ICP Inform Newsl 6 (1980) 12
208. Watson AE, Russell GM, ICP Inform Newsl 4 (1979) 441
209. Jenke DR, Diebold FE, Anal Chem 54 (1982) 1008
210. Watson AE, Russell GM, Balaes G, ICP Inform Newsl 2 (1976) 205
211. McLaren JW, Berman SS, Boyko VJ, Russell DS, Anal Chem 53 (1981) 1802
212. Motooka JM, Sutley SJ, Appl Spectrosc 36 (1982) 524
213. Schramel P, Xu Li-Qiang, Wolf A, Hasse S, Fresenius Z Anal Chem 313 (1982) 213
214. Catterick T, Hickman DA, Analyst 104 (1979) 516
215. Sugimae A, ICP Inform Newsl 6 (1981) 619
216. Broekaert JAC, Wopenka B, Puxbaum H, Anal Chem 54 (1982) 2174
217. Kurosawa F, Tanaka I, Sato K, Otsuki T, Spectrochim Acta 36B (1981) 727
218. Floyd MA, Morrow RW, Farrar RB, Spectrochim Acta 38B (1983) 303

# 13 Röntgenfluoreszenzspektrometrie

## 13.1 Allgemeines

Die Röntgenfluoreszenzspektrometrie bzw. Röntgenfluoreszenzanalyse (RFA) ist
eine bereits „alte" Analysenmethode in Form der klassischen, wellenlängendispersi-
ven RFA, die seit einigen Jahrzehnten in den Laboratorien sowohl für Routineanalysen als auch für Sonderanalysen breite Anwendung findet. Neu an ihr sind nur die
Weiterentwicklung und Verbesserung der Geräte- und Meßtechnik. Davon sind hier
die vor etwa 10 Jahren eingeführte, mit einem Halbleiterdetektor arbeitende energiedispersive RFA sowie die protoneninduzierte RFA (PIXE) mit einem Teilchenbe-
schleuniger als Anregungsquelle zu erwähnen. Die RFA eignet sich besonders für
die Bestimmung mittlerer und hoher Elementgehalte in komplexen Materialien, vor
allem in Metallen und Mineralstoffen, weshalb sie auf diesem Gebiet bevorzugt eingesetzt wird. Weiterhin zeichnet sich die RFA im Vergleich zu anderen Analysenmethoden durch ihre hohe Reproduzierbarkeit und Genauigkeit aus. Aufgrund der
langjährigen Erfahrungen sind Geräte- und Meßtechnik weitgehend ausgereift und
die RFA-Spektrometereinrichtungen werden von den Herstellern komplett mit
Rechner, Software und Analysenprogrammen geliefert, wobei der Anwender vom
Applikationslabor der Hersteller eine ausreichende Einweisung und darüber hinaus
laufend eine problemorientierte Unterstützung erhält.
Die nachfolgenden Ausführungen dieses Abschnittes sind daher im wesentlichen auf
den Bereich der Probenpräparation beschränkt unter weitgehendem Verzicht auf die
Angabe der Meßparameter, zumal in der Regel die $MnK_\alpha$-Linie gemessen wird und
die übrigen Meßparameter meist geräte- und laborspezifisch sind.
Weitere und eingehendere Informationen zu dieser Analysenmethode findet man in
der Literaur [1–31].
Wegen der Bedeutung der Matrixeinflüsse auf die Meßergebnisse befassen sich
mehrfach Arbeiten mit diesem Teilbereich und damit zusammenhängenden Fragen.
So wurde berichtet über: Optimierung der Meßparameter [32], Auswertemethoden
für Meßergebnisse [33, 34], manuelle Auswertung von Meßergebnissen [35], absolute
Auswertemethoden [36], relative Auswertemethoden [37], Überprüfung poissonver-
teilter Meßwerte [38], nichtlinearer Ausgleich [39], Standardisierung von RFA-Ver-
fahren [40], Matrixkorrekturverfahren [41–48] für Pflanzenmaterial [42, 49], biologisches Material [50, 51], Stahl [52], Luftstaubproben [46, 47, 53–55], Mineralstoffe [56]
und geologisches Material [50], empirische Matrixkorrektur [57], Fehlereinfluß der
Matrixkorrekturkoeffizienten [58], statistische Kenngrößen der Additionsmethode
[59], Genauigkeit und Empfindlichkeit der RFA mit äußeren Standards [60], Fehler-
theorie des inneren Standards [61] und inhärenter Analysenfehler [61a].

## 13.2 Probenvorbereitung

Für die RFA sind in der Regel kompakte Proben erforderlich, wenn man von der
weniger häufig verwendeten Form als Pulverschüttprobe oder Probelösung absieht.
Die Probenvorbereitung bzw. -präparation ist deshalb primär auf diese Probenform

ausgerichtet [32]. Hinzu kommt das im Vergleich zu einigen anderen Analysenmethoden nicht sehr hohe Nachweisvermögen der RFA bei direkter Bestimmung niedriger Elementgehalte im Probematerial, weshalb oft eine Voranreicherung der Spurenelemente notwendig ist.

### 13.2.1  Wasser und wäßrige Lösungen

Hinsichtlich der Vorbehandlung und Konservierung von Wasserproben sei auf den Abschnitt 2.1 (s. S. 13 ff) verwiesen. Die zweckmäßigsten Verfahren für die oft erforderliche Anreicherung der Spurenelemente werden im Abschnitt 13.3 (s. S. 219) besprochen.

Die Analyse von Lösungen erfolgte u.a. auch durch Verdampfung des Wassers über die Aerosoltrocknung und Ablagerung der getrockneten Partikel auf einem Filter [62]. Für die Bestimmung von Elementen bis herab zu 0,01 µg wurden die angereicherten und isolierten Spurenelemente auf einer Kationen- oder Anionenaustauscherscheibe von ~3 mm Ø aufgenommen und diese Scheibe als Meßprobe für die RFA verwendet [63].

### 13.2.2  Organisches Material

Die Preßlingsmethode ist ein einfaches und rasches Verfahren für die Herstellung von Meßproben zur Bestimmung von Spurenelementen in organischem Material [51]. Lebens- und Futtermittel pflanzlicher Herkunft werden getrocknet, in einer Scheibenschwingmühle zerkleinert und 10 g Mahlgut mit einem Druck von 260 MPa $(2,6 \text{ t/cm}^2)$ zu einer Tablette gepreßt. Lebens- und Futtermittel tierischer Herkunft werden gefriergetrocknet, in einer Mörsermühle gemahlen und analog aus 10 g Mahlgut eine Tablette hergestellt.

Für das definierte, kontaminationsfreie Trocknen kleiner Proben tierischen Materials wurde ein Trocknungsverfahren beschrieben [64], bei dem das Probenmaterial in einer Trockenkammer bei Raumtemperatur mit Trockenstickstoff getrocknet wird. Die so getrockneten Proben werden direkt als Meßprobe verwendet.

Eine andere Möglichkeit ist die Veraschung des organischen Materials (s. Abschnitt 2.2.3, S. 36 ff) mit anschließender Isolierung der Spurenelemente aus der Probelösung (s. S. 219 ff).

Mit Hilfe eines oxidierenden Borataufschlusses läßt sich das organische Material (PVC, Siliconöl, Teerepthalsäure u.a.m.) mineralisieren und die Meßprobe herstellen [65].

**Arbeitsvorschrift [65]**

1,0 g Probematerial wird in einem Platintiegel [Pt/Au(95/5)] mit 11,0 g Aufschlußgemisch [5,0 g $Na_2B_4O_7$ + 5,0 g $Mg(NO_3)_2 \cdot 6 H_2O$ + 1,0 g $NaBO_2 \cdot H_2O_2 \cdot 3 H_2O$] vermischt, die Mischung mit 2,0 g $Na_2B_4O_7$ (abzüglich des Gewichtes des Glührückstandes der Analysensubstanz) überschichtet, bei 1200°C 4–5 min aufgeschlossen, die Schmelze auf ein auf schwache Rotglut erhitztes Platinblech (~35 mm Ø, s. S. 218) ausgegossen, mit Preßluft abgekühlt und der abgekühlte Gießling für die RFA verwendet (Messung der oberen, schwach gewölbten Oberfläche).

### 13.2.3 Metalle und Legierungen

#### 13.2.3.1 Stahl

Während des Schmelzbetriebes können kompakte Proben mit geeigneten Abmessungen mittels Löffel und Kokille oder mittels Tauchsonden erhalten werden, deren Oberfläche vor der Analyse lediglich noch angefräst und/oder geschliffen (Korund-oder Siliciumcarbid-Schleifpapier) werden muß.

Wenn nur Späne zur Verfügung stehen, so kann man damit Spänebriketts herstellen [66–69] (s. auch S. 157 ff) und diese wie kompakte Proben weiterbehandeln. Besser werden die Späne (40–50 g) in einem Lichtbogenofen [70] oder HF-Induktionszentrifugalgießofen [71] unter Argon als Schutzgas umgeschmolzen (s. S. 157) und die so erhaltenen Knopfproben ($\sim 30$ mm $\varnothing$, 6 mm dick) wie kompakte Proben verwendet. Das Umschmelzverfahren mittels Lichtbogenofen fand Anwendung auf unlegierten und legierten Stahl [70, 72], Eisenlegierungen [73], Kobaltlegierungen [73], Kupferlegierungen [72] und Nickellegierungen [73]. Zeckmäßig ist es, Späne oder Pulver vor dem Umschmelzen mittels einer Brikettpresse zu einem Brikett ($\sim 30$ mm $\varnothing$) zu verpressen [Preßdruck $\sim 3,5$ MPa(3,5 t/cm$^2$)] [72,73]. Homogenere Umschmelzproben erhält man mit dem HF-Induktionszentrifugalgießofen [71] (s. S. 157). Daneben wurden die Späne auch in Mineralsäure gelöst [74] und die erhaltene Lösung direkt der RFA zugeführt.

#### 13.2.3.2 Ferrolegierungen

Für die Probenvorbereitung von Ferrolegierungen bestehen drei Möglichkeiten.
a) Brikett-Verfahren: Herstellung von Probenpreßlingen (Briketts) [75, 76],
b) Umschmelz-Verfahren: Herstellung von Umschmelzproben unter Zusatz von Reinst- oder Armcoeisen als Verdünnungsmittel [76, 77] (s. S. 231),
c) Aufschluß-Verfahren: Aufschluß mit geeigneten Flux-Mischungen, wobei das Metall vor oder während des Aufschlusses oxidiert wird, und Herstellung eines Probenschmelzkörpers (Schmelzling).

Für den Aufschluß von Ferrolegierungen wurden mehrere Methoden mitgeteilt. Bei diesen wird das Metall durch Luftsauerstoff [78–80] oder Oxidationsmittel [81, 82] vor [78–81] oder während [82, 83] des eigentlichen Schmelzaufschlusses oxidiert und mit der erhaltenen Schmelze die Meßprobe hergestellt. Die Arbeitsweise ist in den nachfolgenden Arbeitsvorschriften (s. S. 230 f) beschrieben (s. auch S. 218).

Zur Verhinderung einer Korrosion des für den Aufschluß verwendeten Platintiegels wurde ein Zusatz von MgO zum Aufschlußgemisch vorgeschlagen, beispielsweise für den Aufschluß von 0,25 g Ferrolegierung (FeSi, SiMn, CaSi, AlSiCa u.a.m.) 7 g Na$_2$CO$_3$/K$_2$CO$_3$(1 + 1) + 100 mg MgO [84]. Bei einer Aufschlußtemperatur von 1200° C wurde mit diesem Aufschlußgemisch eine Standzeit des Platintiegels von 2500–3000 Schmelzaufschlüssen ermittelt.

### 13.2.4 Mineralstoffe

Die bei der Zerkleinerung von Gestein durch das Zerkleinerungswerkzeug verursachten Verunreinigungen lassen sich rechnerisch eliminieren, indem man Teile des Materials parallel in zwei Mühlen mit Mahlwerk aus unterschiedlichen Werkstoffen (z.B. Stahl, Wolframcarbid, Hartkeramik) zerkleinert und aus den unterschiedlichen Analysen die entstandenen Verunreinigungen ermittelt [85].

Für die Probenpräparation von Mineralstoffen finden drei Grundverfahren Anwendung.

a) Pulver-Schüttverfahren: Herstellung von Schüttproben,

b) Brikett-Verfahren: Herstellung von Probenpreßlingen (Briketts),

c) Aufschluß-Verfahren: Herstellung von Probenschmelzkörpern (Schmelzlingen).

Das Pulver-Schüttverfahren weist aufgrund der Korngrößeneffekte und Inhomogenitäten der Meßproben den größten Analysenfehler auf und kommt deshalb seltener zur Anwendung. Es eignet sich aber für die Bestimmung niedriger Elementgehalte (Spurengehalte), da bei der Herstellung der Meßprobe keine Probenverdünnung eintritt und hier der relativ größere Analysenfehler weniger ins Gewicht fällt. Das Brikett-Verfahren weist gegenüber dem Schmelzverfahren bei entsprechender Arbeitsorganisation einen etwas geringeren Zeitaufwand aber eine schlechtere Reproduzierbarkeit auf. Es findet deshalb vor allem in Routinelaboratorien für Schnellanalysen Anwendung. Das Schmelzverfahren ist demgegenüber etwas zeitaufwendiger und genauer.

*a) Pulverschüttproben-Technik.* Zur Herstellung der Schüttproben wird das fein gemahlene (Körnung $\leqq$ 0,06–0,1 mm) Probenpulver in Spectro-Cups (Kunststoffbehälter, die am Boden mit strahlendurchlässiger Mylarfolie bespannt sind) geschüttet, durch kurzes Klopfen gegen die Unterlage (Arbeitsplatte) etwas eingerüttelt und dann für die RFA in das Spektrometer eingesetzt.

*b) Brikett-Technik.* Hier gibt es verschiedene Varianten. Die fein gepulverte Probe (Körnung $\leqq$ 0,1 mm) wird ohne oder mit Bindemittel [z.B. Wachspulver (Hoechst-Wachs C), Cellulosepulver u.a.m.] direkt oder in einer Aluminiumblechschale (Aluminium-Cups, Spec-Cups, 30 mm $\varnothing$) [86] mit Hilfe einer hydraulischen Presse zu einer Tablette (30–38 mm $\varnothing$) verpreßt. Das nachfolgende Verfahren mit Wachspulver [87] bewährte sich beispielsweise für Schlackenproben, jenes mit Cellulose [88] für Sintergut und Hochofenschlacke.

*b.1) Brikett mit Wachs als Bindemittel* [87]. 10,0 g analysenfeines Probematerial (Körnung < 0,06 mm) und 2,0 g Wachspulver (Hoechst-Wachs C, mikrokristallin) werden in einer Plastikdose auf einer Schwingmühle 20 sec (bei Bedarf länger; z.B. Retschmühle, ca. 4 Schüttelschläge/sec) geschüttelt, anschließend die Mischung mit einer Kraft von 200 kN (20 t) zu einer Tablette von 35 mm $\varnothing$ ( $\sim$ 5 mm dick) gepreßt.

*b.2) Brikett mit Cellulose als Bindemittel* [88]. 40,0 g Probematerial werden nach Zusatz von 5,0 g Linterspulver (Macherey u. Nagel, Nr. 2104 in 1 g-Preßlingen) in der Scheibenschwingmühle (100 ml-Mahlgefäß) 15 min (die Mahldauer variiert mit der Art des Probematerials) gemahlen und anschließend das Mahlgut mit einer Kraft von 100 kN (10 t) zu einer Tablette von 38 mm $\varnothing$ gepreßt.

Für die Herstellung der Probenbriketts werden weiterhin auch Kunststoffe als Bindemittel verwendet, wie z.B. Mowiol (Polyvinylalkohol), Polystyrol, Polymethylmethacrylat und Epoxidharz [89].

*b.3) Brikett mit Kunststoff als Bindemittel* [89]. Man mischt die gepulverte Probe mit etwa der gleichen Menge Kunststoffpulver (Komponente A), rührt die entsprechende Menge der Komponente B (s. Tab. 23) hinein, entlüftet im Falle des

Polymethacrylatgemisches kurz im Vakuumexsiccator, gießt das Gemisch in eine Gießform (z.B. Aluminium- oder PVC-Ringe, die auf eine mit Mylarfolie bedeckte Platte gesetzt sind; zur leichteren Trennung von Probe und Form wird Siliconöl als Trennmittel verwendet) und läßt aushärten.

**Tabelle 23.** Kunststoffkomponenten für die Herstellung von Probenbriketts                [89]

| Kunststoff | Komponente | | Mischungs-verhältnis | Härtungs-temperatur | zeit |
|---|---|---|---|---|---|
| | A | B | A:B | °C | min |
| Polymethyl-methacrylat | Plexigum M 354 | Pleximon 804 | 2:1 | ~ 20 | 15–20 |
| | „ M 356 | „ 806 | 1:1 | ~ 20 | 30–40 |
| Epoxidharz | Araldit D | HY 951 | 10:1 | 60 | 120–240 |
| | „ E | HY 943 | 10:2 | 60 | 60 |

*c) Aufschluß-Technik.* Eine große Zahl von verschiedenen Methoden wird verwendet, die sich sowohl im Aufschlußmittel als auch in der Ausführungsart unterscheiden. Als Aufschlußmittel finden $Na_2B_4O_7$ und $Li_2B_4O_7$ häufig Anwendung, weiterhin $Li_2B_4O_7/Li_2CO_3(9+1)$ [90], $Li_2B_4O_7/Li_2CO_3/CeO_2(90+8+2)$[90], $Li_2B_4O_7/Li_2CO_3/La_2O_3(7,4+6,4+1,0)$ [91], $LiBO_2$[92], $LiBO_2/Li_2B_4O_7(1+4)$ [92], $Na_2B_4O_7/LiOH/H_3BO_3(45+7+16)$ [93] u.a.m. Der Aufschluß wird in Platintiegeln [Pt/Au(95/5)] [80, 91, 94–99] oder Graphittiegeln [90, 100] durchgeführt. Die erhaltene Schmelze wird auf zweierlei Art weiterbehandelt:

α) die erstarrte Schmelze wird pulverisiert und mit Bindemittel brikettiert [88, 101],

β) die noch flüssige Schmelze wird zu einer Glasscheibe bzw. einem Gießling vergossen.

Die Arbeitsweise α) erfordert einen höheren Arbeitsaufwand und liefert schlechtere Analysenergebnisse, weshalb dem Verfahren β) in der Ausführung β.2) [80, 94] der Vorzug zu geben ist. Die Herstellung der Meßproben ist wieder recht unterschiedlich.

β.1) Man läßt die Schmelze im Graphittiegel erkalten [90, 97, 100], wonach die Gießlingsoberfläche in der Regel einen Feinschliff erhält.

β.2) Die Schmelze wird auf eine erhitzte Metallscheibe (Reinnickel- oder Platinblech) gegossen und die leicht gewölbte, obere (der Metallscheibe entgegengesetzte) Oberfläche der erkalteten Glasscheibe für die Messung verwendet [80, 94] (s. S. 232).

β.3) Man gießt die Schmelze in eine auf 280°C erhitzte Graphitgießform, preßt die Schmelze mittels Graphitstempel zur Scheibe (31,5 mm Ø, 2,5 mm dick), heizt die Scheibe 1 Std bei 250°C aus, kühlt dann ab und kann beide Scheibenflächen für die Messung verwenden [91].

β.4) Die Schmelze wird in eine Metallgießform aus Platin (Kokille) gegossen und die erkaltete Scheibe (23–31 mm Ø) für die Messung verwendet [93, 95, 96] oder im Platintiegel auskühlen gelassen [98, 99].

Der Schmelzaufschluß wird meist im elektrischen Muffelofen durchgeführt, doch werden dafür auch andere Geräte verwendet: Gasbrenner, automatisches Gasbrenner-Aufschlußgerät[1] [95], ein Induktionsofen [102] oder eine automatische Aufschlußmaschine[2] mit Induktionsheizung [96], die sowohl für Mineralstoffe als auch für Ferrolegierungen eingesetzt wird. Von den angeführten Methoden der Meßprobenherstellung haben sich alle im Betriebseinsatz bewährt, wobei die Verfahren β.2 bis β.4 einfacher und rascher durchführbar sind. β.1 und β.2 sind in den Arbeitsvorschriften auf S. 230 und 232 beschrieben.

### 13.2.5  Verschiedenes

Die Vorbehandlung von Materialien, die nicht in die oben besprochenen vier Stoffklassen fallen, erfolgt in analoger Weise unter Anwendung der Verfahren für die erwähnten vier Materialbereiche.

Für die Analyse von Luftstaubproben werden häufig die Sammelfilter der Staubprobe direkt als Meßprobe verwendet, doch unterliegen die Meßwerte in diesem Fall verschiedenen Einflußgrößen (Korngrößeneffekte, Matrixeffekte, Probengeometrie). Deshalb müssen die Meßwerte korrigiert werden, wofür mehrere Korrekturverfahren angegeben wurden (s. S. 214). In einer Arbeit wurden aber auch aus 5 mg Staubprobe Minipreßlinge von 8 mm $\varnothing$, beidseitig mit Klebefolie abgedeckt, hergestellt und als Meßprobe verwendet [55]. Wenn das Probematerial in ausreichender Menge zur Verfügung steht, so erfolgt die Messung wie bei Mineralstoffen als Pulverschüttprobe [46] oder als Preßling unter Anwendung entsprechender Eichproben bzw. Matrixkorrektur. Zur Vermeidung dieser Störeffekte wurde das Probematerial wie Mineralstoffe mit $Li_2B_4O_7$ aufgeschlossen [103] oder nach dem Lösen der Probe die Elemente mit Austauscherfilter isoliert [104].

## 13.3  Anreicherungs- und Trennungsverfahren

Die Bestimmung niedriger Elementgehalte, die unterhalb der Bestimmungsgrenze der RFA mit direkter Messung der Proben liegen, setzt eine vorangehende Anreicherung der Spurenelemente voraus. Dafür eignen sich die meisten der bekannten Anreicherungsverfahren [21], wie Fällung, Extraktion, Ionenaustauscher. Gelegentlich genügt sogar einfaches Eindampfen von Lösungen oder flüssigen Proben, falls deren Salz- bzw. Matrixgehalt dazu ausreichend niedrig ist. Die Kombination von Anreicherung und RFA findet häufiger zur Multielementanalyse Anwendung. Seltener dient sie der Bestimmung von Einzelelementen.

Für die Bestimmung der Elemente in Wasser ist in der Regel deren Anreicherung erforderlich. Aufschlußreich ist in diesem Zusammenhang eine Studie über die Anwendungshäufigkeit der verschiedenen Anreicherungsverfahren für die Bestimmung von Spurenelementen in Wässern mittels RFA [105]. Hiernach haben von 120 in der Zeitspanne 1967–1982 veröffentlichten Arbeiten folgende Anwendungshäufigkeit: 40% Ionenaustauscher, 30% Spurenfällung, 20% physikalische Anreicherung (Eindampfen, Gefriertrocknung), 6% Immobilisierung(Sorption) der gebildeten Chelatkomplexe und 5% Extraktion.

---

[1]  Universal-Schmelz-Gerät USG von R. Schoeps, Arnoldstr. 63–65, D-41 Duisburg-Beeck.

[2]  PERL'X von Soled, Sté Lorraine de Décolletage et de Construction Mécanique, Mondelange/France.

Eindampfen und Gefriertrocknen sind zwar die einfachste Art der Spurenelementanreicherung aus Wasserproben, weisen aber einige Nachteile auf. Einerseits ist das Verfahren zeitaufwendig und andererseits verursachen die so erhaltenen Meßproben Schwierigkeiten infolge der auftretenden Matrixeffekte. Durch den Feststoffgehalt der Wasserproben ist das Nachweisvermögen dieser Anreicherungsart begrenzt. Aus diesen Gründen ist den anderen Anreicherungsarten, nämlich Fällung, Extraktion und Ionenaustauscher, der Vorzug zu geben.

Ein Übersichtsbericht gibt weitere Informationen über Anreicherungsmethoden für die röntgenspektrometrische Bestimmung von Spurenelementen in Wässern [105].

### 13.3.1 Fällung

Recht häufig findet die Fällung Anwendung, da sie mit geringem Aufwand einfach durchführbar ist. In der Regel erfolgt die Fällung unter Zusatz eines Spurenfängers [21]. Der Zusatz eines Spurenfängers unterbleibt, wenn das Fällungsreagens selbst als Trägersubstanz dient, wie z.B. PAN [106–108] und Dibenzyldithiocarbamat (s. S. 223). Die Fällung wird über ein Papier- oder Membranfilter abfiltriert, im Bedarfsfall fixiert [109, 110] (s. unten), getrocknet und das Filter mit dem fixierten Niederschlag direkt bzw. mit unfixierten Niederschlägen nach Abdecken mit Mylarfolie zur Messung in das Röntgenspektrometer eingeführt. Das Filter wird dabei zweckmäßig im Probenhalter mit einer Platte aus Reinstaluminium unterlegt [110]. Auf Membranfilter abfiltrierte DADDTC-Fällungen haften gut und erfordern keine weitere Fixierung [111].

Für das Abfiltrieren des Niederschlages verwendet man eine Filtrationseinrichtung, in der das Rundfilter plan eingespannt und durch eine darunter liegende Frittenplatte mechanisch abgestützt ist [21, 112]. Der Durchmesser des verwendeten Rundfilters richtet sich nach der Probenhalterung des Röntgenspektrometers. Dafür geeignete Filtrationseinrichtungen sind im Handel erhältlich[1]. Die Ausführung und Herstellung einer Filtrationseinrichtung aus Plexiglas für Austauscherfilterpapiere, die sich auch für das Abfiltrieren von Niederschlägen eignet, wurde in der Literatur beschrieben [113].

Die Spurenfällung bzw. -komplexbildung läßt sich auch erfolgreich mit der Sorptionstechnik (s. S. 51) kombinieren.


**Fixieren von Niederschlägen für die RFA**

**Arbeitsvorschrift** [109, 110].

Man spannt ein dichtes Rundfilter (55 mm ⌀, z.B. Schleicher u. Schüll Nr. 585, Blauband) in ein Filtrationsgerät (z.B. Sartorius-Membranfilter GmbH, Göttingen) ein und filtriert den Niederschlag unter Nachwaschen ab. Das Rundfilter mit Niederschlag (Niederschlagsdurchmesser 40 mm) wird aus dem Filtrationsgerät entnommen, auf eine Papierunterlage gelegt und mit Hilfe einer Spritzpistole mit Plextollösung [2 Teile Plextol B 500 (50%ige wäßrige Acrylharzdispersion; Röhm GmbH, D-61 Darmstad) + 1 Teil Wasser] besprüht. Anschließend legt man das besprühte Rundfilter auf ein siliconisiertes Papier (z.B. Anticoll-Silicon-Papier KV 75 weiß, W. Jackstädt u. Co, D-56 Wuppertal-Elberfeld), trocknet ~ 10 min bei 105 °C im Trok-

---

[1] Beispielsweise aus Glas Type SM 16306 oder SM 16315 für Filter von 25 mm ⌀, SM 16307 oder SM 16316 für 50 mm ⌀, Sartorius-Membranfilter GmbH, Göttingen.

kenschrank und bewahrt das Filter in einem Exsiccator oder in einem verschlossenen Behälter auf bis zur Messung im Röntgenspektrometer.

Für die Fällung von Mn und anderen Elementen in Verbindung mit der RFA wurden verschiedene Reagentien und Vorschriften empfohlen. So wurden Mn u.a. Elemente mit NaDDTC und einem Spurenfänger (jeweils 50–100 µg Cu oder Cu + Fe) bei pH 9 gefällt [112] und der Niederschlag mit einem Millipore-Papierfilter (25 mm $\varnothing$, Porenweite 0,8 µm oder 5 µm) [112] oder Membranfilter (25 mm $\varnothing$, Porenweite 0,8 µm) [114] abfiltriert (s. unten). Bei pH 4 ist die Mn-Fällung unvollständig, da der ausgefallene Niederschlag rasch wieder in Lösung geht. Neben weiteren teilweise ausgefällten Elementen werden mit NaDDTC und Cu oder Fe als Spurenfänger folgende Elemente quantitativ ausgefällt [112]: aus 3,6 N $H_2SO_4$-Lösung Bi, In, Co, Cu, Hg, Ni, Pd, Te, $Sb^{3+}$, $Sn^{2+}$; aus 0,36 N $H_2SO_4$ außer den genannten Elementen zusätzlich $Fe^{3+}$; bei pH 4 die Elemente aus 0,36 N $H_2SO_4$ und zusätzlich Ag $As^{3+}$, Cd, $Cr^{6+}$, $Fe^{2+}$, Ga, Mo, Nb, Pb, Se, Ti, $Tl^{3+}$, $V^{4+,5+}$, Zn; bei pH 9 als Carbamate Bi, Cd, Co, Cu, Hg, Mn, Ni, Pb, Pd, $Sb^{3+}$, $Sn^{2+}$, Te, Zn sowie zusätzlich als Hydroxide (in Abwesenheit von Maskierungsmitteln, z.B. Tartrat) $Cr^{3+}$, $Fe^{2+,3+}$, Hf, In, Nb, Rh, Sc, S.E., $Sn^{4+}$, Ta, Th, Ti, $Tl^{3+}$, Y, Zr. In anderen Arbeiten erfolgte die Fällung von Mn u.a. Elementen mit NaDDTC und Fe als Spurenfänger bei pH 7 [115] bzw. mit Mo als Spurenfänger bei pH 4–7,5 [116].

**Fällung mit Natriumdiäthyldithiocarbamat (NaDDTC)**

**Arbeitsvorschrift** [112, 114].

Etwa 25 ml 0,1–1 N $H_2SO_4$- oder 0,1–1 N HCl-saure Probelösung, 1–50 µg Mn (und gegebenenfalls jeweils 1–50 µg andere Elemente) enthaltend, versetzt man mit 5 ml 10%ige Na-acetatpuffer-Lösung sowie 5,0 ml $Cu^{2+}$-Lösung (10 µg Cu/ml, HCl-sauer, frisch hergestellt) und 5,0 ml $Fe^{3+}$-Lösung (10 µg Fe/ml, HCl-sauer, frisch hergestellt) als Spurenfänger und 5 ml 10%ige Ammoniumtartrat-Lösung. Dann werden 1–2 Tropfen m-Kresolpurpur- oder Thymolblau-Indikatorlösung hinzugefügt, mit 3 N oder 6 N $NH_3$ bis zum Farbumschlag von gelb auf purpur oder blau auf pH 9 eingestellt und Mn bzw. die Elemente durch Zusatz von 5 ml NaDDTC-Lösung (1%ige oder 2%ige wäßrige Lösung, frisch hergestellt und filtriert) ausgefällt. Nach einer Standzeit von 5–15 min filtriert man den Niederschlag über ein dichtes Papierfilter (25–35 mm $\varnothing$, Porenweite 0,8 µm oder 5 µm, z.B. Millipore-Papierfilter) oder Membranfilter (25–35 mm $\varnothing$, Porenweite 0,8 µm) ab, wäscht den Niederschlag mehrmals mit 20–25 ml Wasser, entnimmt das Filter aus der Filtrationseinrichtung, trocknet es bei Raumtemperatur, legt es auf ein Papierrundfilter als Unterlage, deckt mit Mylarfolie (6 µm dick) ab (gegebenenfalls fixiert man die Filter und Abdeckfolien am Rande mit Cellophanklebband) und führt es in das Röntgenspektrometer zur Messung ein.
Wahlweise fixiert man den Niederschlag nach der auf S. 220 angegebenen Vorschrift [109, 110].

In einer Arbeit wurden folgende 8 Verfahren zur Anreicherung von Ba, Co, Cs, Eu, Mn und Zn (jeweils 100 µg/l) aus natürlichen Wässern vergleichend mit Radiotracern untersucht und ihre Anwendbarkeit für die RFA geprüft [117]:

a) Ionenaustauscher Dowex A1-Säule bei pH 6–7,

b) Extraktion mit APCD/$CHCl_3$ bei pH 5,

c) Fällung mit NaDDTC bei pH 5, Filtration über Membranfilter (Porenweite 0,4 µm),

d) Carbamat-Chelataustauscher-Säule (Bis-dithiocarbamat auf Silicagel immobilisiert, s. S. 48) bei pH 7,

e) Filtration durch Metrodisc-Anreicherungsfilter (Aktivkohle mit Komplexbildner) bei pH 7,

f) Filtration durch Cellulose-DEN-Filter (s. S. 48) beim natürlichen pH-Wert der
   Wasserproben,

g) Bildung der Oxin-Komlexe bei pH 8 und deren Adsorption an Aktivkohle,

h) Fällung (Kokristallisation) mit PAN bei pH 9,5 und Filtration über Membranfilter (Porenweite 0,4 µm).

Aus natürlichen Wässern wird Ba mit allen acht Methoden nur zum Teil (0–20%)
erfaßt. Für die gleichzeitige Anreicherung von Co, Eu, Mn und Zn eignen sich die
Methoden g), h) und c) am besten. Für die Anreicherung von Mn allein sind Methode
h) mit der höchsten Ausbeute (durchschnittlich 98%) sowie Methode c) (durchschnittlich 94%) am günstigsten. Für die Kombination mit der RFA erscheinen die
Methoden h) und c) am zweckmäßigsten im Hinblick auf Handhabung, höchsten
Anreicherungsfaktor und niedrigste Nachweisgrenzen.

In ähnlicher Weise wurden später die nachfolgend angeführten 7 Methoden vergleichend bewertet hinsichtlich ihrer Eignung zur Anreicherung von Ag, As, Cd, Co, Cr,
Cu, Fe, Hg, Mn, Ni, Pb, Sb, Se, Tl und Zn aus natürlichen Wässern (Konzentrationsbereich jeweils 1–100 µg/100 ml) in Verbindung mit der RFA [118, 119]:

a) Fällung mit NaDDTC bei pH 4,

b) Fällung mit APCD bei pH 4,

c) Fällung mit Natriumdibenzyldithiocarbamat (NaDBDTC) bei pH 4,

d) Fällung mit Thionalid/Polyvinylpyrrolidon bei pH 4,

e) Bildung der Oxin-Komplexe bei pH 8 und deren Adsorption an Aktivkohle,

f) Carbamat-Chelataustauscher (Bis-dithiocarbamat immobilisiert auf porosierten
   Glaskugeln, s. S. 48) bei pH 8,

g) stark saures Kationenaustauscher-Filterpapier (SA-2, Reeve-Angel, Clifton/
   NJ, USA) bei pH 3.

Als Bewertungskriterien dienten dabei Anreicherungsausbeute, Zahl der erfaßten
Elemente, linearer Eichkurvenmeßbereich, Empfindlichkeit, Reproduzierbarkeit
sowie einfache Handhabung. Von den untersuchten Anreicherungsmethoden erwies
sich Methode c) (NaDBDTC) als am geeignetsten, gefolgt von Methode b) (APCD)
an zweiter Stelle, deren Arbeitsvorschrift anschließend angeführt ist. Die übrigen
Methoden weisen dagegen verschiedene Nachteile auf: Verdünnen der Probe durch
die Tablettierung und größerer Zeitaufwand bei Methode e) und f), niedrige Austau-
scherkapazität bei Methode f) und g), umständlichere Herstellung und Handhabung
der Meßprobe bei Methode e). Folgende Elemente wurden in der angereicherten
Phase der einzelnen Methoden a) bis g) nicht gefunden [118]: a) As, Cr, Mn, Se, Tl;
b) Cr, Mn, Tl; c) Cr; d) Cd, Co, Cr, Fe, Mn, Ni, Sb, Tl, Zn; e) As, Se; f) As, Se; g) As,
Sb, Se. Das Fehlen des Mn im Niederschlag von NaDDTC bzw. APCD ist auf den
pH 4 der Versuchsfällung zurückzuführen, zumal Mn bei höherem pH-Wert ebenfalls ausgefällt wird (s. S. 221 f). Bei höherem pH-Wert läßt sich daher die Anreicherung von Mn auch mit NaDDTC oder APCD durchführen.

Die Untersuchung der Störanfälligkeit der Anreicherung der genannten 15 Elemente
durch die sieben Methoden a) bis g) (Anreicherung von jeweils 0,2 ppm in Anwesenheit von jeweils 1 ppm von Cd, Co, Cr, Cu, Fe, Mn, Pb und Zn, 100 ppm Ca und
5000 ppm NaCl) ergab ebenfalls, daß die Carbamat-Anreicherung am günstigsten
ist [119]: auch hier steht die Fällung mit NaDBDTC als beste Methode an erster Stelle, gefolgt von NaDDTC an zweiter und APCD an vierter Stelle.

**Fällung mit Natriumdibenzyldithiocarbamat (NaDBDTC) bzw. Ammoniumpyrrolidin-carbodithioat (APCD)**

**Arbeitsvorschrift.**

100,0 ml Probelösung werden auf pH 4 oder besser pH 5 eingestellt, mit 2 ml 0,1 M Kaliumhydrogenphthalat-Pufferlösung (pH 4 oder besser pH 5) versetzt und unter Rühren 1 ml NaDBDTC-Lösung (1%ig in Methanol) hinzugefügt. Nach einer Standzeit von 30 min filtriert man über ein Membranfilter (25 mm $\varnothing$, Porenweite 0,45 µm) ab. Das Filter wird bei Raumtemperatur getrocknet, mit je einer Mylarfolie unterlegt und abgedeckt, in einen Probenhalter eingespannt und zur Messung in das Röntgenspektrometer eingeführt.

Die Fällung mit APCD erfolgt nach derselben Vorschrift, indem man 1 ml 1%ige APCD-Lösung hinzufügt. Zur quantitativen Erfassung des Mn führt man dabei die Fällung am zweckmäßigsten bei pH 9 durch (s. S. 221). Bei niedrigem Elementgehalt der Probelösung (Gesamtmenge der auszufällenden Spurenelemente < 100 µg) ist es bei der Fällung mit APCD ratsam, einen Spurenfänger zuzusetzen (s. S. 221) unter gleichzeitiger Verwendung einer entsprechend größeren Menge an Fällungsreagens. Bei der Fällung mit NaDBDTC ist hingegen der Zusatz eines Spurenfängers nicht erforderlich, da das Reagens selbst infolge seiner geringen Löslichkeit in wäßriger Lösung als Spurenfänger dient.

Bei Konzentrationen um $\leq$ 10 µg/l scheint die Spurenfällung mit NaDDTC nicht mehr quantitativ zu verlaufen. Zweckmäßiger ist daher in diesem Fall die Verwendung von APCD bzw. Dibenzyldithiocarbamat.

Für die Anreicherung von Mn, Ag, $As^{3+}$, Au, Bi, Cd, Co, Cu, Fe, Ga, Hg, Mo, Ni, Pb, Sb, Se, Sn, Te, Tl, U, V und Zn aus Wasser wurde die Spurenfällung mit einem Gemisch von DDBDTC und NaDBDTC bei pH 5,0 nach der folgenden Arbeitsvorschrift durchgeführt [120]. Eine Fällung bei pH 3,5–4,0 ergibt einen inhomogenen Niederschlag.


**Fällung mit Dibenzylammoniumdibenzyldithiocarbamat (DDBDTC) und Natriumdibenzyldithiocarbamat (NaDBDTC)**

**Arbeitsvorschrift [120].**

*Herstellung von DDBDTC.* 42 ml Dibenzylamin [Kp 176°C bei 1600 Pa (12 Torr)] löst man in 50 ml Diethylether (wasserfrei) in einem 250 ml-Becherglas, kühlt auf < 5°C ab, fügt lansam unter Rühren und gleichzeitigem Kühlen (die Temperatur der Lösung muß unterhalb 5°C bleiben) 6 ml $CS_2$ (in 15 ml Diethylether) hinzu und setzt das mechanische Rühren der auf < 5°C gehaltenen Lösung fort. Nach 1–2 Std beginnt das DDBDTC auszukristallisieren, wobei das Rühren beibehalten wird, um die Kristalle klein zu halten und deren Zusammenbacken zu verhindern. Nach Beendigung der Kristallisation wird abfiltriert, mehrmals mit Diethylether gewaschen und im Vakuum getrocknet. Ausbeute 70% (blaßgelbe Kristalle), Fp 83–84°C. DDBDTC muß vor Luftoxidation geschützt werden. Mit der Zeit tritt dadurch eine Verfäbung infolge Teilzersetzung ein.

*Herstellung von NaDBDTC.* 38 ml Dibenzylamin löst man in 50 ml Aceton in einem 250 ml-Becherglas, kühlt auf < 10°C ab und fügt langsam unter Rühren und gleichzeitigem Kühlen (die Temperatur der Lösung darf 10°C nicht überschreiten) 12 ml $CS_2$ (in 13 ml Aceton) hinzu. 4,4 g NaOH werden in 20 ml Wasser gelöst, auf 5°C abgekühlt, langsam unter Rühren und Kühlen zur Acetonlösung (Temperatur auf < 10°C gehalten) hinzugefügt und weitere 15 min gerührt. 30–40 ml Wasser + Aceton dampft man unter Vakuum ab, fügt dann 50 ml Diethylether (wasserfrei) hinzu, verdampft weitere 40–50 ml Flüssigkeit unter Vakuum und wiederholt den Zusatz von Diethylether mit anschließendem Verdampfen noch mindestens 3mal, um Wasser und Aceton sicher zu entfernen. Die Kristallisation beginnt während einer dieser Eindampfstufen, wonach die Ethereindampfstufen ab Kristallisationsbeginn noch mindestens 2mal wiederholt werden. Man filtriert den Kristallbrei ab, wäscht mehrmals mit Diethylether und trocknet im Vakuum. Zusätzliches Kristallisat erhält man, wenn Filtrat und Waschflüssigkeit weiter eingedampft werden. Ausbeute 50% (weiße Kristalle), Fp 238–239°C.

*Spurenfällung.* 500,0 ml Wasserprobe versetzt man in einem 1 l-Becherglas mit 25 ml HCl(1,19)

(Einstellung auf pH < 1) und 5 ml 4%ige KI-Lösung, erhitzt zum Kochen, fügt 2,0 ml 5%ige Ascorbinsäure-Lösung sowie 1,0 ml 0,7%ige $Na_2S_2O_3$-Lösung hinzu, kocht weitere 15 min und entfernt von der Heizplatte. Nach Zusatz von je 1,0 ml Ascorbinsäure- und $Na_2S_2O_3$-Lösung wird auf < 40°C abgekühlt, mit $NH_3$ auf unterhalb pH 5,0 eingestellt, auf Raumtemperatur abgekühlt, langsam unter Rühren 10 ml DDBDTC/NaDBDTC-Lösung (1,0 g DDBDTC + 0,62 g NaDBDTC in 100 ml Methanol) hinzugefügt, mit $NH_3$ auf pH 5,0 eingestellt, nach einer Standzeit von 40 min über ein Membranfilter (25 mm $\varnothing$, Porenweite 0,4 µm) abfiltriert und das getrocknete Filter mit Niederschlag für die RFA verwendet.

Weitere Hinweise über den Reaktionsbereich von NaDDTC und anderer Carbamate sind der einschlägigen Literatur zu entnehmen [21].
Hinsichtlich der Spurenfällung mit Oxin s. Arbeitsvorschrift 13.5.1.2 (S. 227) und mit PAN s. Arbeitsvorschrift 13.5.1.3 (S. 228).
Für die Anreicherung von As, Cd, Cu, Fe, Mn, Pb, Se und Zn aus Wasser für die RFA wurden die Spurenfällungen mit NaDDTC bei pH 5 bzw. PAN bei pH 10 miteinander verglichen, wobei man zu den nachfolgenden Feststellungen kam [121]. Nach den Ergebnissen eignet sich PAN besser für den ng/ml-Gehaltsbereich; NaDDTC ist für den µg/ml-Gehaltsbereich einsetzbar. Für die Fällung mit NaDDTC bei pH 5 ist der Zusatz von 50 µg Ni als Spurenfänger erforderlich. Dabei werden Mn unvollständig und die übrigen Elemente vollständig ausgefällt. $\leqq$ 100µg Fe stören nicht, > 100 µg Fe (2 µg/ml bei 50 ml Lösung) stören aber, da dann der abfiltrierte Niederschlag als Meßprobe zu dick wird. In letzterem Fall muß Fe mit Tartrat oder besser Citrat maskiert werden. Die Fällung von 5–50 µg der Elemente (außer Mn) mit 50 µg Ni als Spurenfänger ist aus 50 ml Lösung quantitativ, aus > 100 ml Lösung dagegen unvollständig; mit 50 µg Cu als Spurenfänger erhält man eine vollständige Fällung aus bis zu 300 ml Lösung. $As^{3+}$ wird nur bei pH 5,0–5,5 quantitativ ausgefällt. PAN weist als Fällungsreagens gewisse Nachteile auf. Die Mitfällung des PAN-Überschusses, als Spurenfänger zwar erwünscht, führt zu einer Volumenvergrößerung des Niederschlages und als Folge dessen Brechen und Ablösen vom Milliporefilter bei Trocknen. Weiterhin neigt PAN bzw. der Niederschlag oft dazu, auf der Lösungsoberfläche zu schwimmen sowie an der Becherglaswand zu haften und hochzukriechen. Gegen letzteres ist der Zusatz einiger Tropfen Netzmittel, z.B. 1%ige Na-laurylsulfat-Lösung, nötig und nützlich. Mit PAN und ohne Spurenfänger werden jeweils 5 µg Cu, Mn und Zn (in ~ 50 ml Lösung) quantitativ ausgefällt, Fe dagegen nur zu 95%. Mit PAN und 50 µg Ni als Spurenfänger ist die Fällung bei pH 10 der Elemente Cd, Cu, Fe, Mn, Pb und Zn vollständig. Für die Fällung sind max. 100 µg Gesamtelemente zulässig. Aus 1 l Lösung ist die Fällung mit PAN und 50 µg Ni als Spurenfänger quantitativ; ohne Spurenfänger aus 500 ml Lösung betrug die Ausbeute hingegen für Mn 84% und für Fe 89%.
10–100 ng Co, Cr, Cu, Fe, Mn und Ni wurden mit NaDDTC und Ti als Spurenfänger bei pH 8 im Mikromaßstab ausgefällt und das Filter mit Niederschlag (1,27 mm $\varnothing$) als Meßprobe verwendet [122].

## 13.3.2 Extraktion

Bei der Anreicherung von Spurenelementen durch Extraktion liegen die Elemente zuletzt im organischen Extrakt oder in wäßriger Lösung für die eigentliche Bestimmung mittels RFA vor. Dazu werden die Lösungen auf einem geeigneten Trägermaterial bzw. Probenträger eingedampft: wäßrige Lösungen auf Filterpapier [21, 123], organische Extrakte auf Aluminiumfolie [123], Aluminiumträger (-schale) [123] und Filterpapier [21, 124]. Beispielsweise wurden die durch Elution von einer Sorptionssäule (Chromosorb W) erhaltenen 2 ml $CHCl_3$-Lösung der Elementcarbamate (s. S. 52) in einer Teflonschale (Außenmaße: 30 mm$\varnothing$, 10 mm hoch; Innenmaße: 18 mm Boden-$\varnothing$, 3 mm hoch, Neigung der Seitenwand 30°; Innenflächen poliert), auf deren Boden ein Rundfilter gelegt worden war, bei Raumtemperatur eingedampft, wonach sich die angereicherten Spurenelemente auf dem Filter befanden [124]. Den auf diese Weise mit den Elementen beschickten Probenträger setzt man im Röntgenspektrometer zur Messung ein. Hinsichtlich der anwendbaren Extraktionsverfahren siehe Abschnitt 4.2 (S. 38).

### 13.3.3 Ionenaustauscher

Vielfach wurden Ionenaustauscher zur Anreicherung von Spurenelementen in Verbindung mit der RFA verwendet. Die Anreicherung erfolgt sowohl mit der batch-Technik als auch mit der Kolonnen-Technik. Das Austauscherharz mit den angereicherten Spurenelementen wird in der Regel direkt als Meßprobe für die RFA eingesetzt. Zur Vermeidung von Körnungseinflüssen auf das Meßergebnis wird eine Korngröße des Austauscherharzes von < 0,05 mm empfohlen [125]. Zur Herstellung der Meßprobe wird das Austauscherharz zu einer Tablette verpreßt, meist unter Zusatz verschiedener Bindemittel, wie Borsäure [126] oder Cellulosepulver [127]. Die Tablette läßt sich auch durch Vermischen des Austauscherharzes mit flüssigem Paraffin in einer Gußform mit anschließendem Abkühlen herstellen [128]. Nachteile der auf diese Weise hergestellten Tabletten sind: zu starke Verdünnung der Probe durch das Bindemittel, unbefriedigende Festigkeit. Diese Nachteile lassen sich vermeiden, wenn man die Tablette mit Kunstharzbindemittel nach der folgenden Arbeitsvorschrift herstellt [129].

**Arbeitsvorschrift** [129].

Nach erfolgter Anreicherung der Spurenelemente wird das Austauscherharz mit Wasser gewaschen und bei 100°C 1–2 Std getrocknet. Zu 6 g Austauscherharz fügt man 1,5 g handelsüblichen Epoxyharzbinder (2 Teile Epoxyharz + 1 Teil Härter) und mischt gut durch. Auf eine teflonbeschichtete Eisenplatte wird ein Aluminiumring (5 mm hoch, 40 mm $\varnothing$) gesetzt, die Austauscherharz/Epoxyharz-Mischung in den Ring übergeführt und darin verteilt. Man läßt bei Raumtemperatur bis zum Erhärten stehen und verwendet die so erhaltene Tablette für die RFA.

Viele Austauscherharze lassen sich bei ausreichend feiner Körnung (100 mesh und feiner) auch ohne Bindemittel direkt zu einer Tablette verpressen: für Tabletten von 12,7 mm $\varnothing$ ist eine Kraft von $\sim 21$ kN ($\sim 2,1$ t) bei Raumtemperatur oder unter gleichzeitigem Erhitzen auf $\sim 150°C$ (z.B. Chelex-100) erforderlich [130]. Eine optimale Zählausbeute erhält man mit Tabletten von 12,7 mm $\varnothing$, wenn diese mit 200 mg Chelex-100 und 21 kN Preßkraft hergestellt werden [130]. Die Anreicherung mit Austauscherharz weist einige Nachteile auf: a) der erzielbare Anreicherungsfaktor (Verhältnis von Anfangs- zum Endprobengewicht) ist nicht hoch und liegt im Bereich von etwa 5000; b) die Tablettenherstellung mit Bindemittel führt zu einer Verdünnung der Meßprobe; c) nach der Kolonnenanreicherung muß das Austauscherharz homogenisiert und tablettiert werden; d) dicke Austauschertabletten ergeben bei der Messung Absorptions- und Korngrößeneffekte.

Neben den gekörnten Austauscherharzen werden häufig auch mit Austauscherharz beladene Filter verwendet (Chelex-Filter [131], Kationen-/Anionenaustauscher-Filter [132, 133]), die aber gegenüber Austauschersäulen eine geringere Austauschkapazität besitzen. Mit Austauscherfiltern lassen sich die vorerwähnten Nachteile der Austauscherharze teilweise, vor allem aber die Tablettenherstellung, vermeiden. Ebenso wie Cellulosepulver (s. S. 47 ff) wurden auch Filterpapiere durch entsprechende Behandlung in Chelataustauscher umgewandelt. Chelatcellulosepulver (s. S. 47 ff) kann auch zu einer Tablette verpreßt werden, durch welche die Wasserprobe zur Anreicherung der Spurenelemente wie durch ein Filter filtriert wird [134–137]. Das Celluloseaustauscher(CA)-Filter läßt sich aus dem CA-Pulver über eine Aufschlämmung herstellen, indem man die Aufschlämmung auf ein in die Filtrationseinrichtung plan eingespanntes Rundfilter (z.B. Schleicher u. Schüll Weißband, 31 mm $\varnothing$) aufgibt, absaugt und mit einem zweiten Rundfilter abdeckt [138] (s. auch S. 228). Im Vergleich zu Chelex-Filtern haben CA-Filter den Vorteil kürzerer Filtrationszeiten [138]. Im allgemeinen wird für das Abfiltrieren einer Probelösung durch ein Austauscherfilter dieses wie beim Abfiltrieren eines Niederschlages in eine Filtrationseinrichtung (s. S. 220) plan eingespannt.

Die durch Belegung von Silicagel oder Glaskugeln mit Chelatbildnern hergestellten Silicagel-/Glaskugel-Austauscher lassen sich mit Cellulosepulver als Bindemittel zu Tabletten verpressen und dann direkt für die RFA verwenden. Auf diese Weise wurden Mn und andere Elemente in Meerwasser bestimmt [68].

Die Anreicherung der Spurenelemente mit Oxin/Aktivkohle (s. S. 51) eignet sich gut für natürliche Wässer, da - bei Anwendung einer ausreichenden Menge Aktivkohle - auch die an organische oder anorganische Kolloide gebundenen Elemente miterfaßt werden. Das Verfahren fand zur Anreicherung von Mn und anderen Elementen aus Wasser Anwendung [139] (s. Arbeitsvorschrift 13.5.1.2, S. 227).

## 13.4  Totalreflektierende RFA

Eine interessante Variante der RFA ist die totalreflektierende RFA (TRFA) [140–147], die sich in erster Linie für Spurenanalysen eignet. Mit Hilfe der TRFA erreicht man infolge einer Verbesserung des Signal/Untergrund-Verhältnisses gegenüber der konventionellen RFA um etwa 2 Zehnerpotenzen verbesserte Nachweisgrenzen, die für Mn und andere Elemente im Bereich von 0,01 ng bzw. 0,0001 ppm (mit einer 100 µl-Probe, Mo-Feinstrukturröhre, 13 mA/60 kV, Meßzeit 1000 sec) liegen [140]. Die TRFA unterscheidet sich von der konventionellen RFA in den folgenden Punkten.

Die anregende Primärröntgenstrahlung trifft unter einem kleinen Einfallswinkel von wenigen Bogenminuten ($<6,5$ min für die $MoK_\alpha$-Strahlung bzw. $< 14$ min für die $CuK_\alpha$-Strahlung der Röntgenfeinstrukturröhre und Quarzglas als Reflexionsfläche [141]) auf den planen Probenträger, z.B. Quarzglas (Suprasil) [140–147], mit optisch hochebener Oberfläche auf und wird von diesem reflektiert. Die Meßprobe bzw. die Spurenelemente befinden sich als dünner Film auf dem Quarzglasprobenträger. Einerseits kann die Anregungsstrahlung praktisch nicht in den Probenträger eindringen, wodurch die normalerweise dort ausgelöste Streustrahlung (kohärente und Compton-Streuung) weitgehend unterbunden wird. Andererseits regen sowohl einfallender als auch reflektierter Strahl die Probe an, was zu einer Erhöhung (annähernd Verdoppelung) der Fluoreszenzstrahlungsintensität führt. Wegen der notwendigen mechanischen Stabilität im Hinblick auf die exakte Winkeleinstellung mit kleinen Toleranzen und der einfacheren Handhabung findet für die TRFA ein energiedispersives Röntgenspektrometer in Verbindung mit der entsprechenden Hilfseinrichtung Anwendung [140, 141, 143–145].

Die TRFA weist eine höhere Empfindlichkeit gegenüber Matrixeinflüssen auf, weshalb in der Regel eine Abtrennung der Spurenelemente von der Matrix erforderlich ist. Diese erfolgt am zweckmäßigsten durch Extraktion oder Spurenfällung. Die auf diesem Wege isolierten Elemente werden in Form von 5–100 µl Lösung auf den Quarzglasprobenträger aufgebracht, wo letztere als Probenfleck mit maximal 8 mm Ø eingetrocknet wird. Den so präparierten Probenträger setzt man anschließend in das TRFA-Spektrometer ein.


## 13.5  Analysenverfahren

Aufgrund der Ausführungen im Abschnitt 13.1 (s. S. 214) steht die Probenpräparation im Vordergrund, weshalb der vorliegende Abschnitt auf Analysenverfahren mit entsprechender Probenvorbereitung beschränkt ist. Analysenmethoden für beispielsweise kompakte Metallproben (Stahl, Aluminium usw.) finden deshalb keine Berücksichtigung.


### 13.5.1  Wasser

Als Ergebnis eingehender Untersuchungen mehrerer Anreicherungsverfahren wurde für die Anreicherung von Mn und anderen Elementen aus natürlichen Wässern die Spurenfällung mit NaDBDTC empfohlen [118, 119] (s. S. 222 ff).

#### 13.5.1.1  Wasser

*Arbeitsbereich:* s. S. 223.

Mn und die anderen Spurenelemente werden durch Spurenfällung mit DDBDTC/NaDBDTC nach der Arbeitsvorschrift [120] auf S. 223 angereichert und das Filter mit Niederschlag für die Messung verwendet (in der Originalarbeit energiedispersive RFA). $L_D =$ 10–50 µg/l.

B:10–600 µg/l.

#### 13.5.1.2  Grund-, Leitungs-, Oberflächen- und Meerwasser

*Arbeitsbereich:* s. S. 51.

Mn und die anderen Elemente werden mit Oxin/Aktivkohle nach der Arbeitsvorschrift [139] auf S. 51 angereichert und das Filter mit Aktivkohle/Oxinaten für die RFA verwendet.

B:1–2000 µg/l.

### 13.5.1.3 Süß- und Meerwasser

*Arbeitsbereich:* Cr, Cu, Eu, Fe, Hg, Mn, Ni, Zn.

Die Elemente werden durch Fällung mit PAN angereichert und der erhaltene Niederschlag für die RFA verwendet. Ausbeute: $\geq$ 90%.
$L_D$ = 1 µg/l (aufgrund des PAN-Blindwertes).
B:$\geq$ 1 µg/l. $s_r$: $\pm$ 5–10% bei 10 µg/l.

**Arbeitsvorschrift [108]**

500,0 ml Wasserprobe (oder im Bedarfsfall 1–2 l Probe) versetzt man mit 4 ml 0,5%ige PAN-Lösung (in Ethanol), stellt auf pH 9,0 ein, erhitzt 10 min auf 70–80°C, läßt abkühlen, filtriert über ein Membranfilter (47 mm $\varnothing$, Porenweite 0,4 µm) ab und verwendet das bei 100°C getrocknete Filter mit Niederschlag für die RFA.

### 13.5.1.4 Süß-, Mineral- und Meerwasser

*Arbeitsbereich:* Cd, Co, Cr, Cu, Fe, Hg, Mn, Mo, Ni, Pb, Ta, U, Zn.

Die Elemente werden mittels Celluloseaustauscher Hyphan [mit 1- (2-Hydroxyphenylazo)-2-naphtol belegte Cellulose] angereichert und der zur Tablette verpreßte Austauscher als Meßprobe für die RFA verwendet. Für die Anreicherung aus 5 l Probe beträgt $L_D$(µg/l): 0,2 Cr und Mn, 0,3 Pb, U und Zn, 0,4 Cu und Ni, 0,5 Co, Fe und Hg, 1,1 Mo und 4,0 Cd.
Von Mineralwasser werden 2,0 l Probe nach Vorschrift a) behandelt. Die Anwendung der Filter-Anreicherung nach Vorschrift b) ist wegen der Filterkapazität begrenzt.
B:$\geq$ 5 $L_D$.

**Arbeitsvorschrift [136, 137]**

*a) Kolonnen-Anreicherung* [136, 137]. 5.0 l Wasserprobe (durch ein Membranfilter mit 0,45 µm Porenweite filtriert) stellt man auf pH 6–8 ein und schickt sie mit einer Durchlaufgeschwindigkeit von 30 ml/min durch eine Austauschersäule, die mit 2 g Celluloseaustauscher Hyphan (Riedel-de Haen AG, Seelze; Austauschkapazität 0,5 mMol/g) gefüllt ist (Säule: 2 cm i-$\varnothing$, Füllhöhe 5 cm). Die Durchlaufdauer beträgt $\sim$ 3 Std für 5 l und $\sim$ 1 Std für 2 l Probe. Die Spurenelemente werden mit 50 ml 1 M HCl eluiert, dem Eluat 0,1 g Hyphan zugefügt, die Suspension unter Rühren mit NaOH auf pH 7,5 eingestellt und der mit den Spurenelementen beladene Celluloseaustauscher nach 30 min Standzeit über ein planes Filter als gleichmäßig dünne Schicht abfiltriert. Man wäscht die Austauscherschicht mit 20 ml Wasser sowie 20 ml Aceton, trocknet an der Luft und verwendet das Filter als Meßprobe für die RFA.

*b) Filter-Anreicherung* [136]. 0,1 g Hyphan wird zu einem Filter (2 cm $\varnothing$, 0,1 cm dick; zweckmäßig auf einem Rundfilter als mechanische Unterlage) gepreßt (s. dazu auch S. 226). 3,0 l Wasserprobe versetzt man mit 3 g Na-acetat (1 g Na-acetat/1 l Probe), stellt auf pH 7,5 ein, schickt sie durch das Hyphanfilter mit einer Durchlaufgeschwindigkeit von 3 l/Std und fährt mit dem Waschen mit Wasser/Aceton nach a) fort. Für Meerwasserproben verwendet man dickere Filter, die aus 0,3 g Hyphan hergestellt sind.

*c) Schüttelanreicherung* [136]. 1,0 l Meerwasserprobe stellt man auf pH 7,5 ein, fügt 0,1 g Hyphan hinzu, schüttelt $\sim$ 1 Std, filtriert dann den Austauscher über ein planes Rundfilter ab und fährt nach b) fort.

## 13.5.2 Organisches Material

### 13.5.2.1 Pflanzenmaterial

*Arbeitsbereich:* Na, Mg, Si, P, S, Cl, K, Ca, Cr, Mn, Fe, Co, Ni, Cu, Zn, Pb, Cd.

B: s. S. 5 (Abschnitt 1.4.2.3.).

**Arbeitsvorschrift [149]**

10 g getrocknetes, gemahlenes Probematerial wird mit einem Druck von 260 MPa (2,6 t/cm$^2$) zu einer Tablette ($\sim$ 35 mm $\varnothing$) verpreßt und diese als Meßprobe für die RFA verwendet. Als Eichproben dienen Tabletten von Cellulose-Standardmaterial, dessen Herstellung in Abschnitt 1.4.2.3 (s. S. 5) beschrieben ist.

### 13.5.2.2 Pharmazeutische Produkte

*Arbeitsbereich:* As, Cd, Co, Cu, Fe, Hg, Mn, Ni, Pb, Sb, Se, Zn.

Nach nasser Veraschung werden die Elemente mit NaDBDTC oder DDBDTC aus-gefällt und der Niederschlag als Meßprobe verwendet. Der Niederschlag soll ohne Zeitverzug möglichst innerhalb 10 min abfiltriert werden, da die Ausbeute von Mn und Zn mit längerer Standzeit abnimmt: sie beträgt bei Mn nach 30 min 83% und nach 3 Std 65%, bei Zn nach 1 Std 81% und nach 3 Std 81%. Aus diesem Grunde wird ein Druckfiltrationsgerät verwendet, mit dem die Filtration in 1–2 min durchführbar ist. Die Ausbeute für alle Elemente liegt bei $>90\%$. As$^{5+}$, Sb$^{5+}$, Se$^{6+}$ und Te$^{6+}$ wer-den nicht ausgefällt und müssen daher vor der Fällung reduziert werden. Die Ge-samtmenge der ausgefällten Elemente darf 100 µg nicht überschreiten. Mit dem Röntgenspektrometer Siemens SRS 1(Cr-Röhre, 50 kV, 40 mA, LiF 100-Kristall) er-mittelte man die folgenden Nachweisgrenzen $L_D$(µg): 0,2 Co, Fe, Hg, Mn, Ni, Pb und Se, 0,3 As, 0,4 Cu, 0,5 Sb, 0,7 Cd, 0,8 Zn.

**Arbeitsvorschrift [150]**

1,0 g Probematerial wird in einem 50 ml-Kjeldahlkolben mit 2 ml H$_2$SO$_4$(1,84) und 8 ml HNO$_3$(1,40) $\sim$ 1 Std beim Siedepunkt der HNO$_3$ verascht, dann die Temperatur für 10 min auf 250°C erhöht, dann auf 150°C vermindert, mehrere 50 µl-Anteile H$_2$O$_2$(30%) hinzugefügt bis die Lösung klar und farblos ist; man erhitzt zuletzt wieder 10 min auf 250°C und kühlt dann auf Raumtemperatur ab. Zu den 10–200 ml stark saurer Veraschungslösung fügt man 10 ml Wasser sowie 1 ml Reduktionslösung (15 g NaI + 2,5 g Ascorbinsäure in 100 ml), versetzt nach 15 min Standzeit erneut mit 1 ml Reduktionslösung sowie 20 ml Indikatorpuffer-Lösung [37 g Na-acetat + 143 ml Essigsäure + 12 ml Indikatorlösung (Merck Nr. 9177, pH 0–5) mit Wasser auf 1 l auffüllen] und stellt mit NH$_3$ auf pH 4 $\pm$ 1 ein. Das Gesamtvolumen der Lösung soll jetzt innerhalb 40–250 ml liegen. Nun werden 2,0 ml 1%ige NaDBDTC- oder DDBDTC-Lösung[1] in einen Teflonbecher pipettiert, die Probelösung hinzugefügt, gründlich gemischt, die Suspension für die Druckfiltration in eine Druckspritze (Schleicher u. Schüll, Pneumatische Druckspritze, Modell Antlia Pro Aqua, mit Millipore-Filterhalter, beschickt mit einem Filter mit 13 mm $\varnothing$, Porenweite 8 µm, Type SCWP 1300) übergeführt, filtriert, der Niederschlag mit 20 ml Wasser gewaschen, bei Raumtemperatur getrocknet und als Meßprobe für die RFA verwendet.

## 13.5.3 Metalle und Legierungen

Für die Analyse von Ferrolegierungen wird das Probematerial in den nachfolgend angeführten Arbeitsvorschriften vorwiegend vor dem Aufschluß durch Luftsauer-

---

[1] Die Herstellung von NaDBDTC bzw. DDBDTC ist auf S. 223 beschrieben.

stoff oxidiert [78–80] (Arbeitsvorschriften 13.5.3.1 bis 13.5.3.5, 13.5.3.7 bis 13.5.3.9).
Die Aufstellung der Eichkurven erfolgt nach der Arbeitsvorschrift mit Reinstoxiden
[79] (nur für P verwendet man $Na_4P_2O_7 \cdot 10\ H_2O$ und $CaCO_3$ für Ca). Die Bestim-
mungsbereiche entsprechen handelsüblichem Material.

### 13.5.3.1  Ferrobor

*Arbeitsbereich:* Si, Fe, Mn, Al, Cr, P, Ti, V, Ni, Mo, Nb.

**Arbeitsvorschrift** [80]

*Oxidation.* 200 mg $CaCO_3$ werden auf dem Boden eines 25 ml-Platintiegels (38 mm hoch,
39 mm oberer Ø) mit einem abgewinkelten Spatel leicht angedrückt. In einem zweiten Platintiegel mischt man 200 mg Probematerial (Körnung <0,2 mm) + 800 mg $CaCO_3$ + 50 mg
$Na_2CO_3$, gibt die Mischung auf die $CaCO_3$-Unterlage des ersten Tiegels und glüht dann im elektrischen Muffelofen zuerst 15 min bei 900°C sowie anschließend 30 min bei 1150°C.

*Aufschluß.* Nach dem Abkühlen wird die geglühte Mischung mit 8,0 g $Na_2B_4O_7$ gemischt, im
Muffelofen 15 min bei 1150°C aufgeschlossen (die Schmelze wird durch Umschwenken nach
je 3 min gemischt) und dann mit der Schmelze die Meßprobe nach Arbeitsvorschrift 13.5.4.1
(s. S. 232) hergestellt.

### 13.5.3.2  Ferrochrom

*Arbeitsbereich:* Cr, Si, Fe, Mn, P, Cu, Ni, V.

**Arbeitsvorschrift** [80]

Man arbeitet nach Arbeitsvorschrift 13.5.3.1 mit folgenden Änderungen. Oxidation: Abdek-
kung des Tiegelbodens mit 300 mg $CaCO_3$, Probenmischung 1700 mg $CaCO_3$ + 200 mg Probe
(Einwaage soll 200 mg FeCr ohne Kohlenstoff sein, d.h. um den C-Gehalt erhöhte Einwaage),
Glühen 60 min bei 900°C und weitere 60 min bei 1250°C. Aufschluß: 30 min bei 1200°C, Umschwenken der Schmelze nach je 5 min.

### 13.5.3.3  Ferromangan

Bei Verfahren 3 können leicht Analysenfehler infolge von Mn-Verdampfungsverlu-
sten während des Umschmelzens entstehen, weshalb die Verfahren 1 und 2 vorzuziehen sind.

**Verfahren 1**

*Arbeitsbereich:* Mn, Fe, Si, P.

**Arbeitsvorschrift** [80]

Man arbeitet nach Arbeitsvorschrift 13.5.3.1 mit den folgenden Änderungen. Oxidation: Ab-
deckung des Tiegelbodens mit 150 mg MgO, Probenmischung 350 mg MgO + 500 mg Probe
(Einwaage ohne Kohlenstoff, d. h. um den C-Gehalt erhöhte Einwaage), Glühen nach Vorglühen bei 800–900°C (langsam in den Muffelofen schieben) 8 min bei 1150°C.

**Verfahren 2**

*Arbeitsbereich:* Mn, Si, P.

**Arbeitsvorschrift** [78]

In einem 20 ml-Quarztiegel werden 0,75 g $CaCO_3$ + 0,375 g analysenfeines Probematerial innig
gemischt. In einem 40 ml-Platintiegel wird 1,0 g $CaCO_3$ auf dem Tiegelboden gleichmäßig ver-

teilt und mit Hilfe eines flachen Spatels ein 2–3 mm hoher Rand an der Tiegelwand angedrückt. Man gibt das Probengemisch aus dem Quarztiegel durch einen Pulvertrichter in die $CaCO_3$-Mulde im Platintiegel, wobei das Probengemisch die Tiegelwand nicht berühren darf. Durch leichtes und vorsichtiges Aufstoßen des Tiegels wird der Schüttkegel etwas abgeflacht. Anschließend wird der Tiegelinhalt 15 min bei 800°C und weitere 15 min bei 1150°C im Muffelofen geglüht. Nach dem Erkalten werden 15,0 g $Na_2B_4O_7$ hinzugefügt, gemischt, 15 min bei 1150°C im Muffelofen aufgeschlossen (die Schmelze wird dabei nach jeweils 3 min durch Umschwenken homogenisiert). Etwa 30 min vor Beendigung des Schmelzvorganges wird auf einer Heizplatte eine Graphitform (hochreiner Elektrographit von Schunk u. Ebe, Gießen; Außenmaße: 50 mm $\varnothing$, 9 mm hoch; Innenmaße: 35 mm $\varnothing$, 6 mm tief) auf ~600°C vorgeheizt, die Schmelze darin abgegossen und dann unter einem Becherglas langsam abgekühlt. Die abgekühlte Glasscheibe verwendet man als Meßprobe für die RFA.

**Verfahren 3**

*Arbeitsbereich:* Mn, Si, P

Das Probematerial wird mit Elektrolyteisen als Verdünnungsmittel umgeschmolzen.

B: 78–99% Mn. s:± 0,26% Mn.

**Arbeitsvorschrift** [151]

10,0 g Probematerial (Körnung <1 mm) werden mit 30,0 g Elektrolyteisenspäne vermischt, in den Schmelztiegel (Aluminiumoxidtiegel, z.B. i-$\varnothing$ oben 35 mm, unten 20 mm, Höhe 50 mm, Wandstärke 3 mm) gegeben, dieser in den HF-Zentrifugalschmelzofen eingesetzt und unter Argon bei einer Generatorleistung von 4–12 kW in etwa 50 sec aufgeschmolzen, noch weitere 3 sec bei voller Generatorleistung homogenisiert und anschließend die Schmelze in die Kupferkokille geschleudert. Die erhaltene Probenscheibe (32 mm $\varnothing$, 3 mm dick) schleift man und verwendet sie für die RFA.

### 13.5.3.4 Ferromolybdän

*Arbeitsbereich:* Mo, Si, Fe, Mn, P, Cu, Ni, Cr.

**Arbeitsvorschrift** [80]

In einem Platintiegel werden 200 mg Probematerial + 500 mg $CaCO_3$ + 50 mg $Na_2CO_3$ gemischt, mit 1,0 g $CaCO_3$ überschichtet, der Tiegel in den Muffelofen mit 400°C gestellt, der Muffelofen innerhalb 45 min auf 900°C gebracht und bei dieser Temperatur weitere 15 min geglüht. Man fährt mit dem Aufschluß nach Arbeitsvorschrift 13.5.3.1 (s. S. 230) fort.

### 13.5.3.5 Ferroniob

*Arbeitsbereich:* Nb, Fe, Al, Si, Ta, Ti, Mn.

**Arbeitsvorschrift** [80]

Man arbeitet nach Arbeitsvorschrift 13.5.3.1 (s. S. 230) mit den folgenden Änderungen. Oxidation: 250 mg Probematerial (Körnung <0,1 mm), Glühen 15 min bei 850°C und weitere 30 min bei 1150°C.

### 13.5.3.6 Ferrosilicium, Ferrosilicochrom, Calciumsilicium, Ferrophosphor

*Arbeitsbereich:* Ca, Si, Fe, Mn, P, Cu, Al, Ni, Cr, Ti.

**Arbeitsvorschrift** [80]

1,5 g $KNaCO_3$ + 1,0 g $NaNO_3$ + 1,5 g $Li_2B_4O_7$ + ca 30 mg $NaIO_3$ werden mit 300 g Probematerial (von Ferrophosphor 200 mg) in einen Platintiegel eingewogen, gemischt, in einen auf

500°C vorgeheizten Muffelofen gebracht und die Temperatur auf 800°C erhöht. Nach erfolgter Oxidation fügt man weitere 4,5 g $Li_2B_4O_7$ hinzu, erhitzt weiter bei 800°C bis zum Fluß, schließt dann 15 min bei 1150°C auf, wobei man die Schmelze öfter umschwenkt, und fährt mit dem Herstellen der Meßprobe nach Arbeitsvorschrift 13.5.3.1 (s. S. 230) fort.

### 13.5.3.7 Ferrotitan

*Arbeitsbereich:* Al, Si, Ti, Cr, Mn, Fe, Mo.

**Arbeitsvorschrift [79]**

Man arbeitet nach Arbeitsvorschrift 13.5.3.1 (s. S. 230) mit den folgenden Änderungen. Oxidation: Probenmischung mit 1000 mg $CaCO_3$, Glühen 8 min bei 1150°C.

### 13.5.3.8 Ferrovanadin

*Arbeitsbereich:* V, Si, Fe, Mn, Al, Cr, Ti, Nb.

**Arbeitsvorschrift [80]**

Man arbeitet nach Arbeitsvorschrift 13.5.3.1 (s. S. 230) mit den folgenden Änderungen. Oxidation: Probenmischung aus 300 mg Probe + 1800 mg $CaCO_3$, Glühen 20 min bei 900°C und weitere 30 min bei 1200°C.

### 13.5.3.9 Ferrowolfram

*Arbeitsbereich:* Fe, Mn, Cr, Nb, Mo, Ni, Cu, V, Zn, W, Co, Ta.

**Arbeitsvorschrift [80]**

Man arbeitet nach Arbeitsvorschrift 13.5.3.1 (s. S. 230) mit den folgenden Änderungen. Oxidation: Probenmischung aus 300 mg Probe + 800 mg $CaCO_3$, Glühen 20 min bei 800°C und weitere 15 min bei 1150°C.

### 13.5.3.10 Bronze, Messing

*Arbeitsbereich:* Cu, Sn, Pb, Zn, Fe, Al, Ni, Si, Mn.

**Arbeitsvorschrift [80]**

0,200 g Probematerial werden in einem Platintiegel mit 1 ml $HNO_3$ (1,40) gelöst, auf der Heizplatte vorsichtig zur Trockene eingedampft, danach 0,4 g $NaNO_3$ und 8,0 g $Na_2B_4O_7$ zugegeben und durch Umrühren mit einem Glasstab gemischt. Man schließt 10 min bei 1150°C im elektrischen Muffelofen auf und fährt mit der Herstellung der Meßprobe nach Arbeitsvorschrift 13.5.3.1 (s. S. 230) fort.

## 13.5.4 Mineralstoffe

### 13.5.4.1 Eisenerz, Manganerz und andere Mineralstoffe

*Arbeitsbereich:* Al, Ca, Fe, Mg, Mn, P, Si.

Das Verfahren eignet sich für Erze, Sinter, Feuerfestmaterial u.a.m.
B: $\geq$ 0,2% MnO und andere Elemente. s: $\pm$ 0,01–0,02% MnO.

**Arbeitsvorschrift [80, 94]**

0,50 g Probematerial (Körnung < 0,10 mm) werden in einem Platintiegel (Inhalt 25 ml, Höhe 38 mm, oberer $\varnothing$ 34 mm) 5 min bei 800°C geglüht, nach dem Abkühlen mit 8,0 g $Na_2B_4O_7$ (bei

600°C 8 Std vorgetrocknet und im Exsiccator aufbewahrt) gut gemischt[1] und die Mischung im elektrischen Muffelofen bei 1200°C 10 min lang aufgeschlossen. Nach je 3 min wird die Schmelze durch Umschwenken gut gemischt. Nach dem Aufschluß wird die Schmelze im Platintiegel durch mehrmaliges Umschwenken gemischt und sofort auf eine kurz vor dem Ausgießen mittels Bunsenbrenner auf ~800°C erhitzte Metallscheibe (Reinnickel- oder Platinblech, 40–45 mm Ø, 1 mm dick) gegossen. Die Metallscheibe befindet sich möglichst waagerecht auf einem Stahlgestell mit 3 Auflagepunkten (Quarzglas) für die Scheibe. Nach dem gleichmäßigen Ausbreiten der Schmelze auf der Scheibe - etwa 40 sec nach dem Aufgießen - entfernt man den Brenner, kühlt die Scheibe von unten mittels eines Preßluftstromes (15 l/min, 240 sec) und nimmt die erkaltete Glasscheibe von der Metallscheibe ab. Für die Messung verwendet man die obere (der Metallscheibe entgegengesetzte), leicht gewölbte Oberfläche der Glasscheibe.
Bei Feuerfestmaterialien wird 0,150 g Probematerial aufgeschlossen.

### 13.5.4.2  Sinter, Konverterschlacke

*Arbeitsbereich:* Al, Ca, Fe, Mg, Mn, P, Si, Ti.

**Arbeitsvorschrift** [80]

Man arbeitet nach der Arbeitsvorschrift 13.5.4.1 (s. oben) mit den folgenden Änderungen: Vorglühen des Probematerials 5 min bei 1000°C, Aufschluß 12 min bei 1150°C.

### 13.5.4.3  Hochofenschlacke

*Arbeitsbereich:* Al, Ca, Fe, Mg, Mn, S, Si, Ti.

**Arbeitsvorschrift** [80]

0,500 g Probematerial werden in einem Platintiegel tropfenweise mit 2 ml $HNO_3$(1,40) angefeuchtet, unter einem Oberflächenverdampfer zur Trockene eingedampft und zur restlosen Zerstörung der Nitrate 5 min bei 800°C geglüht oder über einem Bunsenbrenner im Abzug auf Rotglut erhitzt. Man schließt nun 8 min bei 1150°C nach Arbeitsvorschrift 13.5.4.1 (s.oben) auf und fährt wie dort angegeben fort.

### 13.5.4.4  Chrommagnesitsteine, Feuerfestmaterial

*Arbeitsbereich:* Al, Ca, Cr, Fe, Mg, Mn, Si, Ti.

**Arbeitsvorschrift** [80]

Man arbeitet nach Arbeitsvorschrift 13.5.4.1 (s. S. 232) mit·den folgenden Änderungen: Einwaage 0,250 g Probematerial, ohne Vorglühen, Aufschluß 12 min bei 1150°C.

### 13.5.4.5  Feuerfeste Stoffe

*Arbeitsbereich:* Al, Ca, Cr, Fe, K, Mg, Mn, Na, P, Si, Ti, W, Zr.

**Arbeitsvorschrift** [154]

In einen Platintiegel (Pt/Au 95/5; 38 mm hoch, oberer Ø 34 mm, unterer Ø 20 mm) werden 5,000 g $Na_2B_4O_7$ oder $Li_2B_4O_7$ und 0,300 g Probematerial (Körnung < 0,063 mm) eingewogen, mit einem Platinstab gemischt, danach 0,150 g $NH_4NO_3$ hinzugegeben, mit einem Platindeckel bedeckt und im elektrischen Muffelofen bei 1050°C (mit $Na_2B_4O_7$) bzw. 1150°C (mit $Li_2B_4O_7$) 10–20 min (die Aufschlußdauer richtet sich nach der Körnung und Zusammensetzung der Probe) aufgeschlossen. Während des Aufschlusses homogenisiert man die Schmelze alle 2–3 min durch Umschwenken. Nach dem Aufschluß wird die Schmelze auf eine auf ~750°C erhitzte Platinabgußschale (Pt/Au 95/5; 40×40 mm, 1 mm dick, mit einer kreisförmigen Vertiefung mit planer Grundfläche von 30 mm Ø unten und 32 mm Ø oben sowie 3 mm Tiefe) gegossen

---

[1] Sind Stoffe in elementarer Form vorhanden, z.B. gepulvertes Eisen in metallurgischen Schlakken, so muß dem Aufschlußgemisch noch 0,2 g $Na_2O_2$ zugesetzt werden [87].

und anschließend die so erhaltene Analysenmeßprobe in der Abgußschale mit Hilfe einer Luft-
düse (unter der Abgußschale zentrisch angeordnet, 3 mm Ø, 9 l Luft/min) gleichmäßig abgekühlt. Die abgekühlte Analysenmeßprobe wird bis zur Messung im Exsiccator aufbewahrt und
für die Messung die der Abgußschale zugewandte Fläche verwendet. Für die Aufstellung der
Eichkurven verwendet man Reinstoxide der Elemente, davon abweichend $KNO_3$ für K,
$NaNO_3$ für Na und $Na_4P_2O_7$ für P.

### 13.5.4.6 Gießpulver

*Arbeitsbereich:* Al, Ca, Fe, Mg, Mn, P, Si, Ti.

**Arbeitsvorschrift [80]**

Man arbeitet nach Arbeitsvorschrift 13.5.4.1 (s. S. 232) mit den folgenden Änderungen: 0,500 g
geglühtes Probematerial (von der Bestimmung des Glühverlustes), Aufschluß 10 min bei
1150°C.

## 13.5.5 Verschiedenes

### 13.5.5.1 Luftstaub

**Verfahren 1**

*Arbeitsbereich:* Br, Ca, Cr, Cu, Fe, K, Mn, Ni, Pb, Rb, Sr, Ti, Y, Zn, Zr.

**Arbeitsvorschrift [46]**

Zur Analyse von Staub (0,015–0,07% Mn) wurden für die Messung mittels energiedispersiver
RFA Schüttproben (in Spectro-Cups) des Probematerials (Körnung < 0,2 mm, bei 140°C ge-
trocknet) verwendet. Die Matrixkorrektur erfolgte mit Hilfe des Compton-Streupeaks für die
Elemente, die schwerer als Fe sind nach der Gleichung

$$P_Z = \frac{N_{Z(Probe)} \cdot N_{Compton(Standard)}}{m \cdot N_{Compton(Probe)}}$$

$P_Z$ = Gehalt des Elementes Z in der Probe,
$N_Z$ = Nettoimpulsrate des Elementes Z,
$N_{Compton}$ = Impulsrate des Compton-Streupeaks,
$m$ = Steigung der Eichkurve.

Für die Aufstellung der Eichkurven wurden Silicagelstandards verwendet, deren
Herstellung im Abschnitt 1.5.4.2 (s. S. 7) beschrieben ist.

**Verfahren 2**

Arbeitsbereich: Ca, Cr, Cu, Fe, K, Mn, Ni, Pb, Sr, Ti, V, Zn.

Das Probematerial wird mit $Li_2B_4O_7$ aufgeschlossen und die Glasscheibe als Meßprobe für die RFA verwendet.

**Arbeitsvorschrift [103]**

0,50 g Probematerial (bei 110°C getrocknet) wird in einem Platintiegel (Pt/Au 95/5) mit 6,50 g
$Li_2B_4O_7$ + 4,00 g $NH_4NO_3$ bei 1100–1110°C 40 min aufgeschlossen, die Schmelze im Tiegel erkalten gelassen, die Glasscheibe auf der Bodenfläche naß geschliffen, mit Wasser und Ethanol
abgespült, getrocknet und als Meßprobe für die RFA verwendet.
Einfacher ist das Gießen und die Endbehandlung der Glasscheibe nach Arbeitsvorschrift
13.5.4.1 (s. S. 232).

**Verfahren 3**

Arbeitsbereich: Cu, Fe, Mn, Pb, Ti, Zn.

Nach dem Lösen der Probe werden die Elemente mittels Kationenaustauscherfilter isoliert und letzteres als Meßprobe für die RFA verwendet. Die Austauschkapazität des Austauscherfilters von 0,25 Milliäquivalent (= 4700 µg Fe) ist zu beachten.

**Arbeitsvorschrift [104]**

*Austauscherfilter.* Kationenaustauscherfilter SA-2 (47 mm ∅) werden in Wasser eingeweicht, in das Filtrationsgerät eingespannt und gespült der Reihe nach 3mal mit je 15 ml 2,5 M $HNO_3$, 1mal 20 ml Wasser, 3mal je 15 ml 1,0 M $NH_4NO_3$, 3mal mit je 15 ml Wasser.

*Ausführung.* 0,5 g Probematerial werden in einem Teflonbecher mit 5 g $HNO_3$(1,40), 5 g $HClO_4$(70%) sowie 1 g HF(40%) versetzt, im bedeckten Becher bis zum vollständigen Lösen ($\sim$ 1 Tag) erhitzt (Heizplatte 200°C), in eine 1,0 l-Polyethylenflasche übergeführt, in der 10 g 12 M HCl vorgelegt sind, und mit Wasser zur Marke aufgefüllt. Einen aliquoten Teil von 6–7 g verdünnt man mit Wasser auf 70–100 ml (pH 1,8–2,0) und filtriert die Lösung 7mal durch ein Austauscherfilter (Filtrationsgerät). Man wiederholt den Filtrationsvorgang mit 3 weiteren Austauscherfiltern zur Kontrolle und verwendet die an der Luft getrockneten Filter als Meßproben.

### 13.5.5.2 Flugasche

*Arbeitsbereich:* wie bei Arbeitsvorschrift 13.5.5.1 Verfahren 2 (s. S. 234).

Das Probematerial wird mit $Li_2B_4O_7/NH_4NO_3$ unter Zusatz von $La_2O_3$ (für die Bestimmung von Pb, Sr und Zn) bzw. $WO_3$ (für die Bestimmung der übrigen Elemente) als Absorber aufgeschlossen und die Glasscheibe als Meßprobe für die RFA verwendet.

**Arbeitsvorschrift [103]**

0,25 bis 1,00 g Probematerial wird mit 6,0 g $Li_2B_4O_7$ + 0,50 g $La_2O_3$ oder $WO_3$ + 3,0 g $NH_4NO_3$ nach Arbeitsvorschrift 13.5.5.1 Verfahren 2 (s. S. 234) aufgeschlossen und weiterbehandelt.

## 13.6 Anwendungen

Neben der Emissionsspektrometrie findet auch die RFA eine breite Anwendung sowohl für Routineanalysen als auch für Sonderanalysen. Von den zahlreichen Veröffentlichungen sei nachfolgend eine Anzahl von Arbeiten beispielhaft angeführt, in welchen neben anderen Elementen auch Mn bestimmt wird[1]: Meerwasser (Isol: Ex) [148], (Isol: IoA) [104, 131], (Isol: Flg) [146, 147], Oberflächenwasser (Isol: IoA, Flg) [156], Abwasser (Isol: Gefriertrocknung) [41], (Isol: IoA) [129], Pflanzenmaterial [49, 157–159], Pflanzenasche, Milchpulver [159], Haarsträhne [160], Treibstoff [161], Terephthalsäure (Isol: IoA) [133], organometallische Verbindungen [162], PVC, Siliconöl [65], Kohle (Isol: IoA) [104], Al-, Cu-, und Ni-legierungen [163], Beryllium [164], Cu-Zn-legierungen [165], Stahl in Form von kompakten Proben [163, 166, 167] und von Lösungen [168], Ferromangan mittels Aufschluß [82] und Preßling [169], Ferromolybdän (Aufschluß) [82, 83], Ferroniobtantal (Aufschluß) [82, 83], Ferrowolfram

---

[1] Abkürzungen s. S. XV.

(Aufschluß) [82, 83], Molybdän (Isol: IoA) [152], (Isol: Flg) [153], Rhenium (Isol: Flg) [106], Wolfram (Isol: Flg) [153], Eisenerz [56], Chromerz [168], Manganerz [168], Stahlwerksschlacke [170, 171], Manganschlacke [168], geologische Materialien [172–174], Silicatgestein [157, 175–179], Böden [180], Sediment [179, 181, 182], Zement [183], Luftstaub [47, 53–55, 184, 185], Mo-verbindungen (Isol: IoA) [152], (Isol: Flg) [153], W-verbindungen (Isol: Flg) [107, 153], Chemikalien (Isol: Flg) [155] und Reagentien [186].

Eine größere Zahl von Arbeiten beschäftigte sich mit der analytischen Anwendung der protoneninduzierten RFA (PIXE). Gegenstand dieser Berichte war die Bestimmung von Mn und anderen Elementen in Wässern nach Anreicherung auf Ionenaustauschermembranen [187], in pflanzlichem und tierischem Gewebe sowie Urin- und Blutproben nach nasser Veraschung auf Kohlenstoffträgerfolien [188] bzw. auf Nuclepore-Filtern [189] oder ohne besondere Probenvorbereitung bzw. als pelletisierte Probe auf verschiedenem Trägermaterial [190, 191], weiterhin in tierischen, trocken veraschten Zellkulturproben [192], in Ferromanganknollen [189] und archäologischem Gesteinsmaterial [193] jeweils nach Säureaufschluß, in Bodenextrakten [194] und pelletisierten Bodenproben [190, 194], Flugasche und Kohle [189, 190], Meeressedimenten [191], Wein [188], pharmazeutischen Präparaten [191] und schließlich in Luftstaub sowohl in Form von Lösungen als auch direkt im unbehandelten Zustand [195].

## Literatur


 1. Jenkins R, Gould RW, Gecke D, Quantitative x-ray spectrometry. Dekker, New York (1981)
 2. Bertin EP, Introduction to x-ray spectrometric analysis. Plenum, New York (1978)
 3. Herglotz HK, Birks LS, X-ray spectrometry. Dekker, New York (1978)
 4. Winefordner JD, Trace analysis. Spectroscopic methods for elements. Wiley, New York (1976)
 5. Jenkins R, Introduction to x-ray spectrometry. Heyden, London (1974)
 6. Robinson JW, The handbook of spectroscopy. CRC Press, Cleveland (1974)
 7. Urlaub J, Röntgenanalyse. Siemens, Berlin München (1974)
 8. Müller RO, Spectrochemical analysis by x-ray fluorescence. Plenum, New York (1972)
 9. Liebhafsky HA, Pfeiffer HG, Winslow EH, Zemany PD, X-rays, electrons and analytical chemistry. Spectrochemical analysis with x-rays. Wiley, New York (1972)
10. Jenkins R, de Vries JL, Worked examples in x-ray spectrometry. Macmillan, London (1970)
11. Bertin EP, Principles and practice of x-ray spectrometric analysis. Plenum, New York (1970)
12. Birks LS, X-ray spectrochemical analysis. Interscience-Wiley, New York (1969)
13. Jenkins R, de Vries JL, Practical x-ray spectrometry. Philips Tech Libr, Eindhoven (1968)
14  Müller RO, Spektrochemische Analysen mit Röntgenfluoreszenz. Oldenbourg, München (1967)
15. Adler I, X-ray emission spectrography in geology. Elsevier, Amsterdam (1966)
16. May L, Spectroscopic tricks. Plenum, New York (1974)
17. May L, Spectroscopic tricks. Plenum, New York (1971)
18. May L, Spectroscopic tricks. Hilger, London (1968)
19. Johnson WM, Maxwell JA, Rock and mineral analysis. Wiley, New York (1981)
20. Reeves RD, Brooks RR, Trace element analysis of geological materials. Wiley, New York (1978)

21. Koch OG, Koch-Dedic GA, Handbuch der Spurenanalyse. Springer, Berlin Heidelberg New York (1974)
22. Liebhafsky HA, Anal Chem 21 (1949) 17; 22 (1950) 15; 23 (1951) 14; 25 (1953) 689; 26 (1954) 26
23. Liebhafsky HA, Winslow EH, Anal Chem 28 (1956) 583; 30 (1958) 580
24. Liebhafsky HA, Winslow EH, Pfeiffer HG, Anal Chem 32 (1960) 240R; 34 (1962) 282R
25. Campbell WJ, Brown JD, Anal Chem 36 (1964) 312R; 40 (1968) 346R
26. Campbell WJ, Brown JD, Thatcher JW, Anal Chem 38 (1966) 416R
27. Campbell WJ, Gilfrich JV, Anal Chem 42 (1970) 248R
28. Campbell WC, Analyst 104 (1979) 177
29. Birks LS, Anal Chem 44 (1972) 557R
30. Birks LS, Gilfrich JV, Anal Chem 46 (1974) 360R
31. Macdonald GL, Anal Chem 50 (1978) 135R; 52 (1980) 100R; 54 (1982) 150R
32. Beitz L, Fresenius Z Anal Chem 315 (1983) 217
33. Suchomel J, Umland F, Fresenius Z Anal Chem 300 (1980) 257
34. Suchomel J, Umland F, Fresenius Z Anal Chem 300 (1980) 263
35. Plesch R, Fresenius Z Anal Chem 287 (1977) 128
36. Plesch R, Fresenius Z Anal Chem 275 (1975) 97
37. Plesch R, Fresenius Z Anal Chem 275 (1975) 274
38. Plesch R, Fresenius Z Anal Chem 265 (1973) 114
39. Plesch R, Fresenius Z Anal Chem 272 (1974) 6
40. Gottschalk G, Fresenius Z Anal Chem 285 (1977) 199
41. Fenkart K, Eng E, Frey U, Fresenius Z Anal Chem 293 (1978) 364
42. Nielson KK, Anal Chem 49 (1977) 641
43. Plesch R, Fresenius Z Anal Chem 272 (1974) 262
44. Plesch R, Fresenius Z Anal Chem 305 (1981) 358
45. Müller R, Spectrochim Acta 20 (1964) 143
46. Spatz R, Lieser KH, Fresenius Z Anal Chem 280 (1976) 197
47. Criss JW, Anal Chem 48 (1976) 179
48. Suchomel J, Umland F, Fresenius Z Anal Chem 307 (1981) 14
49. Reuter III FW, Anal Chem 47 (1975) 1763
50. Van Dyck PM, Van Grieken RE, Anal Chem 52 (1980) 1859
51. Rethfeld H, Fresenius Z Anal Chem 310 (1982) 127
52. Marti W, Spectrochim Acta 18 (1962) 1499
53. Adams FC, Van Grieken RE, Anal Chem 47 (1975) 1767
54. Davis DW, Reynolds RL, Tsou GC, Zafonte L, Anal Chem 49 (1977) 1990
55. Bothe HK, Wagner D, Fresenius Z Anal Chem 306 (1981) 15
56. Hughes H, Analyst 97 (1972) 161
57. Plesch R, Fresenius Z Anal Chem 284 (1977) 107
58. Plesch R, Fresenius Z Anal Chem 292 (1978) 378
59. Plesch R, Fresenius Z Anal Chem 261 (1972) 97
60. Plesch R, Fresenius Z Anal Chem 262 (1972) 84
61. Plesch R, Fresenius Z Anal Chem 266 (1973) 9
61a.Plesch R, Fresenius Z Anal Chem 282 (1976) 417
62. Kellog RB, Roache NF, Dellinger B, Anal Chem 53 (1981) 546
63. Luke CL, Anal Chem 36 (1964) 318
64. Frank AS, Preiss IL, Anal Chem 55 (1983) 585
65. Vaeth E, Grießmayr E, Fresenius Z Anal Chem 303 (1980) 268
66. Cullen TJ, Anal Chem 33 (1961) 1342
67. Eckhard S, Marotz R, Fresenius Z Anal Chem 215 (1966) 355
68. Leyden DE, Luttrell GH, Sloan AE, DeAngelis NJ, Anal Chim Acta 84 (1976) 97
69. Koch OG, Anal Chim Acta 76 (1975) 371
70. Fahlbusch WA, Appl Spectrosc 17 (1963) 72
71. Kemp N, Fresenius Z Anal Chem 240 (1968) 303
72. Prince LA, Ellgren AJ, De Glopper TJ, Appl Spectrosc 20 (1966) 372
73. Brachfeld B, Appl Spectrosc 27 (1973) 289

74. Houk WW, Silverman L, Anal Chem 31 (1959) 1069
75. Wagner F, Arch Eisenhüttenwes 39 (1968) 759
76. Schmitz L, Loose W, Koch KH, Fresenius Z Anal Chem 276 (1975) 111
77. Schmitz L, Loose W, Koch KH, Fresenius Z Anal Chem 266 (1973) 186
78. Petesch P, persönl. Mitteilung (1983; interne Laborvorschrift 1978)
79. Staats G, Arch Eisenhüttenwes 45 (1974) 693
80. Staats G, persönl. Mitteilung (1983; interne Laborvorschriften 1974–1982)
81. Staats G, Fresenius Z Anal Chem 255 (1971) 22
82. Dobner W, Wronka G, Becker W, Arch Eisenhüttenwes 42 (1971) 643
83. Bruch J, Arch Eisenhüttenwes 33 (1962) 5
84. Ohls K, Riemer G, Fresenius Z Anal Chem 260 (1972) 30
85. Volborth, Appl Spectrosc 19 (1965) 1
86. Matocha CK, Appl Spectrosc 20 (1966) 252
87. Koch OG, unveröffentlicht (1970)
88. Pottkamp F, Janßen A, Haase W, Pipperr E, Hildebrand K, Fresenius Z Anal Chem 310 (1982) 21
89. Rothe G, Köster-Pflugmacher A, Fresenius Z Anal Chem 213 (1965) 173
90. Stephenson DA, Anal Chem 41 (1969) 966
91. Emmermann R, Obi DVC, Fresenius Z Anal Chem 254 (1971) 1
92. Bennett H, Oliver GJ, Analyst 101 (1976) 803
93. van Willigen JHHG, Kruidhof H, Dahmen EAMF, Talanta 18 (1971) 450
94. Staats G, Brück H, Fresenius Z Anal Chem 250 (1970) 289
95. Wronka G, Becker W, Arch Eisenhüttenwes 42 (1971) 645
96. Wagner A, Petin J, Hein J, Bentz F, in: Koch KH, Massmann H, 13. Spektrometertagung. de Gruyter, Berlin New York (1981)
97. Rinaldi FF, Aguzzi PE, Spectrochim Acta 23B (1967) 15
98. Kraeft U, Glas-Instrumenten-Techn 16 (1972) 1
99. Drummond CH, Appl Spectrosc 20 (1966) 252
100. Lüschow HM, Schäfer HP, Fresenius Z Anal Chem 250 (1970) 317
101. Willgallis A, Schneider G, Fresenius Z Anal Chem 246 (1969) 115
102. Ohls K, Becker G, Fresenius Z Anal Chem 279 (1976) 183
103. Pella PA, Lorber KE, Heinrich KFJ, Anal Chem 50 (1978) 1268
104. Kingston H, Pella PA, Anal Chem 53 (1981) 223
105. Van Grieken R, Anal Chim Acta 143 (1982) 3
106. Lassner E, Püschel R, Katzengruber K, Mikrochim Acta (1970) 39
107. Lassner E, Ortner HM, Schedle H, Kantuscher E, Klupacek U, Mikrochim Acta (1974) 483
108. Vanderstappen MG, Van Grieken RE, Talanta 25 (1978) 653
109. Koch OG, Fresenius Z Anal Chem 274 (1975) 203
110. Koch OG, Anal Chim Acta 81 (1976) 75
111. Scheubeck E, Jörrens C, Hoffmann H, Fresenius Z Anal Chem 303 (1980) 257
112. Luke CL, Anal Chim Acta 41 (1968) 237
113. Tackett SL, Anal Chem 43 (1971) 972
114. Iwasaki K, Tanaka K, Anal Chim Acta 136 (1982) 293
115. Hellmann H, Fresenius Z Anal Chem 289 (1978) 24
116. Brüggerhoff S, Jackwerth E, Raith B, Stratmann A, Gonsior B, Fresenius Z Anal Chem 311 (1982) 252
117. Smits J, Nelissen J, Van Grieken R, Anal Chim Acta 111 (1979) 215
118. Ellis AT, Leyden DE, Wegscheider W, Jablonski BB, Bodnar WB, Anal Chim Acta 142 (1982) 73
119. Ellis AT, Leyden DE, Wegscheider W, Jablonski BB, Bodnar WB, Anal Chim Acta 142 (1982) 89
120. Moore RV, Anal Chem 54 (1982) 895
121. Watanabe H, Berman S, Russell DS, Talanta 19 (1972) 1363
122. Kessler JE, Vincent SM, Riley Jr JE, Talanta 26 (1979) 21
123. Püschel R, Mikrochim Acta (1965) 770
124. Knapp G, Schreiber B, Frei RW, Anal Chim Acta 77 (1975) 293

125. Allen AL, Rose VC, Adv X-ray Anal 15 (1972) 534
126. Collin RL, Anal Chem 33 (1961) 605
127. Kashuba AT, Hines CR, Anal Chem 43 (1971) 1758
128. Blount CW, Morgan WR, Leyden DE, Anal Chim Acta 53 (1971) 463
129. Murata M, Noguchi M, Anal Chim Acta 71 (1974) 295
130. Blount CW, Leyden DE, Thomas TL, Guill SM, Anal Chem 45 (1973) 1045
131. Van Grieken RE, Bresseleers CM, Vanderborght BM, Anal Chem 49 (1977) 1326
132. Campbell WJ, Spano EF, Green TE, Anal Chem 38 (1966) 987
133. Bergmann JG, Ehrhardt CH, Granatelli L, Janik JL, Anal Chem 39 (1967) 1331
134. Burba P, Lieser KH, Fresenius Z Anal Chem 286 (1977) 191
135. Lieser KH, Breitwieser E, Burba P, Röber M, Spatz R, Mikrochim Acta (1978 I) 363
136. Burba P, Lieser KH, Neitzert V, Röber HM, Fresenius Z Anal Chem 291 (1978) 273
137. Burba P, Lieser KH, Fresenius Z Anal Chem 297 (1979) 374
138. Lieser KH, Röber HM, Burba P, Fresenius Z Anal Chem 284 (1977) 361
139. Vanderborght BM, Van Grieken RE, Anal Chem 49 (1977) 311
140. Knoth J, Schwenke H, Fresenius Z Anal Chem 301 (1980) 7
141. Wobrauschek P, Aiginger H, Spectrochim Acta 35B (1980) 607
142. Yoneda Y, Horiuchi T, Rev Sci Instr 42 (1971) 1069
143. Wobrauschek P, Aiginger H, Anal Chem 47 (1975) 852
144. Knoth J, Schwenke H, Fresenius Z Anal Chem 291 (1978) 200
145. Knoth J, Schwenke H, Fresenius Z Anal Chem 294 (1979) 273
146. Knöchel A, Prange A, Mikrochim Acta (1980 II) 395
147. Knöchel A, Prange A, Fresenius Z Anal Chem 306 (1981) 252
148. Morris AW, Anal Chim Acta 42 (1968) 397
149. Rethfeld H, Fresenius Z Anal Chem 292 (1978) 296
150. Linder HR, Seltner HD, Schreiber B, Anal Chem 50 (1978) 896
151. Loose W, VDEh-Chemikerausschuß, III. Unterausschuß Analytische Chemie, Arbeitskreis III. 19 Umschmelzen von Ferrolegierungen (1981)
152. Spano EF, Green TE, Anal Chem 38 (1966) 1341
153. Püschel R, Lassner E, J Less-comm Metals 17 (1969) 313
154. Lemm H, VDEh-Chemikerausschuß, III.Unterausschuß Analytische Chemie, Arbeitskreis III. 12 Röntgenfluoreszenzanalyse feuerfester Stoffe (1982)
155. Püschel R, Talanta 16 (1969) 351
156. Hellmann H, Griffatong A, Fresenius Z Anal Chem 257 (1971) 343
157. Matsumoto K, Fuwa K, Anal Chem 51 (1979) 2355
158. Jenkins R, Hurley PW, Analyst 91 (1966) 395
159. Lieser KH, Schmidt R, Bowitz R, Fresenius Z Anal Chem 314 (1983) 41
160. Toribara TY, Jackson DA, French WR, Thompson AC, Jaklevic JM, Anal Chem 54 (1982) 1844
161. Jones RA, Anal Chem 31 (1959) 1341
162. Leyden DE, Lennox Jr JC, Anal Chim Acta 64 (1973) 143
163. Verbeke P, Nullens H, Adams F, Anal Chim Acta 97 (1978) 283
164. Carpenter L, Nishi JM, Fehler RH, Appl Spectrosc 20 (1966) 359
165. Pandian S, Labrecque JJ, Preiss IL, Appl Spectrosc 30 (1976) 31
166. Laffolie H de, Arch Eisenhüttenwes 33 (1962) 101
167. Nielson KK, Sanders RW, Evans JC, Anal Chem 54 (1982) 1782
168. Mitchell BJ, O'Hear HJ, Anal Chem 34 (1962) 1620
169. Janssens R, Maenhaut W, Hoste J, Anal Chim Acta 76 (1975) 37
170. Kopineck HJ, Schmitt P, Arch Eisenhüttenwes 32 (1961) 19
171. Koch KH, Ohls K, Becker G, Arch Eisenhüttenwes 41 (1970) 87
172. Verbeke P, Adams F, Anal Chim Acta 109, (1979) 85
173. Giauque RD, Garrett RB, Goda LY, Anal Chem 49 (1977) 62
174. Giauque RD, Garrett RB, Goda LY, Anal Chem 49 (1977) 1012
175. Rose HJ, Adler I, Flanagan FJ, Apple Spectrosc 17 (1963) 81
176. Ball DF, Analyst 90 (1965) 258
177. Hooper PR, Anal Chem 36 (1964) 1271
178. Laidley RA, Appl Spectrosc 22 (1968) 420

179. Wolfe LA, Zeitlin H, Anal Chim Acta 51 (1970) 349
180. Bos M, Lely JA, Lengton W, Anal Chim Acta 108 (1979) 309
181. Vanderstappen M, Van Grieken R, Fresenius Z Anal Chem 282 (1976) 25
182. Mahan KI, Leyden DE, Anal Chim Acta 147 (1983) 123
183. Andermann G, Allen JD, Anal Chem 33 (1961) 1695
184. Collins GCS, Nicholas D, Analyst 101 (1976) 901
185. Van Espen P, Nullens H, Adams FC, Fresenius Z Anal Chem 285 (1977) 215
186. Mitchell JW, Luke CL, Northover WR, Anal Chem 45 (1973) 1503
187. Lochmüller CH, Galbraith JW, Walter RL, Anal Chem 46 (1974) 440
188. Campbell JL, Orr BH, Herman AW, McNelles LA, Thomson JA, Cook B, Anal Chem 47 (1975) 1542
189. Kirchner SJ, Oona H, Perron SJ, Fernando Qu, Lee JJH, Zeitlin H, Anal Chem 52 (1980) 2195
190. Walter RL, Willis RD, Gutknecht WF, Joyce JM, Anal Chem 46 (1974) 843
191. Mittler A, Barnes BK, Litman R, Holton F, Barry EF, Anal Chem 49 (1977) 432
192. Zombola RR, Kitos PA, Bearse RC, Anal Chem 49 (1977) 2203
193. Nielson KK, Hill MW, Mangelson NF, Nelson FW, Anal Chem 48 (1976) 1947
194. Baum R, Gutknecht WF, Willis RD, Walter RL, Anal Chim Acta 85 (1976) 323
195. Johansson TB, Van Grieken RE, Nelson JW, Winchester JW, Anal Chem 47 (1975) 855

# 14 Massenspektrometrie

Der große, 83 bestimmbare Elemente umfassende Arbeitsbereich und das hohe Nachweisvermögen zeichnen die Massenspektrometrie als eine universell einsetzbare Analysenmethode aus. Sie eignet sich daher besonders für umfassende Übersichtsanalysen von unbekannten Probematerialien mit einer großen Zahl von Elementen, die neben den Haupt- und Nebenbestandteilen auch die Spurenelemente einschließt. Neben diesen Vorzügen weist die Massenspektrometrie aber auch einige Nachteile auf: hohe Anschaffungskosten, hoher Betriebs- und Wartungsaufwand, Schwierigkeit der Instandhaltung, geringere Analysengenauigkeit, im Vergleich zu anderen Multielementbestimmungsmethoden einen relativ hohen Zeitaufwand und niedrigen Probendurchsatz. Wegen der hohen Kosten sind Massenspektrometer nicht allgemein verfügbar, so daß sich ihre Anwendung auf Forschungs- und Speziallaboratorien beschränkt. Demnach werden Massenspektrometer nicht für Routineanalysen eingesetzt, vielmehr liegt ihr Einsatzgebiet vor allem bei der Multielementspurenanalyse von Reinststoffen, bei Multielementübersichtsanalysen und bei Sonderanalysen. Die hohe Leistungsfähigkeit der Massenspektrometrie zeigt sich besonders deutlich bei Übersichtsanalysen mit einer hohen Zahl, z.B. 20–30 und mehr, Haupt-, Neben- und Spurenelementen, die sich auf diese Weise arbeitsökonomisch günstig - mit allerdings entsprechendem apparativen Aufwand - durchführen lassen.

Die massenspektrometrische Bestimmung des Mn erfolgt in der Regel nicht als Einzelelement sondern im Rahmen von Multielementanalysen. Im Hinblick auf das oben Gesagte wird im vorliegenden Rahmen auf eine Darstellung von Arbeitsverfahren verzichtet und für weitere und eingehendere Informationen auf die Literatur [1–23] verwiesen. Nachfolgend ist eine Reihe von Arbeiten angeführt, in welchen neben anderen Elementen auch Mn in verschiedenen Materialien massenspektrometrisch bestimmt wurde: destilliertes Wasser ($\geq 0{,}0008$ ng/ml) [24], Pflanzenmaterial (2–90 µg/g) [25, 26], Haar (2–10 µg/g) [26], Blut, Gewebe, Knochen, Pflanzenmaterial ($\geq 1$ µg/g) [27], Leber (1,5 µg/g) [28], Kohle (2–200 µg/g)[29, 30], Treibstoff (5–100 ng/ml) [29], Heizöl (0,2–1 µg/g) [29], Stahl (0,001–2,5%) [31], Quecksilber (0,01–0,1 µg/g) [32], Silicatgestein, geologisches Material (0,003–1,5%) [33, 34], Basaltgestein (0,13–16%) [35], Marmor (0,005%) [36], Quarzglas (1–24 ng/g) [37], $TiO_2$ (0,5–20 µg/g) [38], HCl, $HNO_3$, HF ($\geq 0{,}0008$ ng/ml) [24], $H_3PO_4$ (1–160 µg/ml) [32], Flugasche (0,015–0,05%) [29], Luftstaub, Flugasche (0,05–0,15%) [39].

# Literatur


1. Merritt Jr C, McEwen CN, Mass spectrometry, Vol 3, Part B. Dekker, New York (1980)
2. Merritt Jr C, McEwen CN, Mass spectrometry, Vol 3, Part A. Dekker, New York (1979)
3. Middleditch BS, Practical mass spectrometry. Plenum, New York (1979)
4. Millard BJ, Quantitative mass spectrometry. Heyden, Philadelphia (1978)
5. Winefordner JD, Trace analysis, Spectroscopic methods for elements. Wiley, New York (1976)
6. Ahearn AJ, Trace analysis by mass spectrometry. Academic Press, New York (1972)
7. Hill HC, Loudon AG, Introduction to mass spectrometry. Heyden, London (1972)
8. Milne WA, Mass spectrometry: techniques and applications. Wiley, New York (1971)
9. Roboz J, Introduction to mass spectrometry. Instrumentation and techniques. Interscience-Wiley, New York (1968)
10. Dibeler VH, Anal Chem 26 (1954) 58; 28 (1956) 610
11. Dibeler VH, Reese RM, Anal Chem 30 (1958) 604; 32 (1960) 211R
12. Reese RM, Anal Chem 34, (1962) 243R
13. Reese RM, Harllee FN, Anal Chem 36 (1964) 278R
14. McLafferty FW, Pinzelik J, Anal Chem 38 (1966) 350R
15. Kiser RW, Sullivan RE, Anal Chem 40 (1968) 273R
16. DeJongh DC, Anal Chem 42 (1970) 169R
17. Majer JR, Talanta 19 (1972) 589
18. Burlingame AL, Johanson GA, Anal Chem 44 (1972) 337
19. Burlingame AL, Cox RE, Derrick PJ, Anal Chem 46 (1974) 248R
20. Burlingame AL, Kimble BJ, Derrick PJ, Anal Chem 48 (1976) 368R
21. Burlingame AL, Shackleton CH, Howe Ian, Chizhov OS, Anal Chem 50 (1978) 346R
22. Burlingame AL, Baillie TA, Derrick PJ, Chizhov OS, Anal Chem 52 (1980) 214R
23. Burlingame AL, Dell A, Russell DH, Anal Chem 54 (1982) 363R
24. Dabeka RW, Mykytiuk A, Berman S, Russell DS, Anal Chem 48 (1976) 1203
25. Verbueken A, Michiels E, Van Grieken R, Fresenius Z Anal Chem 309 (1981) 300
26. Yurachek JP, Clemena GG, Harrison WW, Anal Chem 41 (1969) 1666
27. Evans Jr CA, Morrison GH, Anal Chem 40 (1968) 869
28. Locke J, Boase DR, Smalldon KW, Anal Chim Acta 104 (1979) 233
29. Lehmden DJ von, Jungers RH, Lee Jr RE, Anal Chem 46 (1974) 239
30. Guidoboni RJ, Anal Chem 45 (1973) 1275
31. van Hoye E, Adams F, Gijbels R, Talanta 23 (1976) 789
32. Cherrier C, Nalbantoglu M, Anal Chem 39 (1967) 1640
33. Luck J, Szacki W, Fresenius Z Anal Chem 309 (1981) 281
34. Jochum KP, Seufert M, Knab HJ, Fresenius Z Anal Chem 309 (1981) 285
35. Morrison GH, Kashuba AT, Anal Chem 41 (1969) 1842
36. Luck J, Möller P, Szacki W, Fresenius Z Anal Chem 267 (1973) 186
37. Tong SSC, Yao-Sin Su, Williams JP, Anal Chim Acta 84 (1976) 327
38. Beveridge RL, Appl Spectrosc 27 (1973) 271
39. Pilate A, Adams F, Fresenius Z Anal Chem 309 (1981) 295

# 15 Neutronenaktivierungsanalyse

## 15.1 Allgemeines

Seit den frühen fünfziger Jahren entwickelte sich die Neutronenaktivierungsanalyse (NAA) rasch zu einer leistungsfähigen Analysenmethode, die sich durch ihr hohes Nachweisvermögen auszeichnet, weshalb sie sich vor allem für Spurenanalysen besonders gut eignet. Ein weiterer Vorteil der NAA ist die relativ geringe Störanfälligkeit in bezug auf die in der Spurenanalyse bekannten Fehlerquellen, da die Probe vor der Aktivierung keine chemische Vorbehandlung erfordert (Vermeidung von Spurenverlusten oder -einschleppungen) und nach erfolgter Bestrahlung eine Kontamination der Probe bei deren radiochemischer Aufarbeitung — im Gegensatz zu anderen Analysenmethoden — keinen Einfluß mehr auf das Analysenergebnis hat. Allerdings sind die Fehlerquellen bei der Probenahme und Probenvorbereitung wie bei den anderen Analysenmethoden in gleicher Weise auch hier vorhanden und daher entsprechend zu beachten. Neben diesen Vorteilen besitzt die NAA aber auch einige Nachteile, die gewisse Parallelen zur Massenspektrometrie aufweisen. Geht man davon aus, daß die NAA primär eine Spurenanalysenmethode ist, so setzt dies dafür einen ausreichend hohen Neutronenfluß in der Größenordnung von etwa $10^{11}$–$10^{13}$ n cm$^{-2}$ s$^{-1}$ voraus. Man erhält zwar im Handel Neutronengeneratoren [1], deren Leistung aber mit etwa $10^9$–$10^{10}$ n cm$^{-2}$ s$^{-1}$ für Spurenanalysen zu niedrig ist. Man ist deshalb für Spurenanalysen auf den Einsatz von Kernreaktoren angewiesen. Obwohl deren Zahl in den letzten Jahren zugenommen hat, stehen sie nur einer begrenzten Zahl von Laboratorien zur Verfügung. Dieser Mangel an allgemeiner Verfügbarkeit ist einer der Hauptnachteile der NAA. Weitere Nachteile sind in diesem Zusammenhang der relativ hohe Zeitaufwand der Gesamtanalyse und der niedrige Probendurchsatz. Dazu kommen weiterhin noch einige Schwierigkeiten und Fehlerquellen, auf die weiter unten noch eingegangen wird. Die Anwendung der NAA ist deshalb vorwiegend auf die mit Kernreaktoren unmittelbar verbundenen Laboratorien sowie auf Forschungs- und Speziallaboratorien beschränkt. Im Bereich der Routineanalyse ist die NAA bis jetzt praktisch kaum bzw. in nur geringem Umfang vertreten.

Hier sind nun einige Überlegungen zu der Frage angebracht, in welchem Rahmen die analytische Anwendung der NAA sinnvoll erscheint. Die Zahl an Veröffentlichungen über die Anwendung der NAA während der letzten Jahre zeigt eine steigende Tendenz und ist relativ hoch. Versucht man nun die Notwendigkeit und Zweckmäßigkeit des Einsatzes der NAA zu prüfen, so verwendet man dafür als erstes Entscheidungskriterium den mit ihr in den Publikationen tatsächlich bestimmten Gehaltsbereich. Eine Sichtung der zahlreichen Mitteilungen ergibt nun, daß die in vielen Arbeiten mittels NAA bestimmten Elementgehalte nicht extrem niedrig sind; vielmehr liegen sie meist im üblichen Spurengehaltsbereich und zum Teil sogar im Gehaltsbereich der Nebenbestandteile. Für diese Gehaltsbereiche gibt es aber hinreichend andere Analysenmethoden, mit welchen diese Spurengehalte und Nebenbestandteile einfacher, schneller, kostengünstiger und oft auch genauer bestimmt werden können, weshalb die NAA in diesem Fall keine echte Alternative darstellt. Die relativ hohe Zahl von Arbeiten mit Anwendung der NAA dürfte daher eher einerseits auf Grundlagenforschung und andererseits auf solche Laboratorien zurückzuführen sein, welche die vorhandene Kapazität verfügbarer Kernreaktoren ausnützen und auf diese Weise Erfahrungen sammeln wollen.

Die Kosten der Labormeßeinrichtung für die NAA (ohne Kernreaktor) liegt in der Größenordnung einer Spektrometeranlage. Eine Spektrometeranlage ist aber im Vergleich zur NAA leistungsfähiger in bezug auf Schnelligkeit, Probendurchsatz, Kosten und meist auch Genauigkeit sowohl bei Routine- als auch bei Sonderanalysen und erreicht beispielsweise mit dem Plasmaspektrometer für viele Elemente durchaus die Nachweisgrenze der NAA. Demzufolge erscheint es sinnvoll, die Anwendung der NAA auf die Spurenanalyse von Reinststoffen bzw. auf den Bereich extrem kleiner Spurengehalte zu beschränken. Darüber hinaus ist die NAA auch im üblichen, höheren Spurengehaltsbereich sehr nützlich einsetzbar, wenn eine Kontrolle oder Ergänzung der Analysenergebnisse anderer Analysenmethoden notwendig ist. Schließlich läßt sie sich — ähnlich wie die Massenspektrometrie — zweckmäßig für Übersichtsanalysen einsetzen. Letztere sind dann von Interessse und arbeitsökonomisch von Vorteil, wenn in einem Material eine große Zahl, z.B. 20–30 und mehr, von Spurenelementen zu bestimmen ist, bei allerdings enstprechendem apparativen Aufwand. Hier zeigt sich die Leistungsfähigkeit der NAA besonders deutlich.

Die Bestimmung des Mn mittels NAA erfolgt in der Regel nicht als Einzelelement sondern im Verbund mit einer mehr oder weniger großen Zahl anderer Elemente im Rahmen von Multielementanalysen.

Im vorliegenden Rahmen kann auf instrumentelle und meßtechnische Einzelheiten der NAA nicht eingegangen werden. Die nachfolgenden Ausführungen sind deshalb auf die Probenvorbereitung und die chemische Aufarbeitung beschränkt, soweit sie in den Mn betreffenden Arbeiten zur Anwendung kamen.

Soweit Mn neben anderen Elementen in Untersuchungen einbezogen wurde, berichtet eine Reihe von Arbeiten unter anderem über Methoden der NAA [2], NAA mit Sb/Be-Neutronenenquelle [3], Bestimmung von Spurenelementen mit schnellen Neutronen [4] und Geometrie- und Totzeit-Korrekturfaktoren [5].

Weitere und eingehendere Informationen zur NAA findet man in der Literatur [6–27].

## 15.2 Interferenzen und Fehlerquellen

Für die Anwendung der NAA im Spurenbereich ist die Aktivierung mit thermischen (langsamen) Neutronen primär von Bedeutung. Dabei wird vorwiegend die erzeugte $\gamma$-Strahlung mit Hilfe eines Ge(Li)-Halbleiterdetektors und eines Vielkanalanalysators (mindestens 4000 Kanäle) mit Computerauswertung gemessen, da auf diese Weise die gleichzeitige Bestimmung mehrerer Isotope möglich ist. Grundlage für die Bestimmung des Mn durch Aktivierung mit thermischen Neutronen ist die Reaktion $^{55}$Mn$(n,\gamma)^{56}$Mn mit einer $^{56}$Mn-Halbwertszeit von $t_{1/2} = 2{,}586$ Std $(= 155$ min$)$.

In erster Ansicht erscheint die NAA - wie schon erwähnt - recht problemlos: die Fehlerquellen vor und nach der Aktivierung des Probematerials sind geringer und chemische Operationen (Probenvorbereitung, Trennung, Anreicherung) werden kaum benötigt. Tatsächlich ist die Situation aber etwas schwieriger. Wegen des hohen Nachweisvermögens der NAA ist die Gefahr der Verfälschung von Analysenergebnissen durch verschiedene Ursachen dementsprechend hoch [28]. Erschwerende Faktoren sind vor allem der Einfluß der Probenmatrix sowie die starken Unterschiede von Einfangquerschnitten und Halbwertszeiten der einzelnen Elemente, die deshalb für die Analysen von Materialien mit Hilfe der NAA häufig nur Teillösungen zulassen.

Bei der Aktivierung mit Hilfe thermischer Neutronen treten neben der hauptsächlich stattfindenden $(n,\gamma)$-Reaktion auch noch Nebenreaktionen auf, die bei genauen Analysen und insbesondere bei der Bestimmung niedrigster Spurengehalte berücksichtigt werden müssen, um Fehlaussagen zu vermeiden. Die Nebenreaktionen, wie $(n,p)$, $(n,\alpha)$, $(n,2n)$ und andere, sind auf das Energiespektrum der im Kernreaktor von $\sim 15$ MeV auf thermische Geschwindigkeit von $\sim 0,025$ eV $(20°C \hat{=} 2200$ $m/sec \hat{=} 0,025$ eV) abgebremsten Neutronen zurückzuführen. Der größere Teil dieser Nebenreaktionen verläuft nur unter Zuführung größerer Energiemengen, d.h. mit Hilfe schneller Neutronen, deren Anteil im Kernreaktor etwa 20–50% beträgt.

Im allgemeinen sind die Wirkungsquerschnitte der Nebenreaktionen um Größenordnungen kleiner als diejenigen der $(n,\gamma)$-Reaktion, die aber im Einzelfall dennoch berücksichtigt werden müssen. Mögliche Störreaktionen sind [29]: Schwellwertreaktionen [hauptsächlich $(n,p)$- und $(n,\alpha)$-Reaktionen], Uranspaltung (von in der Probe enthaltenem U), radioaktive Folgeprodukte der primären Radionuklide, doppelter Neutroneneinfang (bei primär gebildeten Radionukliden mit hohem Wirkungsquerschnitt).

Von den angeführten möglichen Störreaktionen ist für die Mn-Bestimmung nur die Schwellwertreaktion zu berücksichtigen, bei der es sich im vorliegenden Fall um die Reaktionen $^{54}Fe(n,p)^{54}Mn$ und $^{56}Fe(n,p)^{56}Mn$ handelt [29]. Weitere Störreaktionen sind noch weiter unten angeführt.

In einer Arbeit wurde die Bestimmung von Spurenelementen in biologischem Material mittels NAA kritisch bewertet [30]. Hiernach können die Analysenergebnisse durch mehrere Fehlerquellen verfälscht werden und sind daher entsprechend zu berücksichtigen [30]. Zu den möglichen Fehlerquellen gehören vor allem: Fehler in Verbindung mit der Neutronenbestrahlung (u.a. Neutronenflußschwankungen, Störreaktionen) [14], Verunreinigungen, zu hohe Blindwerte durch Verunreinigungen oder den Elementgehalt der Probenmeßbehälter (Quarzglas, Polyethylen) (s. Tabelle 24), Fehler beim Zählprozeß der Aktivitätsmessung und der quantitativen Interpretation der $\gamma$-Spektren. In einer anderen Arbeit wurde über Fehler berichtet, die durch Desorption von 0,4–1,1 ng Mn in 1,1 ml redestilliertes Wasser aus den bei der NAA verwendeten Polyethylen-Probenmeßgefäßen (mit 18–24 ng Mn/1,1 g) verursacht wurden [31].

Für die direkte Bestimmung von Mn in biologischem Material sind vor allem die Störreaktionen $^{56}Fe(n,p)^{56}Mn$ und $^{59}Co(n,\alpha)^{56}Mn$ [32] zu berücksichtigen. Bei der Bestimmung von Mn in roten Blutzellen beispielsweise täuscht so der Fe-Gehalt von $\sim 1025$ µg Fe/g einen Gehalt von 11 ng Mn/g vor und überdeckt den wahren Gehalt von 15 ng Mn/g [30]. Das Ausmaß der Störung hängt jedoch von den Bestrahlungs-

**Tabelle 24.** Mn-Gehalt von Serum (ng/ml) und
Probenmeßbehältern (ng/g)                    [30]

| Serum | Probenmeßbehälter | |
|---|---|---|
| | Quarzglas | Polyethylen |
| 0,54 | 32 | 18 |
| | $4{,}62 \cdot 10^5$ | |

bedingungen ab. So wurde in einer anderen Arbeit festgestellt, daß bei einem Neutronenfluß (thermische/schnelle Neutronen) von $\Phi_{th}/\Phi_s = 0{,}5{-}1{,}4 \cdot 10^{13}/0{,}8{-}3{,}7 \cdot 10^{12}$ durch die Reaktion $^{56}$Fe(n,p)$^{56}$Mn von 1000 µg Fe/g ein Gehalt von 3 µg Mn/g vorgetäuscht wird [33]. Dies steht in guter Übereinstimmung mit anderen Angaben [34], wonach 1 µg Fe 0,003 µg Mn vortäuscht.

Die ausschließlich instrumentelle NAA (INAA) beschränkt sich meist auf Materialien mit wenig komplexer Zusammensetzung, die außerdem keine zu hohen Konzentrationen leicht aktivierbarer, nicht interessierender Elemente mit komplexen γ-Spektren aufweisen sollen. Meist wird daher bei der NAA biologischen Materials eine chemische Aufbereitung der bestrahlten Probe notwendig sein, um zumindest die immer in relativ hohen Aktivitäten vorliegenden Isotope von K, Na und Cl zu entfernen. So war für die Bestimmung von 0,02–0,30 µg Mn/g in menschlichem Gewebe eine Abtrennung des $^{24}$Na erforderlich, die wegen der $^{56}$Mn-Halbwertszeit von 155 min rasch zu erfolgen hatte [33]. Dazu wurde die Probe nach der Bestrahlung mit $HNO_3/H_2O_2$ als günstigstem Verfahren naß verascht, das Na mittels Säulenchromatographie über $Sb_2O_5$ abgetrennt, das Eluat eingeengt und die Endprobelösung gemessen. Dieser Analysengang wies folgendes Zeitschema auf (in min) [33]: Bestrahlung 120, Veraschung 10, $^{24}$Na-Abtrennung 30, Eindampfen 20, γ-Spektrum 10, Gesamtzeit 190.

In einer Anzahl von Arbeiten wurde die Bestimmung von Mn und anderen Elementen in biologischem Material aber auch mittels INAA durchgeführt. In dieser Hinsicht nimmt die Zahl der Arbeiten zu, in denen die INAA untersucht und auf die verschiedenen Materialbereiche angewandt wird.

Bei der NAA hochreiner Materialien, wie z.B. Halbleiter, sind die verschiedenen Fehlerquellen besonders zu beachten [35]. Liegt das Probematerial in kleinstückiger Form vor, so ist trotz des hohen Nachweisvermögens der NAA eine größere Probemenge für die Analyse zu verwenden, um Inhomogenitäten des Probematerials auszugleichen und ein repräsentatives Analysenergebnis zu erhalten. Hochreine Materialien liegen überwiegend in Form massiver Körper vor, die für die NAA meist zu groß sind. Bei der hier notwendigen Probenahme sind die möglichen Verunreinigungen entsprechend zu berücksichtigen. Ungefährlicher und leichter vermeidbar sind Verunreinigungen durch das Verpackungsmaterial. Hier haben sich Dosen und Folien aus Polyethylen und Polypropylen bewährt [35]. Für die Probenkapselung zur Bestrahlung sind Quarzglasampullen gut geeignet, doch ist die Reinheit des Quarzglases zu beachten. Für Untersuchungen extrem reiner Materialien, von Oberflächenschichten, von flüssigen Stoffen (z.B. Ga-Metall) sowie von Proben, die durch Eindampfen von Lösungen präpariert werden, hat sich zur Kapselung hochreines Silicium als vorteilhaft erwiesen [35]. Weiterhin sind die spezifischen Gefahren der Probenveränderung (Änderung von Bindungsform und Oxidationsstufe) durch Strahlungsaufheizung und Strahlungsrückstoß der Aktivierungsreaktionen zu berücksichtigen. Nach der Bestrahlung müssen alle Reinststoffproben intensiv gereinigt werden, um oberflächlich adsorbierte, aktivierte Staubteilchen zu entfernen, was wenig aufwendig und effektiv durch Spülen mit Wasser (mit Spülmittelzusatz), Alkohol und Diethylether vorgenommen werden kann.

## 15.3 Probenvorbereitung

Obwohl in letzter Zeit zunehmend die INAA Anwendung findet, ist doch bei einer großen Zahl von Analysen eine chemische Vorbereitung der Probe erforderlich. Dafür wird die bestrahlte Probe nach den bekannten naßchemischen Methoden oxidierend aufgelöst (s. S. 13 ff), organisches Material naß verascht (s. S. 17 ff). Die nach der Bestrahlung in unterschiedlichem Bindungszustand vorliegenden Elemente werden durch das oxidierende Lösen auf die gleiche Oxidationsstufe gebracht. Der Probe wird dabei meist eine definierte Menge des zu bestimmenden Elementes in inaktiver Form zugesetzt, so daß Verluste, z.B. durch Adsorption, während des Lösungsvorganges normalerweise nicht auftreten.

Wasserproben werden in der Regel konzentriert durch Eindampfen [36] oder Gefriertrocknen [37, 38].

Für die Probenvorbereitung von organischem Material finden die bekannten Verfahren der trockenen und nassen Veraschung ohne besondere Änderungen Anwendung. So wurde beispielsweise verwendet: die trockene Veraschung für Pflanzenmaterial [34], pflanzliches und tierisches Gewebe [40], Knochen [41]; die trockene Tieftemperaturveraschung für Reis [42]; die nasse Veraschung für menschliches Gewebe [33], biologisches Material [39, 43, 44], Blut [45, 46] sowie pflanzliches und tierisches Material [47].

## 15.4 Anreicherungs- und Trennungsverfahren

Trotz der in letzter Zeit steigenden Zahl von Arbeiten mit Anwendung der INAA müssen in vielen Fällen chemische Anreicherungs- und Trennungsverfahren angewendet werden. Wenn die Isolierung eines bestimmten Elementes oder einer Elementgruppe erforderlich ist, so sollen die dafür benützten Trennungsverfahren einfach, möglichst spezifisch und schnell durchführbar sein. Dabei sollte ein mehrfacher Gefäßwechsel vermieden werden und der Aggregatzustand der isolierten Verbindung auf das anschließende radiochemische Meßverfahren abgestimmt sein. Elementverluste bei den Trennoperationen sind in der Regel nicht zu erwarten, da der Probe meist eine definierte Menge des zu bestimmenden Elementes in inaktiver Form zugesetzt wird. Aus diesem Grunde werden für die Isolierung des interessierenden Elementes die bekannten Trennungsverfahren in der üblichen Ausführung angewendet, weshalb diesbezüglich auf Abschnitt 4 (s. S. 35 ff) sowie auf die entsprechenden Abschnitte der einzelnen Bestimmungsmethoden verwiesen sei. Weitere Informationen über Anreicherungsmethoden für die NAA können einem Übersichtsbericht [48] entnommen werden. Nachfolgend sind die in einer Anzahl von Arbeiten bei den verschiedenen Materialien angewandten Trennungssysteme stichwortartig angeführt.

*Wasser*[1]. Trink- und Regenwasser [Isol: Flg $Mn(OH)_2$, MnS, $MnO_2$; Ex, Trennungsgang] [36], glaciales Eis (Flg $MnO_2$, Trennungsgang) [49], Meerwasser (Isol: IoA; Poly-5-vinyl-8-hydroxychinolin) [50], (Isol: IoA, Chelex-100) [51], (Isol: Flg, Oxin) [52].

*Organisches Material*[1]. Abtrennung von Na (Isol: Chromatographie an $Sb_2O_5$-[33, 43–47] oder $SbCl_5$-Hydrat [53]), Serum (Isol: Ex, TTA) [54], Knochen (Isol: Ex, TTA) [55], Fisch (Isol: Ex, TTA) [56], Serum-Albumin-Lösung (Isol: Ex, Oxin) [57], Pflanzenmaterial (Isol: Ex, $\alpha$-Benzoinoxim) [34], pflanzliches und tierisches Material (Isol: IoA, Dowex 1X8, Chelex-100) [40, 42], Trennungsgänge für verschiedene biologische Materialien [39, 43, 44].

*Metalle und Legierungen*[1]. Aluminium (Isol: Ex, Flg; Tetraphenylarsoniumchlorid, $MnNH_4PO_4$) [58], Reinstsilicium (Isol: Dest, $SiF_4$) [59], (Isol: Trennungsgang, Flg, MnS) [60], Stahlkorrosionsprodukte (Isol: IoA) [61], Stahl (Isol: IoA) [62], Titan (Isol: Ex, TBP) [63], Zink (Isol: Flg, Hydroxide; Ex, NaDDTC) [64], Chrom Reinsteisen (Isol: Trennungsgang, IoA Dowex 1X8, Chromatographie $Sb_2O_5$) [65], Silber [Isol: Trennungsgang, IoA Dowex $1 \times 8$, Chromatographie $Sb_2O_5$ und $Ni_2Fe(CN)_6$] [66], Uran, Uranverbindungen (Isol: Papierchromatographie) [67].

*Mineralstoffe*[1]. Silicatgestein (Isol: Dest, IoA, Ex, Chromatographie) [68], Calciumcarbonat (Isol: Ex, APCD + DADDTC, Hexafluoracetylaceton, TOPO) [69], Standardreferenzmaterialien ($CaCO_3$, $MgCO_3$, Kaolin, Gas) (Isol: IoA, Ex) [70].

*Verschiedenes* [1]. $U_3O_8$, $UO_2$ (Isol: Flg, IoA Dowex 2X8) [71], $CaCO_3$, NaOH (Isol: Ex Tetraphenylarsoniumchlorid) [72], Bleiweiß von Gemälden (Isol: Flg, Ex) [73], $ZnSO_4$ und ZnS-Luminophor (Isol: Ex Cupferron, NaDDTC; Flg $MnO_2$) [74].

## 15.5 Anwendungen

Nachfolgend sind Arbeiten mit materialbezogener Anwendung der NAA, INAA oder Photonenaktivierungsanalyse (PAA) angeführt, in welchen neben anderen Elementen auch Mn bestimmt wurde.

*1. Wasser (Gehaltsbereich in $\mu$g Mn/l)*[1,2]
Trinkwasser (30; INAA) [75], Regenwasser (20–150; INAA) [38], Trink- und Regenwasser ($L_D = 0{,}02$ pC/l $^{54}$Mn; Isol: Flg, Ex) [36], Wasser (0,05–0,1; Isol: IoA, Cellulose-Piperazindithiocarboxylat) [76], Süßwasser ($\geq 0{,}6$; INAA) [77], Meerwasser (0,1; Isol: IoA) [50], (0,7–1; Isol: Flg) [52], Meer- und Süßwasser (1,5–50; Isol: IoA) [51, 78], natürliches Wasser (0,2; INAA) [37], glaciales Eis (0,25 $\mu$g/kg; Isol: Flg) [49].

*2. Organisches Material (Gehaltsbereich in $\mu$g Mn/g, ml)*[1,2]
Pflanzenmaterial (90–2600; INAA) [79–81], Pflanzenmaterial (40–90; Isol: Dest, IoA) [47], (200–700; Isol: Ex) [34], (15–600; PAA) [82], Reis (1–70; Isol: IoA) [42, 53], biologisches Material (0,02–0,3; Isol: IoA) [33, 39], (15–300; Isol: Flg, Ex) [43], (15;

---

[1]Abkürzungen s. S. XV. [2]INAA = instrumentelle Neutronenaktivierungsanalyse; PAA = Photonenaktivierungsanalyse.

Isol: Dest, IoA) [44], (10–90; INAA) [83], pflanzliches und tierisches Gewebe (15; Isol: IoA) [40], Blut (0,02–0,07; Isol: IoA) [45, 46], Serum (0,01–0,03; Isol: Ex) [54], Serum-Albumin-Lösung (0,1–0,5; Isol: Ex) [57], tierisches Material (0,4–90; Isol: Ex) [47], Leber (0,5; Trennungsgang) [84], Haar (1,7; INAA) [75], Fisch (40; Isol: Ex) [56], Knochen (1) [41], (1–1,5; Isol: Flg, Ex) [55], (30; INAA) [85], Kohle (0,2–77; INAA) [86–89], Treibstoff, Heizöl, Schieferöl (0,02–1; INAA) [88, 90], Erdöl-produkte (0,02–0,4; INAA) [91] organische Lösungsmittel (0,04–4,6 µg/l; INAA) [92], Polysulfidkleber (22–32; INAA) [93].

*3. Metalle und Legierungen (Gehaltsbereich in µg Mn/g)*[1,2]

Silber ($\geq$ 0,008; Isol: IoA, Chromatographie) [66], Aluminium (2–100; Isol: Ex, Flg) [58], (0,01–0,06; Isol: Ex) [56], Al-legierungen (400–7000; INAA) [94, 95], Chrom (0,0001; Isol: IoA, Chromatographie) [65], Reinsteisen (0,02–0,25; INAA) [65], (0,03–0,2; Isol: Trennungsgang, IoA, Chromatographie) [65], Gußeisen, Stahl (0,03–1,2%; INAA) [75, 96], (Isol: IoA) [61], bestrahlter Stahl (7,6 µC $^{54}$Mn; Isol: IoA) [62], Niob (4; INAA) [97], Ni-legierungen (1–7%; INAA) [98], Reinstsilicium (0,001; Isol: Dest) [59], ($\geq$ 0,000001; Isol: Flg) [60], Silicium (300; Isol: Ex) [69], Titan (4–60; INAA und NAA; Isol: ohne oder Ex) [63], Uran (20–25; Isol: Papierchromatographie, Flg) [67], Zink (0,05–5; Isol: Flg, Ex) [64], Zirkonium (0,01–0,06; Isol: Ex) [56].

*4. Mineralstoffe (Gehaltsbereich in % Mn)*[1,2]

Silicatgestein (0,02–0,16; INAA) [68, 99, 100], Böden ($\geq$ 0,0001; PAA) [101], Sedimente (0,02–0,45; INAA) [75, 102, 103], Schlamm (0,086; INAA) [75], Marmor, Kalkstein (0,004–0,06; INAA) [104], Glas ($\geq$ 0,0018; PAA) [105], Standardreferenz-materialien ($CaCO_3$, $MgCO_3$, Kaolin, Glas) (0,00006–0,13; Isol: IoA, Ex) [70], Diamanten (2–90 ng/g; INAA) [106].

*5. Verschiedenes (Gehaltsbereich in µg Mn/g)*[1,2]

Luftstaub (5–1000; INAA) [38], (0,03–0,2 µg/m³; INAA) [107], (0,075–0,45 µg/m³; PAA) [108], Flugasche (150–500; INAA) [75, 86, 88], Saphir-Einzelkristalle (10–120; INAA) [109], $HNO_3$, HF, $H_2O_2$, $NH_3$, $CH_3COOH$ (0,2–50 ng/ml; INAA) [110], $CaCO_3$, KOH (0,1–10; Isol: Ex) [69, 72], KF (0,1; Isol: Ex) [56], roter Phosphor (2–50; INAA) [111], Bleiweiß (1–80; Isol: Flg, Ex) [73], $TiO_2$ (0,4–0,9; Isol: Ex) [63], $U_3O_8$, $UO_2$ ($\geq$ 0,04; Isol: Flg, IoA) [71], U-verbindungen (1–250; Isol: Papierchromatographie, Flg) [67], $ZnSO_4$, ZnS-Luminophor (0,01–1; Isol: Ex) [74].

## Literatur

1. Krivan V, Fresenius Z Anal Chem 290 (1978) 193
2. Boyd GE, Anal Chem 21 (1949) 335
3. De AK, Meinke WW, Anal Chem 30 (1958) 1474
4. Coleman RF, Analyst 86 (1961) 39
5. Hoffman GL, Walsh PR, Doyle MP, Anal Chem 46 (1974) 492
6. Faires RA, Boswell GGJ, Radioisotope laboratory techniques. Butterworths, London (1981)

---

[1]Abkürzungen s. S. XV. [2] INAA = instrumentelle Neutronenaktivierungsanalyse; PAA = Photonenaktivierungsanalyse.

7. Pfrepper G, Görner W, Niese S, Spurenbestimmung durch Neutronenaktivierung. Akad Verlagsges Geest & Portig, Leipzig (1981)
8. Coomber DI, Radiochemical methods in analysis. Plenum, New York (1975)
9. Faires RA, Parks BH, Radioisotope laboratory techniques. Butterworths, London (1973)
10. McKay HAC, Principles of radiochemistry. Butterworths, London (1971)
11. Ružička J, Starý J, Substoichiometry in radiochemical analysis. Pergamon, Oxford (1968)
12. Nachtigall D, Tabelle spezifischer Gammastrahlenkonstanten. Thiemig, München (1969)
13. Nargolwalla SS, Przybylowicz EP, Activation analysis with neutron generators. Wiley, New York (1973)
14 de Soete D, Gijbels R, Hoste J, Neutron activation analysis. Wiley, New York (1972)
15. Lenihan JMA, Thomson SJ, Guinn VP, Advances in activation analysis. Academic Press, New York (1972)
16. Kruger P, Principles of activation analysis. Wiley, New York (1971)
17. Crouthamel CE, Adams F, Dams R, Applied gamma-ray spectrometry. Pergamon, Oxford (1970)
18. Rakovic M, Activation analysis. Iliffe, London (1970)
19. Leclerc JC, Cornu A, Ginier-Gillet A, Neutron activation analysis tables - analyse par activation. Heyden, London (1974)
20. Mavrodineanu R, Hughes RC, Spectrochim Acta 19 (1963) 1309
21. de Voe JR, LaFleur PD, Modern trend in activation analysis, NBS Spec Publ 312. US Dept of Commerce, National Bureau of Standards, Washington (1969)
22. Lutz GJ, Boreni RJ, Maddock RS, Meinke WW, Activation analysis - a bibliography, Parts 1 and 2, NBS Techn Note 467. US Dept of Commerce, National Bureau of Standards, Washington (1968, 1969)
23. Moses AJ, Nuclear techniques in analytical chemistry. Pergamon, Oxford (1964)
24. Lyon Jr WS, Guide to activation analysis. Van Nostrand, Princeton (1964)
25. Bowen HJM, Gibbons D, Radioactivation analysis. Clarendon Press, Oxford (1963)
26. Schulze W, Neutronenaktivierung als analytisches Hilfsmittel. Enke, Stuttgart (1962)
27. Koch RC, Activation analysis handbook. Academic Press, New York (1960)
28. Morrison GH, Appl Spectrosc 10 (1956) 71
29. Gebauhr W, Fresenius Z Anal Chem 185 (1962) 339
30. Cornelis R, Hoste J, Versieck J, Talanta 29 (1982) 1029
31. Heydorn K, Damsgaard E, Talanta 29 (1982) 1019
32. Rochlin RS, Nucleonics 13 (1955) 42
33. Lux F, Zeisler R, Fresenius Z Anal Chem 261 (1972) 314
34. Ohno S, Suzuki M, Yatazawa M, Analyst 95 (1970) 995
35. Martin JA, Haas E, Fischer G, Fresenius Z Anal Chem 265 (1973) 122
36. Wood R, Richards LA, Analyst 90 (1965) 606
37. Harrison SH, LaFleur PD, Zoller WH, Anal Chem 47 (1975) 1685
38. Schutyser P, Maenhaut W, Dams R, Anal Chim Acta 100 (1978) 75
39. Samsahl K, Analyst 93 (1968) 101
40. Hadzistelios I, Papadopoulou C, Talanta 16 (1969) 337
41. Goode GC, Howard CM, Wilson AR, Parsons V, Anal Chim Acta 58 (1972) 363
42. Wald M, Kayßer B, Mikrochim Acta (1970) 1137
43. Heydorn K, Damsgaard E, Talanta 20 (1973) 1
44. Lievens V, Cornelis R, Hoste J, Anal Chim Acta 80 (1975) 97
45. Ward NI, Stephens R, Ryan DE, Anal Chim Acta 110 (1979) 9
46. Ward NI, Ryan DE, Anal Chim Acta 105 (1979) 185
47. Schindler P, Schmid ER, Veglia A, Becker R, Fresenius Z Anal Chem 302 (1980) 296
48. Rottschaffer JM, Boczkowski R, Mark Jr HB, Talanta 19 (1972) 163
49. Weiss HV, Bertine KK, Anal Chim Acta 65 (1973) 253
50. Buono JA, Karin RW, Fasching JL, Anal Chim Acta 80 (1975) 327
51. Lee C, Kim NB, Lee IC, Chung KS, Talanta 24 (1977) 241
52. Weiss HV, Kenis PR, Korkisch J, Steffan I, Anal Chim Acta 104 (1979) 337

53. Yeh SJ, Chen PY, Ke CN, Hsu ST, Tanaka S, Anal Chim Acta 87 (1976) 119
54. Haven MC, Haven GT, Dunn AL, Anal Chem 38 (1966) 141
55. Rojas MA, Dyer IA, Cassatt WA, Anal Chem 38 (1966) 788
56. Kukula F, Mudrova B, Křivánek M, Talanta 14 (1967) 233
57. Maenhaut W, De Reu L, Tomza U, Versieck J, Anal Chim Acta 136 (1982) 301
58. Kiesl W, Bildstein H, Sorantin H, Mikrochim Acta (1963) 151
59. Thompson BA, Strause BM, Leboeuf MB, Anal Chem 30 (1958) 1023
60. Gebauhr W, Martin J, Fresenius Z Anal Chem 200 (1964) 266
61. McMillan JW, Analyst 89 (1964) 594
62. Hilton DA, Reed D, Analyst 90 (1965) 541
63. Neirinckx R, Adams F, Hoste J, Anal Chim Acta 50 (1970) 31
64. Dermelj M, Ravnik V, Kosta L, Byrne AR, Vakselj A, Talanta 23 (1976) 856
65. Loos-Neskovic C, Fedoroff M, Revel G, Anal Chim Acta 85 (1976) 95
66. Fedoroff M, Loos-Neskovic C, Revel G, Anal Chem 51 (1979) 1350
67. Abdel-Rassoul AA, Wahba SS, Talanta 14 (1967) 1061
68. Morrison GH, Gerard JT, Travesi A, Currie RL, Peterson SF, Potter NM, Anal Chem
    41 (1969) 1633
69. Mitchell JW, Ganges R, Talanta 21 (1974) 735
70. Ravnik V, Dermelj M, Kosta L, Mikrochim Acta (1976 I) 153
71. Kosta L, Cook GB, Talanta 12 (1965) 977
72. Zeman A, Prášilová J, Ružička J, Talanta 13, (1966) 457
73. Lux F, Braunstein L, Fresenius Z Anal Chem 221 (1966) 235
74. Pfrepper G, Koch H, Mikrochim Acta (1966) 481
75. Ryan DE, Stuart DC, Chattopadhyay, Anal Chim Acta 100 (1978) 87
76. Imai S, Muroi M, Hamaguchi A, Koyama M, Anal Chem 55 (1983) 1215
77. Salbu B, Steinnes E, Pappas AC, Anal Chem 47 (1975) 1011
78. Greenberg RR, Kingston HM, Anal Chem 55 (1983) 1160
79. Steinnes E, Talanta 14 (1967) 753
80. Morrison GH, Potter NM, Anal Chem 44 (1972) 839
81. Fujinaga K, Kudo K, Anal Chim Acta 110 (1979) 75
82. Kato T, Sato N, Suzuki N, Anal Chim Acta 81 (1976) 337
83. van der Sloot HA, Wals GD, Weers CA, Das HA, Anal Chem 52 (1980) 112
84. Brune D, Bivered B, Anal Chim Acta 85 (1976) 411
85. Bem H, Ryan DE, Anal Chim Acta 135 (1982) 129
86. Steinnes E, Rowe JJ, Anal Chim Acta 87 (1976) 451
87. Block C, Dams R, Anal Chim Acta 68 (1974) 11
88. von Lehmden DJ, Jungers RH, Lee Jr RE, Anal Chem 46 (1974) 239
89. Germani MS, Gokmen I, Sigleo AC, Kowalczyk GS, Olmez I, Small AM, Anderson
    DL, Failey MP, Gulovali MC, Choquette CE, Lepel EA, Gordon GE, Zoller WH, Anal
    Chem 52 (1980) 240
90. Shaw PG, McKnown D, Manahan SE, Anal Chim Acta 123 (1981) 65
91. Colombo UP, Sironi G, Fasolo GB, Malvano R, Anal Chem 36 (1964) 802
92. Jacobs FS, Ekambaram V, Filby RH, Anal Chem 54 (1982) 1240
93. Conrad FJ, Kenna BT, Talanta 14 (1967) 1339
94. Brooksbank Jr WA, Leddicotte GW, Anal Chem 30 (1958) 1785
95. Becker R, Sorantin H, Fresenius Z Anal Chem 253 (1971) 347
96. Bouten P, Hoste J, Talanta 8 (1961) 322
97. Grošel J, Sorantin H, Mikrochim Acta (1965) 297
98. Pierce TB, Edwards JW, Haines K, Talanta 15 (1965) 1153
99. Johansen O, Steinnes E, Anal Chim Acta 40 (1968) 201
100. Graham CC, Glascock MD, Carni JJ, Vogt JR, Spalding TG, Anal Chem 54 (1982)
     1623
101. Chattopadhyay A, Jervis RE, Anal Chem 46 (1974) 1630
102. Nadkarni RA, Morrison GH, Anal Chim Acta 99 (1978) 133
103. Hedrich E, Mikrochim Acta (1983 I) 1
104. Brätter P, Lausch J, Rösick U, Fresenius Z Anal Chem 275 (1975) 359
105. Kanda Y, Oikawa T, Niwaguchi T, Anal Chim Acta 121 (1980) 157

106. Lightowlers EC, Anal Chem 35 (1963) 1285
107. Vogg H, Härtel R, Fresenius Z Anal Chem 267 (1973) 257
108. Kato T, Sato N, Suzuki N, Talanta 23 (1976) 517
109. Wyttenbach A, Blum HE, Borer WJ, Eigenmann HK, Günthard HH, Anal Chim Acta 58 (1972) 355
110. Mitchell JW, Luke CL, Northover WR, Anal Chem 45 (1973) 1503
111. Patek P, Sorantin H, Fresenius Z Anal Chem 226 (1967) 338

# 16 Andere Analysenmethoden und -verfahren

## 16.1 Bestimmungsmethoden

Neben den in den vorangegangenen Abschnitten besprochenen, wichtigsten Analysenmethoden wurden seltener oder vereinzelt noch andere Verfahren für die Bestimmung des Mn untersucht, vorgeschlagen oder angewandt, von welchen nachfolgend einige kurz erwähnt seien.

Mit Hilfe der *Gaschromatographie* läßt sich das Mn als Metallkomplex mit $\beta$-Diketonen von anderen Elementen abtrennen und bestimmen [1–4]. Diese Methode ist aber derzeit für Mn noch von geringer Bedeutung [5]. Das Prinzip der Durchflußanalyse (s. S. 254) fand auch bei der *Papierchromatographie* Anwendung [6]. Die durch Spuren von Metallaktivatoren bei bestimmten erhitzten Metalloxiden hervorgerufene *Candolumineszenz* kann für die Bestimmung sehr kleiner Mengen Mn herangezogen werden. 0,2–180 ng Mn (in 1–7,5 µl) konnten auf diesem Wege bestimmt werden [7–9], indem man die Mn-Lösung auf eine Matrix von $CaO/CaSO_4(8:1)$ aufträgt, die Matrix mittels $H_2$-Diffusionsflamme erhitzt und die durch Mn hervorgerufene Candolumineszenz mit Hilfe eines üblichen Spektralphotometers bei 580 nm mißt. In einer weiteren Arbeit wurde über die analoge Bestimmung von 0,2–0,6 µg Mn/g in $CaCO_3/CaSO_4$-Matrix berichtet [10]. Eine größere Zahl anderer Elemente liefert ebenfalls eine Candolumineszenzstrahlung mit allerdings anderer spektraler Zusammensetzung [7]. Die Bestimmung von 10 ng Mn wird nicht oder wenig gestört durch jeweils 100 ng Al, Bi, K, Pb und Zn, dagegen stören Co, Cr, Cu, Fe, Ni und V [8].

Hier ist weiterhin die *Mikroanalyse* anzuführen. Eine Reihe von Analysenmethoden läßt sich auch im Mikromaßstab ausführen [11–16], worauf hier nicht näher eingegangen werden soll. Einige Analysenverfahren sind aber aufgrund ihres Prinzips ausschließlich als Mikroanalysen durchführbar. So kann beispielsweise die photometrische Messung der Farbintensität von Boraxschmelzperlen als mikroanalytische Methode angewendet werden [17]. Auf diese Weise lassen sich kleine Mengen von Mn (5–50 µg Mn, Extinktionsmaximum 470 nm) und anderen Elementen photometrisch bestimmen [18].

Die *IR-Spektroskopie* wurde angewandt, um Mn und andere Elemente als Carbamate zu bestimmen [19–21].

Mit Hilfe der *elektronenparamagnetischen Resonanz-(Elektronenspinresonanz)-Spektrometrie* wurde der Gehalt an Mn(II) in Lösungen [22–25] und Muschelschalen (60–90 ppm Mn, $L_D$ = 0,02 ppm Mn) [26] bestimmt.

Der biologisch verwertbare Spurengehalt an Mn und anderen Elementen von Böden kann mittels *mikrobiologischer Methoden*, z.B. mit dem Schimmelpilz Aspergillus niger, durch Messung des Wachstums oder anderer Stoffwechselwerte des Testorganismus bestimmt werden [27–30].

## 16.2 Automation

Vor allem der Bedarf an leistungsfähigeren Analysenmethoden und die Fortschritte auf den Gebieten von Gerätebau, Elektronik und Computertechnik führten und führen in zunehmendem Maße zu einer Automatisierung von Analysenmethoden. Die Vorteile automatischer Analysen sind vor allem geringerer Zeitbedarf, größerer Probendurchsatz, bessere Reproduzierbarkeit und — bei ausreichendem Probendurchsatz — bessere Wirtschaftlichkeit.

Grundsätzlich läßt sich fast jede Analysenmethode mehr oder weniger vollständig automatisieren. Dementsprechend findet man auf dem Gerätemarkt eine breitePalette von kleinen bis großen Analysatoren bzw. Analysenautomaten, die von einfachen Titrationsständen über Kohlenstoff-, Kohlenstoff/Schwefel-, Stickstoff-, Elementaranalyse-Analysatoren (Automaten), Zentrifugalanalysator mit photometrischer Endbestimmung [31–35] bis zu den verschiedenen Spektrometern (Bogen/Funkenemission-, Plasmaemission-, RFA-, AAS-Spektrometer usw.) reicht, wobei von den in Industrieanlagen eingesetzten Prozeßanalysenautomaten hier abgesehen sei. Neben diesen Analysenautomaten haben im naßchemischen Bereich vollautomatische Verbundsysteme eine breite Anwendung, die unter dem Begriff der *Durchflußanalyse* zusammengefaßt sind. In diesen Verbundsystemen sind verschiedene Apparatebaugruppen miteinander gekoppelt, welche die einzelnen analytischen Arbeitsstufen (z.B. Probenahme, Aliquotieren, Verdünnen, Reagensdosieren, Mischen, Messen, Meßwertausgabe usw.) nach einem Zeit- und/oder Arbeitsprogramm vollautomatisch durchführen. Bei den Durchflußanalysen unterscheidet man nach dem Arbeitsprinzip zwischen der *kontinuierlichen Durchflußanalyse[1]* (continuous flow analysis, auch Fließanalyse oder flow-Analyse genannt) [36–42] und der *Durchfluß-Injektionsanalyse* (flow injection analysis, auch Fließ-Injektionsanalyse oder flow-injection-Analyse genannt) [43–48]. Die vollautomatischen Analysensysteme sind zum Teil bereits so umfassend und universell entwickelt, daß sie auch einerseits die Probenaufbereitung bzw. das Lösen der Probe und andererseits ein beliebig austauschbares Analysenmethoden-Meßsystem (wahlweise Absorptionsphotometer, Flammenphotometer, AAS usw.) einschließen [49–51].

Vollautomatische „on line"-Analysen bzw. Durchflußanalysen sind nach dem oben Gesagten mit dem größeren Teil der verfügbaren Analysemethoden - jedoch mit unterschiedlichem Aufwand - durchführbar. Dafür finden bisher einzelne Analysenmethoden eine bevorzugte Anwendung, wofür unter anderem folgende Kriterien maßgebend sind: Probenart und -anfall, Analysenproblem, Schwierigkeitsgrad und Aufwand der Automatisierung, Einfachheit, Sicherheit sowie Störanfälligkeit von Bedienung und Betrieb der Analyseneinrichtung usw. Für Durchflußanalysen wurden deshalb bisher am häufigsten die Photometrie sowie in geringerem Umfang die AAS und Plasmaspektrometrie eingesetzt zur Bestimmung von Mn und anderen Elementen in verschiedenen Materialien: so z.B. die Photometrie für Wässer [35, 52–55], pharmazeutische Produkte [49, 50], Stahl [56, 57], Eisen- und Stahlschlacke [57, 58]; die Flammenspektrometrie für pharmazeutische Produkte [49, 50]; die AAS für pharmazeutische Produkte [49, 50], $CaSO_4$-Flotationslösungen [59]; die Plasmaspektro-

---

[1] Nach diesem Prinzip arbeitet beispielsweise der vielfach eingesetzte AutoAnalyzer von Technicon.

metrie für Pflanzenmaterial [60], Farbstoff [61], Aluminium, Al-legierungen, Stahl [61], Chromerz, Magnesit [61], Phosphorsäure, Phosphorschlamm [61].

Beschränkte man sich am Anfang dieser Entwicklung auf die Automatisierung einzelner Analysenverfahren und -geräte, so geht man in letzter Zeit dazu über, gesamte Analysenabläufe, Laborteilbereiche oder das gesamte Laboratorium zu automatisieren. Im letzteren Fall wurde vereinzelt sogar der Begriff der „Analysenfabrik" gebraucht. Dieser Trend zur „vollständigen Automation" — allerdings mit unterschiedlichem Automatisierungsgrad — ist sowohl in naßchemischen Laboratorien [62] als auch in instrumentellen Laboratorien (z.B. Spektrometrie-Labors, s. S. 152) festzustellen.

Obwohl die Automatisierung — wie schon oben erwähnt — ohne Zweifel Vorteile bringt, sollte dabei nicht außer acht gelassen werden, daß eine zu weitgehende Automatisierung in mehrfacher Hinsicht zum Teil recht problematisch ist. Für die Zukunft dürfte es deshalb ratsam sein, den Automatisierungsgrad der Laboratorien innerhalb bestimmter Grenzen zu halten.

## Literatur


1. Moshier RW, Sievers RE, Gas chromatography of metal chelates. Pergamon, Oxford (1965)
2. O'Brien TP, O'Laughlin JW, Talanta 23 (1976) 805
3. Uden PC, Henderson DE, Analyst 102 (1977) 889
4. Fujinaga T, Kuwamoto T, Sugiura K, Matsubara N, Anal Chim Acta 135 (1982) 175
5. Rodriguez-Vazquez JA, Anal Chim Acta 73 (1974) 1
6. Weisz H, Ludwig H, Anal Chim Acta 75 (1975) 181
7. Belcher R, Bogdanski S, Townshend A, Talanta 19 (1972) 1049
8. Belcher R, Karpel S, Townshend A, Talanta 23 (1976) 361
9. Dhaber SM, Kassir ZM, Anal Chem 52 (1980) 459
10. Belcher R, Clark ER, Lloyd MH, Puzanowsha-Tarasiewicz H, Analyst 108 (1983) 1466
11. Hecht F, Zacherl MK, Handbuch der mikrochemischen Methoden, Bd I/1, I/2, II, III. Springer, Wien (1954, 1955, 1959, 1961)
12. Ma TS, Horak V, Microscale manipulations in chemistry. Wiley, New York (1976)
13. Gorbach G, Mikrochemisches Praktikum. Springer, Berlin Göttingen Heidelberg (1956)
14. Benedetti-Pichler AA, Monographien aus dem Gebiete der qualitativen Mikroanalyse. Bd 1: Malissa H, Benedetti-Pichler AA, Anorganische qualitative Mikroanalyse. Springer, Wien (1958)
15. Tölg G, Lorenz I, Methoden der mikrochemischen Elementbestimmung und ihre Grenzen. Fortschr Chem Forsch 11 (1969) 507
16. Tölg G, Analyst 94 (1969) 705
17. Ackermann G, Alferi C, Mikrochim Acta (1961) 390
18. Ackermann G, Hesse D, Mikrochim Acta (1963) 532
19. Malissa H, Kellner R, Prokopowski P, Anal Chim Acta 63 (1973) 225
20. Malissa H, Kellner R, Anal Chim Acta 63 (1973) 263
21. Kellner R, Anal Chim Acta 63 (1973) 277
22. Guilbault GG, Meisel T, Anal Chem 41 (1969) 1100
23. Guilbault GG, Meisel T, Anal Chim Acta 50 (1970) 151
24. Guilbault GG, Moyer ES, Anal Chem 42 (1970) 441
25. Moyer ES, McCarthy JW, Anal Chim Acta 48 (1969) 79
26. Blanchard SC, Chasteen ND, Anal Chim Acta 82 (1976) 113
27. Nicholas DJD, Analyst 77 (1952) 629
28. Spicher G, Zbl Bakteriol II Orig 108 (1954) 259

29.  Nicholas DJD, in: Proceedings of the international symposium on microchemistry, held at Birmingham University, Aug 1958. Pergamon, London (1960), S. 205
30.  Koch OG, Koch-Dedic GA, Handbuch der Spurenanalyse. Springer, Berlin Heidelberg New York (1974)
31.  Anderson NG, Amer J Clin Pathol 53 (1970) 778
32.  Anderson NG, Burtis CA, Mailen JC, Scott CD, Willis DD, Anal Lett 5 (1972) 153
33.  Burtis CA, Mailen JC, Johnson WF, Scott CD, Tiffany TO, Anderson NG, Clin Chem 18 (1972) 753
34.  Scott CD, Burtis CA, Anal Chem 45 (1973) 327A
35.  Hadjiioannou TP, Hadjiioannou SI, Avery J, Malmstadt HV, Anal Chim Acta 89 (1977) 231
36.  Skeggs LJ, Anal Chem 38 (1966) 31A
37.  Snyder LR, Anal Chim Acta 114 (1980) 3
38.  Snyder L, Levine J, Stoy R, Conetta A, Anal Chem 48 (1976) 942A
39.  Furman WB, Continuous Flow analysis. Theory and practice. Dekker, New York (1976)
40.  Clever H, Fortschr Chem Forsch 29 (1972) 29
41.  Krech H, Fortschr Chem Forsch 29 (1972) 45
42.  Marks W, Fortschr Chem Forsch 29 (1972) 55
43.  Ružička J, Hansen EH, Anal Chim Acta 78 (1975) 145
44.  Ružička J, Stewart JWB, Anal Chim Acta 79 (1975) 79
45.  Ružička J, Hansen EH, Anal Chim Acta 114 (1980) 19
46.  Ružička J, Hansen EH, Ramsing AU, Anal Chim Acta 134 (1982) 55
47.  Ranger CB, Anal Chem 53 (1981) 20A
48.  Ružička J, Hansen EH, Flow injection analysis. Wiley, New York (1981)
49.  Rohrbaugh DG, Ramirez-Muñoz J, Anal Chim Acta 71 (1974) 311
50.  Ramirez-Muñoz J, Anal Chim Acta 71 (1974) 321
51.  Burns DA, Anal Chem 53 (1981) 1403A
52.  Henriksen A, Analyst 91 (1966) 647
53.  Matsui H, Anal Chim Acta 69 (1974) 216
54.  Crowther J, Anal Chem 50 (1978) 1041
55.  Betteridge D, Fields B, Anal Chim Acta 132 (1981) 139
56.  Scholes PH, Thulbourne C, Analyst 89 (1964) 466
57.  Scholes PH, Fresenius Z Anal Chem 222 (1966) 162
58.  Scholes PH, Thulbourne C, Analyst 88 (1963) 702
59.  Jones MH, Woodcock JT, Anal Chim Acta 69 (1974) 275
60.  Jacintho AO, Zagatto EAG, Bergamin FH, Krug FJ, Reis BF, Bruns RE, Kowalski BR, Anal Chim Acta 130 (1981) 243
61.  Greenfield S, Jones IL, McGeachin HM, Smith PB, Anal Chim Acta 74 (1975) 225
62.  Arndt RW, Werder R, Fresenius Z Anal Chem 287 (1977) 15

# 17 Übersicht der Analysenverfahren

Die Analysenvorschriften der einzelnen Methodenabschnitte sind in den nachfolgenden Tabellen 25–29 nach Probematerialien geordnet zusammengestellt, um das Auffinden der einzelnen Analysenverfahren zu erleichtern.

## 17.1 Wasser

**Tabelle 25.** Analysenverfahren für Wässer

| Lfd. Nr. | Probematerial | Analysenmethode[a], Seite |
|---|---|---|
| 1 | Wasser | Phot 97, 107, AAS 132, Esp 158, ICP 202, RFA 227 |
| 2 | Meerwasser | AAS 132, ICP 202, RFA 227, 228 |
| 3 | Grund-, Leitungs-, Oberflächen-, Mineral-, Süßwasser | RFA 227, 228 |
| 4 | Abwasser | Phot 107 |

[a] Verwendete Abkürzungen: Phot = Photometrie, AAS = Atomabsorptionsspektromie, Esp = Bogen-/Funken-Emissionsspektrometrie, ICP = Plasmaspektrometrie, RFA = Röntgenfluoreszenzanalyse.

## 17.2  Organisches Material

**Tabelle 26.** Analysenverfahren für organisches Material

| Lfd. Nr. | Probematerial | Analysenmethode[a], Seite |
|---|---|---|
| 1 | Pflanzenmaterial | Pol 87. Phot 94, 97, 100, 107, Esp 159, 161, ICP 203, RFA 229 |
| 2 | Nahrungs-, Futtermittel | Phot 107 |
| 3 | Tierisches Material | Phot 94, Esp 159, 161, ICP 203 |
| 4 | Blutserum | Esp 162 |
| 5 | Treibstoff | Phot 107 |
| 6 | Schmieröl, Mineralölprodukte | ICP 204 |
| 7 | Pharmazeutische Produkte | RFA 229 |
| 8 | Metallorganische Verbindungen | AAS 133 |

[a] Verwendete Abkürzungen: Pol = Polarographie, Phot = Photometrie, AAS = Atomabsorptionsspektrometrie, Esp = Bogen-/Funken-Emissionsspketrometrie, ICP = Plasmaspektrometrie, RFA = Röntgenfluoreszenzanalyse.

## 17.3 Metalle und Legierungen

**Tabelle 27.** Analysenverfahren für Metalle und Legierungen

| Lfd. Nr. | Probematerial | Analysenmethode[a], Seite |
|---|---|---|
| 1 | Aluminium | Phot 108, AAS 134, Esp 162 |
| 2 | Bor | ICP 205 |
| 3 | Wismut | Esp 164 |
| 4 | Kupfer, -legierungen | Phot 108, AAS 134, Esp 164 |
| 5 | Bronze, Messing | RFA 232 |
| 6 | Reinsteisen | Phot 109 |
| 7 | Eisen, Stahl | Titr 67–69, 75, Phot 109, 110, 111, AAS 135, 136, Flam 149, ICP 204, 205 |
| 8 | Ferrobor, -chrom, -molybdän, -niob, -phosphor, -silicochrom, -titan, -vanadin, -wolfram, Calciumsilicium | RFA 230–232 |
| 9 | Ferromangan | Titr 75, 78, RFA 230, 231 |
| 10 | Ferrosilicium | AAS 137, RFA 231 |
| 11 | Gallium | Esp 165 |
| 12 | Galliumarsenid | Esp 166 |
| 13 | Manganbronze | Phot 111 |
| 14 | Natrium | Esp 166 |
| 15 | Nickel, -legierungen | Phot 98, 111, Esp 167 |
| 16 | Selen | Esp 168 |
| 17 | Silicium | Esp 169 |
| 18 | Tantal | Esp 170 |
| 19 | Titan, -legierungen | Pol 88, Phot 111, Esp 170, ICP 206 |
| 20 | Uran | Pol 89 |
| 21 | Zirkonium | Esp 171 |

[a] Verwendete Abkürzungen: Titr = Titrimetrie, Pol = Polarographie, Phot = Photometrie, AAS = Atomabsorptionsspektrometrie, Flam = Flammenspektrometrie, Esp = Bogen-/Funken-Emissionsspektrometrie, ICP = Plasmaspektrometrie, RFA = Röntgenfluoreszenzanalyse

## 17.4 Mineralstoffe

**Tabelle 28.** Analysenverfahren für Mineralstoffe

| Lfd. Nr. | Probematerial | Analysenmethode[a], Seite |
|---|---|---|
| 1 | Oxidische Materialien | Esp (halbquantitativ) 32 |
| 2 | Eisenerz, Manganerz | Titr 71, 75, Phot 113, RFA 232 |
| 3 | Silicatgestein | Titr 78, Phot 112, AAS 137, 138, Esp 171, ICP 207 |
| 4 | Mineralien | Phot 112 |
| 5 | Böden | AAS 138, Esp 172 |
| 6 | Schlacken | Phot 113, RFA 233 |
| 7 | Sinter | RFA 233 |
| 8 | Chrommagnesit, Feuer-festmaterial | RFA 233 |
| 9 | Gießpulver | RFA 234 |
| 10 | Ferrite | Phot 113 |
| 11 | Zement | AAS 139, ICP 207 |

[a] Verwendete Abkürzungen: Titr = Titrimetrie, Phot = Photometrie, AAS = Atomabsorptionsspektrometrie, Esp = Bogen-/Funken-Emissionsspektrometrie, ICP = Plasmaspektrometrie, RFA = Röntgenfluoreszenzanalyse.

## 17.5  Verschiedenes

**Tabelle 29.** Analysenverfahren für verschiedene Materialien

| Lfd. Nr. | Probematerial | Analysenmethode[a], Seite |
|---|---|---|
| 1 | Lösungen | Grav 60–62, Titr 68, 72, 74, 76, 78, Pol 86, Phot 94, 96, 106 |
| 2 | Säuren | Esp 172 |
| 3 | Aluminiumverbindungen | Esp 173 |
| 4 | Reinstphosphor | AAS 140 |
| 5 | Siliciumcarbid | Esp 174 |
| 6 | Titanverbindungen | Esp 175 |
| 7 | Uranverbindungen | Pol 89, Phot 98, AAS 140 Esp 175, 176 |
| 8 | Zirkoniumverbindungen | Esp 177 |
| 9 | Permanganat-Badlösung | Titr 69 |
| 10 | Luftstaub | Phot 114, AAS 141, Esp 177, ICP 208, RFA 234, 235 |
| 11 | Flugasche | RFA 235 |

[a] Verwendete Abkürzungen: Grav = Gravimetrie, Titr = Titrimetrie, Pol = Polarographie, Phot = Photometrie, AAS = Atomabsorptionsspektrometrie, Esp = Bogen-/Funken-Emissionsspektrometrie, ICP = Plasmaspektrometrie, RFA = Röntgenfluoreszenzanalyse

# Sachverzeichnis

O.G.Koch, G.A.Koch-Dedic

# Handbuch der Spurenanalyse

Die Anreicherung und Bestimmung von Spurenelementen unter Anwendung chemischer, physikalischer und mikrobiologischer Verfahren

In 2 Teilen

2., völlig neubearbeitete und erweiterte Auflage. 1974. 286 Abbildungen. XXIV, XIII, 1597 Seiten Gebunden DM 570,–. ISBN 3-540-05891-5

**Inhaltsübersicht:** Allgemeiner Teil: Prinzip der Spurenanalyse. Maßeinheiten. Bewertung von Analysenverfahren und -ergebnissen. – Methoden zum Nachweis und zur Bestimmung von Spurenelementen. Methoden zur Trennung und Anreicherung von Spurenelementen. Erhöhung der Empfindlichkeit und Senkung der Bestimmungsgrenze. Arbeitstechnik. – Spezieller Teil: Vorbereitung des Probematerials. Arbeitstechnik der Anreicherung. Arbeitsbereich der wichtigsten Anreicherungsreagentien. Die Bestimmung einzelner Elemente. Multielement-Spurenanalyse. Die Bestimmung von Elementgruppen. Die mikrobiologische Bestimmung von Spurenelementen.

**Einführung:** Die erste Auflage dieses umfassenden Handbuchs war rasch vergriffen. Die zweite Auflage ist auf den Stand von 1972 gebracht, vollkommen neu bearbeitet und erweitert. Entsprechend der Entwicklung der Analytik sind die physikalischen und physikalisch-chemischen Methoden mit Vorrang behandelt.

Springer-Verlag
Berlin
Heidelberg
New York
Tokyo

ately **Fresenius' Zeitschrift für**

# Analytische Chemie

*...for research and industry*

Founded in 1862 by Professor Remigius Fresenius

**Publishes**
new results in Original Articles and Short Communications
from all fields of Analytical Chemistry in English and
German

**documents**
the relevant international literature – more than 6000
abstracts each year

**reports**
on meetings and exhibitions

**reviews**
new books and journals as well as other literature.

**Indexes**
of authors and subjects for each volume and cumulative
indexes for every 10 volumes.

**Authors**
receive 50 reprints free of charge – no page charges.

**Editors:**
W. Fresenius and I. Lüderwald in association with the Analytical Chemistry Division of the German Chemical Society
represented by K. Ballschmiter, H. Bode, H. Kelker,
H. Specker, G. Tölg

**International Editorial Board:**
D. Betteridge, Swansea, U. K.; K. Biemann, Cambridge,
MA, USA; J. T. Clerc, Bern, Switzerland; H. Engelhardt,
Saarbrücken, FRG; H. Malissa, Wien, Austria; E. Pungor,
Budapest, Hungary; G. A. Rechnitz, Newark, DE, USA;
S. Tsuge, Nagoya, Japan; Yu. A. Zolotov, Moscow, USSR

Subscription information and/or sample copies are available
from Springer-Verlag, Journal Promotion Dept.,
P. O. Box 105280, D-6900 Heidelberg 1, FRG

Springer-Verlag
Berlin
Heidelberg
New York
Tokyo